PHP+MySQL动态网站开发
（全案例微课版）

李艳恩　付红杰　编著

清华大学出版社
北　京

内 容 简 介

本书是针对零基础读者研发的PHP动态网站开发入门教材。本书侧重案例实训，并提供扫码微课来讲解当前的热点案例。

本书分为22章，内容包括快速搭建PHP 7的开发环境，PHP的基本语法，函数的应用，流程控制语句，字符串和正则表达式，数组，面向对象编程，日期和时间，图形图像处理技术，操作文件与目录，错误处理和异常处理，PHP与Web页面交互，Cookie和Session，MySQL数据库的基本操作，插入、更新与删除数据记录，数据查询，PHP与MySQL的组合应用，PDO数据库抽象层，PHP与Ajax技术以及3个热点综合项目。

本书通过精选热点案例，让初学者快速掌握PHP动态网站开发技术。通过微信扫码看视频，读者可以随时在移动端观看技能对应的视频。

图书在版编目(CIP)数据

PHP+MySQL 动态网站开发：全案例微课版 / 李艳恩，付红杰编著．—北京：清华大学出版社，2021.5 (2024.7重印)

ISBN 978-7-302-57426-2

Ⅰ．① P…　Ⅱ．①李… ②付…　Ⅲ．① PHP 语言－程序设计② SQL 语言－程序设计　Ⅳ．① TP312 ② TP311.132.3

中国版本图书馆 CIP 数据核字 (2021) 第 019667 号

责任编辑：张彦青
封面设计：李　坤
责任校对：王明明
责任印制：宋　林

出版发行：清华大学出版社
网　　址：https://www.tup.com.cn, https://www.wqxuetang.com
地　　址：北京清华大学学研大厦 A 座　　**邮　　编**：100084
社 总 机：010-83470000　　**邮　　购**：010-62786544
投稿与读者服务：010-62776969，c-service@tup.tsinghua.edu.cn
质 量 反 馈：010-62772015，zhiliang@tup.tsinghua.edu.cn
印 装 者：三河市君旺印务有限公司
经　　销：全国新华书店
开　　本：185mm×260mm　　**印　　张**：23.25　　**字　　数**：566 千字
版　　次：2021 年 6 月第 1 版　　**印　　次**：2024 年 7 月第 3 次印刷
定　　价：78.00 元

产品编号：087775-01

前　言

“网站开发全案例微课版”系列图书是专门为网站开发和数据库初学者量身定做的一套学习用书。本套书涵盖网站开发、数据库设计等方面的内容，具有以下特点。

前沿科技

无论是数据库设计还是网站开发，精选的都是较为前沿或者用户群最多的领域，帮助大家认识和了解最新动态。

权威的作者团队

组织国家重点实验室和资深应用专家联手编著该套图书，融合了丰富的教学经验与优秀的管理理念。

学习型案例设计

以技术的实际应用过程为主线，全程采用图解和多媒体同步结合的教学方式，生动、直观、全面地剖析使用过程中的各种应用技能，可以降低难度，提升学习效率。

扫码看视频

通过微信扫码看视频，可以随时在移动端学习技能对应的视频操作。

为什么要写这样一本书

PHP 是目前世界上最为流行的 Web 开发语言之一。现在学习和关注 PHP 的人越来越多，因为 PHP 7 版本对早期版本不再兼容，初学者都苦于找不到一本通俗易懂并以新技术制作案例的参考书。另外，PHP 和 MySQL 版本的升级速度很快，读者迫切需要 PHP 7 和 MySQL 新技术结合制作的案例。通过本书的案例实训，大学生可以很快地掌握流行的工具，提高职业化能力，从而帮助解决公司与学校的双重需求问题。

本书特色

零基础、入门级的讲解

无论您是否从事计算机相关行业，无论您是否接触过 PHP 动态网站开发，都能从本书中找到最佳起点。

实用、专业的范例和项目

本书在编排上紧密结合深入学习 PHP 动态网站开发的过程，从 PHP 的基本概念开始，逐步带领读者学习 PHP 动态网站开发的各种应用技巧，侧重实战技能，使用简单易懂的实际案例进行分析和操作指导，让读者学起来简明轻松，操作起来有章可循。

随时随地学习

本书提供了微课视频，通过手机扫码即可观看，随时随地解决学习中的困惑。

全程同步教学录像

涵盖本书所有知识点，详细讲解每个实例及项目的制作过程及技术关键点，可以比看书更轻松地掌握书中所有的网页制作和设计知识，而且扩展的讲解部分可以使您得到比书中更多的收获。

超多容量王牌资源

赠送大量王牌资源，包括实例源代码、教学幻灯片、本书精品教学视频、16 个热门 PHP 项目完整源码、常用 SQL 语句速查手册、MySQL 函数速查手册、PHP 7 废弃特性速查手册、PHP 7 的新功能速查手册、PHP 常用函数速查手册、PHP 网站开发工程师面试技巧、PHP 网站开发工程师常见面试题、网站开发经验及技巧大汇总等。

读者对象

本书是一本完整介绍 PHP+MySQL 动态网站开发技术的教程，内容丰富、条理清晰、实用性强，适合以下读者学习使用：

- 零基础的 PHP+MySQL 动态网站自学者
- 希望快速、全面掌握 PHP+MySQL 动态网站开发的人员
- 高等院校或培训机构的老师和学生
- 参加毕业设计的学生

如何获取本书配套资料和帮助

为帮助读者高效、快捷地学习本书知识点，我们不但为读者准备了与本书知识点有关的配套素材文件，而且还设计并制作了精品视频教学课程，同时还为教师准备了 PPT 课件资源。

读者在学习本书的过程中，使用手机浏览器、QQ 或者微信的扫一扫功能，扫描各标题下的二维码，可以在打开的视频播放页面中在线观看视频课程，也可以下载并保存到手机中离线观看。

创作团队

本书由李艳恩、付红杰编著，参加编写的人员还有李佳康、刘春茂和张华。在编写本书过程中，我们虽竭尽所能将最好的讲解呈现给读者，但难免有疏漏和不妥之处，敬请读者不吝指正。

编　者

案例源代码

王牌赠送资源

目 录

Contents

第 1 章 快速搭建 PHP 7 的开发环境 001

1.1 认识 PHP 002
1.1.1 PHP 是什么 002
1.1.2 PHP 语言的优势 002
1.1.3 PHP 的应用领域 002
1.1.4 PHP 的发展过程 003
1.2 PHP 7 的新特征 004
1.3 搭建 PHP 集成开发环境 006
1.4 PHP 开发工具 008
1.4.1 使用记事本 008
1.4.2 使用 PhpStorm 开发工具 009
1.5 新手疑难问题解答 013
1.6 实战技能训练营 014

第 2 章 PHP 的基本语法 015

2.1 PHP 7 语言标识的新变化 016
2.2 编码规范 016
2.2.1 什么是编码规范 016
2.2.2 PHP 的一些编码规范 017
2.3 PHP 的数据类型 018
2.3.1 数据类型 019
2.3.2 数据类型之间的相互转换 020
2.3.3 检测数据类型 021
2.4 常量 021
2.4.1 声明和使用常量 021
2.4.2 使用系统预定义常量 022
2.5 变量 023
2.5.1 PHP 中的变量声明 023
2.5.2 可变变量和变量的引用 024
2.6 PHP 运算符 025
2.6.1 算术运算符 025
2.6.2 字符串连接符 026
2.6.3 赋值运算符 027
2.6.4 比较运算符 027
2.6.5 逻辑运算符 028
2.6.6 按位运算符 028
2.6.7 否定控制运算符 028
2.6.8 错误控制运算符 029
2.6.9 三元运算符 029
2.6.10 运算符的优先级和结合规则 029
2.7 PHP 7 的新特性——合并运算符和组合运算符 029
2.8 PHP 中的表达式 030
2.9 新手疑难问题解答 031
2.10 实战技能训练营 031

第 3 章 函数的应用 033

3.1 认识函数 034
3.2 自定义函数 034
3.2.1 定义和调用函数 034
3.2.2 函数中的变量作用域 035
3.3 参数传递和返回值 037
3.3.1 向函数传递参数值 037
3.3.2 向函数传递参数引用 038
3.3.3 函数的返回值 038
3.4 函数的引用和取消 039
3.4.1 引用函数 039
3.4.2 取消函数引用 039
3.5 函数的高级应用技能 040
3.5.1 变量函数 040
3.5.2 销毁函数中的变量 041
3.6 常用的内置函数 041
3.6.1 数学函数 041

3.6.2 变量函数 ………… 042
3.6.3 PHP 7 新增 intdiv() 函数 ………… 043
3.7 包含文件 ………… 044
3.7.1 require 和 include ………… 044
3.7.2 include_once 和 require_once ………… 045
3.8 新手疑难问题解答 ………… 045
3.9 实战技能训练营 ………… 046

第 4 章 流程控制语句 ………… 047

4.1 程序结构 ………… 048
4.2 条件控制语句 ………… 049
4.2.1 if 语句 ………… 049
4.2.2 if…else 语句 ………… 050
4.2.3 elseif 语句 ………… 051
4.2.4 switch 语句 ………… 052
4.3 循环控制语句 ………… 053
4.3.1 for 循环语句 ………… 053
4.3.2 while 循环语句 ………… 054
4.3.3 do…while 循环语句 ………… 055
4.3.4 流程控制的另一种书写格式 ………… 056
4.4 跳转语句 ………… 058
4.4.1 break 语句 ………… 058
4.4.2 continue 语句 ………… 058
4.5 新手疑难问题解答 ………… 059
4.6 实战技能训练营 ………… 059

第 5 章 字符串和正则表达式 ………… 061

5.1 定义字符串的方法 ………… 062
5.1.1 使用单引号或双引号定义字符串 ………… 062
5.1.2 使用定界符定义字符串 ………… 063
5.1.3 字符串的连接符 ………… 063
5.2 字符串操作 ………… 064
5.2.1 去除字符串首尾空格和特殊字符 ………… 064
5.2.2 获取字符串的长度 ………… 066
5.2.3 截取字符串 ………… 066
5.2.4 检索字符串 ………… 067
5.2.5 替换字符串 ………… 068
5.2.6 分割和合成字符串 ………… 068
5.2.7 统计字符串中单词的个数 ………… 070
5.3 正则表达式 ………… 070
5.3.1 正则表达式概述 ………… 070
5.3.2 行定位符 ………… 070
5.3.3 元字符 ………… 071
5.3.4 限定符 ………… 071
5.3.5 方括号 ([ ]) ………… 072
5.3.6 连字符 (-) ………… 072
5.3.7 选择字符 ………… 072
5.3.8 转义字符 ………… 072
5.3.9 分组 ………… 073
5.3.10 认证 E-mail 的正则表达式 ………… 073
5.4 Perl 兼容正则表达式函数 ………… 073
5.4.1 使用正则表达式对字符串进行匹配 ………… 073
5.4.2 使用正则表达式替换字符串的子串 ………… 075
5.4.3 使用正则表达式切分字符串 ………… 076
5.5 正则表达式在 PHP 中的应用案例 ………… 076
5.6 新手疑难问题解答 ………… 079
5.7 实战技能训练营 ………… 080

第 6 章 数组 ………… 082

6.1 数组是什么 ………… 083
6.2 创建数组 ………… 083
6.2.1 使用 array() 函数创建数组 ………… 083
6.2.2 通过赋值方式创建数组 ………… 084
6.3 数组类型 ………… 084
6.3.1 数字索引数组 ………… 084
6.3.2 关联数组 ………… 085
6.4 多维数组 ………… 085
6.5 遍历数组 ………… 087
6.6 统计数组元素的个数 ………… 088
6.7 查询数组中的指定元素 ………… 089
6.8 获取并删除数组中的最后一个元素 ………… 089
6.9 获取并删除数组中的第一个元素 ………… 090
6.10 向数组添加元素 ………… 090
6.11 删除数组中的重复元素 ………… 091
6.12 数组的排序 ………… 091

6.13 字符串与数组的转换……093
6.14 调换数组中的键值和元素值……094
6.15 新手疑难问题解答……094
6.16 实战技能训练营……095

第 7 章 面向对象编程……096

7.1 认识面向对象……097
7.1.1 什么是类……097
7.1.2 什么是对象……097
7.1.3 面向对象编程的特点……098
7.2 类和对象的基本操作……098
7.2.1 定义类……099
7.2.2 成员方法……099
7.2.3 类的实例化……099
7.2.4 成员变量……100
7.2.5 类常量……101
7.2.6 构造方法和析构方法……102
7.2.7 “$this->”和“::”的使用……104
7.2.8 继承和多态……105
7.2.9 数据封装……107
7.2.10 静态变量和方法……109
7.3 对象的高级应用……109
7.3.1 final 关键字……109
7.3.2 抽象类……110
7.3.3 使用接口……111
7.3.4 检测对象类型……112
7.3.5 魔术方法 (--)……113
7.4 PHP 的新特性——匿名类……114
7.5 新手疑难问题解答……115
7.6 实战技能训练营……115

第 8 章 日期和时间……116

8.1 系统时区的设置……117
8.1.1 时区的划分……117
8.1.2 时区的设置……117
8.2 PHP 的日期和时间函数……117
8.2.1 关于 Unix 时间戳……117
8.2.2 获取当前的时间戳……118
8.2.3 获取当前的日期和时间……118
8.2.4 使用时间戳获取日期信息……119
8.2.5 检验日期的有效性……121
8.2.6 输出格式化时间戳的日期和时间……122
8.2.7 显示本地化的日期和时间……123
8.2.8 将日期和时间解析为 Unix 时间戳……124
8.2.9 日期时间在 PHP 和 MySQL 数据格式之间转换……124
8.3 时间和日期的综合应用……125
8.4 新手疑难问题解答……126
8.5 实战技能训练营……126

第 9 章 图形图像处理技术……128

9.1 在 PHP 中加载 GD 库……129
9.2 GD 库的应用……131
9.2.1 创建一个简单的图像……131
9.2.2 在照片上添加文字……133
9.2.3 使用图形图像技术生成验证码……134
9.3 JpGraph 库的基本操作……136
9.3.1 JpGraph 的下载……136
9.3.2 JpGraph 的中文配置……136
9.3.3 使用 JpGraph 库……137
9.4 JpGraph 库的应用……138
9.4.1 制作折线图……138
9.4.2 制作 3D 饼形图……139
9.5 新手疑难问题解答……140
9.6 实战技能训练营……141

第 10 章 操作文件与目录……142

10.1 操作文件……143
10.1.1 打开和关闭文件……143
10.1.2 从文件中读取内容……144
10.1.3 将数据写入文件……146
10.1.4 文件的其他操作函数……147
10.2 处理目录……150

10.2.1 打开和关闭目录 ······ 150
10.2.2 浏览目录 ······ 151
10.2.3 目录的其他操作函数 ······ 152
10.3 上传文件 ······ 153
10.3.1 配置 php.ini 文件 ······ 153
10.3.2 预定义变量 $_FILES ······ 153
10.3.3 上传文件的函数 ······ 154
10.3.4 多文件上传 ······ 156
10.4 下载文件 ······ 157
10.5 新手疑难问题解答 ······ 158
10.6 实战技能训练营 ······ 159

第 11 章 错误处理和异常处理 ······ 160

11.1 常见的错误和异常 ······ 161
11.2 错误处理 ······ 163
11.2.1 php.ini 中的错误处理机制 ······ 163
11.2.2 应用 DIE 语句来调试 ······ 164
11.2.3 自定义错误和错误触发器 ······ 164
11.2.4 错误记录 ······ 167
11.3 PHP 7 改变了错误的报告方式 ······ 168
11.4 异常处理 ······ 168
11.4.1 异常的基本处理方法 ······ 168
11.4.2 自定义的异常处理器 ······ 170
11.4.3 处理多个异常 ······ 170
11.4.4 设置顶层异常处理器 ······ 171
11.5 新手疑难问题解答 ······ 172
11.6 实战技能训练营 ······ 173

第 12 章 PHP 与 Web 页面交互 ······ 174

12.1 Web 工作原理 ······ 175
12.2 HTML 表单 ······ 175
12.2.1 HTML 概述 ······ 175
12.2.2 HTML 表单 ······ 177
12.2.3 表单元素 ······ 178
12.3 CSS 美化表单页面 ······ 180
12.3.1 CSS 概述 ······ 180
12.3.2 插入 CSS 样式表 ······ 181
12.3.3 使用 CSS 美化表单页面 ······ 182
12.4 JavaScript 表单验证 ······ 183
12.4.1 JavaScript 概述 ······ 183
12.4.2 调用 JavaScript ······ 184
12.4.3 JavaScript 表单验证 ······ 185
12.5 PHP 获取表单数据 ······ 186
12.5.1 通过 POST 方式获取表单数据 ······ 186
12.5.2 通过 GET 方式获取表单数据 ······ 188
12.6 PHP 对 URL 传递的参数进行编码 ······ 189
12.7 新手疑难问题解答 ······ 190
12.8 实战技能训练营 ······ 191

第 13 章 Cookie 和 Session ······ 192

13.1 Cookie 的基本操作 ······ 193
13.1.1 什么是 Cookie ······ 193
13.1.2 创建 Cookie ······ 193
13.1.3 读取 Cookie ······ 194
13.1.4 删除 Cookie ······ 195
13.1.5 Cookie 的生命周期 ······ 196
13.2 Session 的管理 ······ 197
13.2.1 什么是 Session ······ 197
13.2.2 创建会话 ······ 197
13.2.3 注册会话变量 ······ 198
13.2.4 使用会话变量 ······ 198
13.2.5 注销和销毁会话变量 ······ 199
13.3 Session 的高级应用 ······ 199
13.3.1 Session 临时文件 ······ 199
13.3.2 Session 缓存限制器 ······ 200
13.3.3 在 Cookie 或 URL 中储存 Session ID ······ 201
13.4 新手疑难问题解答 ······ 201
13.5 实战技能训练营 ······ 202

第 14 章 MySQL 数据库的基本操作 ······ 203

14.1 MySQL 概述 ······ 204
14.2 登录 MySQL 服务器 ······ 204

14.3 操作 MySQL 数据库……205
14.3.1 创建数据库……205
14.3.2 查看数据库……205
14.3.3 选择数据库……206
14.3.4 删除数据库……206
14.4 MySQL 数据类型……207
14.4.1 整数类型……207
14.4.2 浮点数类型和定点数类型……207
14.4.3 日期与时间类型……208
14.4.4 文本字符串类型……210
14.4.5 二进制字符串类型……211
14.5 操作数据表……212
14.5.1 创建数据表……212
14.5.2 查看数据表的结构……213
14.5.3 修改数据表的结构……214
14.5.4 删除数据表……215
14.6 使用 phpMyAdmin 操作 MySQL 数据库……215
14.6.1 启动 phpMyAdmin 管理程序……215
14.6.2 创建数据库和数据表……216
14.6.3 添加数据……217
14.6.4 为 MySQL 管理账号加上密码……218
14.7 新手疑难问题解答……219
14.8 实战技能训练营……220

第 15 章 插入、更新与删除数据记录……222
15.1 向数据表中插入数据……223
15.1.1 给表里的所有字段插入数据……223
15.1.2 向表中添加数据时使用默认值……225
15.1.3 一次插入多条数据……226
15.1.4 通过复制表数据插入数据……226
15.2 更新数据表中的数据……228
15.2.1 更新表中的全部数据……228
15.2.2 更新表中指定的单行数据……229
15.2.3 更新表中指定的多行数据……229
15.3 删除数据表中的数据……229
15.3.1 根据条件清除数据……230
15.3.2 清空表中的数据……230
15.4 新手疑难问题解答……231
15.5 实战技能训练营……231

第 16 章 数据查询……233
16.1 认识 SELECT 语句……234
16.2 数据的简单查询……234
16.2.1 查询表中的所有数据……234
16.2.2 查询表中想要的数据……236
16.2.3 对查询结果进行计算……236
16.2.4 为结果列使用别名……237
16.2.5 在查询时去除重复项……238
16.2.6 在查询结果中给表取别名……238
16.2.7 使用 LIMIT 限制查询数据……238
16.3 使用 WHERE 子句进行条件查询……240
16.3.1 比较查询条件的数据查询……240
16.3.2 带 BETWEEN AND 的范围查询……241
16.3.3 带 IN 关键字的查询……242
16.3.4 带 LIKE 的字符匹配查询……243
16.3.5 未知空数据的查询……244
16.3.6 带 AND 的多条件查询……245
16.3.7 带 OR 的多条件查询……246
16.4 操作查询的结果……248
16.4.1 对查询结果进行排序……248
16.4.2 对查询结果进行分组……249
16.4.3 对分组结果过滤查询……250
16.5 使用集合函数进行统计查询……251
16.5.1 使用 COUNT() 求列的和……251
16.5.2 使用 AVG() 求列平均值……252
16.5.3 使用 MAX() 求列最大值……253
16.5.4 使用 MIN() 求列最小值……253
16.5.5 使用 COUNT() 统计……254
16.6 多表嵌套查询……255
16.6.1 使用比较运算符的嵌套查询……255
16.6.2 使用 IN 的嵌套查询……257
16.6.3 使用 ANY 的嵌套查询……258
16.6.4 使用 ALL 的嵌套查询……258
16.6.5 使用 SOME 的子查询……259
16.6.6 使用 EXISTS 的嵌套查询……259
16.7 新手疑难问题解答……260
16.8 实战技能训练营……261

第17章 PHP与MySQL的组合应用 263

17.1 PHP访问MySQL数据库的步骤 264
17.2 连接数据库前的准备工作 264
17.3 PHP操作MySQL数据库 265
17.3.1 连接MySQL服务器 265
17.3.2 选择数据库 266
17.3.3 创建数据库 267
17.3.4 创建数据表 268
17.3.5 添加一条数据记录 269
17.3.6 一次插入多条数据 271
17.3.7 读取数据 272
17.3.8 释放资源 273
17.3.9 关闭连接 273
17.4 管理MySQL数据库中的数据 273
17.4.1 添加商品信息 273
17.4.2 查询商品信息 275
17.5 新手疑难问题解答 277
17.6 实战技能训练营 278

第18章 PDO数据库抽象层 279

18.1 PDO是什么 280
18.2 安装PDO 280
18.3 PDO连接数据库 281
18.4 PDO中执行SQL语句 283
18.5 PDO中获取结果集 284
18.5.1 fetch()方法 284
18.5.2 fetchAll()方法 285
18.5.3 fetchColumn()方法 286
18.6 在PDO中捕获SQL语句中的错误 287
18.6.1 默认模式 287
18.6.2 警告模式 288
18.6.3 异常模式 288
18.7 PDO中的错误处理 289
18.8 防止SQL注入的攻击 290
18.9 PDO中的事务处理 291
18.10 新手疑难问题解答 292
18.11 实战技能训练营 292

第19章 PHP与Ajax技术 293

19.1 Ajax概述 294
19.1.1 什么是Ajax 294
19.1.2 Ajax的工作过程 296
19.1.3 Ajax的关键元素 297
19.1.4 Ajax的优缺点 297
19.2 Ajax的核心技术 298
19.2.1 全面剖析XMLHttpRequest对象 298
19.2.2 发出Ajax请求 300
19.2.3 处理服务器响应 301
19.3 Ajax技术在PHP中的经典应用 303
19.3.1 应用Ajax技术检查用户名 303
19.3.2 应用Ajax技术实现投票功能 305
19.4 新手疑难问题解答 308
19.5 实战技能训练营 308

第20章 项目实训1——开发企业会员管理系统 310

20.1 系统功能描述 311
20.2 系统功能设计 311
20.2.1 系统功能分析 311
20.2.2 数据流程和数据库 312
20.3 代码的具体实现 314
20.3.1 用户的登录页面 314
20.3.2 数据库连接页面 314
20.3.3 登录验证页面 314
20.3.4 系统主页面 315
20.3.5 会员添加页面 317
20.3.6 会员修改页面 318
20.3.7 用户删除页面 321
20.3.8 会员详情页面 321
20.4 系统测试 323

第21章 项目实训2——开发网上订餐系统 325
21.1 系统功能描述 326
21.2 系统功能设计 326
21.2.1 系统功能分析 326
21.2.2 数据流程和数据库 327
21.3 代码的具体实现 330
21.4 程序运行 339

第22章 项目实训3——开发教务选课系统 341
22.1 系统功能描述 342
22.2 系统功能设计 342
22.2.1 系统功能分析 342
22.2.2 数据流程和数据库 343
22.3 代码的具体实现 345
22.3.1 用户的登录页面 345
22.3.2 数据库连接页面 347
22.3.3 登录注册页面 347
22.3.4 选课系统主页面 349
22.3.5 添加学生页面 351
22.3.6 添加课程页面 353
22.3.7 浏览课程页面 353
22.3.8 选择课程页面 354
22.3.9 删除课程页面 356
22.3.10 修改学生信息页面 356
22.4 系统运行 357

第1章　快速搭建PHP 7的开发环境

本章导读

PHP 是一种跨平台、嵌入式的服务器脚本语言。它具有强大的功能和易于入门的特点，已经成为全球最受欢迎的脚本语言。在学习 PHP 之前，读者需要了解 PHP 的基本概念、PHP 7 的新特征、配置 PHP 服务器和使用开发工具等知识。

知识导图

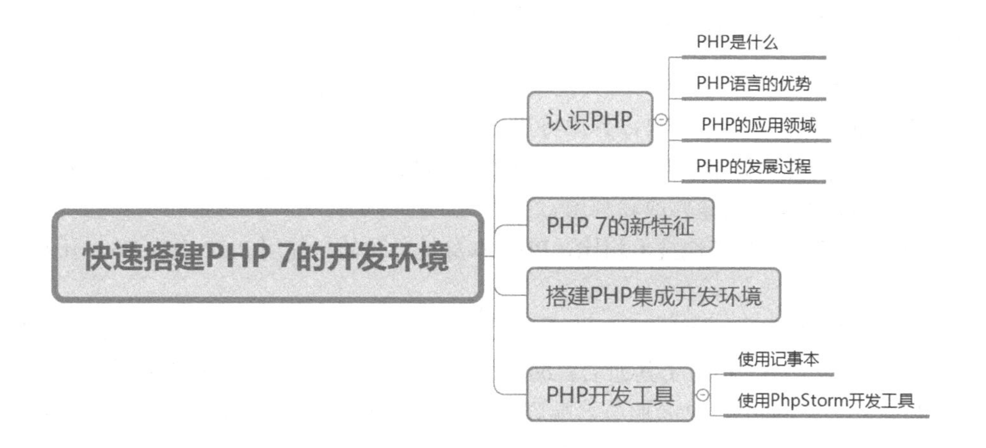

1.1 认识 PHP

1.1.1 PHP 是什么

PHP 全名为 Personal Home Page，是英文 Hypertext Preprocessor（超级文本预处理语言）的别名。PHP 作为在服务器端执行的嵌入 HTML 文档的脚本语言，其风格类似于 C 语言，用于制作动态网站。PHP 借鉴了 C 和 Java 等语言的部分语法，并有自己独特的特性，使 Web 开发者能够快速地编写动态地生成页面的脚本。

对于初学者而言，PHP 的优势是可以快速入门。与其他编程语言相比，PHP 是将程序嵌入 HTML 文档中去执行的，执行效率比完全生成 HTML 标记的方式要高许多。PHP 还可以执行编译后的代码，编译可以起到加密和优化代码的作用，使代码运行得更快。另外，PHP 具有非常强大的功能，能实现所有的 CGI 功能，而且几乎支持所有流行的数据库和操作系统。最重要的是，PHP 还可以用 C、C++ 进行程序扩展。

1.1.2 PHP 语言的优势

PHP 能够迅速发展，并得到广大使用者的喜爱，主要原因是 PHP 不仅有一般脚本都具备的功能，而且有它自身的优势，具体特点如下。

（1）源代码完全开放：所有的 PHP 源代码事实上都可以得到。读者可以通过 Internet 获得所需要的源代码，快速修改和利用。

（2）完全免费：与其他技术相比，PHP 本身是免费的。使用 PHP 进行 Web 开发无须支付任何费用。

（3）语法结构简单：PHP 结合了 C 语言和 Perl 语言的特色，编写简单，方便易懂。可以嵌入 HTML 语言中，相对于其他语言编辑简单，实用性强，更适合初学者学习。

（4）跨平台性强：PHP 是服务器端脚本，可以运行于 Unix、Linux、Windows 环境下。

（5）效率高：PHP 消耗非常少的系统资源，并且程序开发快，运行速度快。

（6）强大的数据库支持：PHP 支持目前所有的主流和非主流数据库，使 PHP 的应用对象非常广泛。

（7）面向对象：在 PHP 中，面向对象方面有了很大的改进，现在 PHP 完全可以用来开发大型商业程序了。

1.1.3 PHP 的应用领域

初学者也许会有疑问，PHP 到底能干什么呢？下面来介绍 PHP 的应用领域。

PHP 在 Web 开发方面的功能非常强大，有了 PHP，用户可以轻松进行 Web 开发。下面来具体学习 PHP 的应用领域。

PHP 主要应用于以下 3 个领域。

1. 服务器端脚本

PHP 最主要的应用领域是服务器端脚本。服务器端脚本运行需要具备 3 项配置：PHP 解析器、Web 浏览器和 Web 服务器。在 Web 服务器运行时，安装并配置 PHP，然后用 Web 浏览器访问 PHP 程序输出。在学习的过程中，读者主要在本机上配置 Web 服务器，即可浏览制作的 PHP 页面。

2. 命令行脚本

命令行脚本和服务端脚本不同，编写的命令行脚本并不需要任何服务器或浏览器运行，在命令行脚本模式下，只需要 PHP 解析器执行即可。这些脚本被用在 Windows 和 Linux 平台下做日常运行脚本，也可以用来处理简单的文本。

3. 编写桌面应用程序

PHP 在桌面应用程序的开发中并不常用，但是如果用户希望在客户端应用程序中使用 PHP 编写图形界面应用程序，可以使用 PHP-GTK。PHP-GTK 是 PHP 的扩展，并不包含在标准的开发包中，开发用户需要单独编译它。

1.1.4 PHP 的发展过程

在当今诸多 Web 开发语言中，PHP 是比较出众的一种。与其他脚本语言不同，PHP 是经过全世界代码开发者共同努力，才发展到今天的规模的。要想了解 PHP，首先应该从它的发展历程谈起。

1994 年，Rasmus Lerdorf 首次开发了 PHP 程序设计语言。1995 年 6 月，Rasmus Lerdorf 在 Usenet 新闻组 comp.infosystems.www.authoring.cgi 上发布了 PHP 1.0 声明。这个早期版本提供了访客留言本、访客计数器等简单的功能。

1995 年，第 2 版 PHP 问市，定名为 PHP/FI（Form Interpreter）。在这一版本中，加入了可以处理更复杂的嵌入式标签语言的解析程序，同时加入了对数据库 MySQL 的支持。自此，奠定了 PHP 在动态网页开发上的影响力。自从 PHP 加入这些强大的功能以后，它的使用量猛增。据初步统计，在 1996 年底，有 15000 个 Web 网站使用了 PHP/FI；而在 1997 年中期，这一数字超过了 50000。

PHP 前两个版本的成功，让其设计者和使用者对 PHP 的未来充满了信心。1997 年，Zeev Suraski 及 Andi Gutmans 加入开发小组，他们自愿重新编写了底层的解析引擎，又有其他很多人也自愿参与 PHP 的工作，使得 PHP 成为真正意义上的开源项目。

1998 年 6 月，发布了 PHP 3.0。在这一版本中，PHP 可以跟 Apache 服务器紧密地结合；再加上它不断地更新及加入新的功能，且几乎支持所有主流和非主流数据库，拥有非常高的执行效率，这些优势使 1999 年使用 PHP 的网站超过了 150000 个。

PHP 经过 3 个版本的演化，已经变成一种非常强大的 Web 开发语言。这种语言非常容易使用，而且它拥有一个强大的类库，类库的命名规则也十分规范，新手就算对一些函数的功能不了解，也可以通过函数名猜测出来。这使得 PHP 十分容易学习，而且 PHP 程序可以直接使用 HTML 编辑器来处理，因此，PHP 变得非常流行，有很多大的门户网站都使用 PHP 作为自己的 Web 开发语言，例如新浪网等。

2000 年 5 月，推出了划时代的版本 PHP 4.0。使用了一种“编译 - 执行”模式，核心引擎更加优越，提供了更高的性能，而且还包含其他一些关键功能，比如支持更多的 Web 服务器、HTTP Sessions 支持、输出缓存、更安全的处理用户输入的方法和一些新的语言结构。

2004 年 7 月，PHP 5.0 发布。该版本以 Zend 引擎 II 为引擎，并且加入了新功能如 PHP Data Objects（PDO）。PHP 5.0 版本强化了更多的功能。首先，完全实现面向对象，提供名为 PHP 兼容模式的功能。其次，PHP 5.0 版本支持直观地访问 XML 数据、名为 SimpleXML 的 XML 处理用户界面。同时还强化了 XML Web 服务支持，而且支持 SOAP 扩展模块。

PHP 目前的最新版本是 PHP 7，功能更加强大，执行效率更高。本书将针对 PHP 7 版本，讲解 PHP 的实用技能。

1.2 PHP 7 的新特征

PHP 7 是 PHP 编程语言的一个主要版本，是开发 Web 应用程序的一次革命，可开发和交付移动企业和云应用。此版本被认为是 PHP5.0 后最重要的变化。

和早期版本相比，目前最新的版本 PHP 7 有以下新的特点。

1. 标量类型声明

PHP 7 增加了对返回类型声明的支持。返回类型声明指明了函数返回值的类型。可用的类型与参数声明中可用的类型相同。例如以下代码：

```
<?php
   function arraysSum(array ...$arrays): array
   {
     return array_map(function(array $array): int {
     return array_sum($array);
   }, $arrays);
   }
   print_r(arraysSum([1,2,3], [4,5,6], [7,8,9]));
?>
```

以上例子会输出：

```
Array
(
   [0] => 6
   [1] => 15
   [2] => 24
)
```

2. null 合并运算符

新增了 null 合并运算符“？？”，它可以替换三元表达式和 isset()。例如以下代码：

```
$a = isset($_GET['a']) ? $_GET['a'] : 1;
```

可以用 null 合并运算符替换如下：

```
$a = $_GET['a'] ?? 1;
```

这两个语句的含义都是：如果变量 a 存在且值不为 NULL，它就会返回自身的值，否则返回它的第二个操作数。可见，新增的 ?? 运算符可以简化判断语句。

3. 组合比较符

组合比较符 <=> 用于比较两个表达式。例如 $a<=>$b，表示当 $a 大于、等于或小于 $b 时分别返回 1、0 或 -1。例如以下代码：

```
<?php
  //整型举例
  echo 1 <=> 1; //输出0
  echo 1 <=> 2; //输出-1
  echo 2 <=> 1; // 输出1
  // 浮点型举例
  echo 5.5 <=> 5.5 //输出0
  echo 5.5 <=> 7.0; //输出-1
  echo 7.0 <=> 5.5; //输出1
  // 字符串型举例
  echo "a" <=> "a"; //输出0
  echo "a" <=> "b"; //输出-1
  echo "b" <=> "a"; //输出1
?>
```

4. 通过 define() 定义常量数组

对于常量数组，可以使用 define() 定义，例如以下代码：

```
<?php
  define('PERSON', ['xiaoming', 'xiaoli', 'xiaolan']);
  echo PERSON[1]; // 输出 "xiaoli"
?>
```

5. 匿名类

现在支持通过 new class 来实例化一个匿名类，这可以用来替代一些“用后即焚”的完整类定义。

6. 支持 Unicode 字符格式

PHP 7 支持任何有效的 codepoint 编码，输出为 UTF-8 编码格式的字符串。例如以下代码：

```
<?php
  echo "\u{6666}";
?>
```

在 PHP 7 环境下输出为：晦，而在早期版本中则输出为：\u{6666}。

7. 更多的 Error 变为可捕获的 Exception

PHP 7 实现了一个全局的 throwable 接口，原来的 Exception 和部分 Error 都实现了这个接口（interface），以接口的方式定义异常的继承结构。于是，PHP 7 中更多的 Error 变为可捕获的 Exception 返回给开发者，如果不进行捕获则为 Error，如果捕获就变为一个可在程序内处理的 Exception。这些可被捕获的 Error 通常都是不会对程序造成致命伤害的 Error，例如函数不存在。PHP 7 进一步方便了开发者，让开发者对程序的掌控能力更强。因为在默认情况下，Error 会直接导致程序中断，而 PHP 7 则提供了捕获并且处理的能力，可以让程序继续执行下去，为程序员提供更灵活的选择。

例如，执行一个不确定是否存在的函数，PHP 5 兼容的做法是在函数被调用之前追加判断 function_exist，而 PHP 7 则支持捕获 Exception 的处理方式。

8. 性能大幅度提升

PHP 7 较 PHP 5.0 相比，速度快 2 倍以上。另外，优化后 PHP 7 使用较少的资源，比 PHP 5.6 低了 50% 的内存消耗。同时，PHP 7 也支持 64 位架构机器，运算速度更快。PHP 7 可以服务于更多的并发用户，无需任何额外的硬件。

1.3 搭建 PHP 集成开发环境

对于刚开始学习 PHP 的新手，往往会为配置 PHP 的开发环境而烦恼。为此本节讲述 WampServer 组合包的使用方法。WampServer 组合包是将 Apache、PHP、MySQL 等服务器软件安装配置完成后打包处理。因为其安装简单、速度较快、运行稳定，所以受到广大初学者的青睐。

> **提示：** 在安装 WampServer 组合包之前，需要确保系统中没有安装 Apache、PHP 和 MySQL。否则，需要先将这些软件卸载，然后才能安装 WampServer 组合包。

安装 WampServer 组合包的具体操作步骤如下。

01 到 WampServer 官方网站 http://www.wampserver.com/en/ 下载 WampServer 的最新安装包 WampServer 3.2.0-x32.exe 文件。

02 直接双击安装文件，打开选择安装语言界面，如图 1-1 所示。

03 单击 OK 按钮，在弹出的对话框中选中 I accept the agreement 单选按钮，如图 1-2 所示。

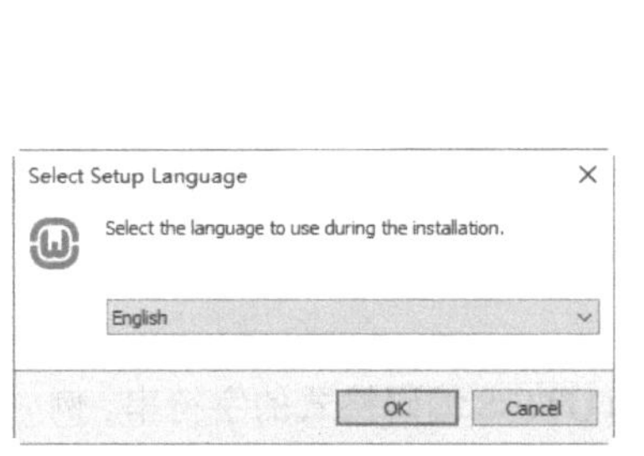

图 1-1　选择安装语言界面

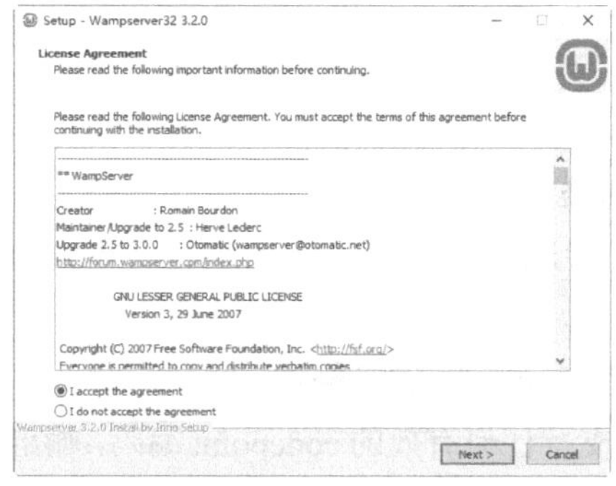

图 1-2　接受许可证协议

04 单击 Next 按钮，弹出 Information 界面，在其中可以查看组合包的相关说明信息，如图 1-3 所示。

05 单击 Next 按钮，在弹出的对话框中设置安装路径，这里采用默认路径“c:\wamp”，如图 1-4 所示。

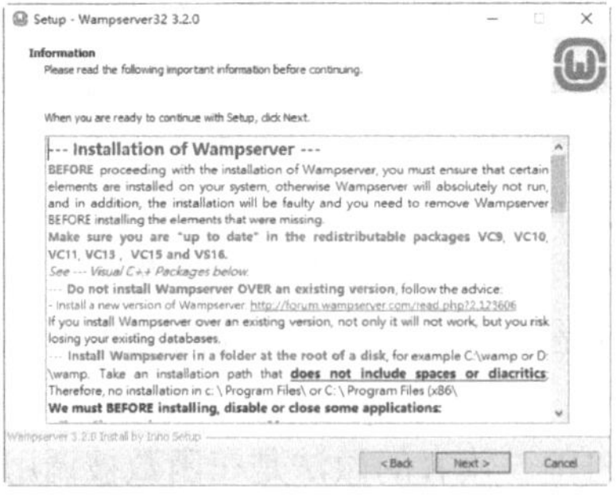

图 1-3　信息界面

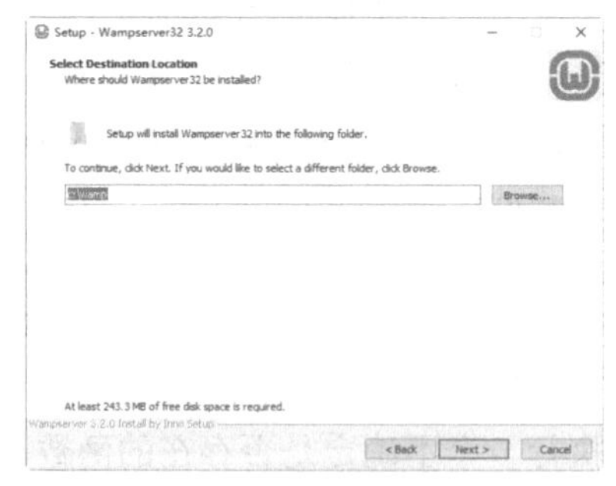

图 1-4　设置安装路径

06 单击 Next 按钮，弹出 Select Components，选中 MySQL 复选框，其他选项采用默认设置，如图 1-5 所示。

07 单击 Next 按钮，在弹出的对话框中确认安装的参数后，单击 Install 按钮，如图 1-6 所示。

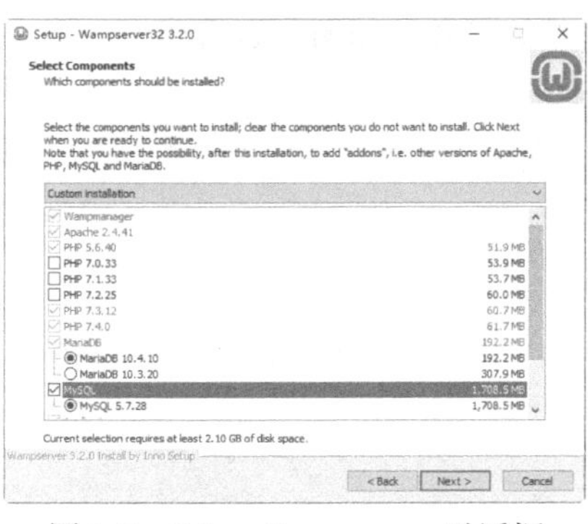

图 1-5　Select Components 对话框

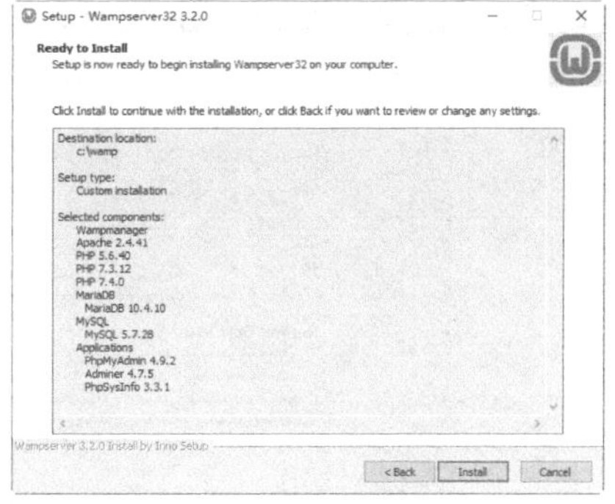

图 1-6　确认安装

08 程序开始自动安装，并显示安装进度，如图 1-7 所示。

09 安装完成后，进入安装完成界面，单击 Finish 按钮，完成 WampServer 的安装操作，如图 1-8 所示。

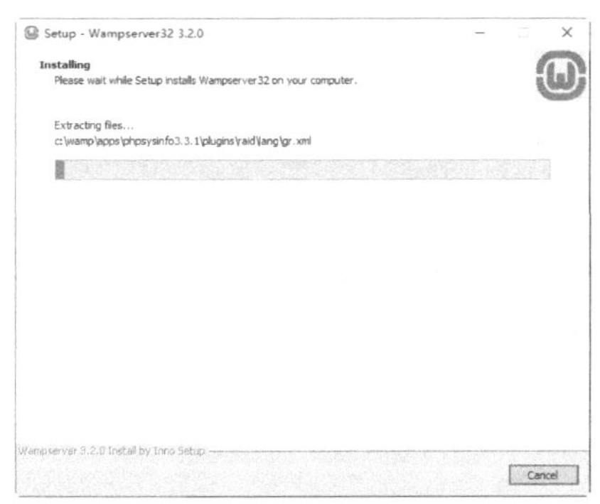

图 1-7　开始安装程序

图 1-8　完成安装界面

> **注意**：在安装的过程中，如果提示选择 iexplore.exe 和 notepad.exe，则按程序的提示直接单击“打开”按钮即可。

10 默认情况下，程序安装完成后的语言为英语，这里为了方便初学者，右击桌面右侧的 WampServer 服务按钮，在弹出的下拉菜单中选择 Language 命令，然后在弹出的子菜单中选择 chinese 命令，如图 1-9 所示。

11 单击桌面右侧的 WampServer 服务按钮，在弹出的下拉菜单中选择 Localhost 命令，如图 1-10 所示。

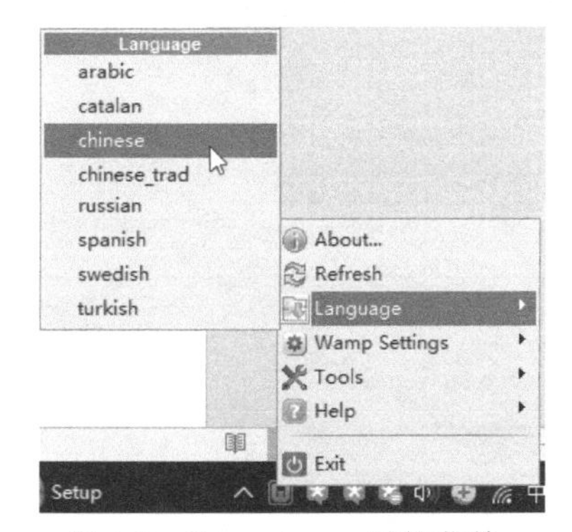

图 1-9　WampServer 下拉菜单

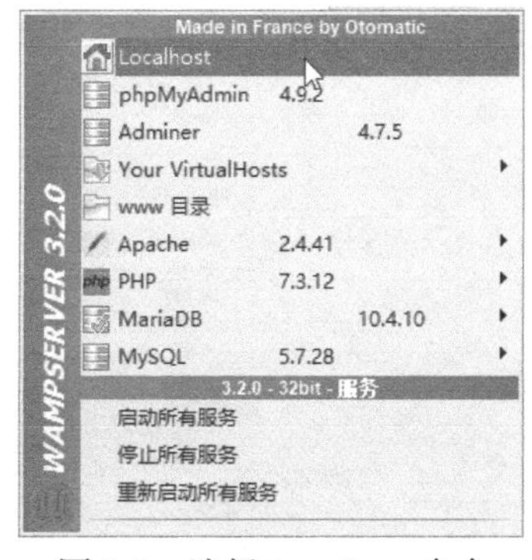

图 1-0　选择 Localhost 命令

12 系统自动打开浏览器，显示 PHP 配置环境的相关信息，如图 1-11 所示。

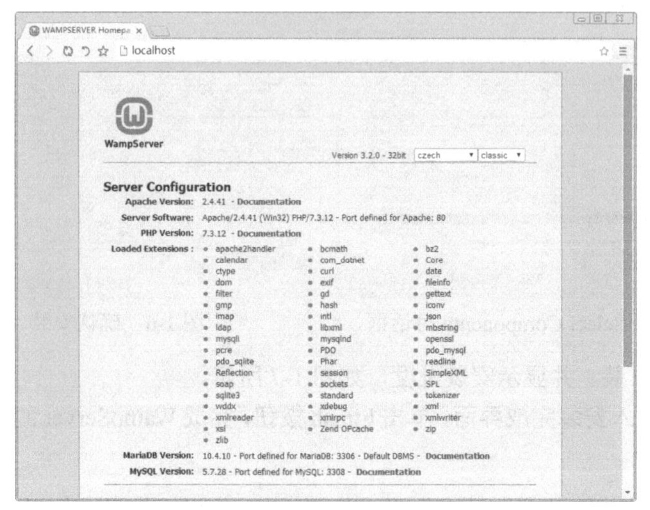

图 1-11　PHP 配置环境的相关信息

1.4　PHP 开发工具

可以编写 PHP 代码的工具有很多，每种开发工具都有各种的优势。一款合适的开发工具会让开发人员的编程过程更加有效和轻松。下面讲述两种常见的工具，记事本和 PhpStorm 的使用方法。

1.4.1　使用记事本

记事本是 Windows 系统自带的文本编辑工具，具备最基本的文本编辑功能，体积小巧、启动快、占用内存低、容易使用。记事本的主窗口如图 1-12 所示。

图 1-12　记事本的主窗口

在使用记事本程序编辑 PHP 文档的过程中，需要注意保存方法和技巧。在“另存为”对话框中输入文件名称，后缀名为 .php，另外，“保存类型”设置为“所有文件”，“编码”设置为 UTF-8 即可，如图 1-13 所示。

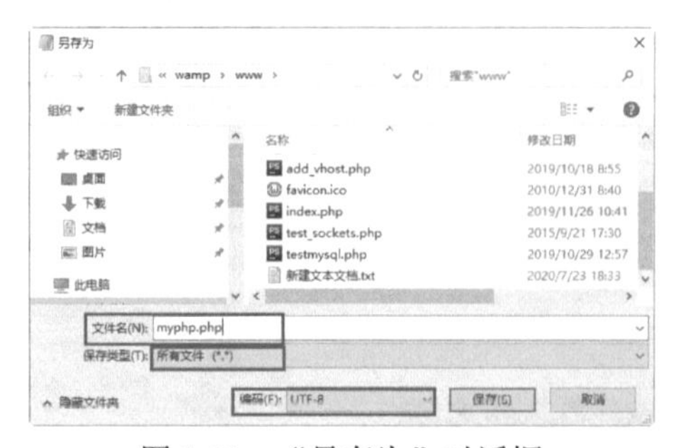

图 1-13　“另存为”对话框

1.4.2 使用 PhpStorm 开发工具

除了使用记事本以外，读者还可以使用专业的 PHP 开发工具。下面讲述使用 PhpStorm 开发工具开发 PHP 程序。PhpStorm 可以提高工作效率，提供了智能代码补全、快速导航以及即时错误检查的功能。

PhpStorm 工具的官方下载地址是：https://www.jetbrains.com/phpstorm/，在该页面中单击 Download 按钮，即可下载 PhpStorm，如图 1-14 所示。

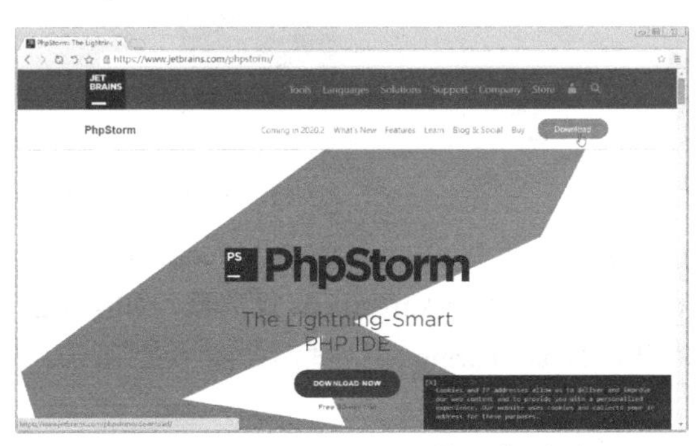

图 1-14　PhpStorm 工具的下载页面

1. 安装 PhpStorm 工具

PhpStorm 工具下载完成后即可进行安装，具体操作步骤如下。

01 双击 PhpStorm-2020.1.exe 安装文件，打开 PhpStorm 的安装欢迎界面，如图 1-15 所示。

02 单击 Next 按钮，打开 Choose Install Location 对话框，采用默认的安装路径即可，如图 1-16 所示。

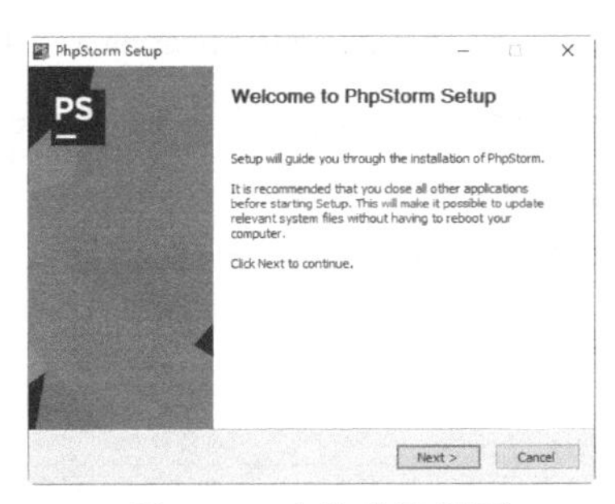

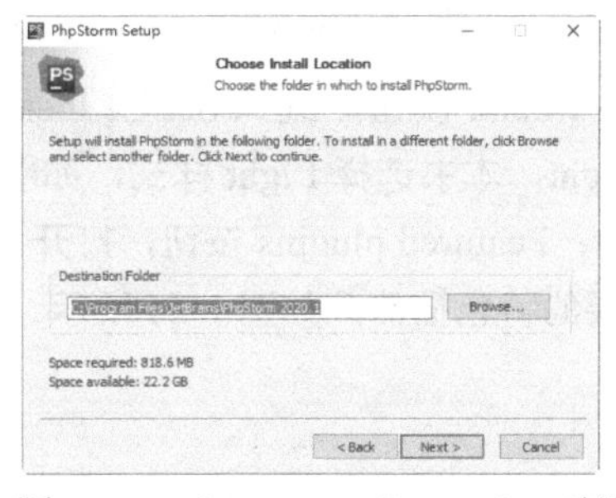

图 1-15　安装欢迎界面　　图 1-16　Choose Install Location 对话框

03 单击 Next 按钮，打开 Installation Options 对话框，选择 .php 复选框，如图 1-17 所示。

04 单击 Next 按钮，打开 Choose Start Menu Folder 对话框，如图 1-18 所示。

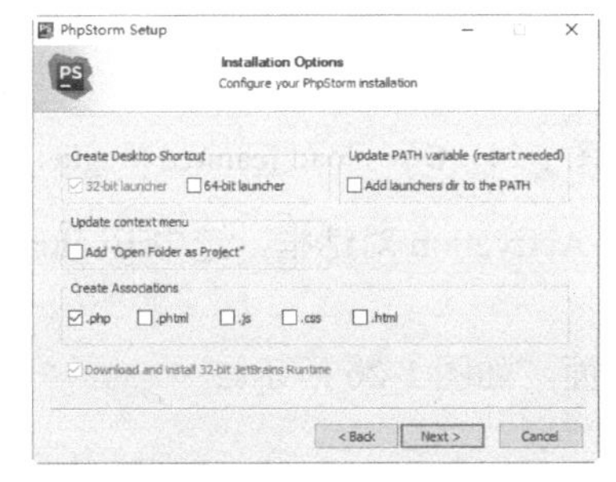

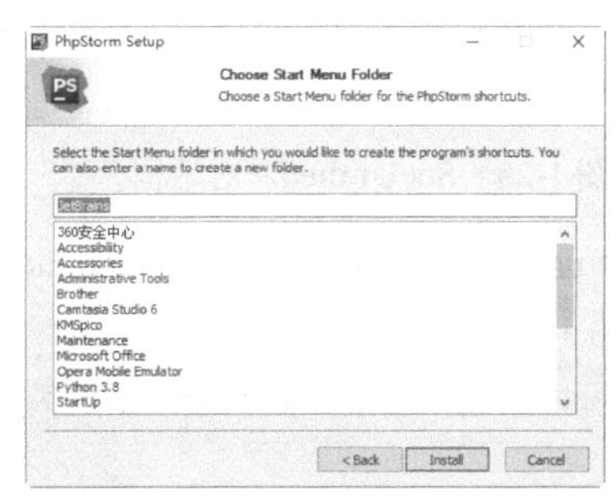

图 1-17　Installation Options 对话框　　图 1-18　Choose Start Menu Folder对话框

05 单击 Install 按钮，程序开始自动安装并显示安装的进度，如图 1-19 所示。

06 安装完成后，选择 Run PhpStorm 复选框，单击 Finish 按钮，如图 1-20 所示。

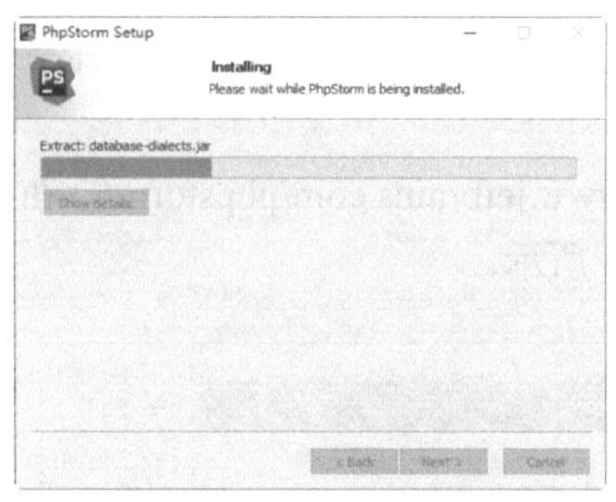

图 1-19　显示安装进度

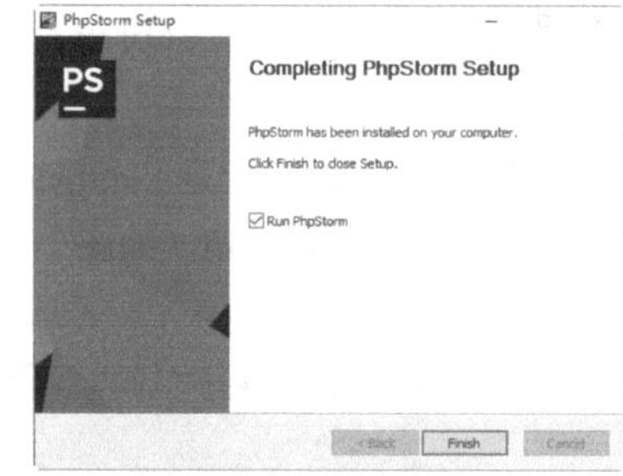

图 1-20　安装完成

07 首次运行 PhpStorm 软件，打开 PhpStorm User Agreement 对话框，选中 I confirm that I hava read and accept the terms of this User Agreement 复选框，如图 1-21 所示。

08 单击 Continue 按钮，打开 Data Sharing 对话框，如图 1-22 所示。

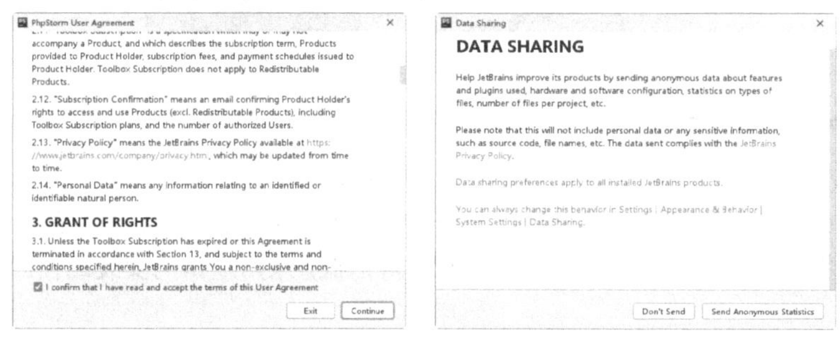

图 1-21　PhpStorm User Agreement 对话框　　图 1-22　Data Sharing 对话框

09 单击 Don’t Send 按钮，进入 Set UI theme 对话框，这里有两个界面样式可以选择，即 Darcula 和 Light，本书选择 Light 样式，如图 1-23 所示。

10 单击 Next：Featured plugins 按钮，打开 Download featured plugins 对话框，这里可以根据需要下载需要的特色插件，如图 1-24 所示。

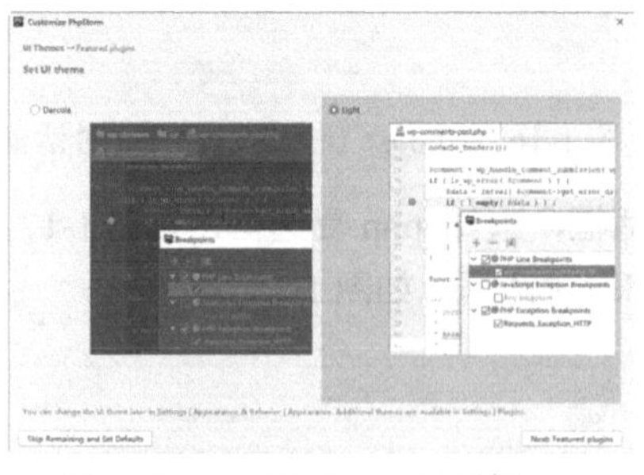

图 1-23　Set UI theme 对话框

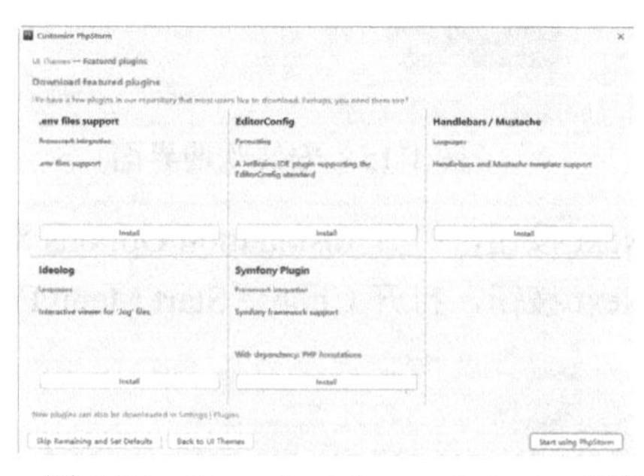

图 1-24　Download featured plugins 对话框

11 单击 Start using PhpStorm 按钮，打开 License Activetion 对话框，选中 Evaluate for free 单选按钮，如图 1-25 所示。

12 单击 Evaluate 按钮，进入 PhpStorm 的欢迎界面，如图 1-26 所示。

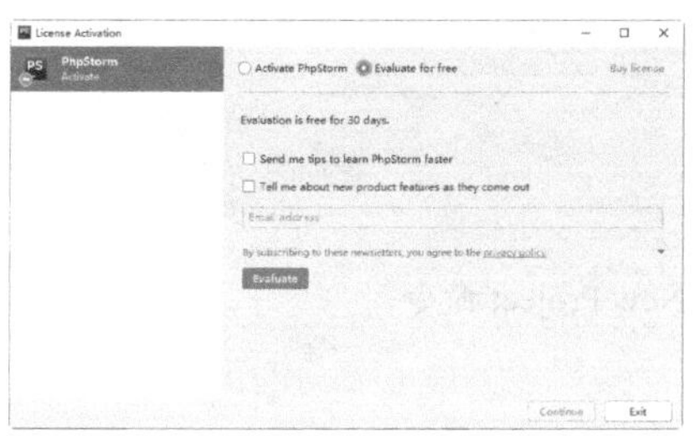

图 1-25　License Activetion 对话框

图 1-26　PhpStorm 的欢迎界面

PhpStorm 的欢迎界面中各个选项的含义如下：

（1）Create New Project：创建新项目。

（2）Open：打开已有项目。

（3）Create New Project from Existing Files：从现有文件创建新项目。

（4）Get from Version Control：从版本库中检出项目。

2. 创建 PHP 项目

PhpStorm 安装完成后，即可创建项目和文件。在如图 1-26 所示的欢迎界面中，单击 Create New Project 按钮，打开 New Project 对话框，在 Location 文本框中选择项目的存放路径，这里选择“C:\wamp\www\phpProject”目录，如图 1-27 所示。

单击 Create 按钮，即可创建 phpProject 项目。在主界面的左侧显示新创建的项目和自动生成的文件，如图 1-28 所示。

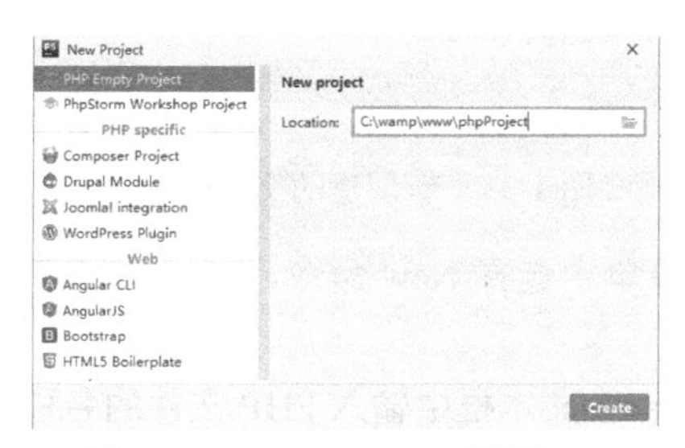

图 1-27　New Project 对话框

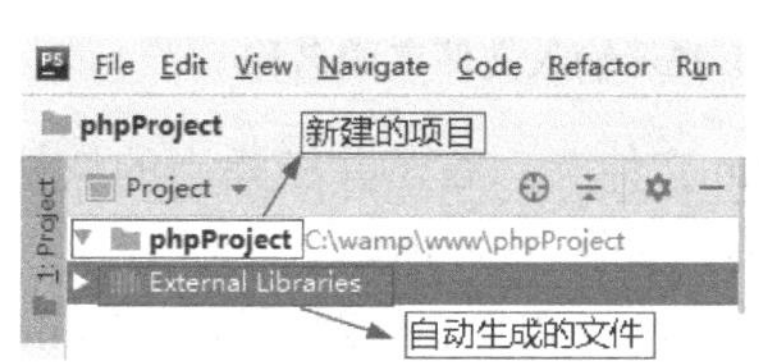

图 1-28　创建 phpProject 项目

提示： 如果在创建过程中出现如图 1-29 所示的提示信息，表示在该目录下存在同名的项目，此时可以选择 Yes 按钮将其替换。

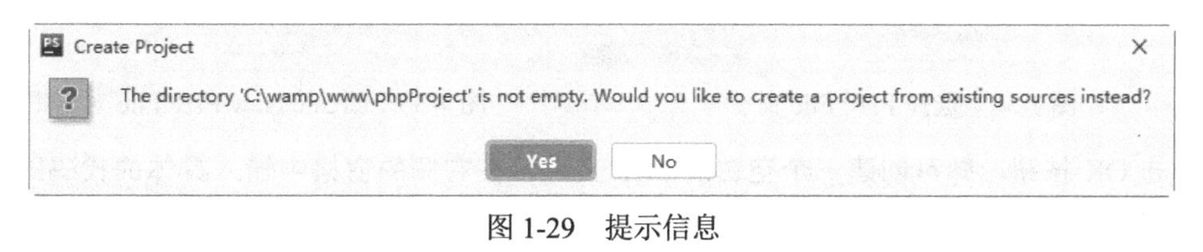

图 1-29　提示信息

如果已经创建过项目，则打开 PhpStorm 软件时会进入该软件的主界面，默认打开上一次创建过的项目。此时如果想创建新项目，可以选择单击 File 菜单，在弹出的下拉菜单中选择 New Project 命令，即可参照上面的操作步骤创建新的 PHP 项目，如图 1-30 所示。

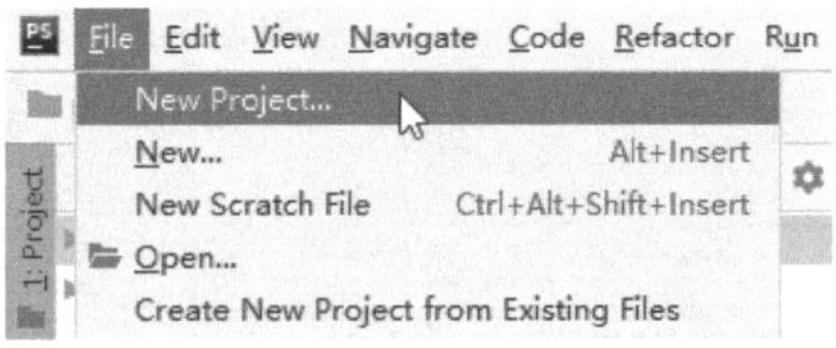

图 1-30　选择 New Project 命令

3. 创建项目文件夹和文件

项目创建完成后，即可在项目中创建需要的文件夹和文件。具体操作步骤如下：

01 在 PhpStorm 主界面的左侧选择 phpProject 项目，右击并在弹出的快捷菜单中选择 New 命令，在弹出的子菜单中选择 Directory 命令，如图 1-31 所示。

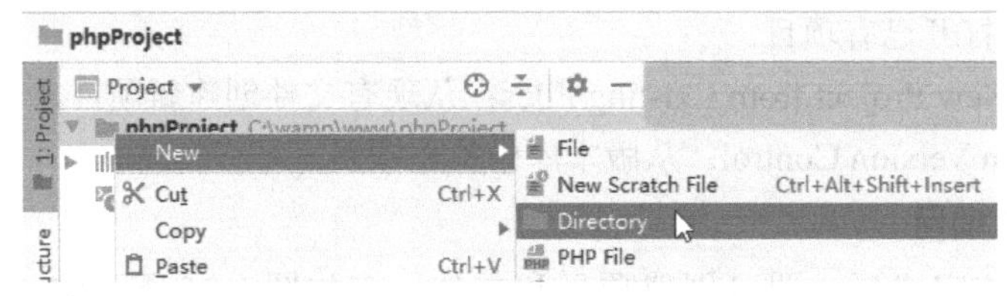

图 1-31　选择 Directory 命令

02 在打开的对话框中输入文件夹的名称“main”，然后按 Enter 键确认，如图 1-32 所示。

03 在主界面的左侧显示新创建的文件夹 main，如图 1-33 所示。

图 1-32　输入文件夹的名称

图 1-33　新创建的文件夹 main

04 选择 main 文件夹，右击并在弹出的快捷菜单中选择 New 命令，在弹出的子菜单中选择 PHP File 命令，如图 1-34 所示。

05 打开 Create New PHP File 对话框，在 File name 文本框中输入 PHP 文件的名称“index”，如图 1-35 所示。

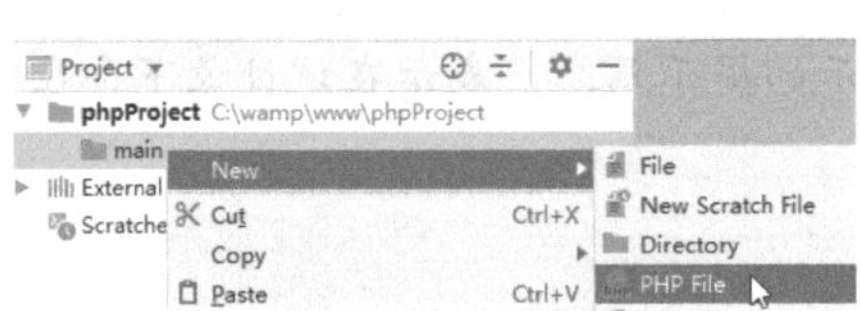

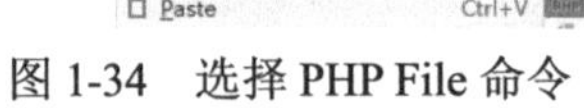

图 1-34　选择 PHP File 命令

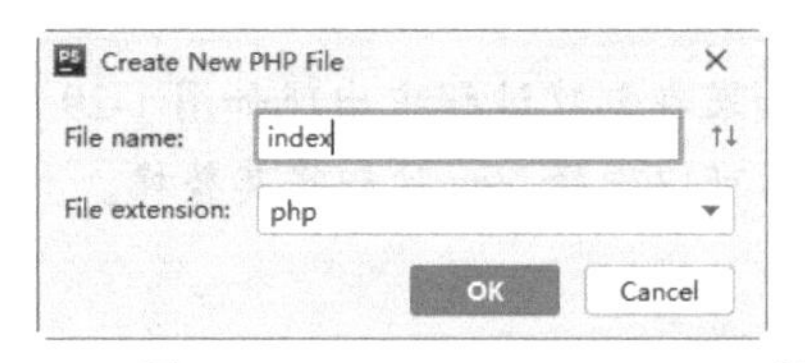

图 1-35　Create New PHP File 对话框

06 单击 OK 按钮，即可创建一个空白的 PHP 文件，在右侧的窗格中输入具体的代码即可，如图 1-36 所示。

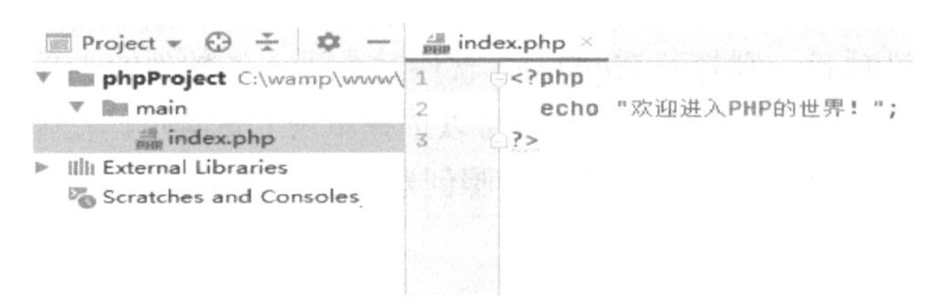

图 1-36　新建 PHP 文件

07 在浏览器地址栏中输入“http://localhost/phpProject/main/index.php”后按 Enter 键确认，即可查看新建 PHP 文件的运行效果，如图 1-37 所示。

图 1-37 运行 PHP 文件

1.5 新手疑难问题解答

疑问 1：作为新手，从哪里获取更多的学习资源？

通过一些学习资源，可以帮助读者找到掌握 PHP 的捷径。学习 PHP 语言，需要配备 PHP 手册。PHP 手册对 PHP 的函数进行了详细的讲解和说明，同时对 PHP 的安装与配置、语言参考、安全和特点等内容进行了介绍。https://www.php.net/docs.php 网站提供了 PHP 的各种语言、格式和版本的参考手册，读者可以在线阅读，也可以下载。PHP 手册不仅对 PHP 函数进行了解释和说明，还提供了快速查找的方法。在线查看 PHP 手册如图 1-38 所示。

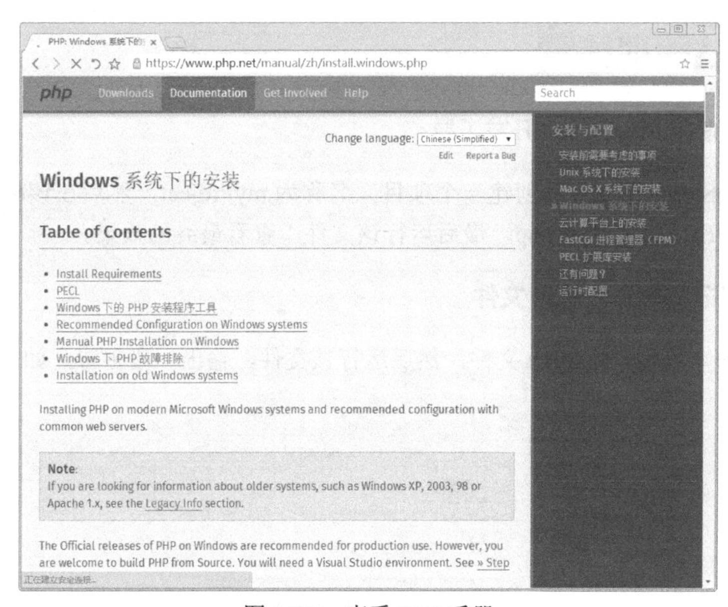

图 1-38 查看 PHP 手册

疑问 2：遇到网页乱码问题怎么办？

文件的编码是一个非常重要的问题，也是初学者非常容易犯错的地方。为了保证整个项目的编码格式为 UTF-8，在创建完项目后，默认的编码就是 UTF-8，如果将一个文件复制到项目中，若该文件的编码格式为 GBK，则需要将其修改为 UTF-8。用 PhpStorm 更改编码的方式比较简单，打开文件，在 PhpStorm 窗口的右下角单击文件编码 GBK，将弹出编码的列表，选择 UTF-8 选项，如图 1-39 所示。然后在弹出的提示信息对话框中单击 Convert 按钮即可确认编码的修改，如图 1-40 所示。

图 1-39　选择 UTF-8 选项

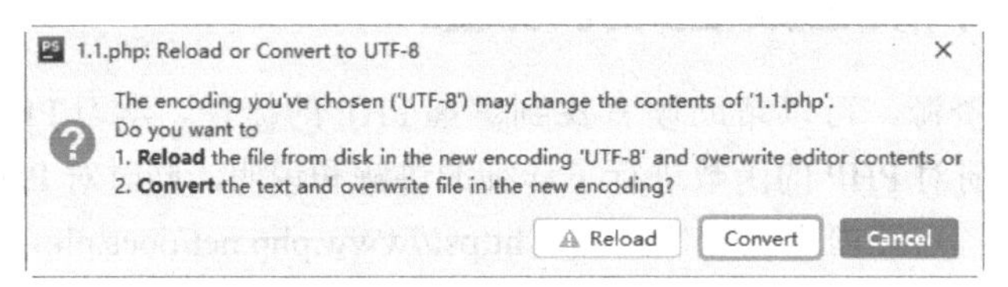

图 1-40　信息提示对话框

1.6 实战技能训练营

实战 1：练习使用 PhpStorm 开发工具

请使用 PhpStorm 开发工具创建一个项目，名称为 myProject，然后在该项目中创建文件夹 CSS，创建 PHP 文件 index.php，最后运行该文件，查看最终的效果。

实战 2：使用记事本编写 PHP 文件

请使用记事本编写一个 PHP 文件，然后运行该文件，输出一段古诗，如图 1-41 所示。

图 1-41　信息提示对话框

第2章　PHP的基本语法

本章导读

PHP 语言比较易学易用，开发和运行的速度都比较快。不过要想精通 PHP 程序开发，基础语法知识还是必须要掌握的。本章将开始学习 PHP 的基本语法，主要包括 PHP 的标识符、编码规范、常量、变量、数据类型、运算符和表达式等。通过本章技能训练营的实战练习，可以让读者在掌握基础知识的前提下体验 PHP 程序开发的乐趣。

知识导图

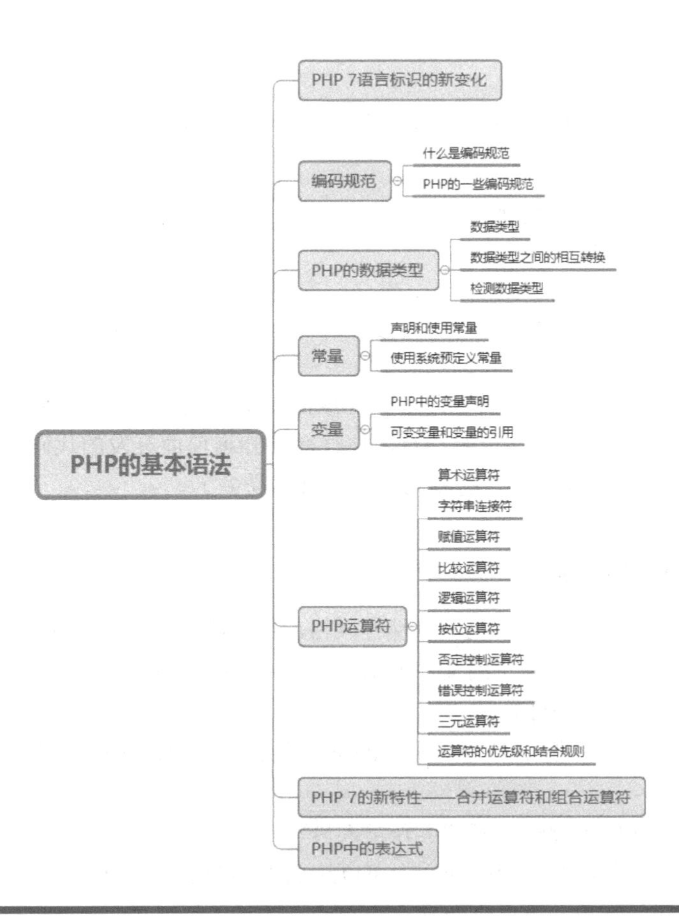

2.1 PHP 7 语言标识的新变化

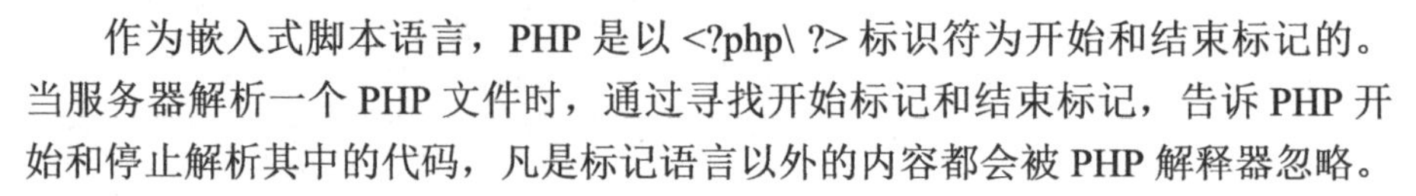

作为嵌入式脚本语言，PHP 是以 <?php\ ?> 标识符为开始和结束标记的。当服务器解析一个 PHP 文件时，通过寻找开始标记和结束标记，告诉 PHP 开始和停止解析其中的代码，凡是标记语言以外的内容都会被 PHP 解释器忽略。

PHP 7.3 版本支持的标记风格如下：

```
<?php
     echo "这是PHP的标记风格。"
?>
```

为了让 PHP 程序的风格统一，目前 PHP 7.3 版本已经移除了另外两种标记风格，即脚本风格和 ASP 风格。

1. 脚本风格

有的编辑器对 PHP 代码完全采用另外一种表示方式，比如 <script></script> 的表示方式。

```
<script language="php">
    echo "这是脚本风格的标记";
</script>
```

2. ASP 风格

受 ASP 的影响，早期 PHP 版本中提供了 ASP 标志风格。例如：

```
<%
    echo "这是PHP的ASP的表示方式。";
%>
```

2.2 编码规范

由于现在的 Web 开发往往是多人一起合作完成的，所以使用相同的编码规范非常重要，特别是当新的开发人员参与时，往往需要知道前面开发的代码中变量或函数的作用等，如果使用统一的编码规范，就容易多了。

2.2.1 什么是编码规范

编码规范规定了某种语言的一系列默认编程风格，用来增强这种语言的可读性、规范性和可维护性。编码规范主要包括语言下的文件组织、缩进、注释、声明、空格处理、命名规则等。

遵守 PHP 编码规范有下列好处：

（1）编码规范是团队开发中对每个成员的基本要求。对编码规范遵循得好坏是一个程序员成熟程度的表现。

（2）能够提高程序的可读性，有利于开发人员互相交流。

（3）良好一致的编程风格在团队开发中可以达到事半功倍的效果。

（4）有助于程序的维护，可以降低软件成本。

2.2.2 PHP的一些编码规范

PHP作为高级语言的一种，非常强调编码规范。以下是规范在3个方面的体现。

1. 表述

比如在PHP的正常表述中，每一条PHP语句都是以“;”结尾的，这个规范就是告诉PHP要执行此语句。例如：

```
<?php
    echo "PHP以分号表示语句的结束和执行。";
?>
```

2. 注释

在PHP语言中，常见的注释包括以下几种风格。

1）单行注释

这是一种来源于C++语言语法的注释模式，可以写在PHP语句的上方，也可以写在PHP语句的右侧。例如：

```
<?php
    //这是写在PHP语句上方的单行注释
    echo "这是单行注释的效果！";
    echo "这是单行注释的效果！";//这是写在PHP语句右侧的单行注释
?>
```

2）多行注释

这是一种来源于C语言语法的注释模式。例如：

```
<?php
    /*这是
    C语言风格
    的注释内容
    */
    //这是写在PHP语句上方的单行注释
    echo "这是多行注释的效果！";
?>
```

注意：注释不能嵌套，因为PHP不进行块注释的嵌套检查，所以以下写法是错误的：

```
/* 这是
  echo "这里开始嵌套注释";/* 嵌套注释时PHP会报错 */
*/
```

3）#号风格的注释

这种方法只能一句注释占用一行。使用时可以单独占一行，也可以与PHP语句位于同一行。例如：

```
<?php
    echo "这是#号风格注释的效果！";    #这是写在PHP语句右侧的单行注释
?>
```

需要特别注意的是，在单行注释中不要出现“?>”，否则解释器会认为是PHP脚本结束，而不会执行“?>”后面的代码。

3. 空白

PHP 对空格、回车造成的新行、Tab 等留下的空白的处理也遵循编码规范。PHP 对它们都进行忽略。这跟浏览器对 HTML 语言中的空白的处理是一样的。

合理地运用空白符，可以增强代码的清晰性和可读性。

（1）下列情况应该总是使用两个空白行：

① 两个类的声明之间。

② 一个源文件的两个代码片段之间。

（2）下列情况应该总是使用一个空白行：

① 两个函数声明之前。

② 函数内的局部变量和函数的第一个语句之间。

③ 块注释或单行注释之前。

④ 一个函数内的两个逻辑代码段之间。

（3）合理利用空格可以提高代码的缩进，提高可读性。

① 空格通常用于关键字与括号之间，但是，函数名称与左括号之间不用空格分开。

② 函数参数列表中的逗号后面通常会插入空格。

③ for 语句的表达式应该用逗号分开，后面添加空格。

4. 指令分隔符

在 PHP 代码中，每个语句后需要用分号结束命令。一段 PHP 代码中的结束标记隐含表示一个分号，所以在 PHP 代码段中的最有一行可以不使用分号。例如：

```
<?php
    echo "这是第一个语句";          // 每个语句都加入分号
    echo "这是第二个语句";
    // 结束标记隐含了分号，下面的语句可以省略分号
    echo "这是最后一个语句"?>
```

5. 与 HTML 语言混合搭配

凡是在一对 PHP 开始和结束标记之外的内容都会被 PHP 解析器忽略，这使得 PHP 文件可以包含混合内容。可以将 PHP 嵌入 HTML 文档中。例如：

```
<HTML>
<HEAD>
<TITLE>PHP与HTML混合搭配</TITLE>
</HEAD>
<BODY>
<?php
    echo "嵌入的PHP代码";
?>
</BODY>
<HTML>
```

2.3 PHP 的数据类型

从 PHP 4 开始，PHP 中的变量不需要事先声明，赋值即声明。声明和使用这些数据类型前，读者需要了解它们的含义和特性。

2.3.1 数据类型

不同的数据类型其实就是所储存数据的不同种类。PHP 一共支持 8 种数据类型，包括整型、浮点型、字符串型、布尔型、数组、对象、资源和空类型。

（1）整型（integer）：用来储存整数。

（2）浮点型（float）：用来储存实数。和整数不同的是，它有小数位。

（3）字符串型（string）：用来储存字符串。

（4）布尔型（boolean）：用来储存真（true）或假（false）。

（5）数组（array）：用来储存一组数据。

（6）对象（object）：用来储存一个类的实例。

（7）资源（resource）：资源是一种特殊的变量类型，保存到外部资源的一个引用。

（8）空类型（NULL）：没有被赋值、已经被重置或者被赋值为特殊值 NULL 的变量。

作为弱类型语言，PHP 也被称为动态类型语言。在强类型语言中（例如 C 语言），一个变量只能储存一种类型的数据，并且这个变量在使用前必须声明变量类型。而在 PHP 中，给变量赋什么类型的值，这个变量就是什么类型的。例如以下几个变量：

```
<?php
    //因为'秦时明月汉时关'是字符串，所以变量$a的数据类型就为字符串类型
    $a = '秦时明月汉时关';
    //由于9988为整型，所以$b就为整型
    $b = 9988;
    //由于99.88为浮点型，所以$c就是浮点型
    $c = 99.88;
?>
```

由此可见，对于变量而言，变量的类型是由所赋值的类型来决定的。

实例 1：输出商品信息

本实例通过 echo 语句输出商品信息，包括名称、产地、价格和库存，代码如下：

```
<?php
    $name = "风韵牌洗衣机";
    $place = "上海";
    $price = 3998.88;
    $amount = 2000;
    echo "名称: ".$name ."<br/>";
    echo "产地: ".$place ."<br/>";
    echo "价格: ".$price ."元<br/>";
    echo "库存: ".$amount ."台";
?>
```

上述代码中，包含了整型、浮点型和字符串型。“.”是字符串连接符，“<br />”是换行标签。程序运行结果如图 2-1 所示。

图 2-1 输出商品信息

2.3.2　数据类型之间的相互转换

数据从一个类型转换到另外一个类型，就是数据类型转换。在 PHP 语言中，有两种常见的转换方式：自动数据类型转换和强制数据类型转换。

1. 自动数据类型转换

这种转换方法最为常用。直接输入数据的转换类型即可。

例如，float 型转换为整数 int 型，小数点后面的数将被舍弃。如果 float 数超过整数的取值范围，则结果可能是 0 或者整数的最小负数。

实例 2：自动数据类型转换

```
<?php
    $fa=99.88;                       // 定义float类型
    echo (int)$fa."<br/>";      // 转换为整数类型输出
    $fb=4E32;                      // 超过整数取值范围
    echo(int)$fb;
?>
```

程序运行结果如图 2-2 所示。

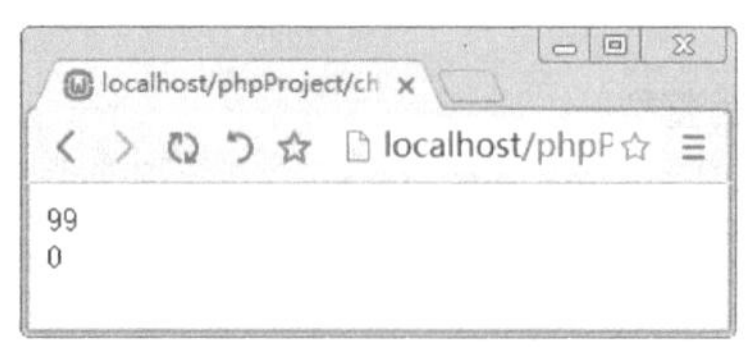

图 2-2　自动数据类型转换

2. 强制数据类型转换

在 PHP 中，可以使用 setType 函数强制转换数据类型。基本语法如下：

```
Bool setType(var, string type)
```

> **注意**：type 的可能值不能包含资源类型数据。

实例 3：强制数据类型转换

```
<?php
    $fa = 99.88;
    echo setType($fa, "int")."<br/>";
    echo $fa;
?>
```

程序运行结果如图 2-3 所示。转型成功，则返回 1，否则返回 0。变量 fa 转为整型后为 99。

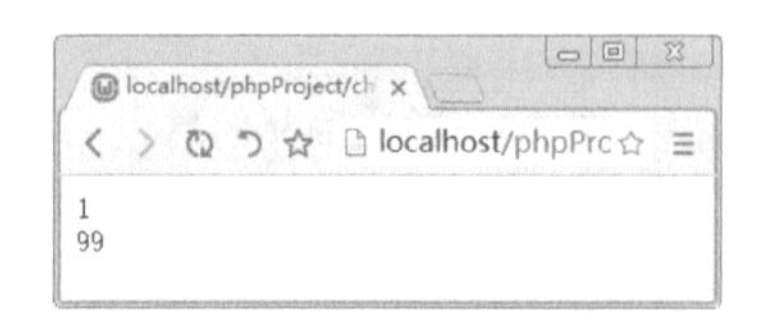

图 2-3　使用强制类型转换

2.3.3 检测数据类型

通过 PHP 内置的函数可以检测数据类型。针对不同类型的数据进行检测，判断其是否属于某个类型，如果符合则返回 true，否则返回 false。

检测数据类型的函数及其含义如下：

（1）is_bool()：检测变量是否为布尔类型。

（2）is_string()：检测变量是否为字符串类型。

（3）is_float() 和 is_double()：检测变量是否为浮点类型。

（4）is_int()：检测变量是否为整型。

（5）is_null()：检测变量是否为 null。

（6）is_array()：检测变量是否为数组类型。

（7）is_object()：检测变量是否是一个对象类型。

（8）is_numeric()：检测变量是否为数字或由数字组成的字符串。

实例 4：检测数据类型

```
<?php
// 定义float类型
    $fa = 99.88;
// 检测变量fa是否为浮点型变量
    if(is_float($fa)){
        echo "变量fa是浮点型变量";
    }else{
        echo "变量fa不是浮点型变量";
    }
    echo "<br />";
// 检测变量fa是否为空
    if(is_null($fa)){
        echo "变量fa是null";
    }else{
        echo "变量fa不是null";
    }
?>
```

程序运行结果如图 2-4 所示。

图 2-4 检测数据类型

2.4 常量

常量和变量是构成 PHP 程序的基础。本节来讲述如何声明和使用常量。

2.4.1 声明和使用常量

在 PHP 中，常量是一旦声明就无法改变的值。PHP 通过 define() 命令来声明常量。格式如下：

```
define("常量名", 常量值);
```

常量名是一个字符串，往往在 PHP 编码规范的指导下使用大写的英文字符来表示，例如 CLASS_NAME、MYAGE 等，常量值也可为表达式。

常量值可以是数组，可以是对象，当然也可以是字符和数字。常量就像变量一样储存数值，但是，与变量不同的是，常量的值只能设定一次，并且无论在代码的任何位置，它都不能被改动。

常量声明后具有全局性，函数内外都可以访问。

实例 5：声明并输出常量 (案例文件：ch02\2.5.php)

```
<?php
    define("CL","烟外驿楼红隐隐，渚边云树暗苍苍。");//定义常量CL
    echo CL; //输出常量CL
?>
```

程序的运行结果如图 2-5 所示。

图 2-5　声明并输出常量

2.4.2　使用系统预定义常量

PHP 的系统预定义常量是指 PHP 在语言内部预先定义好的一些量。PHP 中预定了很多系统内置常量，这些常量可以被随时调用。例如，下面是一些常见的内置常量。

1. __FILE__

这个默认常量是 PHP 程序文件名。若引用文件（include 或 require），则在引用文件内的该常量为引用文件名，而不是引用它的文件名。

2. __LINE__

这个默认常量是 PHP 程序行数。若引用文件（include 或 require），则在引用文件内的该常量为引用文件的行数，而不是引用它的文件的行数。

3. PHP_VERSION

这个内建常量是 PHP 程序的版本，如 3.0.8-dev。

4. PHP_OS

这个内建常量指执行 PHP 解析器的操作系统名称，如 Linux。

5. TRUE

这个常量就是真值 (true)。

6. FALSE

这个常量就是伪值 (false)。

7. E_ERROR

这个常量指到最近的错误处。

8. E_WARNING

这个常量指到最近的警告处。

9. E_PARSE

这个常量为解析语法有潜在问题处。

10. E_NOTICE

这个量为发生异常（但不一定是错误）处。例如，存取一个不存在的变量。

实例 6：输出系统常量

```
<?php
    echo "当前文件的路径是：".__FILE__;          // 输出文件的路径和文件名
    echo "<br />";                              // 输出换行
    echo "当前行数是：".__LINE__;                // 输出语句所在的行数
    echo "<br />";                              // 输出换行
    echo "当前PHP的版本是：".PHP_VERSION;        // 输出PHP的版本
    echo "<br />";                              // 输出换行
    echo "当前操作系统是：". (PHP_OS);          // 输出操作系统名称
?>
```

程序的运行结果如图 2-6 所示。

localhost/phpProject/ch02/2.6.php

当前文件的路径是：C:\wamp\www\phpProject\ch02\2.6.php
当前行数是：4
当前PHP的版本是：7.3.12
当前操作系统是：WINNT

图 2-6　使用内置常量

2.5 变量

变量像是一个贴有名字标签的空盒子。不同的变量类型对应不同种类的数据，就像不同种类的东西要放入不同种类的盒子一样。

2.5.1 PHP 中的变量声明

与 C 或 Java 语言不同的是，PHP 中的变量是弱类型的。在 C 或 Java 中，需要对每一个变量声明类型，而在 PHP 中不需要这样做。这是极其方便的。

PHP 中的变量一般以“$”作为前缀，然后以字母 a ～ z 的大小写或者下画线“_”开头。这是变量的一般表示。

合法的变量名可以是：

```
$hello
$Aform1
$_formhandler
```

非法的变量名如：

```
$168
$!like
```

在 PHP 中不需要显式地声明变量，但是定义变量前进行声明并添加注释，是一个好的程序员应该养成的习惯。PHP 的赋值有两种，包括传值和引用，它们的区别如下：

（1）传值赋值：使用“=”直接将赋值表达式的值赋给另一个变量。

（2）引用赋值：将赋值表达式内存空间的引用赋给另一个变量。需要在“=”左右的变量前面加上一个“&”符号。在使用引用赋值的时候，两个变量将会指向内存中同一个存储空间，所以任意一个变量的变化都会引起另外一个变量的变化。

实例 7：使用两种方式赋值变量

```
<?php
    echo "使用传值方式赋值：<br/>";          // 输出 使用传值方式赋值：
    $a = "稻云不雨不多黄";
    $b = $a;                 // 将变量$a的值赋值给$b，两个变量指向不同内存空间
    echo "变量a的值为：".$a."<br/>";         // 输出 变量a的值
    echo "变量b的值为：".$b."<br/>";         // 输出 变量b的值
    $a = "荞麦空花早着霜";                 // 改变变量a的值，变量b的值不受影响
    echo "变量a的值为：".$a."<br/>";         // 输出 变量a的值
    echo "变量b的值为：".$b."<p>";           //输出 变量b的值
    echo "使用引用方式赋值：<br/>";          //输出  使用引用方式赋值：
    $a = "已分忍饥度残岁";
    $b = &$a;               // 将变量$a的引用赋给$b，两个变量指向同一块内存空间
    echo "变量a的值为：".$a."<br/>";      // 输出 变量a的值
    echo "变量b的值为：".$b."<br/>";      // 输出 变量b的值
    $a = "更堪岁里闰添长";
    /*
    改变变量a在内存空间中存储的内容，变量b也指向该空间，b的值也发生变化
    */
    echo "变量a的值为：".$a."<br/>";      // 输出 变量a的值
    echo "变量b的值为：".$b." <br/>";     // 输出 变量b的值
?>
```

程序运行结果如图 2-7 所示。

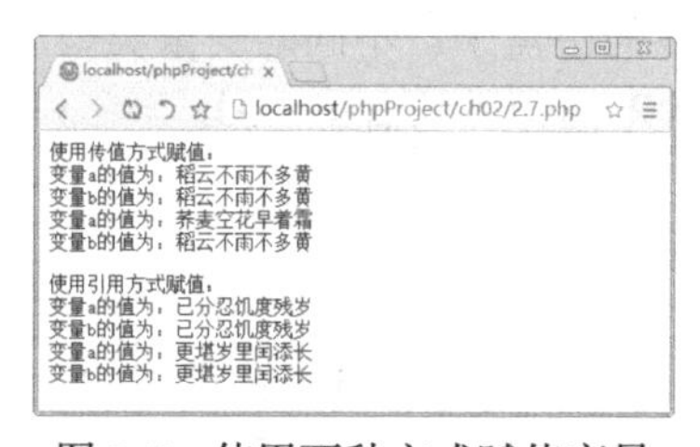

图 2-7　使用两种方式赋值变量

2.5.2　可变变量和变量的引用

一般的变量很容易理解，但是有两种变量的概念比较难理解，这就是可变变量和变量的引用。下面通过例子对它们进行学习。

实例 8：可变变量和变量的引用

```
<?php
    $value0 = "guest";          //定义变量$value0并赋值
    $$value0 = "customer";    // 再次给变量赋值
    echo $guest."<br/>";      // 输出变量
    $guest = "张飞";          // 定义变量$guest并赋值
    echo $guest."\t".$$value0."<br/>";
```

```
    $value1 = "王小明";        // 定义变量$value1
    $value2 = &$value1;       // 引用变量并传递变量
    echo $value1."\t".$value2."<br/>";
    $value2 = "李丽";
    echo $value1."\t".$value2;
?>
```

上述代码的详细分析如下：

（1）在代码的第一部分，$value0 被赋值为 guest。而 $value0 相当于 guest，则 $$value0 相当于 $guest。所以当 $$value0 被赋值为 customer 时，打印 $guest 就得到 customer。反之，当 $guest 变量被赋值为“张飞”时，打印 $$value0 同样得到“张飞”。这就是可变变量。

（2）在代码的第二部分，$value1 被赋值为“王小明”，然后通过“&”引用变量 $value1 并赋值给 $value2。而这一步的实质是，给变量 $value1 添加了一个别名 $value2。所以打印时，都得出原始赋值“王小明”。由于 $value2 是别名，与 $value1 指的是同一个变量，所以 $value2 被赋值为“李丽”后，$value1 和 $value2 都得到新值“李丽”。

（3）可变变量其实是允许改变一个变量的变量名。允许使用一个变量的值作为另外一个变量的名。

（4）变量引用相当于给变量添加了一个别名。用“&”来引用变量。其实两个变量名指的都是同一个变量。就像是给同一个盒子贴了两个名字标签，两个名字标签指的都是同一个盒子。

程序运行结果如图 2-8 所示。

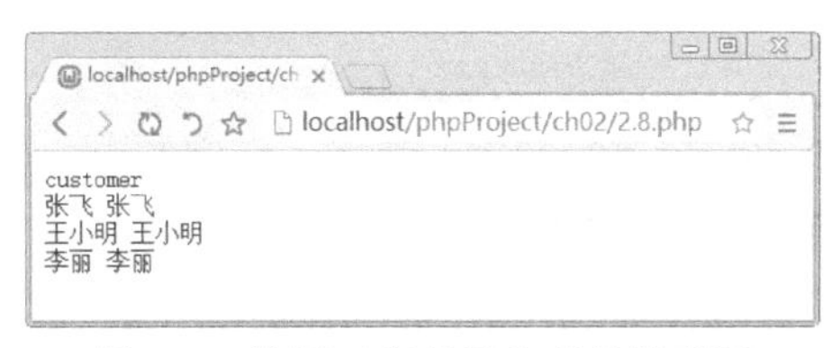

图 2-8　使用可变变量和变量的引用

2.6　PHP 运算符

PHP 包含三种类型的运算符：一元运算符、二元运算符和三元运算符。一元运算符用在一个操作数之前，二元运算符用在两个操作数之间，三元运算符作用在三个操作数之间。

2.6.1　算术运算符

算术运算符是最简单，也是最常用的运算符。常见的算术运算符如表 2-1 所示。

表 2-1　常用的算术运算符

运 算 符	名 称	运 算 符	名 称
+	加法运算	%	取余运算
-	减法运算	++	累加运算
*	乘法运算	--	累减运算
/	除法运算		

实例 9：计算部门的销售业绩差距和平均值

这里首先定义两个变量，用于存储各部门的销售额，然后使用减法计算销售业绩差距，最后应用加法和除法计算平均值。

```
<?php
    $branch1=760009;                    //部门branch1的销售额
    $branch2=540000;                    //部门branch2的销售额
    $sub= $branch1- $branch2;           //销售业绩差距
    $avg= ($branch1+$branch2)/2;        //计算平均值
    $savg=(int)$avg;                    //销售额的平均值取整
    echo "部门1和部门2的销售业绩差距是：".$sub;
    echo "<br />";                      // 输出换行
    echo "两个部门销售业绩的平均值是：".$savg;
?>
```

程序运行结果如图 2-9 所示。

部门1和部门2的销售业绩差距是：220009
两个部门销售业绩的平均值是：650004

图 2-9　使用算术运算符

2.6.2　字符串连接符

字符运算符“.”把两个字符串连接起来，变成一个字符串。如果变量是整型或浮点型，PHP 也会自动地把它们转换为字符串输出。

例如下面的代码：

```
<?php
    $a = "馒头";
    $b = 2;
    echo "我今天吃了".$b."个".$a;
?>
```

输出的结果如下：

```
我今天吃了2个馒头
```

需要新手特别注意的是，对于字符串型数据，既可以使用单引号，还可以使用双引号，分别使用单引号和双引号输出同一个变量，结果却完全不同。单引号输出的是字符串，双引号输出的变量的值。

实例 10：区分单引号和双引号在输出时的不同之处

```
<?php
    $a = "秦时明月汉时关";          //定义一个字符串变量
    echo "$a";                      //使用双引号输出
    echo "<br />";                  //输出换行
    echo '$a';                      //使用单引号输出
?>
```

程序运行结果如图 2-10 所示。

图 2-10　区分单引号和双引号的不同

2.6.3　赋值运算符

赋值运算符的作用是把一定的数值加载给特定的变量。

赋值运算符的具体含义如表 2-2 所示。

表 2-2　赋值运算符

运 算 符	名 称
=	将右边的值赋值给左边的变量
+=	将左边的值加上右边的值，赋给左边的变量
-=	将左边的值减去右边的值，赋给左边的变量
*=	将左边的值乘以右边的值，赋给左边的变量
/=	将左边的值除以右边的值，赋给左边的变量
.=	将左边的字符串连接到右边
%=	将左边的值对右边的值取余数，赋给左边的变量

例如，$a-=$b 等价于 $a=$a-$b，其他赋值运算符与之类似。从表 2-2 可以看出，赋值运算符可以使程序更加简练，从而提高执行效率。

2.6.4　比较运算符

比较运算符用来比较其两端数值的大小。比较运算符的具体含义如表 2-3 所示。

表 2-3　比较运算符

运 算 符	名 称	运 算 符	名 称
==	相等	>=	大于等于
!=	不相等	<=	小于等于
>	大于	===	精确等于 (类型)
<	小于	!==	不精确等于

其中，=== 和 !== 需要特别注意。$b===$c 表示 $b 和 $c 不只是数值上相等，而且两者的类型也一样；$b!==$c 表示 $b 和 $c 有可能是数值不等，也可能是类型不同。

实例 11：比较两个部门的销售业绩

```
<?php
  $branch1=760009;      #定义变量，存储部门1的销售额
```

```
    $branch2=540000;      #定义变量，存储部门2的销售额
    echo "部门1的销售业绩是："．$branch1．"，部门2的销售业绩是："．$branch2;
    var_dump($branch1==$branch1); //等于操作
    var_dump($branch1>$branch2); //大于操作
    var_dump($branch1<$branch2); //小于操作
?>
```

上述代码中，var_dump() 函数用于输出变量的相关信息，包括表达式的类型与值。

程序运行结果如图 2-11 所示。

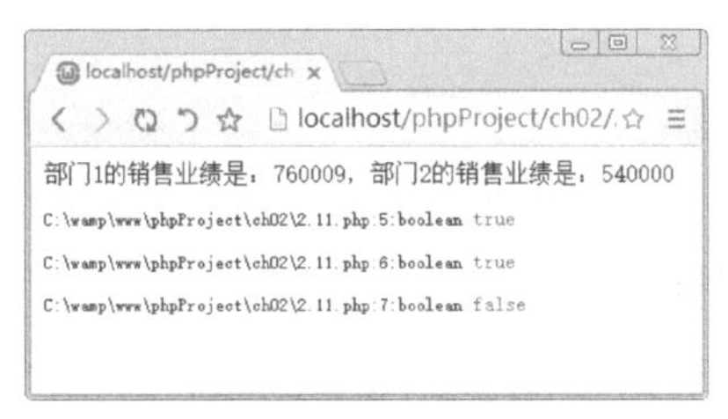

图 2-11　使用比较运算符

2.6.5　逻辑运算符

编程语言最重要的功能之一就是进行逻辑判断和运算，如逻辑和、逻辑或、逻辑非。逻辑运算符的含义如表 2-4 所示。

表 2-4　逻辑运算符

运 算 符	名 称	运 算 符	名 称
&&、AND	逻辑和	!、NOT	逻辑非
||、OR	逻辑或	XOR	逻辑异或

2.6.6　按位运算符

按位运算符是把整数以“位”为单位进行处理。按位运算符的含义如表 2-5 所示。

表 2-5　按位运算符

运 算 符	名 称	运 算 符	名 称
&	按位和	^	按位异或
|	按位或		

2.6.7　否定控制运算符

否定控制运算符用在“操作数”之前，用于判断操作数的真假。否定控制运算符的含义如表 2-6 所示。

表 2-6　否定控制运算符

运 算 符	名 称	运 算 符	名 称
!	逻辑非	~	按位非

2.6.8 错误控制运算符

错误控制运算符用“@”表示，在一个操作数之前使用，该运算符用来屏蔽错误信息的生成。

2.6.9 三元运算符

三元运算符“? :”是作用在三个操作数之间的。语法格式如下：

```
(expr1) ? (expr2) : (expr3)
```

如果表达式 expr1 为真，则返回 expr2 的值；如果表达式 expr1 为假，则返回 expr3。从 PHP 5.3 开始，可以省略 expr2，表达式为 (expr1) ?: (expr3)。如果表达式 expr1 为真，则返回 expr1 的值，如果表达式 expr1 为假，则返回 expr3。

实例 12：使用三元运算符

```
<?php
    $a = 100>99;
    $b = $a ?: '100不大于99';
    $c = $a ? '100大于99': '100不大于99';
    echo $b;
    echo "<br/>";//输出换行
    echo $c;
?>
```

程序运行结果如图 2-12 所示。

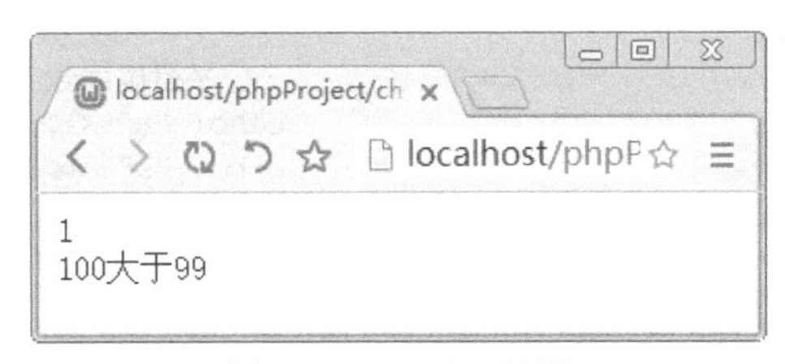

图 2-12　三元运算符

2.6.10 运算符的优先级和结合规则

运算符的优先级和结合规则其实与正常的数学运算符的规则十分相似：

- 加减乘除的先后顺序与数学运算完全一致。
- 对于括号，则先运行括号内，再运行括号外。
- 对于赋值，则由右向左运行，也就是依次从右边向左边的变量赋值。

2.7 PHP 7 的新特性——合并运算符和组合运算符

PHP 7 新增加的合并运算符（??）用于判断变量是否存在且值不为 NULL，如果是，它就会返回自身的值，否则返回它的第二个操作数。

语法格式如下：

```
(expr1) ? ? (expr2)
```

如果表达式 expr1 为真，则返回 expr1 的值；如果表达式 expr1 为假，则返回 expr2。

实例 13：使用合并运算符

```
<?php
    $a = 100>99;
    $b = 10>99;
    $c = $a ?? $b;
    echo $c;
?>
```

程序运行结果如图 2-13 所示。

图 2-13　合并运算符

PHP 7 新增加的组合运算符“<=>”，用于比较两个表达式 $a 和 $b。如果 $a 小于、等于或大于 $b 时，分别返回 -1、0 或 1。

实例 14：使用组合运算符

```
<?php
    // 整型比较
    echo( 100 <=> 100);echo "<br />";
    echo( 100 <=> 99);echo "<br />";
    echo( 100 <=> 120);echo "<br />";

    // 浮点型比较
     echo( 99.99 <=> 99.99);echo "<br
/>";
    echo( 88.88 <=> 99.99);echo "<br />";
    echo( 99.99 <=> 88.88);echo "<br />";
    echo(PHP_EOL);

    // 字符串比较
    echo( "a" <=> "a");echo "<br />";
    echo( "a" <=> "b");echo "<br />";
    echo( "b" <=> "a");echo "<br />";
?>
```

程序运行结果如图 2-14 所示。

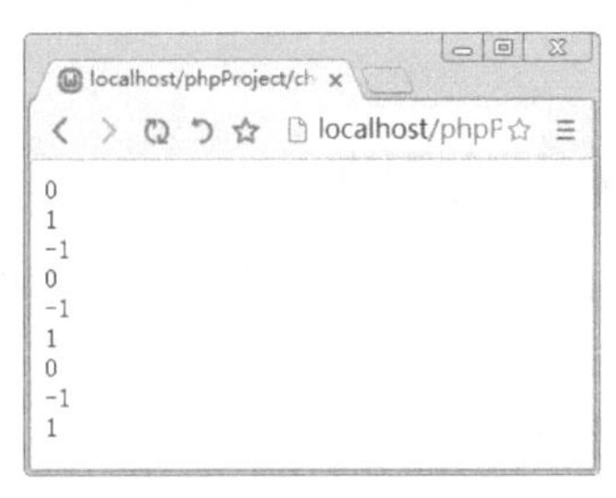

图 2-14　组合运算符

2.8　PHP 中的表达式

表达式是表达一个特定操作或动作的语句。表达式由“操作数”和“操作符”组成。

操作数可以是变量，也可以是常量。

操作符体现了要表达的各个行为，如逻辑判断、赋值、运算等。

例如，$a=5 就是表达式，而 $a=5; 则为语句。另外，表达式也有值，例如表达式 $a=1 的值为 1。

提示：在 PHP 代码中，使用“;”号来区分表达式和语句，即一个表达式和一个分号组成一条 PHP 语句。在编写代码程序时，应该特别注意表达式后面的“;”，不要漏写或写错，否则会提示语法错误。

2.9 新手疑难问题解答

疑问 1：如何快速区分常量和变量？

常量和变量的明显区别如下：

（1）常量前面没有美元符号 ($)。

（2）常量只能用 define() 函数定义，而不能通过赋值语句定义。

（3）常量可以不用理会变量范围的规则，可以在任何地方定义和访问。

（4）常量一旦定义就不能被重新定义或者取消定义。

（5）常量的值只能是标量。

疑问 2：PHP 中常见的输出方式有几种？

在 PHP 中，常见的输出语句如下：

（1）echo 语句：可以一次输出多个值，多个值之间用逗号分隔。这是 PHP 中最常用的输出语句。

（2）print 语句：只允许输出一个字符串。例如以下代码：

```
print "Hello world!";
```

（3）print_r() 函数：可以把字符串和数字简单地打印出来，而数组则以括起来的键和值的列表形式显示，并以 Array 开头。但 print_r() 输出布尔值和 NULL 的结果没有意义，因为都是打印 "\n"。因此用 var_dump() 函数更适合调试。

（4）var_dump() 函数：判断一个变量的类型与长度，并输出变量的数值，如果变量有值输的是变量的值并返回数据类型。此函数显示关于一个或多个表达式的结构信息，包括表达式的类型与值。

2.10 实战技能训练营

实战 1：输出学生信息

使用 echo 语句输出学生信息，包括学号、姓名、性别、年龄和总成绩，运行结果如图 2-15 所示。

图 2-15　输出学生信息

实战 2：计算长途汽车行驶一段距离所需的时间

本实例将编写一个程序，计算长途汽车以 90 千米每小时的速度行驶 800 千米需要多长时间，答案以“* 小时 * 分钟”的格式输出。运行结果如图 2-16 所示。

图 2-16　输出所需的时间

第3章　函数的应用

本章导读

在实际的开发过程中，有些代码块可能会被重复使用，如果每次使用时都去复制，势必影响开发效率。为此，可以将这些代码块设计成函数，下次使用时直接调用函数名称即可。另外，PHP 还内置了一些函数，这些函数在任何需要的时候都可以被调用，从而提高了开发软件的效率，也提高了程序的重用性和可靠性，使软件维护起来更加方便。本章节重点学习自定义函数、内置函数和包含文件等知识。

知识导图

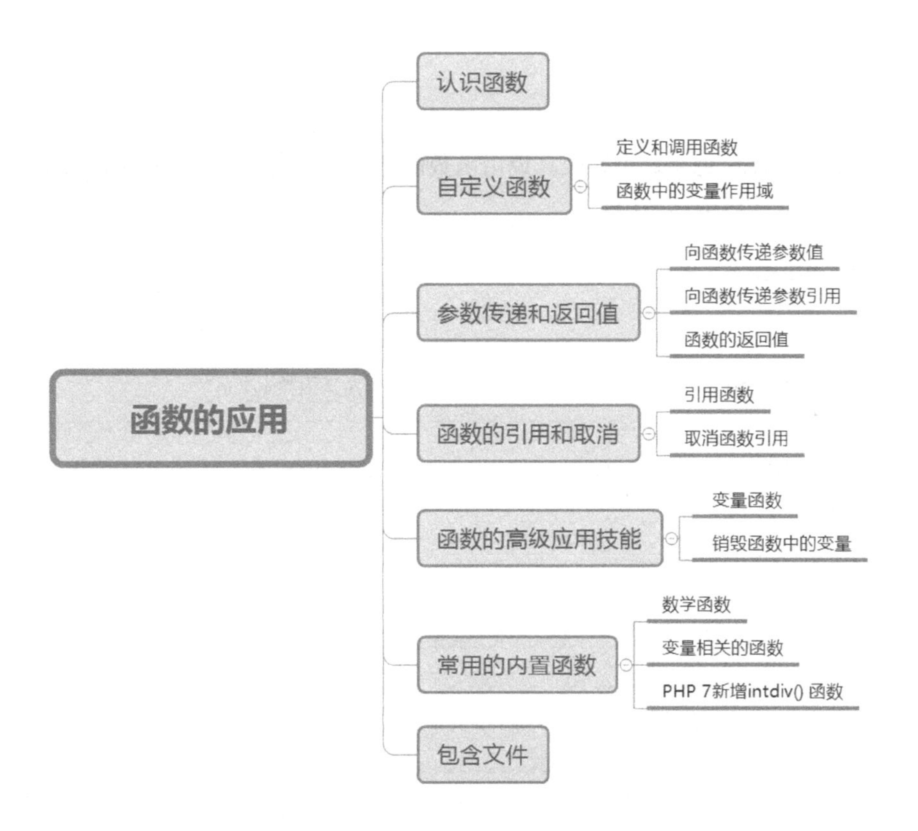

3.1 认识函数

函数的英文为 function，这个词也是功能的意思。顾名思义，使用函数就是要在编程过程中实现一定的功能，也就是通过一段代码块来实现一定的功能。比如，通过一定的功能记录酒店客人的个人信息，每到他生日的时候自动给他发送祝贺 E-mail，并且这个发信“功能”可以重用，将来在某个客户的结婚纪念日也使用这个功能给他发送祝福 E-mail。可见，函数就是实现一定功能的一段特定的代码。

实际上，前面我们早已使用过函数了。例如，用 define() 函数定义一个常量。如果现在再写一个程序，则同样可以调用 define() 函数。

3.2 自定义函数

根据实际工作的需求，用户可以自己创建和调用函数，从而提高工作效率。

3.2.1 定义和调用函数

在更多的情况下，程序员面对的是自定义函数。其结构如下：

```
function 函数名称(参数1,参数2, ...){
    函数的具体内容;
}
```

函数定义完成后，即可调用这个函数。调用函数的操作比较简单，直接引用函数名并赋予正确的参数，即可完成函数的调用。

实例 1：定义和调用函数

```
<?php
    function myfun($a,$b){                        //自定义函数myfun
        return $a+$b;
    }
    echo "求和运算的结果是: ".myfun (100,200);      //调用函数myfun
?>
```

程序运行结果如图 3-1 所示。

图 3-1　定义和调用函数

3.2.2 函数中的变量作用域

所谓变量作用域（Scope），是指特定变量在代码中可以被访问到的位置。在 PHP 中，有 6 种基本的变量作用域法则。

（1）内置超全局变量：在代码中的任意位置都可以访问。

（2）常数：一旦声明，它就是全局性的。可以在函数内外使用。

（3）全局变量：在代码中声明，可在代码中访问，但是不能在函数内访问。

（4）在函数中声明为全局变量的变量。

（5）在函数中创建和声明为静态变量的变量：在函数外是无法访问的，但是这个静态变量的值得以保留。

（6）在函数中创建和声明的局部变量：在函数外无法访问，并且在本函数终止时终止并退出。

1. 超全局变量

超全局变量的英文是 Superglobal 或者 Autoglobal（自动全局变量）。这种变量的特性是，在程序的任何地方都可以访问，不管是函数内或是函数外，都可以访问。这些“超全局变量”就是由 PHP 预先定义好，以方便使用的。

“超全局变量”或“自动全局变量”如下所示。

（1）$GLOBALS：包含全局变量的数组。

（2）$_GET：包含所有通过 GET 方法传递给代码的变量的数组。

（3）$_POST：包含所有通过 POST 方法传递给代码的变量的数组。

（4）$_FILES：包含文件上传变量的数组。

（5）$_COOKIE：包含 cookie 变量的数组。

（6）$_SERVER：包含服务器环境变量的数组。

（7）$_ENV：包含环境变量的数组。

（8）$_REQUEST：包含用户所有输入内容的数组（包括 $_GET、$_POST 和 $_COOKIE）。

（9）$_SESSION：包含会话变量的数组。

2. 全局变量

全局变量其实就是在函数外声明的变量，在代码中都可以访问。但是在函数内是不能访问的，这是因为函数默认不能访问其外部的全局变量。

实例 2：函数内访问全局变量

```
<?php
    $price = 4688;                                          //定义全局变量
    function showprice(){
        "今日洗衣机的价格为: ".$price."元。";          //函数内调用全局变量
    }
    showprice();                              //运行函数
?>
```

运行结果如图 3-2 所示。

#	Time	Memory	Function	Location
(!) Notice: Undefined variable: price in C:\wamp\www\phpProject\ch03\3.2.php on line 4				
Call Stack				
1	0.0023	391072	{main}( )	...\3.2.php:0
2	0.0023	391072	showprice( )	...\3.2.php:6

图 3-2　异常信息

如果想让函数访问某个全局变量，可以在函数中通过 global 关键字来声明。就是说，要告诉函数，它要调用的变量是一个已经存在或者即将创建的同名全局变量，而不是默认的本地变量。

实例 3：使用 global 关键词访问全局变量

```
<?php
    $price = 4688;                                        //定义全局变量
    function showprice(){
        global $price;                                    //函数内调用全局变量
        echo "今日洗衣机的价格为：".$price."元。";
    }
    showprice();                                          //运行函数
?>
```

运行结果如图 3-3 所示。

图 3-3　使用 global 关键字

另外，读者还可以通过“超全局变量”中的 $GLOBALS 数组进行访问。

实例 4：使用 $GLOBALS 数组

```
<?php
    $a = "双燕飞来垂柳院";                   // 定义全局变量
    function shows(){
        $aa = $GLOBALS["a"];                 // 通过$GLOBALS数组访问全局变量
        echo $aa."，小阁画帘高卷。";
    }
    shows();
?>
```

运行结果如图 3-4 所示。

图 3-4　使用 $GLOBALS 数组

3. 静态变量

静态变量只在函数内存在，函数外无法访问。但是执行后，其值保留。也就是说，这一次执行完毕后，这个静态变量的值保留，下一次再执行此函数，这个值还可以调用。

实例 5：使用静态变量

```
<?php
$a = 15;
function sum(){
static $a = 6;      //初始化静态变量
$a++;
echo '变量a的值为：'.$a.'<br />';
}
sum();
echo $a.'<br />';
sum();
?>
```

上述代码分析如下：

（1）函数外的 echo 语句无法调用函数内的 static $a，它调用的是 $a = 100。

（2）showpeople() 函数被执行了两次，这个过程中，static $a 的运算值得以保留，并且通过 $a++ 进行了累加。

运行结果如图 3-5 所示。

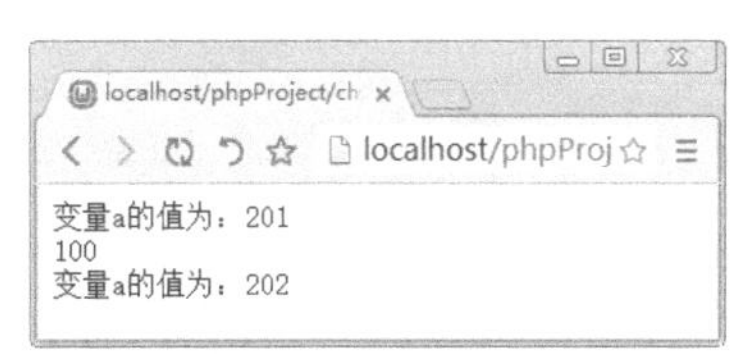

图 3-5　使用静态变量

3.3　参数传递和返回值

本节重点学习参数传递和返回值的知识。

3.3.1　向函数传递参数值

由于函数是一段封闭的程序，很多时候，程序员都需要向函数传递一些数据来进行操作。

可以接受传入参数的函数定义形式如下：

```
function 函数名称(参数1, 参数2){
    算法描述，其中使用参数1和参数2;
}
```

实例 6：向函数传递参数值

```
<?php
    function fun($a,$b){     //定义函数
        $c= $a*$b;
        echo "计算结果为：".$c;
    }
    $a = 100;                //定义全局变量$a
    $b = 300;                //定义全局变量$b
```

```
    fun ($a,$b);             //通过变量向函数传递参数值
    echo "<br />";
    fun(100,300);            //直接传递参数值
?>
```

运行结果如图 3-6 所示。从结果可以看出，不管是通过变量 $a 和 $b 向函数传递参数值，还是像 fun（100,300）这样直接传递参数值，效果都是一样的。

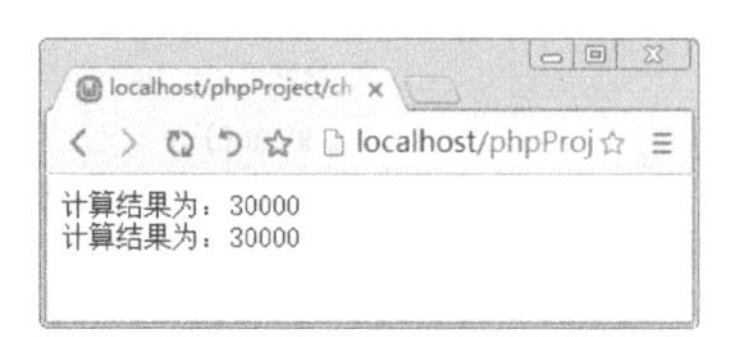

图 3-6　向函数传递参数值

3.3.2　向函数传递参数引用

向函数传递参数引用就是将参数的内存地址传递到函数中。此时，在函数内部的所有操作都会影响调用参数的值。使用引用传递方式传值时只需要在原基础上加“&”即可。

实例 7：向函数传递参数引用

```
<?php
    $a = 100;
    $b = 200;
    function sum(&$a, $b){
        $a = $a + $b;
        echo "求和运算的结果为:$a";
    }
    sum($a, $b);
    echo "<br />";
    sum($a, $b);
?>
```

变量 $a 是以参数引用的方式进入函数的。当函数的运行结果改变了变量 $a 的时候，在函数外的变量 $a 的值也发生了改变。也就是函数改变了外部变量 $a 的值。

运行结果如图 3-7 所示。

图 3-7　向函数传递参数引用

3.3.3　函数的返回值

以上的一些例子，都是把函数运算完成的值直接打印出来。但是，很多情况下，程序并不需要直接把结果打印出来，而是仅仅给出结果，并且把结果传递给调用这个函数的程序，为其所用。这里需要用到 return 关键字设置函数的返回值。

实例 8：设置函数的返回值

```
<?php
    function sum($a,$b){   //创建函数
```

```
        return $a+$b;       //设置函数的返回值
    }
    echo "求和运算的结果为:".sum(100,200);
?>
```

运行结果如图 3-8 所示。

图 3-8　设置函数的返回值

3.4　函数的引用和取消

本节重点学习函数的引用和取消的方法。

3.4.1　引用函数

不管是 PHP 内置的函数，还是程序员在程序中自定义的函数，都可以直接简单地通过函数名调用，但是在操作过程中也有些不同，大致分为以下 3 种情况：

（1）如果是 PHP 的内置函数，如 date()，可以直接调用。

（2）如果是 PHP 的某个库文件中的函数，则需要用 include() 或 require() 命令加载库文件，然后才能使用。

（3）如果是自定义函数，若与引用程序在同一个文件中，则可直接引用，若此函数不在当前文件内，则需要用 include() 或 require() 命令加载。

对函数的引用，实质上是对函数返回值的引用。与参数传递不同，使用函数引用时，定义函数和引用函数都必须使用“&”符，表明返回的是一个引用。

实例 9：引用函数

```
<?php
    //定义一个函数，加上"&"符
        function  &myfun($a){
return $a;//返回参数$a的值
    }
        $b = &myfun(200);//声明一个函数的引用
$b;
       echo $b;
?>
?>
```

运行结果如图 3-9 所示。

图 3-9　引用函数

3.4.2　取消函数引用

对于不需要引用的函数，可以做取消操作。取消引用函数使用 unset() 函数来完成，目的是断开变量名和变量内容之间的绑定，此时并没有销毁变量内容。

实例 10：取消函数引用

```
<?php
    function &myfun($a){
        return $a;
    }
    $b = &myfun(200);
        echo $b;
        unset($b);
        echo $b;
    ?>
```

运行结果如图 3-10 所示。取消引用后，再次调用引用 $b，将会提示警告信息。

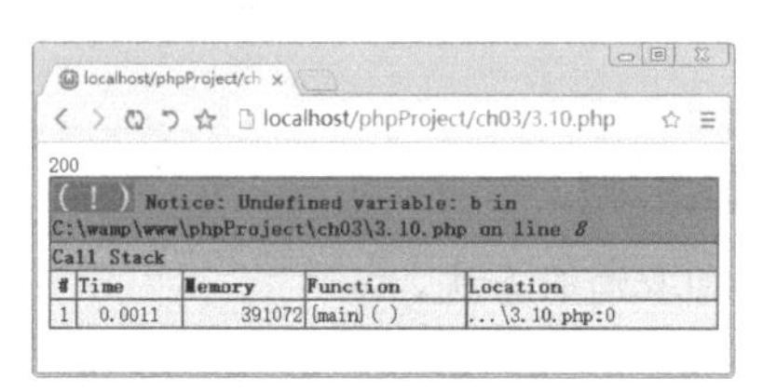

图 3-10　取消函数引用

3.5　函数的高级应用技能

函数除了上述的基本操作，还有一些高级应用技能，下面分别进行讲解。

3.5.1　变量函数

所谓变量函数，是指通过变量来访问的函数。当变量后有圆括号时，PHP 将自动寻找与变量的值同名的函数，然后执行该函数。

实例 11：取消函数引用

```
<?php
    function f1() {                          // 创建f1()函数
        echo "黄昏独倚朱阑，西南新月眉弯。<br />";
        echo "砌下落花风起，罗衣特地春寒。<br />";
    }
    function f2($str)           {            // 创建f2()函数
        echo $str;
    }
    $var = "f1";                             // 将函数名赋值给变量
    $var ();                                 //调用该变量值同名函数并执行，调用f1()函数!
    $var = "f2 ";                            //重新赋值
    $var ("双燕飞来垂柳院，小阁画帘高卷。");//调用该变量值同名函数并执行，调用f2()函数!
?>
```

运行结果如图 3-11 所示。

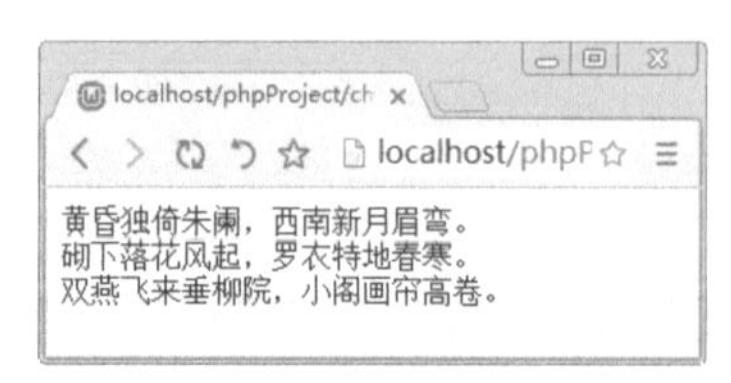

图 3-11　变量函数

3.5.2 销毁函数中的变量

当用户创建一个变量时，相应的在内存中有一个空间专门用于存储该变量，该空间引用计数加 1。当变量与该空间的联系被断开时，则空间引用计数减 1，直到引用计数为 0，则称为垃圾。

PHP 有自动回收垃圾的机制，用户也可以手动销毁变量，通常使用 unset() 函数来实现。该函数的语法格式如下：

```
void unset (变量)
```

实例 12：销毁函数中的变量

```
<?php
    function fun1($a){   //创建函数
        echo $a;         //输出变量$a
        unset ($a);      //使用unset()销毁不再使用的变量$a
        echo $a;         //再次输出变量$a时会报错
    }
    fun1("雨晴烟晚，绿水新池满。");  //调用函数
?>
```

运行结果如图 3-12 所示。函数中的变量被销毁后，如果再次调用，将会报错。

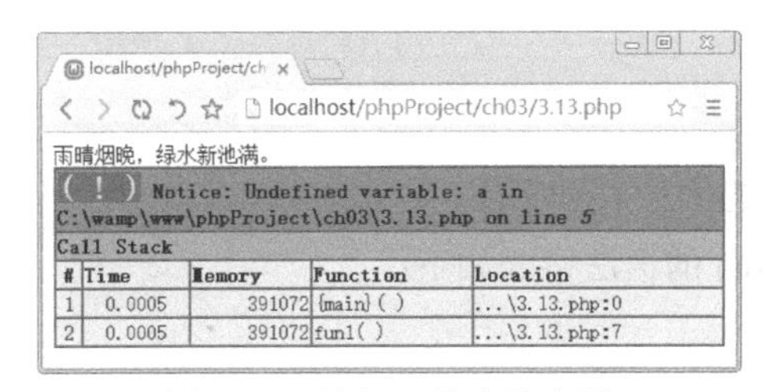

图 3-12 销毁函数中的变量

3.6 常用的内置函数

PHP 提供了大量的内置函数，方便程序员直接使用，常见的内置函数包括数学函数、变量函数、字符串函数、时间和日期函数等。由于字符串函数、时间和日期函数在后面的章节中会详细介绍，因此本节主要讲述内置的数学函数和变量函数。

3.6.1 数学函数

数学函数主要用于实现数学上的常用运算，主要处理程序中 int 和 float 类型的数据。

1. 随机函数 rand()

随机函数 rand() 的语法格式如下：

```
int rand([int min,int max])
```

返回 min 到 max 之间随机的整数。如果 min 和 max 参数都忽略，则返回 0 到 RAND_MAX 之间的随机整数。

```
<?php
    echo rand ()."<br />";                    //返回随机整数
    echo rand (100,200);                      //产生一个100~200之间的随机整数
?>
```

运行结果如下。每刷新一次页面，显示结果都不相同。

```
295
135
```

2. 舍去法取整函数 floor()

舍去法取整函数 floor() 的语法格式如下：

```
float floor (float value)
```

返回不大于 value 的下一个整数，将 value 的小数部分舍去取整。例如：

```
<?php
    echo floor (99.66)."<br />";                  //舍去法取整数
    echo floor (88.0123);
?>
```

运行结果如下。

```
99
88
```

3. 对浮点数四舍五入的函数 round()

四舍五入的函数 round() 的语法格式如下：

```
int round(float val,int precision)
```

返回将 val 根据指定精度 precision 进行四舍五入的结果。其中 precision 可以为负数或者零（默认值）。例如：

```
<?php
    echo round(99.66)."<br />";                   //四舍五入法取整数
    echo round(88.35)."<br />";
    echo round(88.6688,2)."<br />";
    echo round(9988.66,-2);
?>
```

运行结果如下。

```
100
88
88.67
100000
```

3.6.2 变量函数

在 PHP 7 中，与变量相关的函数比较多，下面挑选比较常用的函数进行讲解。

1. 检验变量是否为空的函数 empty()

```
bool empty(mixed var)
```

如果 var 是非空或非零的值，则 empty() 返回 FALSE；如果 var 为空，则返回 TRUE。

```
<?php
    $a=1000;
    $b="砌下落花风起，罗衣特地春寒。";
    $c= null;
    $d= 0;
    var_dump(empty($a))."<br />";          //输出变量的值和类型
    var_dump(empty ($b))."<br />";
    var_dump(empty($c))."<br />";
    var_dump(empty($d));
?>
```

运行结果如下。

```
boolean false
boolean false
boolean true
boolean true
```

2. 判断变量是否定义过 isset()

```
bool isset ( mixed var [, mixed var [, ...]] )
```

若变量 var 不存在则返回 FALSE；若变量存在且其值为 NULL，也返回 FALSE；若变量存在且值不为 NULL，则返回 TRUE。同时检查多个变量时，若每个变量被检测时都返回 TRUE，结果就为 TRUE，否则结果为 FALSE。例如：

```
<?php
    $a=1000;
    $b="砌下落花风起，罗衣特地春寒。";
    $c= null;
    var_dump(isset($a))."<br />";
    var_dump(isset($b))."<br />";
    var_dump(isset($c))."<br />";
    var_dump(isset($b,$c))."<br />";
?>
```

运行结果如下。

```
boolean true
boolean true
boolean false
boolean false
```

3.6.3 PHP 7 新增 intdiv() 函数

在 PHP 7 中，新增了整除函数 intdiv()。语法格式如下：

```
intdiv(a, b);
```

该函数的返回值为 a 除以 b 的值并取整。例如：

```
<?php
    echo intdiv(100, 3)."<br />";
    echo intdiv(60, 3) ."<br />";
    echo intdiv(10, 2) ."<br />";
?>
```

运行结果如下。

```
33
20
5
```

3.7 包含文件

如果想让自定义的函数被多个文件使用，可以将自定义函数组织到一个或者多个文件中，这些收集函数定义的文件就是用户自己创建的 PHP 函数库。通过使用 require () 和 include() 等函数可以将函数库载入脚本程序中。

3.7.1 require 和 include

require 和 include 语句不是真正意义的函数，属于语言结构。通过 include() 和 require 语句都可以实现包含并运行指定文件。

（1） require：在脚本执行前读入它包含的文件，通常在文件的开头和结尾处使用。

（2）include：在脚本读到它的时候才将包含的文件读进来，通常在流程控制的处理区使用。

require 和 include 语句对于处理失败方面是不同的。当文件读取失败后，require 将产生一个致命错误，而 include 则产生一个警告。可见，如果遇到文件丢失时需要继续运行，则使用 include；如果想停止处理页面，则使用 require。

实例 13：使用 include 语句

3.14.php 文件的代码如下：

```
<?php
    $a = "双燕飞来垂柳院，小阁画帘高卷。";        //定义一个变量a
?>
```

3.15.php 文件的代码如下：

```
<?php
    echo $a;    //未载入文件前调用变量$a
    include "3.14.php";
    echo $a;     //载入文件后调用变量$a
?>
```

运行 3.15.php，结果如图 3-13 所示。从结果可以看出，使用 include 时，虽然出现了警告，但是脚本程序仍然在运行。

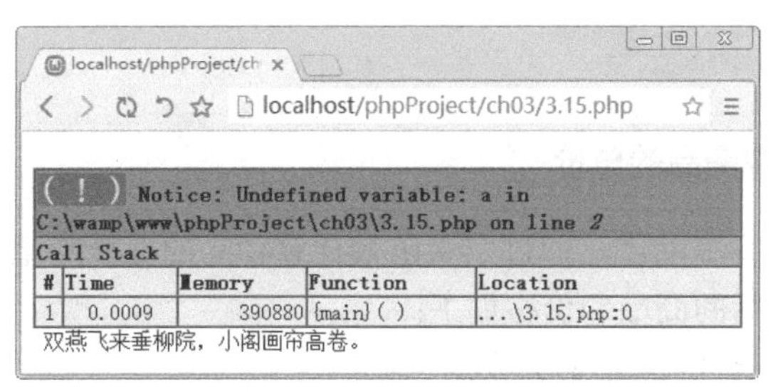

图 3-13　使用 include 语句

3.7.2　include_once 和 require_once

include_once 和 require_once 语句在脚本执行期间包含并运行指定文件，作用与 include 和 require 语句类似，唯一的区别是，如果该文件的代码被包含了，则不会再次包含，只会包含一次，从而可以避免函数重定义以及变量重赋值等问题。

3.8　新手疑难问题解答

疑问 1：如何一次销毁多个变量?

在 PHP 中，用户可以通过 unset() 函数销毁指定的变量，还可以同时销毁多个变量。例如同时销毁变量 a，b 和 c，代码如下：

```
unset(a,b,c)
```

值得注意的是，对于全局变量，如果在函数内部销毁，只是在函数内部起作用，而函数调用结束后，全局变量依然存在并有效。

疑问 2：如何合理运用 include_once() 和 require_once()？

include() 和 require() 函数在其他 PHP 语句执行之前运行，引入需要的语句并加以执行。但是每次运行包含此语句的 PHP 文件时，include() 和 require() 函数都要运行一次。include() 和 require() 函数如果在先前已经运行过，并且引入了相同的文件，则系统就会重复引入这个文件，从而产生错误。而 include_once() 和 require_once() 函数只是在当前运行的过程中引入特定的文件或代码，但是在引入之前，会先检查所需文件或者代码是否已经引入，如果已经引入，将不再重复引入，从而不会造成冲突。

疑问 3：程序检查后正确，却显示 Notice: Undefined variable，为什么?

PHP 的默认配置会报这个错误，就是将警告在页面上打印出来，虽然这有利于暴露问题，但实际使用中会存在很多问题。

通用的解决办法是修改 php.ini 的配置，需要修改的参数如下：

（1）找到 error_reporting = E_ALL，修改为 error_reporting = E_ALL & ~E_NOTICE。

（2）找到 register_globals = Off，修改为 register_globals = On。

3.9 实战技能训练营

实战 1：计算购物车中商品的总价

本案例模拟京东购物车功能，通过定义函数计算物品的数量和单价，然后计算购物车中商品的总价。购物车包括的商品和价格如下：

（1）电脑 5 台，每台价格为 4999 元。

（2）打印机 10 台，每台价格为 788 元。

（3）投影仪 1 台，每台价格为 2999 元。

运行结果如图 3-14 所示。

图 3-14　计算购物车中商品的总价

实战 2：模拟超市的促销活动

编程 PHP 程序，模拟超市的促销活动，计算购物总价和实付金额。促销规则如下：

（1）消费满 100 可享受 9.5 折优惠。

（2）消费满 500 可享受 9 折优惠。

（3）消费满 1000 可享受 8.5 折优惠。

消费金额使用随机函数 rand() 生成，运行结果如图 3-15 所示。

图 3-15　模拟超市的促销活动

第4章　流程控制语句

本章导读

做任何事，都需要有一定的步骤。例如，坐飞机之前，就需要购票、验票和登机，缺少其中任何一个环节都不行。程序设计也是如此。在 PHP 中，程序能够按照人们的意愿执行，主要是依靠程序的流程控制语句。多么复杂的程序，都是由这些基本语句组成的。本章主要介绍 PHP 语言结构的使用方法和技巧。

知识导图

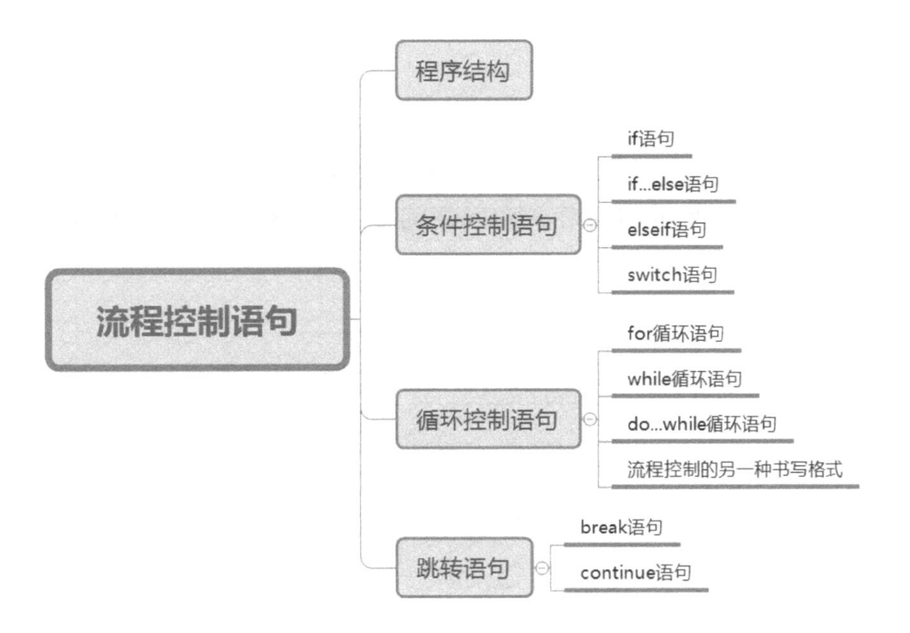

4.1 程序结构

语句是构造程序的基本单位，程序运行的过程就是执行程序语句的过程。程序语句执行的次序称为流程控制（控制流程）。流程控制的结构有顺序结构、选择结构和循环结构 3 种。顺序结构是 PHP 程序中基本的结构，它按照语句出现的先后顺序依次执行，如图 4-1 所示。选择结构按照给定的逻辑条件来决定执行顺序，如图 4-2 所示。

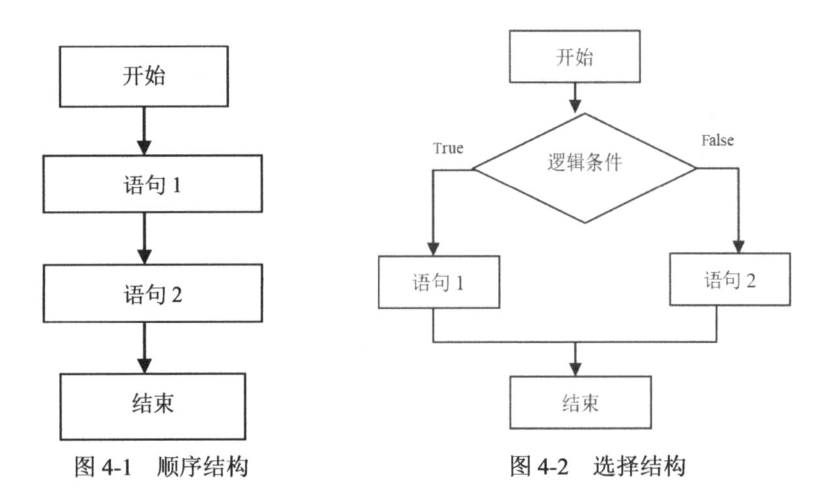

图 4-1　顺序结构　　　　图 4-2　选择结构

循环结构即根据代码的逻辑条件来判断是否重复执行某一段程序，若逻辑条件为 True，则进入循环重复执行，否则结束循环。循环结构可分为条件循环和计数循环，如图 4-3 所示。

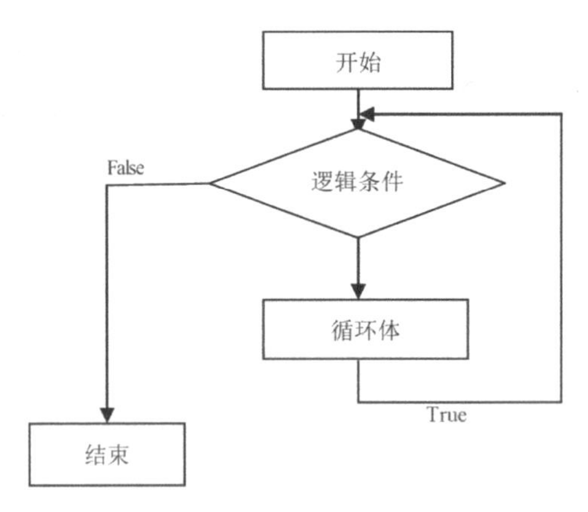

图 4-3　循环结构

顺序结构非常容易理解。例如，定义 2 个变量，然后输出变量的值，代码如下：

```
a="创建一个新农村";
b="为人民服务！";
echo a;
echo b;
```

选择结构和循环结构的应用非常广泛。例如求 1 ～ 100 之间，能被 2 整除，又能被 3 整除的数。要解决这道题，需要以下两个要素：

（1）首先需要满足的条件是一个数，不仅可以整除 2，还必须能整除 3。这就是条件判断，需要通过选择结构来实现。

（2）依次尝试 1~100 之间的数，这就需要循环执行，这里就要用到循环语句。

4.2　条件控制语句

条件控制语句就是对语句中不同条件的值进行判断，进而根据不同的条件执行不同的语句。

4.2.1　if 语句

if 语句是最为常见的条件控制语句。它的格式如下：

```
if(条件判断语句){
    执行语句;
}
```

这种形式只是对一个条件进行判断。如果条件成立，则执行命令语句，否则不执行。

if 语句的控制流程如图 4-4 所示。

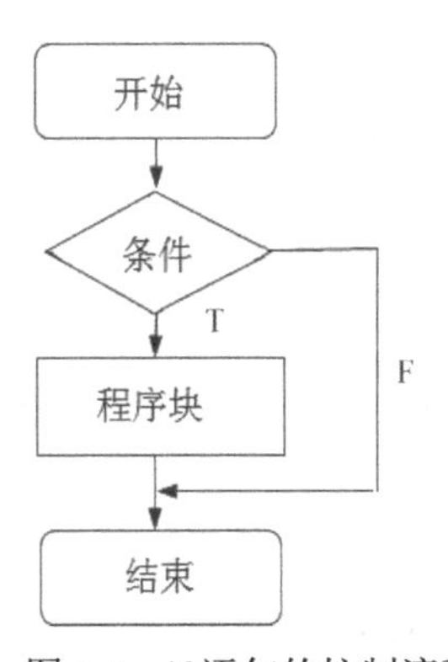

图 4-4　if 语句的控制流程

实例 1：验证随机数是否既可以整除 2 又能整除 3

本实例使用 rand() 函数生成一个 1~100 之间的随机数，然后判断这个随机数是否既可以整除 2 又能整除 3。

```
<?php
    $num = rand(1,100);                      //使用rand()函数生成一个随机数
    echo "随机数是：".$num ."<br />";     //输出随机数
    if($num % 2 ==0 and $num % 3 ==0 ){
        echo "随机数".$num."既能整除2又能整除3";
    }
?>
```

上述代码中的 rand() 函数的作用是随机产生一个整数，每次刷新页面，会产生一个新的随机数。运行结果如图 4-5 所示。

图 4-5　判断随机数是否既能整除 2 又能整除 3

4.2.2　if…else 语句

如果是非此即彼的条件判断，可以使用 if…else 语句。它的格式如下：

```
if(条件判断语句){
    执行语句A;
}else{
    执行语句B;
}
```

这种结构形式首先判断条件是否为真，如果为真，则执行语句 A，否则执行语句 B。if…else 语句的控制流程如图 4-6 所示。

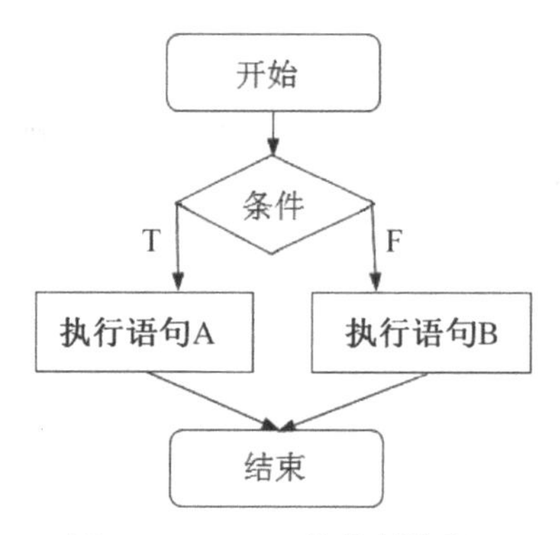

图 4-6　if…else 的控制流程

实例 2：计算两个随机数的差值

本实例使用 rand() 函数生成两个 1~100 之间的随机数，然后判断这两个随机数的大小关系，最后计算它们的差值。

```
<?php
    $num1 = rand(1,100);                    //使用rand()函数生成一个随机数num1
    $num2 = rand(1,100);                    //使用rand()函数生成一个随机数num2
    echo "第一个随机数是：".$num1."<br />";          //输出随机数num1
    echo "第二个随机数是：".$num2."<br />";          //输出随机数num2
    if($num1>=$num2){
        echo "它们的差值是：".($num1-$num2);
    }else{
        echo "它们的差值是：".($num2-$num1);
    }
?>
```

运行结果如图 4-7 所示。

第一个随机数是：74
第二个随机数是：89
它们的差值是：15

图 4-7　计算两个随机数的差值

4.2.3　elseif 语句

在条件控制结构中，有时会出现多于两种的选择，此时可以使用 elseif 语句。它的语法格式如下：

```
if(条件判断语句){
    命令执行语句;
}elseif(条件判断语句){
    命令执行语句;
}
...
else{
    命令执行语句;
}
...
```

elseif 语句的控制流程如图 4-8 所示。

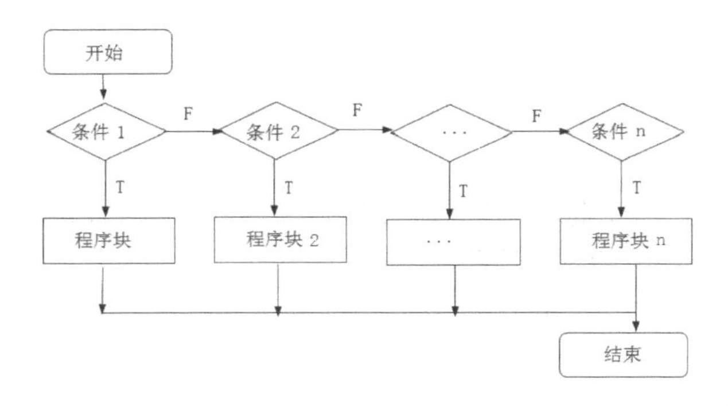

图 4-8　elseif 语句的控制流程

实例 3：判断高考成绩是否过了本科线

本实例使用 elseif语句判断高考成绩是否过了本科线。

```
<?php
echo "欢迎进入高考分数线查询系统"."<br />";
    $num = 560;
    echo "恭喜！您的高考分数是560分"."<br />";
if($num<440){
        echo "很遗憾，您没有过本科线！";
    }elseif(440<=$num and $num<550){
        echo "恭喜！您已经过本科二批分数线！";
    }
    else{
        echo "恭喜！您已经过本科一批分数线！";
```

```
    }
?>
```

运行结果如图 4-9 所示。

图 4-9 判断高考成绩是否过了本科线

4.2.4 switch 语句

switch 语句的结构给出了不同情况下可能执行的程序块，条件满足哪个程序块，就执行哪个。它的语法格式如下：

```
switch(条件判断语句){
    case 判断结果为a:
        执行语句1;
        break;
    case 判断结果为b:
        执行语句2;
        break;
    ...
    default:
        执行语句n;
}
```

“条件判断语句”的结果符合哪个可能的“判断结果”，就执行其对应的“执行语句”。如果都不符合，则执行 default 对应的默认“执行语句 n”。

switch 语句的控制流程如图 4-10 所示。

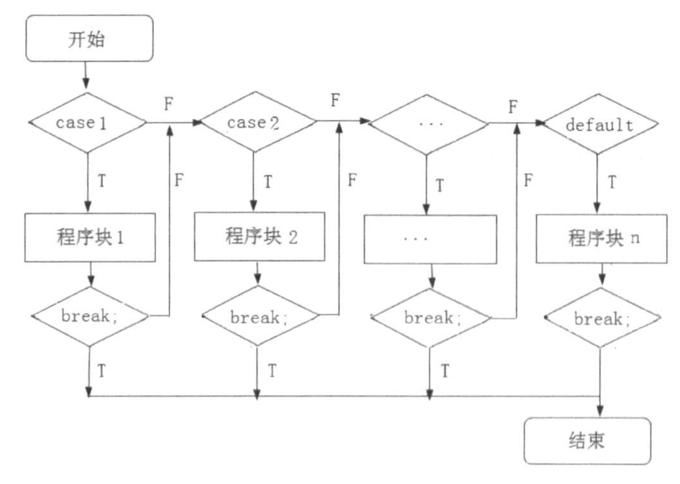

图 4-10 switch 语句的控制流程

实例 4：使用 switch 语句设计猜水果游戏

本实例使用 switch 语句判断某个水果是苹果、香蕉、橘子、橙子还是其他水果，然后输出不同的结果。

```
<?php
    echo "欢迎进入猜水果游戏"."<br />";
    $a = "苹果";
    switch ($a)
    {
        case "苹果":
            echo "您猜的水果是苹果，恭喜您猜对了！";
            break;
        case "香蕉":
            echo "您猜的水果是香蕉，很遗憾您猜错了！";
            break;
        case "橘子":
            echo "您猜的水果是橘子，很遗憾您猜错了！";
            break;
        case "橙子":
            echo "您猜的水果是橙子，很遗憾您猜错了！";
            break;
        default:
            echo "您猜的水果不是苹果、香蕉、橘子和橙子，很遗憾您猜错了！";
}
?>
```

上述代码中的 switch 语句在执行时，即使遇到符合要求的 case 语句，也会继续执行下去，直到 switch 语句结束。为了解决这种浪费资源和时间的问题，本案例在每个 case 语句段后加入 break 语句，主要作用是跳出当前的 case 语句。

运行结果如图 4-11 所示。

图 4-11　设计猜水果游戏

4.3　循环控制语句

循环控制语句中主要包括 3 个语句，即 for 循环、while 循环和 do…while 循环语句。

4.3.1　for 循环语句

for 循环语句的结构如下：

```
for(expr1; expr2; expr3)
{
    命令语句;
}
```

其中 expr1 为条件的初始值，expr2 为判断的最终值，通常都是用比较表达式或逻辑表达式充当判断的条件，执行完命令语句后，再执行 expr3。

for 循环语句的控制流程如图 4-12 所示。

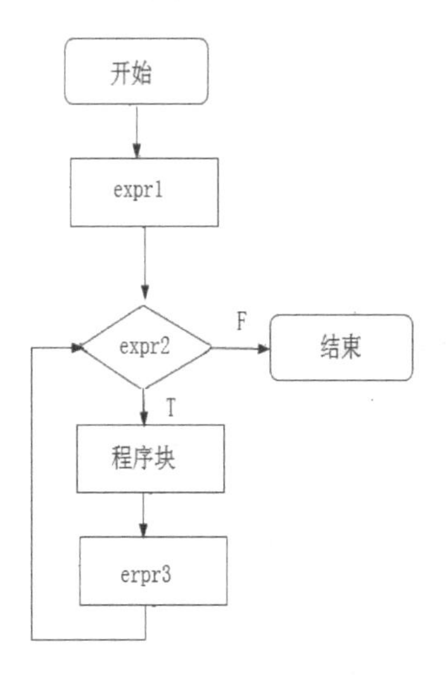

图 4-12 for 循环语句的控制流程

实例 5：计算 1+2+3+…+100 的和

本实例使用 for 语句计算 1+2+3+…+100 的和，然后输出结果。

```
<?php
    $sum = 0;                         //声明整型变量$sum并赋值为0
    for ($i=1;$i<=100;$i++){
        $sum=$sum+$i;              //$i小于或等于100时，执行求和运算

    }
    echo "1+2+3+…+100的和:".$sum;
?>
```

上述代码中，首先执行 for 循环的初始表达式，为 $i 赋值 1；然后判断表达式 $i<=100 是否成立，如果成立则执行 $sum=$sum+$i；最后执行 $i++，进入下一个循环。如果表达式 $i<=100 不成立，则跳出循环，循环结束。

运行结果如图 4-13 所示。

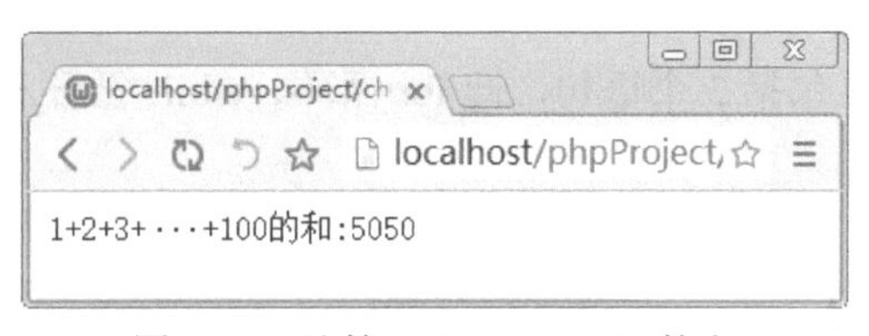

图 4-13 计算 1+2+3+…+100 的和

4.3.2 while 循环语句

while 循环的结构如下：

```
while (条件判断语句){
    执行语句;
}
```

其中，当“条件判断语句”为 True 时，执行后面的“执行语句”，然后返回到条件表达式继续进行判断，直到表达式的值为假，才能跳出循环，执行后面的语句。

while 循环语句的控制流程如图 4-14 所示。

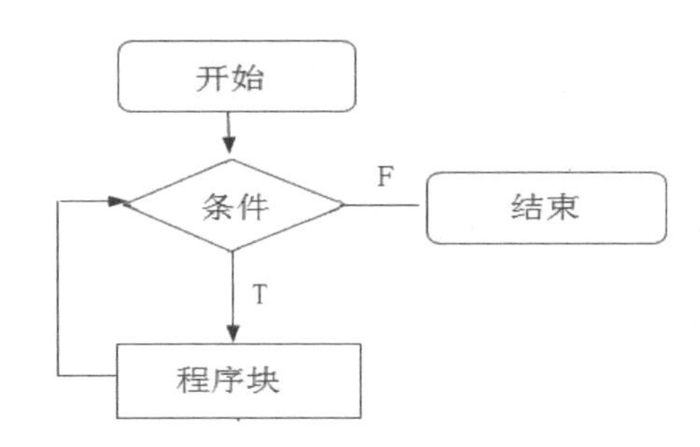

图 4-14 while 循环语句的控制流程

while 循环在代码运行的开始检查条件的真假；而 do…while 循环则是在代码运行的末尾检查条件的真假，所以，do…while 循环至少要运行一遍。

实例 6：使用 while 循环输出 50 以内的奇数

本实例使用 if 语句判断 1~50 以内的数是否为奇数，如果是，则使用 while 循环输出，否则将进入下一个循环。

```
<?php
    $sum = 1;                    //定义一个整型变量$sum
    $str = "50以内的奇数包括: ";   //定义一个字符串变量$str
    while($sum<=50){             //判断$sum是否小于或等于50
        if($sum%2!=0){           //如果求余不等于0，则判断$sum是奇数
            $str = $str.$sum." ";// $sum是奇数，则添加到字符串变量$str的后面
        }
        $sum++;                  //变量$sum加1
    }
    echo $str;                   //循环结束后，输出字符串变量$str
?>
```

运行结果如图 4-15 所示。

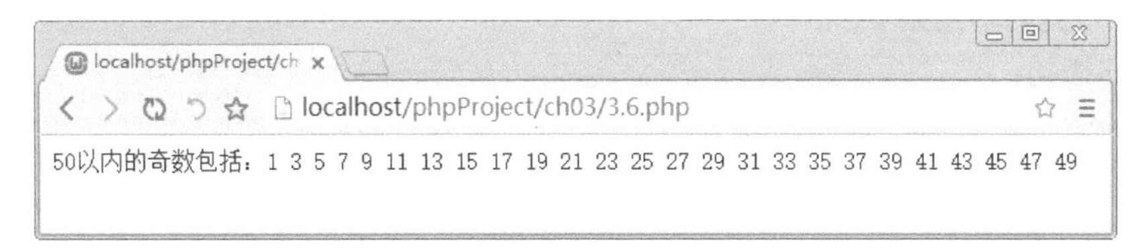

图 4-15 输出 50 以内的奇数

4.3.3 do…while 循环语句

do…while 循环的结构如下：

```
do{
    执行语句;
}while(条件判断语句)
```

首先执行do后面的“执行语句”，其中的变量会随着命令的执行发生变化。当此变量通过while后的“条件判断语句”判断为False时，将停止循环执行“执行语句”。

do…while循环语句的控制流程如图4-16所示。

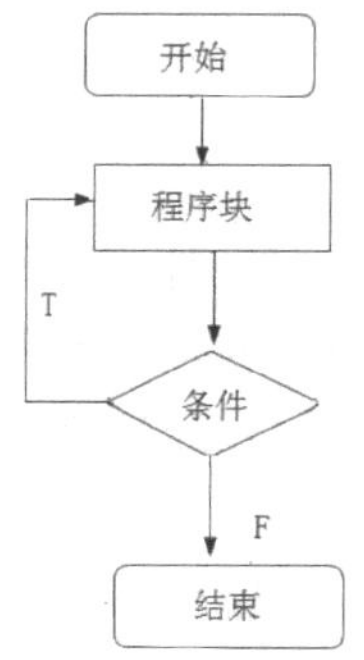

图 4-16　do…while 循环语句的控制流程

实例 7：区分 while 语句和 do…while 语句

```
<?php
    $num = 100;                             //声明一个整数变量$num
    while($num != 100){                     //使用while循环输出
        echo "看不到我哦！";                  //这句不会被输出
    }
    do{                                     //使用do…while循环输出

        echo "会看到我哦！";                  //这句会被输出
    }while($num != 100);
?>
```

运行结果如图4-17所示。

图 4-17　区分 while 语句和 do…while 语句

4.3.4　流程控制的另一种书写格式

在一个含有多条件、多循环的语句中，包含多个{}，查看起来比较繁琐。流程控制语句的另外一种书写方式是以“:”来代替左边的大括号，使用endif、endwhile、endfor、endreach和endswitch来替代右边的大括号，这种描述程序结构的可读性比较强。

例如，常见的格式如下。

（1）if语句：

```
if(条件判断语句):
    执行语句1;
elseif(条件判断语句):
    执行语句2;
elseif(条件判断语句):
    执行语句3;
...
else:
    执行语句n;
endif;
```

（2）switch语句：

```
switch(条件判断语句):
    case 判断结果a:
        执行语句1;
    case 判断结果b:
        执行语句2;
    ...
```

```
    default:
        执行语句n;
endswitch;
```

（3）while 循环：

```
while(条件判断语句):
    执行语句;
endwhile;
```

（4）do…while 循环：

```
do
    命令执行语句;
while(条件判断语句);
```

（5）for 循环：

```
for(初始化语句;条件终止语句; 增幅语句):
    执行语句;
endfor;
```

实例 8：输出杨辉三角

```
<?php
    $mixnum = 1;
    $maxnum = 10;
    $tmparr[][] = array();
    $tmparr[0][0] = 1;
    for($i = 1; $i < $maxnum; $i++):
        for($j = 0; $j <= $i; $j++):
            if($j == 0 or $j == $i):
                $tmparr[$i][$j] = 1;
                else:
            $tmparr[$i][$j] = $tmparr[$i - 1][$j - 1] + $tmparr[$i - 1][$j];
            endif;
            endfor;
    endfor;
    foreach($tmparr as $value):
        foreach($value as $vl)
            echo $vl.' ';
        echo '<p>';
    endforeach;
?>
```

运行结果如图 4-18 所示。从中可以看出，该代码使用新的书写格式实现了杨辉三角的排列输出。

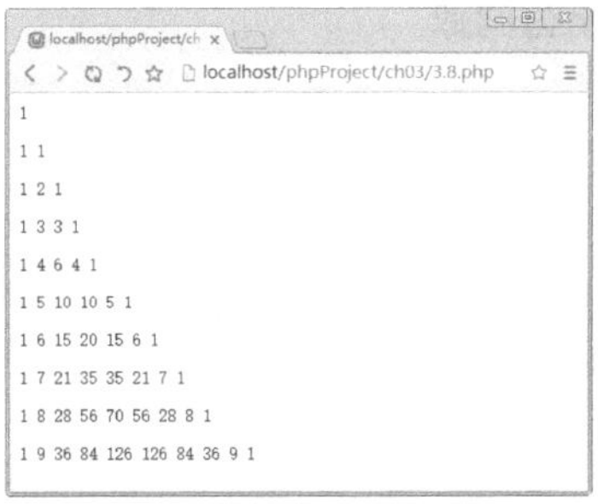
localhost/phpProject/ch
localhost/phpProject/ch03/3.8.php
1
1 1
1 2 1
1 3 3 1
1 4 6 4 1
1 5 10 10 5 1
1 6 15 20 15 6 1
1 7 21 35 35 21 7 1
1 8 28 56 70 56 28 8 1
1 9 36 84 126 126 84 36 9 1

图 4-18　输出杨辉三角的效果

4.4 跳转语句

如果循环条件满足，则程序会一直执行。如果需要强制跳出循环，则需要使用跳转语句来完成。常见的条件语句包括 break 语句和 continue 语句。

4.4.1 break 语句

break 语句的作用是完全终止循环，包括 while、do…while、for 和 switch 在内的所有控制语句。

实例 9：设计报数游戏

本实例将设计一个报数游戏，如果报的数是 5 的倍数，则结束游戏，否则一直报下去。

```
<?php
    echo "下面进入报数游戏！<br/>";
    while(true){
        $num = rand(1,100);      //声明一个随机变量$num
        echo "报数：".$num."<br/>";
        if($num%5==0){
            echo "游戏结束！";
            break;
        }
    }
?>
```

运行结果如图 4-19 所示。

图 4-19　报数游戏

4.4.2 continue 语句

continue 语句的作用是跳出当前循环，进入下一个循环。

实例 10：输出 1~20 之间的所有偶数

```
<?php
    for ($i = 1;$i <= 20;$i++){
        if($i%2!=0){
            continue;
        }
        echo $i." ";
    }
?>
```

运行结果如图 4-20 所示。

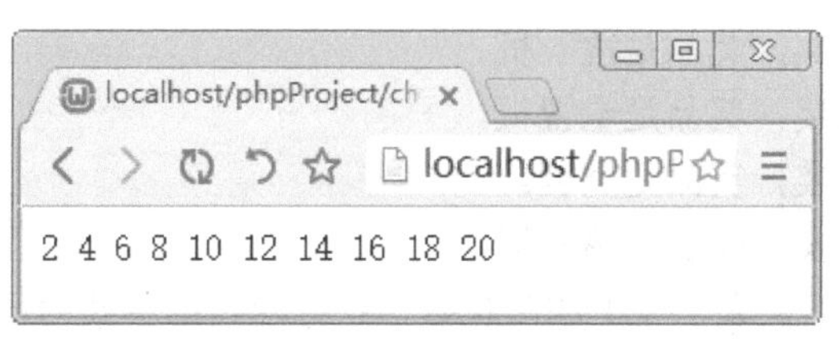

图 4-20　输出 1~20 之间的所有偶数

4.5　新手疑难问题解答

疑问 1：PHP 中跳出循环的方法有几种?

PHP 中的循环结构大致有 for 循环、while 循环、do… while 循环以及 foreach 循环几种，不管哪种循环，在 PHP 中跳出循环大致有以下几种方式：

1. continue

continue 用在循环结构中，控制程序放弃本次循环 continue 语句之后的代码并转而进行下一次循环。continue 本身并不跳出循环结构，只是放弃这一次循环。如果在非循环结构（例如 if 语句或 switch 语句）中使用 continue，程序将会出错。

2. break

break 用在各种循环和 switch 语句中，作用是跳出当前的语法结构，执行下面的语句。break 语句可以带一个参数 n，表示跳出循环的层数，如果要跳出多重循环，可以用 n 来表示跳出的层数，如果不带参数默认是跳出本次循环。

3. exit

exit 是用来结束程序执行的。可以用在任何地方，本身没有跳出循环的含义。exit 可以带一个参数，如果参数是字符串，PHP 将会直接把字符串输出，如果参数是 integer 整型（范围是 0 ～ 254），则参数将会被作为结束状态使用。

4. return

return 语句是用来结束一段代码，并返回一个参数的。可以从函数里调用，可以从 include() 或者 require() 语句包含的文件里调用，也可以在主程序里调用。如果是从函数里调用，程序将会马上结束运行并返回参数。如果是从 include() 或者 require() 语句包含的文件中调用，程序执行将会马上返回到调用该文件的程序，而返回值将作为 include() 或者 require() 的返回值。而如果是在主程序中调用，那么主程序将会马上停止执行。

疑问 2：循环体内使用的变量，定义在哪个位置好?

在 PHP 语言中，如果变量要多次使用，而且变量的值不改变，建议将改变量定义在循环体以外。否则的话，将该变量定义在循环体内比较好。

4.6　实战技能训练营

实战 1：设计一个公司年会抽奖游戏

公司年后抽奖，中奖号码和奖品设置如下：

（1）1 号代表一等奖，奖品是洗衣机。

（2）2 号代表二等奖，奖品是电视机。

（3）3 号代表三等奖，奖品是空调。

（4）4 号代表四等奖，奖品是热水器。

使用 rand() 函数随机生成 1~4 中的随机数，根据随机的中奖号码，输出与该号码对应的奖品。运行结果如图 4-21 所示。

图 4-21　公司年会抽奖游戏

实战 2：用 for 语句计算 10 的阶乘

使用 for 语句计算 1×2×3×…×10 的乘积，也就是 10 的阶乘。运行结果如图 4-22 所示。

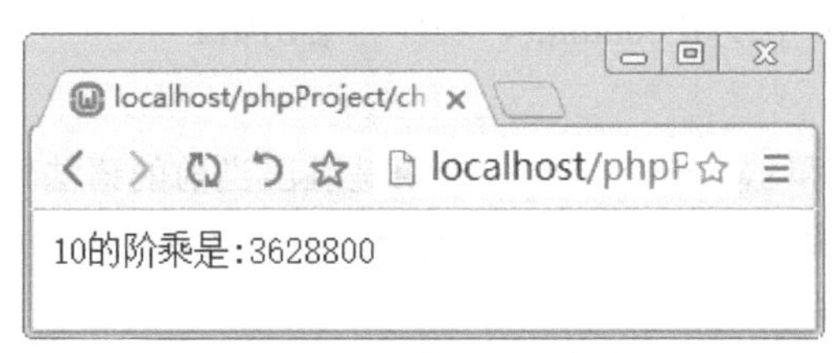

图 4-22　计算 10 的阶乘

实战 3：用 continue 语句跳过 1~10 中指定的值

使用 while 语句输出 1~10 中的值，使用 continue 语句跳过 2、5 和 8。运行结果如图 4-23 所示。

图 4-23　用 continue 语句跳过 1~10 中指定的值

第5章　字符串和正则表达式

本章导读

字符串在 Web 编程中应用比较广泛，所以生成、使用和处理字符串的技能，对于一个 PHP 程序员是非常重要的。特别是配合正则表达式，可以满足对字符串进行复杂处理的需求。本章将重点学习字符串的基本操作方法和正则表达式的使用方法。

知识导图

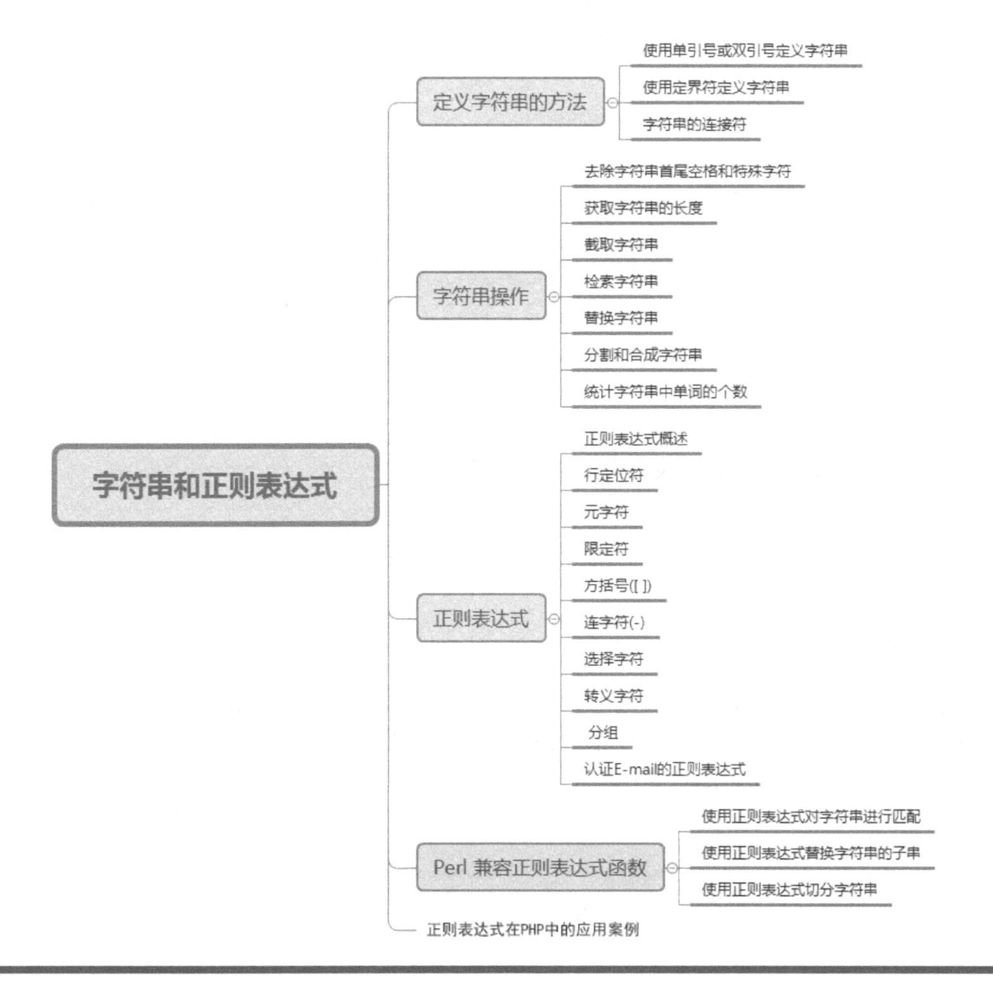

5.1 定义字符串的方法

不仅可以使用英文单引号或双引号定义字符串，还可以使用定界符定义字符串。本节分别介绍这两种方法。

5.1.1 使用单引号或双引号定义字符串

字符串，是指一连串不中断的字符。这里的字符主要包括以下几种类型。

（1）字母类型：例如常见的 a、b、c 等。

（2）数字类型：例如常见的 1、2、3、4 等。

（3）特殊字符类型：例如常见的 #、%、^、$ 等。

（4）不可见字符类型：例如回车符、Tab 字符和换行符等。

下面分别使用单引号和双引号来定义一个普通的字符串。

```
<?php
    $m1 = '这里使用单引号定义字符串。<br />';
    $m2 = "这里使用双引号定义字符串。";
    echo $m1;
    echo $m2;
?>
```

运行结果如下：

```
这里使用单引号定义字符串。
这里使用双引号定义字符串。
```

使用单引号或双引号定义字符串，表面上看起来没有什么区别，但是，对存在于字符串中的变量来说，二者是不一样的。用双引号会输出变量的值，而用单引号则直接显示变量名称。

实例 1：单引号和双引号在定义字符串中的区别

```
<?php
    $t = "苹果";
    $m1 = '我最爱吃的是$t <br />';
    $m2 = "我最爱吃的是$t";
    echo $m1;
    echo $m2;
?>
```

程序运行结果如图 5-1 所示。从结果可以看出，双引号中的内容都是经过 PHP 的语法分析器解析过的，任何变量在双引号中都会被转换为它的值进行输出显示，而单引号中的变量只能当作普通字符串原封不动地输出。

图 5-1 单引号和双引号在定义字符串中的区别

5.1.2 使用定界符定义字符串

定界符（<<<）用于定义格式化的大文本，这里的格式化是指文本中的格式被保留，所以文本中不需要使用转义字符。使用定界符的语法格式如下：

```
$string = <<< str
        字符串的具体内容。
str;
```

这里的 str 为指定的标识符，标识符可以自己设定，记得要前后保持一致。使用定界符和双引号一样，包含的变量也会被替换成实际的数值。

实例 2：使用定界符定义字符串

```
<?php
    $t = "橘子";
    $m1 =  "我最爱吃的是$t<br />";
    $m2 = <<< mystr
        我最爱吃的是$t
mystr;
    echo $m1;
    echo $m2;
?>
```

程序运行结果如图 5-2 所示。注意这里的符号 mystr 必须另起一行，而且不允许有空格，还要加上分号结束符。

图 5-2 使用定界符定义字符串

5.1.3 字符串的连接符

字符串连接符的使用十分频繁。这个连接符就是“.”(点)。它可以直接连接两个字符串，可以连接两个字符串变量，也可以连接字符串和字符串变量。

实例 3：使用点符号连接字符串

```
<?php
    //定义字符串
    $a = "山川载不动太多悲哀，";
    $b = "岁月经不起太长的等待。";
    //连接上面两个字符串，中间用逗号分隔
    $c = $a.$b;//输出连接后的字符串
    echo $c;
?>
```

程序运行结果如图 5-3 所示。

图 5-3 使用字符串的连接符

除了上面的方法以外，读者还可以使用 {} 方法来连接字符串，此方法类似于 C 语言中 printf 的占位符。下面举例说明使用方法。

实例 4：使用 {} 方法连接字符串

```
<?php
    //定义需要插入的字符串
    $a = "春花";
    $b = "黄沙";
    //生成新的字符串
    $c = "{$a}最爱向风中摇摆，{$b}偏要将痴和怨掩埋。";     //输出连接后的字符串
    echo $c;
?>
```

程序运行结果如图 5-4 所示。

图 5-4 使用 {} 方法连接字符串

5.2 字符串操作

Web 编程中经常需要处理输入和输出的字符串，例如获取字符串长度、截取字符串、替换字符串等。本节将重点学习字符串的基本操作方法和技巧。

5.2.1 去除字符串首尾空格和特殊字符

空格在很多情况下是不必要的，所以清除字符串中的空格显得十分重要。例如，在判定输入是否正确的程序中，出现不必要的空格，会增大程序出现错误判断的概率。

清除空格和特殊字符要用到 trim()、rtrim() 和 ltrim() 函数。

1. trim() 函数

trim() 函数从字符串两边同时去除首尾空格和特殊字符。语法格式如下：

```
trim(string,charlist)
```

其中，string 为需要检查的字符串；charlist 为可选参数，用于设置需要被去除的字符。如果不设置该参数，则以下字符将会被删除。

（1）“\0”：NULL 或空值。

（2）“\t”：制表符

（3）“\n”：换行符。

（4）“\x0B”：垂直制表符。

（5）“\r”：返回车符。

（6）“ ”：空格。

实例 5：处理用户名首尾的空格

本案例模拟在用户注册中，当用户输入账号名时，忽略用户名首尾的空格。

```
<?php
    $name = "    张三丰    ";
    echo "用户注册的用户名是：".$name."<br />";
    $name = trim($name);
    echo "处理后新的用户名是：".$name;
?>
```

程序运行结果如图 5-5 所示。

图 5-5　处理用户名首尾的空格

2. ltrim() 函数

ltrim() 函数从左侧清除字符串头部的空格和特殊字符。语法格式如下：

```
ltrim(string,charlist)
```

实例 6：去除字符串左侧的空格和特殊字符

```
<?php
    $str = "    ###张三丰###    ";
    echo ltrim($str);                    //去除字符串左侧的空格
    echo "<br />";
    echo ltrim($str,"    ###");          //去除字符串左侧的空格和特殊符号###
?>
```

程序运行结果如图 5-6 所示。

图 5-6　去除字符串左侧的空格和特殊字符

3. rtrim() 函数

rtrim() 函数是从右侧清除字符串尾部的空格和特殊字符。语法格式如下：

```
rtrim(string,charlist)
```

实例 7：去除字符串右侧的空格和特殊字符

```
<?php
    $str = "    ###张三丰###    ";
```

```
    echo rtrim($str);                    //去除字符串右侧的空格
    echo "<br />";
    echo rtrim($str,"   ###");           //去除字符串右侧的空格和特殊符号###
?>
```

程序运行结果如图 5-7 所示。

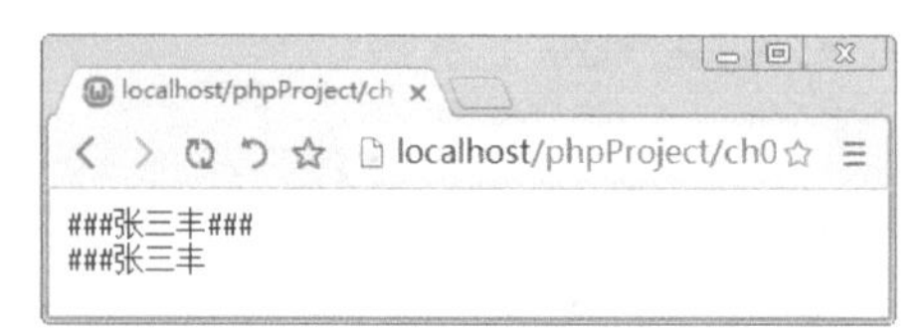

图 5-7　去除字符串右侧的空格和特殊字符

5.2.2　获取字符串的长度

计算字符串的长度在很多应用中都经常出现，比如统计输入框输入文字的多少等。在 PHP 中，计算字符串长度的常见函数是 strlen()。

当字符串中出现中文时，往往所求的长度会有变化，这里主要原因是不同的编码中，中文占的长度是不一样的。例如在 UTF-8 编码中，一个汉字占用 3 个字节，而在 GBK 编码中，一个汉字占用 2 个字节。本书统一采用 UTF-8 编码，所以一个汉字占 3 个字节。

实例 8：使用 strlen() 函数计算字符串的长度

```
<?php
    $str = "我最喜欢的英文单词是Ineffable";
    echo  "字符串的长度是：".strlen ($str);
?>
```

程序运行结果如图 5-8 所示。由于“我最喜欢的英文单词是”为中文字符，每个占 3 个字节，共占用 30 个字节，Ineffable 为英文字符，每个占一个字节，共占用 9 个字节。

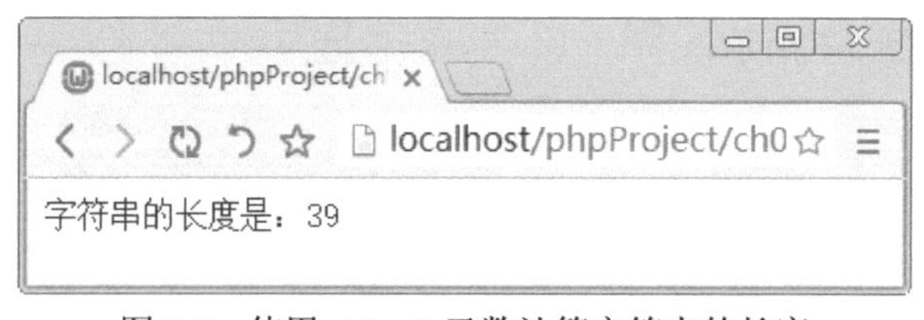

图 5-8　使用 strlen() 函数计算字符串的长度

5.2.3　截取字符串

在一串字符串中截取一个子串，就是字符串截取。完成这个操作需要用到 substr() 函数。这个函数有 3 个参数，分别规定了目标字符串、起始位置和截取长度。它的语法格式如下：

```
substr(目标字符串，起始位置，截取长度)
```

使用 substr() 函数需要注意以下几个事项：

（1）目标字符串是某个字符串变量的变量名，起始位置和截取长度都是整数。

（2）如果都是正数，起始位置的整数必须小于截取长度的整数，否则函数返回值为假。

（3）如果截取长度为负数，则意味着是从起始位置开始往后除去从目标字符串结尾算起的长度数的字符以外的所有字符。

（4）字符串的起始位置是从 0 开始计算的，也就是字符串中的第一个字符表示为 0。

实例 9：使用 substr() 函数截取字符串

```
<?php
    $a = "Choose a distance for your dream, there is no way back";
    $b = "为梦想选择了远方，便没有回头路可以走。";
    echo substr($a,0,10)."<br/>";
    echo substr($a,1,8)."<br/>";
    echo substr($a,0,-2)."<br/>";
    echo substr($b,0,9)."<br/>";
    echo substr($b,0,30)."<br/>";
    echo substr($b,0,11);
?>
```

运行结果如图 5-9 所示。由于一个汉字占 3 个字节，所以可能会出现截取汉字不完整的情况，此时会显示乱码。

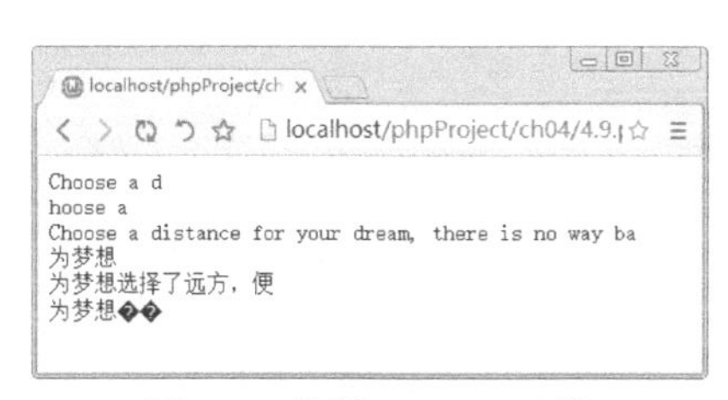

图 5-9 使用 substr() 函数

5.2.4 检索字符串

在一个字符串中查找另外一个字符串，就像文本编辑器中的查找一样。实现这个操作需要使用 strstr() 或 stristr() 函数。strstr() 函数的格式如下：

```
strstr(目标字符串, 需查找的字符串)
```

当函数找到需要查找的字符或字符串时，则返回从第一个查找到的字符串的位置往后所有的字符串内容。

stristr() 函数为不敏感查找，也就是对字符的大小写不敏感。用法与 strstr() 相同。

实例 10：使用 strstr() 和 stristr() 函数检索字符串

```
<?php
    $a = "Choose a distance for your dream, there is no way back";
    $b = "为梦想选择了远方，便没有回头路可以走。";
    echo strstr($a,"dream")."<br/>";
    echo stristr($a,"DReam")."<br/>";
    echo strstr($b,"梦想")."<br/>";
    echo stristr($b,"回头");
?>
```

运行结果如图 5-10 所示。

图 5-10　使用 strstr() 和 stristr() 函数

5.2.5　替换字符串

替换字符串中的某个部分是重要的应用，就像在使用文本编辑器中的替换功能一样。完成这个操作需要使用 substr_replace() 函数。它的语法格式如下：

```
substr_replace(目标字符串, 替换字符串, 起始位置, 替换长度)
```

实例 11：使用 substr_replace () 函数隐藏学员编号信息

```
<?php
    $id1 = "18666981238433";
    $id2 = "16655983638423";
    $id3 = "19644984538443";
    echo "学员张三的编号: ". substr_replace($id1,"************",0,10)."<br />";
    echo "学员李四的编号: ". substr_replace($id2,"************",0,10)."<br />";
    echo "学员王五的编号: ". substr_replace($id3,"************",0,10)."<br />";
    echo substr_replace($id1,"学员张三编号的尾号为",0,10)."<br />";
    echo substr_replace($id2,"学员李四编号的尾号为",0,10)."<br />";
    echo substr_replace($id3,"学员王五编号的尾号为",0,10);
?>
```

运行结果如图 5-11 所示。

图 5-11　使用 substr_replace () 函数

5.2.6　分割和合成字符串

字符串的分割使用 explode()。分割的反向操作为合成，使用 implode() 函数。其中，explode() 把字符串切分成不同部分后，存入一个数组。impolde() 函数则是把数组中的元素按照一定的间隔标准组合成一个字符串。这两个函数都与数组有关。数组就是一组数据的集合。关于数组的详细知识将在第 6 章讲解。

1. explode()

explode() 函数使用一个字符串分割另一个字符串，并返回由字符串组成的数组。语法格式如下：

```
explode(separator,string,limit)
```

其中，separator 用于指定在哪里分割字符串；string 为需要分割的字符串；limit 为可选参数，规定所返回的数组元素的数目。

实例 12：输出被标星的好友名字

```
<?php
    $names = "*张晓明 *王蒙 *李晓兰 *孔令辉";
    $name = explode(" ",$names);      //根据空格拆分字符串
    //利用for循环遍历数组
    for($i=0;$i<4;$i++){
        echo trim($name[$i],"*")."<br />";
    }
?>
```

运行结果如图 5-12 所示。

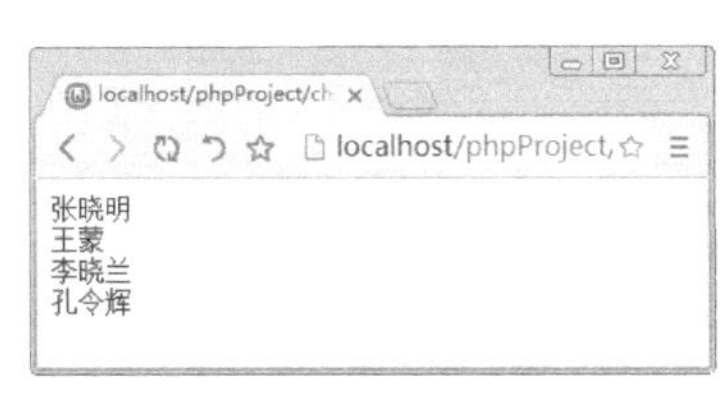

图 5-12　输出被标星的好友名字

2. implode() 函数

implode() 函数返回一个由数组元素组合成的字符串。语法格式如下：

```
implode(separator,array)
```

其中，separator 为可选参数。规定数组元素之间放置的内容。默认是“”（空字符串）。array 为必需参数，指定要组合为字符串的数组。

实例 13：将好友以不同的符号分割后输出

```
<?php
    $names = array("张晓明","王蒙","李晓兰","孔令辉");//定义数组元素
    echo implode("*",$names)."<br />";
    echo implode("@",$names)."<br />";
    echo implode("#",$names)."<br />";
    echo implode($names)."<br />";
?>
```

运行结果如图 5-13 所示。

localhost/phpProject/ch
localhost/phpProjec
张晓明*王蒙*李晓兰*孔令辉
张晓明@王蒙@李晓兰@孔令辉
张晓明#王蒙#李晓兰#孔令辉
张晓明王蒙李晓兰孔令辉

图 5-13　将好友以不同的符号分割后输出

5.2.7 统计字符串中单词的个数

有的时候，对字符串的单词进行统计有更大的意义。使用 str_word_count() 函数可以计算字符串中的单词数。但该函数只对基于 ASCII 码的英文单词起作用，并不对 UTF-8 编码的中文字符起作用。

实例 14：统计字符串中单词的个数

```
<?php
    $a = "To live is to open roads in mountains and build bridges in waters. Life,
you give me pressure, I also you miracle!";
    $b = "活着就该逢山开路，遇水架桥。生活，你给我压力，我还你奇迹！";
    echo "字符串a中单词的个数为：".str_word_count($a)."<br/>";
    echo "字符串b中汉字的个数为：".str_word_count($b);
?>
```

运行结果如图 5-14 所示。可见 str_word_count() 函数无法计算中文字符，查询结果为 0。

图 5-14　统计字符串中单词的个数

5.3 正则表达式

在 Web 编程中，经常会遇到查找符合某些复杂规则的字符串的需求，正则表达式就是描述这些规则的工具。

5.3.1 正则表达式概述

正则表达式是把文本或字符串按照一定的规范或模型表示的方法。经常用于文本的匹配操作。

例如，验证用户在线输入的邮件地址的格式是否正确时，常常使用正则表达式技术来匹配。若匹配，则用户所填写的表单信息将会被正常处理；反之，如果用户输入的邮件地址与正则表达的模式不匹配，将会弹出提示信息，要求用户重新输入正确的邮件地址。可见正则表达式在 Web 应用的逻辑判断中具有举足轻重的作用。

一般情况下，正则表达式由两部分组成，分别是元字符和文本字符。元字符就是具有特殊含义的字符，例如 ? 和 * 等；文本字符就是普通的文本，例如字母和数字等。

5.3.2 行定位符

行定位符用来确定匹配字符串出现的位置。如果是在目标字符串开头出现，则使用符号“^”；如果是在目标字符串结尾出现，则使用符号“$”。

例如：

```
^sex
```

该表达式表示要匹配字符串的开头是 sex。如 sex hello world 就可以匹配，而 hello sex world 则不匹配。

例如：

```
sex$
```

该表达式表示要匹配字符串的结尾是 sex。如 hello world sex 就可以匹配，而 sex hello world 则不匹配。

如果允许要匹配的字符串出现在字符串的任意位置，可以直接写成：

```
sex
```

有一个特殊表示，即同时使用 ^、$ 两个符号，如“^[a-z]$”，表示目标字符串只包含从 a 到 z 的单个字符。

5.3.3 元字符

除了“^”和“$”以外，正则表达式中还有不少很有用的元字符，常见的元字符如下：

（1）\w：匹配字母、数字、下画线或汉字。

（2）.：点号字符在正则表达式中是一个通配符。它代表除换行符以外的所有字符和数字。例如，“.er”表示所有以 er 结尾的三个字符的字符串，可以是 per、ser、ter、@er、&er 等。

（3）\s：匹配任意的空白符。

（4）\d：匹配数字。

（5）\b：匹配单词的开始或结束。

例如：

```
\bhe\w*\b
```

匹配以字母“he”开头的单词，接着是任意数量的字母或数字（\w*），最后是单词结束处（\b）。该表达式可以匹配“he12345678”“hello12”“heday”“hebooks”等。

5.3.4 限定符

上一节中使用 \w* 匹配任意数量的字母或数字。如果想要匹配特定数量的数字，就需要使用限定符，也就是限制数量的字符。

常见的限定符的含义如下：

（1） 加号“+”表示其前面的字符至少有一个。例如，“a+”表示目标字符串至少包含一个 a。

（2）星号“*”表示其前面的字符有不止一个或零个。例如，“y*”表示目标字符串包含 0 个或者不止一个 y。

（3）问号“?”表示其前面的字符有一个或零个。例如，“y?”表示目标字符串包含 0 个或者一个 y。

（4）大括号“{n,m}”表示其前面的字符有 n 或 m 个。例如，“a{3,5}”表示目标字符串包含 3 个或者 5 个 a，而“a{3}”表示目标字符串包含 3 个 a，“a{3,}”表示目标字符串至少包含 3 个 a。

（5）点号和星号一起使用，表示广义匹配。即“.*”表示匹配任意字符。

5.3.5 方括号 ([ ])

方括号内的一串字符是要用来进行匹配的字符。

例如，在方括号内的 [name] 是指在目标字符串中寻找字母 n、a、m、e。[jk] 表示在目标字符串中寻找字符 j 和 k。

前面介绍的“^”元字符表示字符串开头，如果放到方括号中，表示排除的意思。

例如，[^a-z] 表示匹配不以小写字母开头的字符串。

5.3.6 连字符 (-)

很多情况下，不可能逐个列出所有的字符。比如，若需要匹配所有英文字符，需要把 26 个英文字母全部输入，这会十分困难。这样，就有了如下表示。

[a-z]：表示匹配英文小写从 a 到 z 的任意字符。

[A-Z]：表示匹配英文大写从 A 到 Z 的任意字符。

[A-Za-z]：表示匹配英文从大写 A 到小写 z 的任意字符。

[0-9]：表示匹配从 0 到 9 的任意十进制数。

由于字母和数字的区间固定，所以根据这样的表示方法 [开始 - 结束]，程序员可以重新定义区间大小，如 [2-7]、[c-f] 等。

5.3.7 选择字符

选择字符 (|) 表示“或”选择。例如，“com|cn|com.cn|net”表示目标字符串包含 com、cn、com.cn 或 net。

选择字符在现实生活中有很普遍的应用。例如匹配身份证号，首先需要了解身份证号码的规则，目前二代身份证号为 18 位，前 17 位为数字，最后一位是校验码，可能为数字或字符 X。

经过分析可知，二代身份证号有两种可能，需要使用选择字符 (|) 来实现。匹配身份证的表达式如下：

```
(^\d{18}$)|(^\d{17}(\d|X|x)$)
```

该表达式匹配 18 位数字或者 17 位数字和最后一位，最后一位可以是数字或者 X 或者 x。

5.3.8 转义字符

由于“\”在正则表达式中属于特殊字符，所以，如果单独使用此字符，则将直接表示为作为特殊字符的转义字符。如果要表示反斜杠字符本身，则应当在此字符的前面添加转义字符“\”，即“\\”。

例如，要匹配 IP 地址中类似 192.168.0.1 这样的格式，如果直接使用下面的正则表达式：

```
[0-9]{1,3}(.[0-9]{1,3}){3}
```

则结果是不对的。因为“.”可以匹配任意字符，所以类似这样的字符串 192#168#0#1 也会被匹配出来。要想只匹配“.”，就需要使用转义字符 (\)。正则表达式修改如下：

```
[0-9]{1,3}(\.[0-9]{1,3}){3}
```

5.3.9 分组

小括号字符的作用就是进行分组，也就是子表达式，例如上一节中的 (\.[0-9]{1,3}){3} 就是对小括号中的 (\.[0-9]{1,3}) 重复操作 3 次。

小括号还可以改变限定符的作用范围，如“*”“^”“|”等。例如：

```
he(ad|ap|art)
```

该正则表达式匹配单词 head、heap 或 heart。

5.3.10 认证 E-mail 的正则表达式

在处理表单数据的时候，对用户的 E-mail 进行认证是十分常用的。如何判断用户输入的是一个 E-mail 地址呢？就是用正则表达式来匹配。其格式如下：

```
^[A-Za-z0-9_.]+@[A-Za-z0-9_]+\.[A-Za-z0-9.]+$
```

其中，^[A-Za-z0-9_.]+ 表示至少有一个英文大小写字符、数字、下画线、点号，或者这些字符的组合。

@ 表示 E-mail 中的“@”。

[A-Za-z0-9_]+ 表示至少有一个英文大小写字符、数字、下画线，或者这些字符的组合。

\. 表示 E-mail 中“.com”之类的点。这里点号只是点本身，所以用反斜杠对它进行转义。

[A-Za-z0-9.]+$ 表示至少有一个英文大小写字符、数字、点号，或者这些字符的组合，并且直到这个字符串的末尾。

5.4 Perl 兼容正则表达式函数

在 PHP 中有两类正则表达式函数，一类是 Perl 兼容正则表达式函数，一类是 POSIX 扩展正则表达式函数。二者差别不大，推荐使用 Perl 兼容正则表达式函数，因此下面都是以 Perl 兼容正则表达式函数为例进行说明。

5.4.1 使用正则表达式对字符串进行匹配

用正则表达式对目标字符串进行匹配是正则表达式的主要功能。

完成这个操作需要用到 preg_match() 函数。这个函数是在目标字符串中寻找符合特定正则表达规范的字符串子串。根据指定的模式来匹配文件名或字符串。它的语法格式如下：

```
preg_match(正则表达式, 目标字符串,[ 数组])
```

其中，数组为可选参数，存储匹配结果。

实例 15：利用 preg_match() 函数匹配字符串

```
<?php
    $aa = "When you are old and grey and full of sleep";
    $bb = "人生若只如初见，何事秋风悲画扇";
    $re =  "/when/";                    //区分大小写
    $re2 =  "/when/i";                  //不区分大小写
    $re3 =  "/何事/";
    if(preg_match($re, $aa, $a)){      //第1次匹配时区分大小写
         echo "第1次匹配结果为：";
         print_r($a);
         echo "<br/>";
    }
    if(preg_match($re2, $aa, $b)){     //第2次匹配时不区分大小写
         echo "第2次匹配结果为：";
         print_r($b);
         echo "<br/>";
    }
    if(preg_match($re3, $bb, $c)){     //第3次匹配中文
        echo "第3次匹配结果为：";
        print_r($c);
    }
?>
```

上述代码分析如下：

（1）$aa 是一个完整的字符串，用 $re 这个正则规范，由于不区分大小写，所以第 1 次匹配没结果。

（2）第 2 次匹配不再区分大小写，将匹配的子串储存在名为 $a 的数组中。print_r($a) 打印数组得，得到第一行数组的输出。

（3）第三次匹配为中文匹配，结果匹配成功，得到相应的输出。

运行结果如图 5-15 所示。

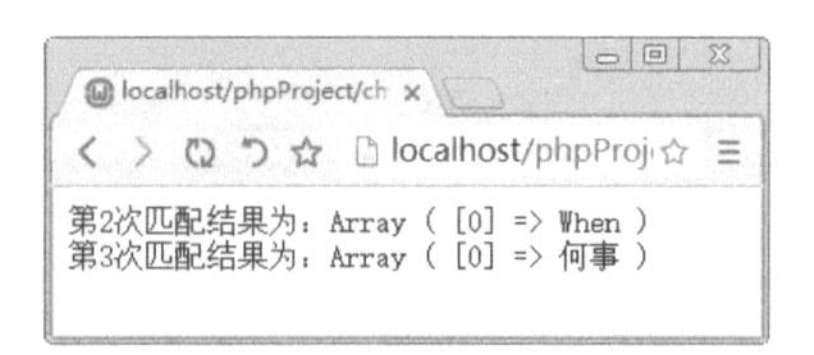

图 5-15　利用 preg_match() 函数匹配字符串

preg_match() 第一次匹配成功后就会停止匹配，如果要实现全部结果的匹配，即搜索到字符串结尾处，则需使用 preg_match_all() 函数。

实例 16：利用 preg_match_all() 函数匹配字符串

```
<?php
    $aa = "When you are old and grey and full of sleep";
```

```
    $bb = "人生若只如初见，何事秋风悲画扇。人生若只如初见，何事秋风悲画扇。";
    $re =  "/And/";                    //区分大小写
    $re2 =  "/And/i";                  //不区分大小写
    $re3 =  "/何事/";
    if(preg_match_all ($re, $aa, $a)){     //第1次匹配时区分大小写
       echo "第1次匹配结果为：";
       print_r($a);
       echo "<br/>";
    }
    if(preg_match_all ($re2, $aa, $b)){    //第2次匹配时不区分大小写
       echo "第2次匹配结果为：";
       print_r($b);
       echo "<br/>";
    }
    if(preg_match_all ($re3, $bb, $c)){    //第3次匹配中文
       echo "第3次匹配结果为：";
       print_r($c);
    }
?>
```

运行结果如图 5-16 所示。从结果可以看出，preg_match_all() 函数匹配了所有的结果。

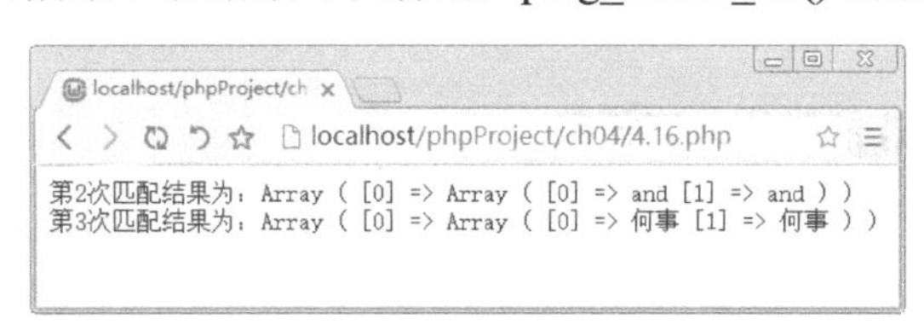

图 5-16　利用 preg_match_all() 函数匹配字符串

5.4.2　使用正则表达式替换字符串的子串

完成字符串及其子串的匹配后，如果需要对字符串的子串进行替换，可以使用 preg_replace() 函数来完成。语法格式如下：

```
preg_replace(正则表达规范，欲取代字符串子串，目标字符串，[替换的个数])
```

如果省略替换的个数或者替换的个数为 -1，则所有的匹配项都会被替换。

实例 17：利用 preg_replace () 函数替换字符串

```
<?php
    $a = "When you are old and grey and full of sleep";
    $b = "人生若只如初见，何事秋风悲画扇。人生若只如初见，何事秋风悲画扇。";
    $a= preg_replace('/\s/','-',$a);
    echo "第1次替换结果为：". "<br/>";
    echo $a."<br/>";
    $bb= preg_replace('/何事/','往事',$b);
    echo "第2次替换结果为：". "<br/>";
    echo $b;
?>
```

运行结果如图 5-17 所示。第 1 次替换是将空格替换为“-”，然后将替换后的结果输出；第 2 次替换是将“何事”替换为“往事”，然后将替换后的结果输出。

localhost/phpProject/ch04/4.17.php

第1次替换结果为：
When-you-are-old-and-grey-and-full-of-sleep
第2次替换结果为：
人生若只如初见，往事秋风悲画扇。人生若只如初见，往事秋风悲画扇。

图 5-17　使用正则表达式替换字符串的子串

5.4.3　使用正则表达式切分字符串

使用正则表达式可以把目标字符串按照一定的正则规范切分成不同的子串。完成此操作需要用到 strtok() 函数。它的语法格式如下：

```
strtok(正则表达式规范, 目标字符串)
```

这个函数是指以正则规范内出现的字符为准，把目标字符串切分成若干个子串，并且存入数组。

实例 18：利用 strtok() 函数切分字符串

```
<?php
    $string = "Hello world. Beautiful day today.";
    $token = strtok($string, " ");
    while ($token !== false)
    {
        echo "$token<br />";
        $token = strtok(" ");
    }
?>
```

运行结果如图 5-18 所示。$string 为包含多种字符的字符串。strtok($string, " ") 对其进行切分，并将结果存入数组 $token。其正则规范为“ ”，是指按空格将字符串切分。

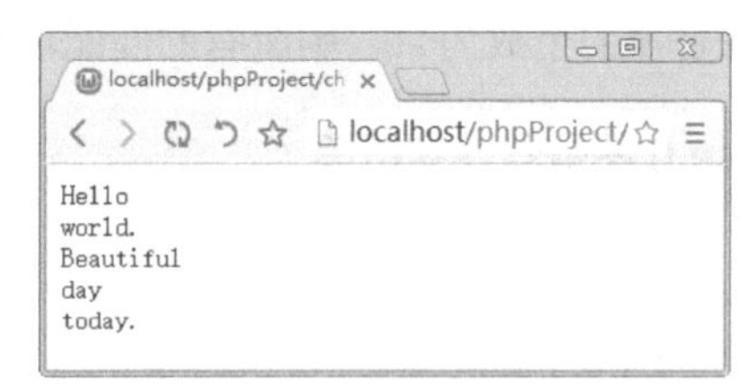

图 5-18　利用正则表达式切分字符串

5.5　正则表达式在 PHP 中的应用案例

本案例将综合应用正则表达式，创建一个商品采购系统的在线订购商品页面。具体步骤如下。

01 在网站主目录下建立文件 caigou.php。输入以下代码并保存：

```
<!DOCTYPE html>
<html>
```

```
<head>
<meta http-equiv="Content-Type" content="text/html; charset=utf-8" />
您的商品订单信息:
</head>
<body>
<?php
    $DOCUMENT_ROOT = $_SERVER['DOCUMENT_ROOT'];
    $customername = trim($_POST['customername']);
    $gender = $_POST['gender'];
    $arrivaltime = $_POST['arrivaltime'];
    $phone = trim($_POST['phone']);
    $email = trim($_POST['email']);
    $info = trim($_POST['info']);

    $re1 =  "/^\w+@\w+\.com|cn|net$/";  //不区分大小写
    $re2=  "/^1[34578]\d{9}$/";
    if(!preg_match($re1,$email)){
        echo "这不是一个有效的email地址，请返回上页且重试";
        exit;
    }
    if(!preg_match($re2,$phone)){
        echo "这不是一个有效的电话号码，请返回上页且重试";
        exit;
    }
    if($gender == "m"){
        $customer = "先生";
    }else{
        $customer = "女士";
    }
    echo '<p>您的商品信息已经上传，我们正在为您备货。 确认您的商品订单信息如下:</p>';
     echo $customername."\t".$customer.' 您好！  '.' 取货时间为:  '.$arrivaltime.' 天
后。 您的电话为'.$phone."。我们将会发送一封电子邮件到您的email邮箱: ".$email."。<br /><br/>
另外，我们已经确认了您的商品采购信息: <br /><br />";
    echo nl2br($info);
    echo "<p>您的商品采购时间为:".date('Y m d H: i: s')."</p>";
?>
</body>
</html>
```

上述代码的分析如下：

（1）$customername = trim($_POST['customername']); $phone = trim($_POST['phone']); $email = trim($_POST['email']); $info = trim($_POST['info']); 都是通过文本输入框直接输入的。所以，为了保证输入字符串的纯净，以方便处理，则需要使用 trim() 对字符串前后的空格进行清除。另外，ltrim() 清除左边的空格；rtrim() 清除右边的空格。

（2）$re1 = /^\w+@\w+\.com|cn|net$/; 中规定了判断邮箱是否合规的正则表达式。

（3） $re2= /^1[34578]\d{9}$/; 中规定了判断手机号是否合规的正则表达式。

02 在网站主目录下建立文件 shangpin.html，输入以下代码并保存：

```
<!DOCTYPE html>
<html>
<head>
<meta http-equiv="Content-Type" content="text/html; charset=utf-8" />

<h2>BBSS商品采购系统</h2>
</HEAD>
<BODY>
```

```
<form action="caigou.php" method="post">
<table>
<tr bgcolor="#3399FF">
    <td>客户姓名:</td>
    <td><input type="text" name="customername" size="20" /></td>
</tr>
<tr bgcolor="#CCCCCC">
    <td>客户性别: </td>
    <td>
    <select name="gender">
        <option value="m">男</option>
        <option value="f">女</option>
    </select>
    </td>
</tr>
<tr bgcolor="#3399FF">
    <td>取货时间:</td>
    <td>
    <select name="arrivaltime">
        <option value="1">当天</option>
        <option value="1">1天后</option>
        <option value="2">2天后</option>
        <option value="3">3天后</option>
        <option value="4">4天后</option>
        <option value="5">协商时间</option>
    </select>
    </td>
</tr>
<tr bgcolor="#CCCCCC">
    <td>电话:</td>
    <td><input type="text" name="phone" size="20" /></td>
</tr>
<tr bgcolor="#3399FF">
    <td>email:</td>
    <td><input type="text" name="email" size="30" /></td>
</tr>
<tr bgcolor="#CCCCCC">
    <td>商品采购信息:</td>
<td>
<textarea name="info" rows="10" cols="30">商品采购的具体信息，请填在这里。
</textarea>
    </td>
</tr>
<tr bgcolor="#666666">
    <td align="center"><input type="submit" value="确认商品采购订单" /></td>
</tr>
</table>
</form>
</body>
</html>
```

03 运行 shangpin.html，结果如图 5-19 所示。按页面信息填写表单内容，如果电话或 E-mail 不合正规表达式的规范，则会弹出提示信息。

04 单击“确认商品采购订单”按钮，浏览器会自动跳转至 caigou.php 页面，显示如图 5-20 所示的结果。

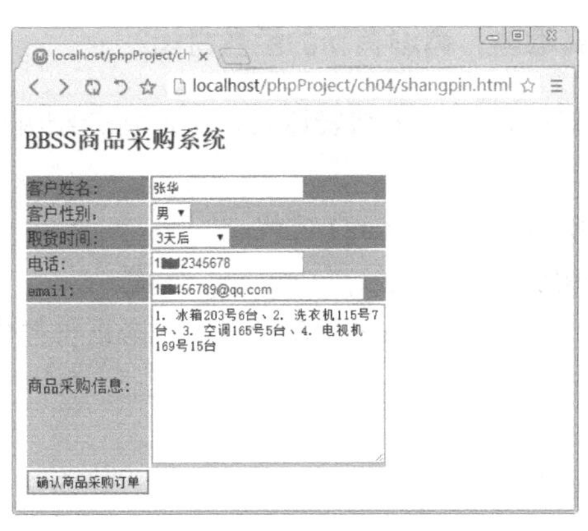

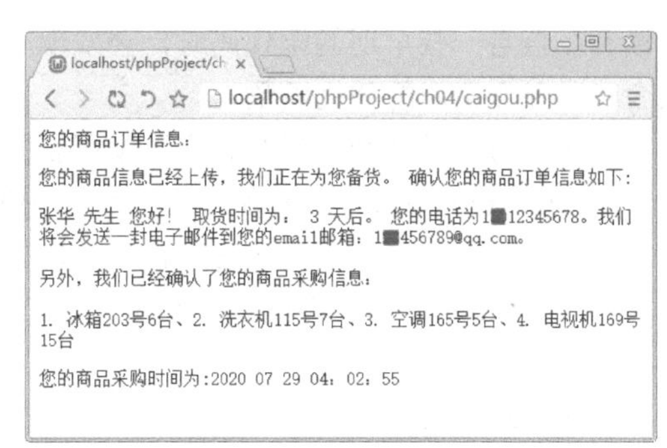

图 5-19 shangpin.html 的运行结果

图 5-20 提交后的显示结果

5.6 新手疑难问题解答

疑问 1：如何格式化字符串？

在 PHP 中，有多种方法可以格式化字符串，其中数字字符串格式化 number_format() 函数比较常用。该函数的语法格式如下：

```
number_format(number,decimals,decimalpoint,separator)
```

该函数可以有一个、两个或者 4 个参数，但不能有 3 个参数。各个参数的含义如下：

（1）number：必需参数。要格式化的数字。如果没有设置其他参数，则数字会被格式化为不带小数点且以逗号作为分隔符的形式。

（2）decimals：可选参数。规定多少个小数。如果设置了该参数，则使用点号作为小数点来格式化数字。

（3）decimalpoint：可选参数。规定用作小数点的字符串。

（4）separator：可选参数。规定用作千位分隔符的字符串。仅使用该参数的第一个字符。

例如以下代码：

```
<?php
    echo number_format("1000000");
    echo "<br/>";
    echo number_format("1000000",2);
    echo "<br/>";
    echo number_format("1000000",2,",",".");
?>
```

运行结果如图 5-21 所示。

图 5-21 格式化数字字符串

疑问 2：在 PHP 7 中被舍弃的正则表达式函数有哪些，有没有新的函数替代？

读者在查看一些早期的源代码时，会发现一些被舍弃的正则表达式，下面将介绍哪些函数被舍弃，并介绍新的替代函数。

（1）ereg()：该函数已经被舍弃，使用新的函数 preg_match() 替代。

（2）ereg_replace()：该函数已经被舍弃，使用新的函数 preg_replace() 替代。

（3）eregi()：该函数已经被舍弃，使用新的函数 preg_match() 配合 ‘i’ 修正符替代。

（4）eregi_replace()：该函数已经被舍弃，使用新的函数 preg_replace() 配合 ‘i’ 修正符替代。

（5）split()：该函数已经被舍弃，使用新的函数 preg_split() 替代。

（6）spliti()：该函数已经被舍弃，使用新的函数 preg_split() 配合 ‘i’ 修正符替代。

疑问 3：转义字符“/”在双引号和单引号中的作用一样吗？

转义字符“/”在双引号和单引号中的作用是有区别的。双引号中可以通过“\”转义符输出的特殊字符如表 5-1 所示。

表 5-1　双引号中可以通过“\”转义符输出的特殊字符

特殊字符	含 义
\n	换行且回到下一行的最前端
\t	Tab
\\	反斜杠
\0	ASCII 码的 0
\$	把此符号转义为单纯的美元符号，而不再作为声明变量的标识符
\r	换行
\{octal #}	八进制转义
\x{hexadecimal #}	十六进制转义

而单引号中可以通过“\”转义符输出的特殊字符只有如表 5-2 所示的两个。

表 5-2　单引号中可以通过“\”转义符输出的特殊字符

特殊字符	含 义
\'	转义为单引号本身，而不作为字符串标识符
\\	反斜杠转义为其本身

5.7　实战技能训练营

实战 1：使用 preg_match() 函数检查手机号码格式

网站中的注册页面经常需要输入用户手机号，本案例主要用于检测手机号的格式是否正确。运行结果如图 5-22 所示。

图 5-22 检查手机号码的格式

实战 2：使用 substr_replace () 函数隐藏身份证信息

本案例将隐藏身份证号码中的前 14 位。

运行结果如图 5-23 所示。

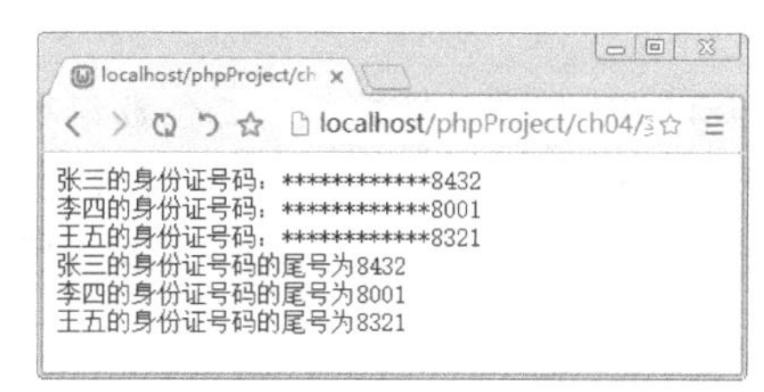

图 5-23 隐藏身份证号码的前 14 位

第6章　数组

本章导读

数组就是一系列数据的组合，可分为一维数组、二位数组和多维数组。PHP 提供了丰富的函数用于处理数组，从而更有效地管理和处理数据。本章主要讲述数组的概念、创建数组、数组类型、多维数组、遍历数组、统计数组元素个数等内容。通过本章的学习，读者可以玩转数组的常用操作和使用技巧。

知识导图

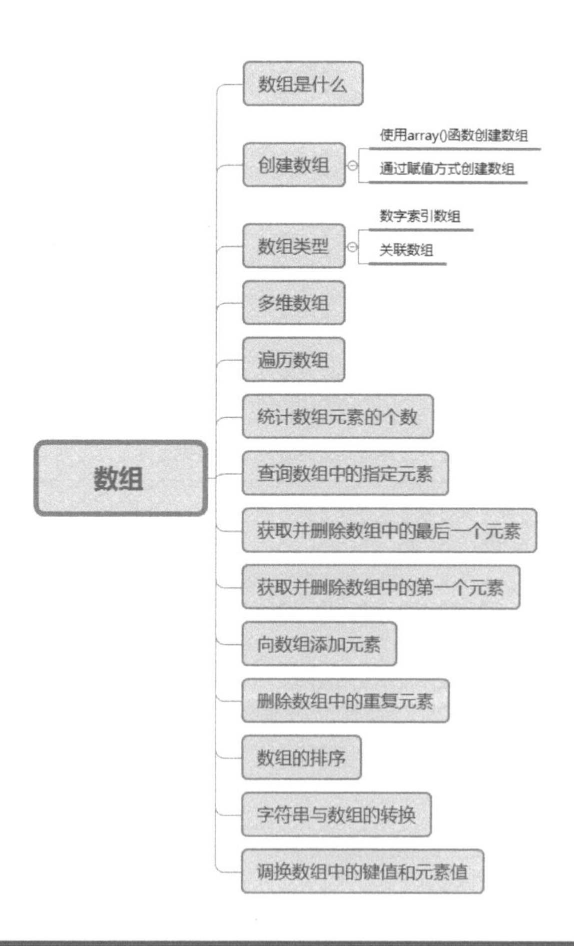

6.1 数组是什么

什么是数组？数组就是被命名的用来储存一系列数值的地方。数组是非常重要的数据类型，相对于其他的数据类型，它更像是一种结构，而这种结构可以储存一系列数值。

数组中的数值被称为数组元素。而每一个元素都有一个对应的标识，也称作键（或下标）。通过这个键可以访问数组元素。数组的键可以是数字，也可以是字符串。

例如一个公司有几千人，如果需要找到某个员工，可以利用员工编号来区分每个员工。此时，可以把一个公司创建为一个数组，员工编号就是键，通过员工编号就可以找到对应的员工，如图 6-1 所示。

把公司人员定义为一个数组

键	1001	1002	1003	1004
值	张三	李四	张华	王五

图 6-1　定义数组

6.2 创建数组

在 PHP 中创建数组的常见方法有两种：使用 array() 函数创建数组和通过赋值方式创建数组。

6.2.1 使用 array () 函数创建数组

使用 array() 函数可以创建一个新的数组。语法格式如下：

```
array 数组名称([mixed])
```

其中，参数 mixed 的语法为 key=>value，分别定义了索引和值。如果有多个 mixed，可以用逗号分开。键（key）可以是一个整数或者字符串，如果省略键（key），则自动产生从 0 开始的整数值。如果定义两个完全一样的键（key），则后一个会覆盖前一个。值（value）可以是任意类型，如果是数组类型时，就是二维数组。

例如：

```
$arr = array("1001"=>"张三", "1002"=>"李四", "1003"=>"张华", "1004"=>"王五");
```

利用 array() 函数来定义数组比较方便和灵活，可以只给出数组的元素值，而不必给出键（key），例如：

```
$arr = array("张三", "李四", "张华", "王五");
```

使用这种方式创建数组时，下标默认从 0 开始，然后依次加 1。

实例 1：使用 array() 函数创建和输出数组

```
<?php
    $a1 = array("张三", "李四", "张华", "王五");
    $a2 = array("1001"=>"张三", "1002"=>"李四", "1003"=>"张华", "1004"=>"王五");
    print_r($a1);
    echo "<br />";
    print_r($a2);
    echo "<br />";
    echo $a1[0];
    echo $a1[1];
    echo $a2[1003];
    echo $a2[1004];
?>
```

运行结果如图 6-2 所示。

localhost/phpProject/ch06/6.1.php

Array ([0] => 张三 [1] => 李四 [2] => 张华 [3] => 王五)
Array ([1001] => 张三 [1002] => 李四 [1003] => 张华 [1004] => 王五)
张三李四张华王五

图 6-2　创建和输出数组

6.2.2　通过赋值方式创建数组

如果在创建数组时不知道数组的大小，或者数组的大小可能会根据实际情况发生变化，则可以使用直接赋值的方式创建数组。例如：

```
<?php
    $a1[1] = "苹果";
    $a1[2] = "香蕉";
    $a1[3] = "橘子";
    $a1[4] = "梨子";
    print_r($a1);        //输出创建的数组
?>
```

运行结果如下：

```
Array ( [1] => 苹果 [2] => 香蕉 [3] => 橘子 [4] => 梨子 )
```

6.3　数组类型

数组分为数字索引数组和关联数组。本节将详细讲述这两种数组的使用方法。

6.3.1　数字索引数组

数字索引数组的索引由数字组成，默认值从 0 开始，然后索引值自动递增。用户也可以设置索引的开始值。例如

```
<?php
    $a1 = array("张三", "李四", "张华", "王五");
```

```
    $a2 = array("100"=>"张三","李四","张华","王五");
    print_r($a1);
    echo "<br />";
    print_r($a2);
?>
```

运行结果如下：

```
Array ( [0] => 张三 [1] => 李四 [2] => 张华 [3] => 王五 )
Array ( [100] => 张三 [101] => 李四 [102] => 张华 [103] => 王五 )
```

6.3.2 关联数组

关联数组的键名可以是数值和字符串混合的形式，而数字索引数组的键名只能为数字。所以判断一个数组是否为关联数组的依据是：数组中是否存在一个不是数字的键名，如果存在键名，则为关联数组。

关联数组的键名如果是一个字符串，访问数组元素时，键名需要加上一个定界修饰符，也就是加上一个单引号或双引号。

实例 2：创建和输出关联数组

```
<?php
    $a1 = array("洗衣机"=>4999, "冰箱"=>5999, "空调"=>8999, "热水器"=>7999);
    print_r($a1);
    echo "<br />";
    echo $a1["洗衣机"];
    echo "<br />";
    $a1["洗衣机"]=3999
    echo $a1["洗衣机"];
?>
```

运行结果如图 6-3 所示。

图 6-3　创建和输出关联数组

6.4 多维数组

数组可以“嵌套”，即每个数组元素也可以是一个数组，这种含有数组的数组就是多维数组。例如以部门和员工编号为例，如图 6-4 所示，每个部门都是一个一维数组，部门数本身又构成了一个数组，这样一个公司人员就构成了一个二维数组。

部门	员工编号			
销售部	1001	1002	1003	1004
财务部	2001	2002	2003	2004
营销部	3001	3002	3003	3004
生产部	4001	4002	4003	4004

图 6-4　二维数组

二维数组常用于描述表，表中的信息以行和列的形式表示，第一个下标代表元素所在的行，第二个下标代表元素所在的列。

实例 3：创建和输出二维数组

```
<?php
    $com = array("销售部"=>array(1001,1002,1003,1004),
                 "财务部"=>array(2001,2002,2003,2004),
                 "营销部"=>array(3001,3002,3003,3004),
                 "生产部"=>array(4001,4002,4003,4004));     //创建二维数组
    echo "<pre>";
    print_r($com);                                          //输出二维数组的元素
?>
```

运行结果如图 6-5 所示。

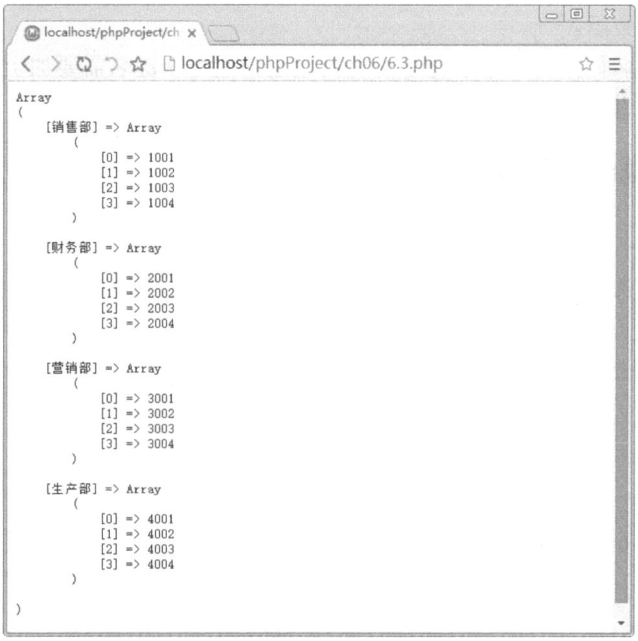

```
localhost/phpProject/ch06/6.3.php

Array
(
    [销售部] => Array
        (
            [0] => 1001
            [1] => 1002
            [2] => 1003
            [3] => 1004
        )

    [财务部] => Array
        (
            [0] => 2001
            [1] => 2002
            [2] => 2003
            [3] => 2004
        )

    [营销部] => Array
        (
            [0] => 3001
            [1] => 3002
            [2] => 3003
            [3] => 3004
        )

    [生产部] => Array
        (
            [0] => 4001
            [1] => 4002
            [2] => 4003
            [3] => 4004
        )

)
```

图 6-5　创建和输出二维数组

按照同样的方法，将前面二维数组中的最底层元素替换成数组，就可以创建一个三维数组。

实例 4：创建和输出三维数组

```
<?php
       $com = array("销售部"=>array("营销经理"=>array(1001,1002),"销售总监
"=>array(1003,1004)),"财务部"=>array("会计"=>array(2001,2002),"财务总监
"=>array(2001,2002)));//创建三维维数组
    echo "<pre>";
    print_r($com);                                        //输出三维数组的元素
?>
```

运行结果如图 6-6 所示。

```
Array
(
    [销售部] => Array
        (
            [营销经理] => Array
                (
                    [0] => 1001
                    [1] => 1002
                )

            [销售总监] => Array
                (
                    [0] => 1003
                    [1] => 1004
                )

        )

    [财务部] => Array
        (
            [会计] => Array
                (
                    [0] => 2001
                    [1] => 2002
                )

            [财务总监] => Array
                (
                    [0] => 2001
                    [1] => 2002
                )

        )

)
```

图 6-6 创建和输出三维数组

6.5 遍历数组

所谓数组的遍历，是要把数组中的变量值读取出来。遍历数组中的所有元素是很常用的操作，通过遍历数组可以完成数组元素的查询操作。

foreach 函数经常被用来遍历数组元素，语法格式如下：

```
foreach(数组 as 数组元素){
    对数组元素的操作命令;
}
```

可以把数组分为两种情况，不包含键值的数组和包含键值的数组。

1. 遍历不包含键值的数组

```
foreach(数组 as 数组元素值){
    对数组元素的操作命令;
}
```

2. 遍历包含键值的数组

```
foreach(数组 as 键值 => 数组元素值){
    对数组元素的操作命令;
}
```

每进行一次循环，当前数组元素的值就会被赋值给数组元素值变量，数组指针会逐一移动，直到遍历结束为止。

实例 5：遍历不包含键值数组

```
<?php
$names = array("小明", "张三","李四","王五","间谍","小雨");
```

```
foreach ($names as $name)
{
    echo "搜索可疑人员：".$name."<br />";
}
    echo "人名搜索完毕!";
?>
```

运行结果如图 6-7 所示。

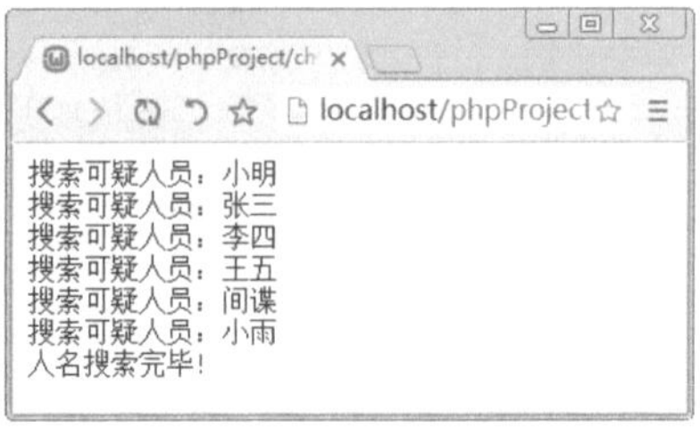

搜索可疑人员：小明
搜索可疑人员：张三
搜索可疑人员：李四
搜索可疑人员：王五
搜索可疑人员：间谍
搜索可疑人员：小雨
人名搜索完毕!

图 6-7　遍历不包含键值数组

实例 6：遍历包含键值数组

```
<?php
    $names = array("1001"=>"小明","1002"=> "张三","1003"=>"李四","1004"=>"王五
","1005"=>"间谍","1006"=>"小雨");
    foreach ($names as $num=>$name)
    {
       echo $num. "：".$name."<br />";
    }
    echo "搜索完毕!";
?>
```

运行结果如图 6-8 所示。

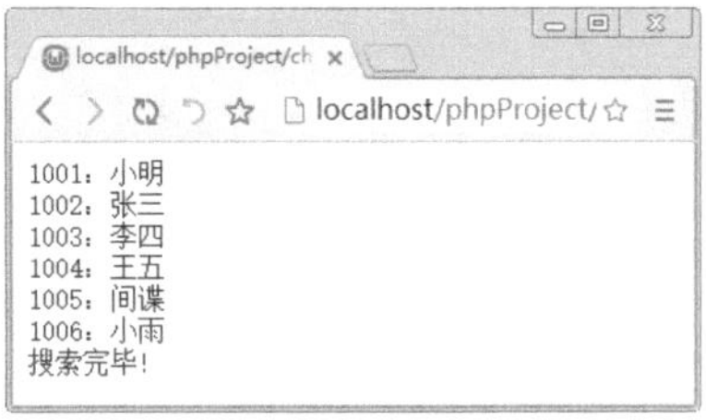

1001：小明
1002：张三
1003：李四
1004：王五
1005：间谍
1006：小雨
搜索完毕!

图 6-8　遍历包含键值数组

6.6　统计数组元素的个数

使用 count() 函数可以统计数组元素的个数。语法格式如下：

```
int count(mixed $array[,int $mode])
```

其中，参数 array 为需要查询的数组；参数 mode 为可选参数，设置参数值为 COUNT_RECURSIVE（或 1），本函数将递归地对数组计数，适用于计算多维数组，该参数的默认值为 0；该函数的返回值为数组元素的个数。

实例 7：统计数组元素的个数

```
<?php
    $com1 = array("1001"=>"张三", "1002"=>"李四", "1003"=>"张华", "1004"=>"王五");
    $com2 = array("销售部"=>array(1001,1002,1003,1004),
                  "财务部"=>array(2001,2002,2003,2004),
                  "营销部"=>array(3001,3002,3003,3004),
"生产部"=>array(4001,4002,4003,4004));
//创建二维数组
echo count($com1);
//计算一维数组元素的个数
echo "<br />";
echo count ($com2,COUNT_RECURSIVE);
//计算二维数组元素的个数
?>
```

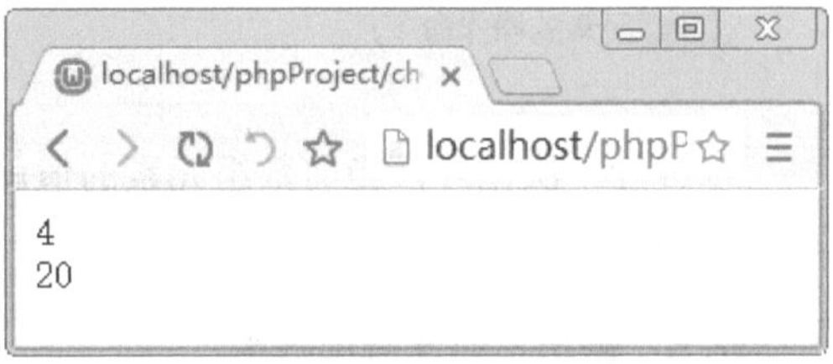

运行结果如图 6-9 所示。

4
20

图 6-9　统计数组元素的个数

6.7 查询数组中的指定元素

数组是一个数据集合，应该能够在不同类型的数组和不同结构的数组内确定某个特定元素是否存在。array_search() 函数可以在数组中查询给定的值是否存在，如果存在则返回键名，否则返回 false。语法格式如下：

```
mixed array_search(mixed $needle,array $haystack[,bool $strict])
```

其中，参数 needle 用于指定在数组中搜索的值；参数 haystack 为被搜索的数组；参数 strict 为可选参数，默认值为 false，如果值为 true，还将在数组中检测给定值的类型。

实例 8：统计数组元素的个数

```
<?php
    $c ="间谍";
    $com = array("1001"=>"张三", "1002"=>"李四", "1003"=>"间谍", "1004"=>"王五");
    $num= array_search ($c,$com);                //查询数组中的指定元素
    if ($num){
        echo "间谍已经找到，编号为：".$num;
    }else{
        echo "搜索完毕，间谍没有找到！";
    }
?>
```

localhost/phpProject/ch

间谍已经找到，编号为：1003

运行结果如图 6-10 所示。

图 6-10　统计数组元素的个数

6.8 获取并删除数组中的最后一个元素

array_pop() 函数将返回数组中的最后一个元素，并且将该元素从数组中删除。语法格式如下：

```
array_pop(目标数组)
```

实例 9：获取并删除数组中的最后一个元素

```
<?php
    $goods = array('1001'=>'洗衣机','1002'=>'冰箱','1003'=>'空调','1004'=>'电视机');
    $dele = array_pop($goods);                    //获取数组中的最后一个元素
    echo "数组中的最后一个元素是：".$dele."<br />";   //输出最后一个元素值
    echo "删除元素后的新数组是：";
    print_r($goods);                              //输出新的数组
?>
```

运行结果如图 6-11 所示。

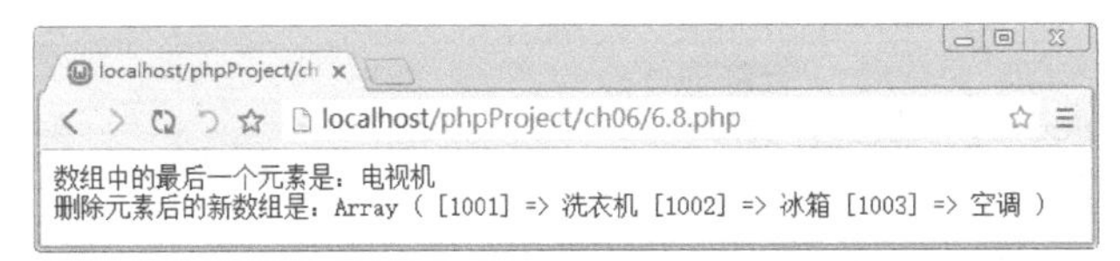

图 6-11　获取并删除数组中的最后一个元素

6.9 获取并删除数组中的第一个元素

array_pop() 函数将返回数组中的第一个元素，并且将该元素从数组中删除。语法格式如下：

```
array_shift(目标数组)
```

实例 10：获取并删除数组中的第一个元素

```
<?php
    $goods = array("洗衣机","冰箱","空调","电视机");
    $dele = array_shift ($goods);                          //获取数组中的第一个元素
    echo "数组中的第一个元素是：".$dele."<br />";       //输出第一个元素值
    echo "删除元素后的新数组是：";
    print_r($goods);                                       //输出新的数组
?>
```

运行结果如图 6-12 所示。

图 6-12　获取并删除数组中的第一个元素

6.10 向数组添加元素

数组是数组元素的集合。向数组中添加元素主要通过 array_unshift() 函数和 array_push 函数来完成。

1. array_unshift() 函数

array_unshift() 函数是在数组的头部添加元素，语法格式如下：

```
array_unshift(目标数组, [欲添加数组元素1, 欲添加数组元素2, ...])
```

2. array_push() 函数

array_push() 函数是在数组的尾部添加元素，语法格式如下：

```
array_push(目标数组, [欲添加数组元素1, 欲添加数组元素2, ...])
```

实例 11：向数组添加元素

```
<?php
    $com1 = array('西瓜','南瓜','西红柿');
    array_unshift($com1, '土豆','黄瓜');
    print_r($com1);
    echo "<br />";
    $com2 = array('冰箱','洗衣机','空调');
```

```
    array_push($com2, '电视机','电风扇');
    print_r($com2);
?>
```

运行结果如图 6-13 所示。

图 6-13　向数组添加元素

6.11　删除数组中的重复元素

使用 array_unique() 函数可实现数组中元素的唯一性，也就是去掉数组中重复的元素。不管是数字索引数组还是联合索引数组，都是以元素值为准。array_unique() 函数返回具有唯一性元素值的数组。语法格式如下：

```
array_unique (目标数组)
```

实例 12：删除数组中的重复元素

```
<?php
    $com = array("1001"=>"张三", "1002"=>"间谍", "1003"=>"间谍", "1004"=>"王五");
    echo "原始数组为：";
    print_r($com);
    echo "<br />";
    echo "删除重复元素后的新数组为：";
    print_r(array_unique($com));            //删除数组中重复的元素
?>
```

运行结果如图 6-14 所示。

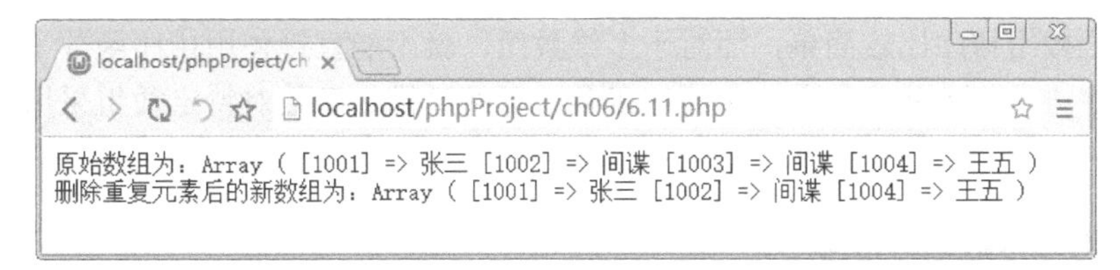

图 6-14　用 array_unique() 函数去掉数组中重复的元素

6.12　数组的排序

PHP 提供了丰富的排序函数，可以将数组进行排序操作。常见的排序函数如下：

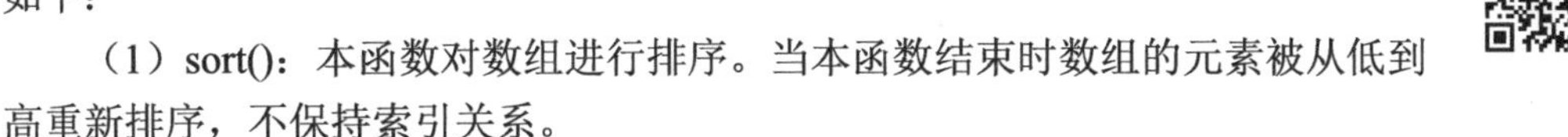

（1）sort()：本函数对数组进行排序。当本函数结束时数组的元素被从低到高重新排序，不保持索引关系。

（2）rsort()：对数组逆向排序。

（3）asort()：对数组进行排序并保持索引关系。

（4）arsort()：对数组进行逆向排序并保持索引关系。

（5）ksort()：对数组按照键名排序。

（6）krsort()：对数组按照键名逆向排序。

（7）natsort()：用自然排序算法对数组排序。

（8）natcascsort()：用自然排序算法对数组进行不区分大小写字母的排序。

实例 13：对一维数组进行排序

```
<?php
    $prices =array("冰箱"=> 2988,"空调"=> 6888,"洗衣机"=>3988,"电视机"=>5888);
    asort($prices);
    foreach ($prices as $key => $value){
        echo $key.":".$value."<br />";
    }
    ksort($prices);
    foreach ($prices as $key => $value){
        echo $key.":".$value."<br />";
    }
    arsort($prices);
    foreach ($prices as $key => $value){
        echo $key.":".$value."<br />";
    }
    krsort($prices);
    foreach ($prices as $key => $value){
        echo $key.":".$value."<br />";
    }
?>
```

运行结果如图 6-15 所示。

图 6-15　对一维数组进行排序

对于一维数组排序比较简单，而对于多维数组，就不能直接使用排序函数了。首先需要设定一个排序方法，也就是建立一个排序函数，再通过排序函数对特定数组采用特定排序方法进行排序。

实例 14：对二维数组进行排序

```
<?php
    $data[] = array('name' => '洗衣机', 'price' => 8900, 'amount' => 2000);
    $data[] = array('name' => '空调', 'price' => 4200, 'amount' => 8000);
    $data[] = array('name' => '冰箱', 'price' => 5900, 'amount' => 6000);
    // 取得列的列表
    foreach ($data as $key => $row) {
        $amount[$key] = $row['amount'];
        $money[$key] = $row['price'];
    }
    array_multisort($amount, SORT_DESC, $data);
```

```
    function arraySort($array, $keys, $sort = SORT_DESC) {
        $keysValue = [];
        foreach ($array as $k => $v) {
            $keysValue[$k] = $v[$keys];
        }
        array_multisort($keysValue, $sort, $array);
        return $array;
    }
    $b = arraySort($data, 'price', SORT_ASC); // 按商品价格升序排序
    echo "<pre>";
    print_r($b)
?>
```

运行结果如图 6-16 所示。

```
localhost/phpProject/ch06/6.13.php

Array
(
    [0] => Array
        (
            [name] => 空调
            [price] => 4200
            [amount] => 8000
        )

    [1] => Array
        (
            [name] => 冰箱
            [price] => 5900
            [amount] => 6000
        )

    [2] => Array
        (
            [name] => 洗衣机
            [price] => 8900
            [amount] => 2000
        )

)
```

图 6-16　对二维数组进行排序

6.13　字符串与数组的转换

使用 explode() 函数和 implode() 函数实现字符串和数组之间的转换。explode() 函数用于把字符串按照一定的规则拆分为数组中的元素，并且形成数组。implode() 函数用于把数组中的元素按照一定的连接方式转换为字符串。

实例 15：字符串与数组的转换

```
<?php
    $goods =array("冰箱","空调","洗衣机","电视机");
    echo implode('  ',$goods).'<br />';  //将数组转换为字符串，并以空格符分割元素
    $good ="冰箱,空调,洗衣机,电视机";
    print_r(explode(',',$good));          //将字符串转换为数组
?>
```

运行结果如图 6-17 所示。

```
localhost/phpProject/ch06/6.14.php

冰箱 空调 洗衣机 电视机
Array ( [0] => 冰箱 [1] => 空调 [2] => 洗衣机 [3] => 电视机 )
```

图 6-17　字符串与数组的转换

6.14 调换数组中的键值和元素值

使用 array_flip() 函数可以调换数组中的键值和元素值。

实例 16：调换数组中的键值和元素值

```
<?php
    $goods =array("冰箱"=> 2988,"空调"=> 6888,"洗衣机"=>3988,"电视机"=> 5888);
    $newgoods = array_flip($goods);
    echo "原始数组为：<br />";
    print_r($goods);
    echo "<br />调换后的数组为：<br />";
    print_r($newgoods)
?>
```

运行结果如图 6-18 所示。

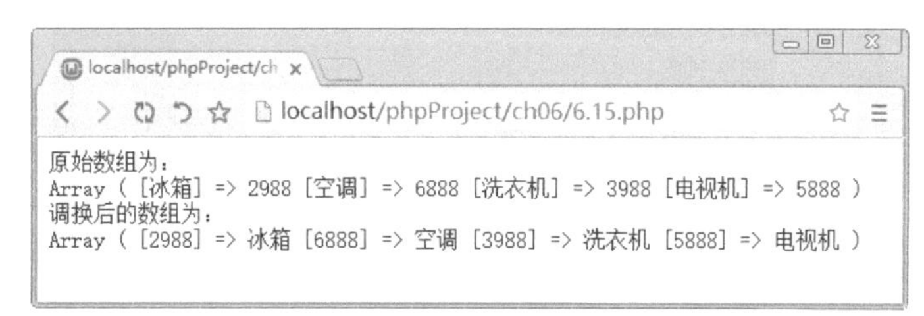

图 6-18　调换数组中的键值和元素值

6.15 新手疑难问题解答

疑问 1：清空数组和释放数组有什么区别?

在 PHP 中，清空数组可以理解为重新给变量赋一个空的数组。例如：

```
arr = array()
```

对于不再使用的数组，可以完全将其释放。例如：

```
unset($arr)       //这才是真正意义上的释放，将资源完全释放
```

疑问 2：PHP 中有哪些数组计算函数?

在 PHP 中，常见的数组计算函数如下：

（1）array_sum()：计算数组中所有值的和。

（2）array_merge()：合并一个或多个数组。

（3）array_diff()：计算数组的差集。

（4）array_diff_assoc()：带索引检测计算数组的差值。

（5）array_intersect()：计算数组的交集。

（6）array_intersect_assoc ()：带索引检测计算数组的交集。

6.16 实战技能训练营

实战 1：根据商品库存降序排列数组

根据第 6.12 节中实例 14 中的二维数组中的库存数量（amount）进行降序排列，运行结果如图 6-19 所示。

localhost/phpProject/ch06/实战1.php

```
Array
(
    [0] => Array
        (
            [name] => 空调
            [price] => 4200
            [amount] => 8000
        )

    [1] => Array
        (
            [name] => 冰箱
            [price] => 5900
            [amount] => 6000
        )

    [2] => Array
        (
            [name] => 洗衣机
            [price] => 8900
            [amount] => 2000
        )

)
```

图 6-19　根据商品库存降序排列数组

实战 2：遍历包含古诗内容的数组

使用 foreach() 函数遍历包含古诗内容的数组，该数组内容如下：

```
$gushi = array("第一句"=>"黄昏独倚朱阑","第二句"=> "西南新月眉弯","第三句"=>"砌下落花风起","第四句"=>"罗衣特地春寒");
```

运行结果如图 6-20 所示。

图 6-20　遍历包含古诗内容的数组

第7章　面向对象编程

本章导读

面向对象程序设计是在面向过程程序设计的基础上发展而来的，它比面向过程编程具有更强的灵活性和可扩展性。它用类、对象、关系、属性等一系列东西来提高编程的效率，主要的特性是可封装性、可继承性和多态性。本章主要讲述面向对象编程的相关知识。

知识导图

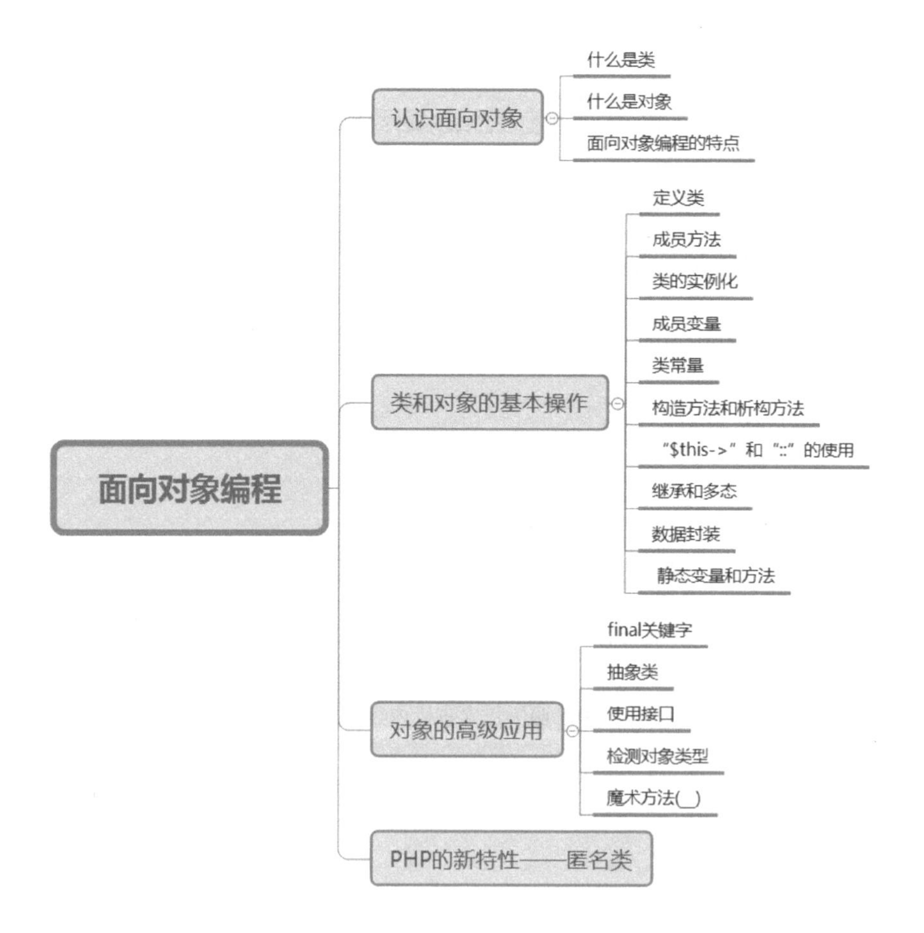

7.1 认识面向对象

面向对象编程的主要好处就是把编程的重心从处理过程转移到了对现实世界实体的表达。这十分符合人们的普通思维方法。本节来学习面向对象中的一些重要的概念。

7.1.1 什么是类

将具有相同属性及相同行为的一组对象称为类（class）。广义地讲，具有共同性质的事物的集合称为类。在面向对象程序设计中，类是一个独立的单位，它有一个类名，其内部包括成员变量和成员方法，分别用于描述对象的属性和行为。

类是一个抽象的概念，要利用类的方式来解决问题，必须先用类创建一个实例化的对象，然后通过对象访问类的成员变量及调用类的成员方法，来实现程序的功能。就如同“手机”本身是一个抽象的概念，只有使用了一个具体的手机，才能感受到手机的功能。

类（class）是由使用封装的数据及操作这些数据的接口函数组成的一群对象的集合。类可以说是创建对象时所使用的模板。

7.1.2 什么是对象

对象（object）是面向对象技术的核心。可以把我们生活的真实世界看成是由许多大小不同的对象所组成的。对象是指现实世界中的对象在计算机中的抽象表示，即仿照现实对象而建立的。

例如人和汽车，可以看成两个不同的对象，如图 7-1 所示。

图 7-1　人和汽车

对象是类的实例化。对象具有静态特征和动态特征。静态特征是指对象的外观、性质、属性等，动态特征是指对象具有的功能、行为等。客观事物是错综复杂的，人们总是习惯从某一目的出发，运用抽象分析的能力从众多特征中抽取具有代表性、能反映对象本质的若干特征加以详细研究。

人们将对象的静态特征抽象为属性，用数据来描述，在 PHP 语言中称为变量。将对象的动态特征抽象为行为，用一组代码来表示，完成对数据的操作，在 PHP 语言中称为方法（method）。一个对象由一组属性和一系列对属性进行操作的方法构成。

在计算机语言中也存在对象，可以定义为相关变量和方法的软件集。对象主要由下面两部分组成：

（1）一组包含各种类型数据的属性。

（2）对属性中的数据进行操作的相关方法。

面向对象中常用的技术术语及其含义如下。

（1）类（Class）：用来描述具有相同属性和方法的对象的集合。它定义了该集合中每个对象所共有的属性和方法。对象是类的实例。

（2）类变量：类变量在整个实例化的对象中是公用的。类变量定义在类中且在函数体之外。类变量通常不作为实例变量使用。

（3）数据成员：类变量或实例变量用于处理类及其实例对象的相关数据。

（4）方法重写：如果从父类继承的方法不能满足子类的需求，那么可以对其进行改写，这个过程叫方法的覆盖（override），也称为方法的重写。

（5）实例变量：定义在方法中的变量只作用于当前实例的类。

（6）继承：即一个派生类（derived class）继承基类（base class）的字段和方法。继承也允许把一个派生类的对象作为一个基类对象对待。

（7）实例化：创建一个类的实例，类的具体对象。

（8）方法：类中定义的函数。

（9）对象：通过类定义的数据结构实例。对象包括两个数据成员（类变量和实例变量）和方法。

7.1.3 面向对象编程的特点

OOP 是面向对象编程（Object-oriented Programming）的缩写。对象（Object）在 OOP 中是由属性和操作组成的。属性（Attribute）是对象的特性或是与对象关联的变量。操作（Operation）是对象中的方法（Method）或函数（Function）。

由于 OOP 中最为重要的特性之一就是可封装性，所以对 Object 内部数据的访问，只能通过对象的“操作”来完成，这也被称为对象的“接口”（Interfaces）。

因为类是对象的模板，所以类描述了它的对象的属性和方法。

另外，面向对象编程具有三大特点。

1. 封装性

将类的使用和实现分开管理，只保留类的接口，这样开发人员就不用去知道类的实现过程，只需要知道如何使用类即可，从而提高了开发效率。

2. 继承性

继承是面向对象软件技术中的一个概念。如果一个类 A 继承自另一个类 B，就把这个 A 称为“B 的子类”，而把 B 称为“A 的父类”。继承可以使子类具有父类的各种属性和方法，而不需要再次编写相同的代码。在子类继承父类的同时，可以重新定义某些属性，并重写某些方法，即覆盖父类的原有属性和方法，从而获得与父类不同的功能。另外，还可以为子类追加新的属性和方法。继承可以实现代码的可重用性，简化了对象和类的创建过程。另外，PHP 支持单继承，也就是一个子类只能有一个父类。

3. 多态性

多态是面向对象程序设计的重要特征之一，是扩展性在“继承”之后的又一重大表现。同一操作作用于不同类的实例，将产生不同的执行结果，即不同类的对象收到相同的消息时，将得到不同的结果。

7.2 类和对象的基本操作

本章节来学习类和对象的基本操作。

7.2.1 定义类

在 PHP 中，定义类的关键字是 class，定义类的语法格式如下：

```
<?php
    权限修饰符 class 类名{
    类的内容;
    }
?>
```

其中，权限修饰符是可选项，常见的修饰符包括 public、private 和 protected。创建类时，可以省略权限修饰符，此时默认的修饰符为 public。三种权限修饰符的区别如下。

（1）一般情况下，属性和方法默认是 public 的，这意味着一般的属性和方法从类的内部和外部都可以访问。

（2）用关键字 private 声明的属性和方法，则只能从类的内部访问，也就是说，只有类内部的方法可以访问用此关键字声明的类的属性和方法。

（3）用关键字 protected 声明的属性和方法，也是只能从类的内部访问，但是，通过“继承”而产生的“子类”，也可以访问这些属性和方法。

例如，定义一个商品类，代码如下：

```
public class Goods {
    //类的内容
}
```

7.2.2 成员方法

成员方法是指在类中声明的函数。在类中可以声明多个函数，所以对象中可以存在多个成员方法。类的成员方法可以通过关键字进行修饰，从而控制成员方法的使用权限。

例如以下定义成员方法的例子：

```
<?php
    class Goods {
        function getGoods($name,$price){             //定义成员方法
            echo "商品名称: ".$name;                  //方法实现的功能
            echo "商品价格: ".$price;                 //方法实现的功能
        }
    }
?>
```

这里定义的成员方法将输出商品的名称和价格。这些信息是通过方法参数传进来的。

7.2.3 类的实例化

定义完类和方法后，并不是真正创建一个对象。类和对象可以描述为如下关系：类用来描述具有相同数据结构和特征的“一组对象”，“类”是“对象”的抽象，而“对象”是“类”的具体实例，即一个类中的对象具有相同的“型”，但其中每个对象却具有不相同的“值”。

例如，商品就是一个抽象概念，即商品类，但是名称叫洗衣机的商品就是商品类中一个具体的对象。

类的实例化的语法格式如下：

```
$变量名 = new 类名称([参数]);      //类的实例化
```

其中，new 为创建对象的关键字，“$ 变量名”返回对象的名称，用于引用类中的方法。参数是可选的，如果存在参数，则用于指定类的构造方法初始化对象使用的值，如果没有定义构造函数参数，PHP 会自动创建一个不带参数的默认构造函数。

类实例化就产生了对象，然后通过如下格式就能调用要使用的方法：

```
对象名->成员方法
```

实例 1：创建对象并调用方法

本案例以 Goods 类为例，实例化一个对象并调用 getGoods() 方法。

```
<?php
    class Goods {
        function getGoods($name,$price){          //定义成员方法
            echo "商品名称：".$name;             //方法实现的功能
            echo "<br />";
            echo "商品价格：".$price;            //方法实现的功能
        }
    }
    $good=new Goods();                          //类的实例化
    echo $good->getGoods("洗衣机",4988);          //调用方法
    echo "<br />";
    $good1=new Goods();                         //类的实例化
    echo $good1->getGoods("空调",6988);           //调用方法
?>
```

运行结果如图 7-2 所示。上面的例子实例化了两个对象，并且这两个对象之间没有任何联系，只能说明是源于同一个类。可见，一个类可以实例化多个对象，每个对象都是独立存在的。

图 7-2　创建对象并调用方法

7.2.4　成员变量

成员变量是指在类中定义的变量。在类中可以声明多个变量，所以对象中可以存在多个成员变量，每个变量将存储不同的对象属性信息。

例如以下定义：

```
public class Goods {
    关键字 $name; //类的成员变量
}
```

成员属性必须使用关键词进行修饰，常见的关键词包括 public、protected、private、static 和 final。定义成员变量时，可以不进行赋值操作。

实例 2：定义和使用成员变量

```
<?php
    class Goods {
        public $name;                                    //定义成员变量
        public $price;                                   //定义成员变量
        public $city;                                    //定义成员变量
        function getGoods($name,$price, $city){         //定义成员方法
            $this->name=$name;                          //调用本类的成员变量
            $this->price=$price;                        //调用本类的成员变量
            $this->city=$city;                          //调用本类的成员变量
            If($this->price>8000){
                return "商品".$this->name. "的价格太高了，需要调价哦！";
            }else{
                return "商品".$this->name. "价格合适，不需要调价哦！";
            }
        }
    }
    $good=new Goods();                                   //类的实例化
    echo $good->getGoods("洗衣机",4988, "上海");          //调用方法
    echo "<br />";
    $good1=new Goods();                                  //类的实例化
    echo $good1->getGoods("空调",9988,"北京");            //调用方法
?>
```

运行结果如图 7-3 所示。

图 7-3　定义和使用成员变量

7.2.5　类常量

用户不仅可以定义变量，还可以定义常量。下面通过案例来分析二者的区别。

实例 3：声明并输出常量

```
<?php
    class Goods {
        const GOODS_NAME="家用电器";                      //定义常量GOODS_NAME
        public $name;                                    //定义变量用来存储商品名称
        function getGoods($name){                        //定义成员方法
            $this->name=$name;                           //调用本类的成员变量
            return  $this->name;
        }
    }
```

```
    $goods=new Goods();                              //类的实例化
    echo $goods->getGoods("洗衣机");                 //调用方法
    echo "<br />";
    echo Goods::GOODS_NAME;                          //输出常量GOODS_NAME
?>
```

运行结果如图 7-4 所示。可见常量的输出和变量的输出是不一样的，常量不需要实例化对象，直接由“类名 :: 变量名”调用即可。

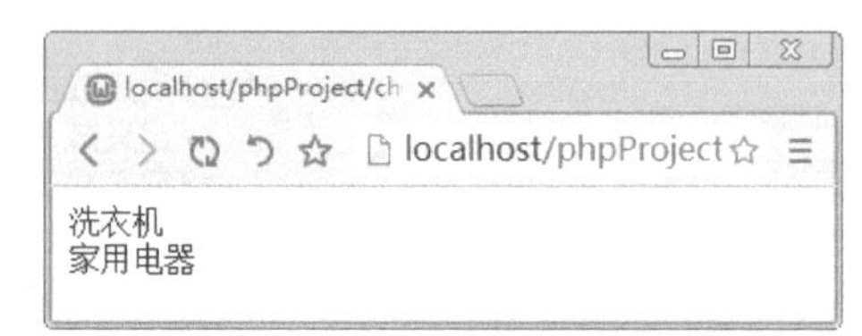

图 7-4　声明并输出常量

7.2.6　构造方法和析构方法

构造方法存在于每个声明的类中，主要作用是执行一些初始化任务。如果类中没有直接声明构造方法，那么类会默认地生成一个没有参数且内存为空的构造方法。

在 PHP 中，构造方法的方法名称必须是由两个下画线开头的，即“_ _construct”。具体的语法格式如下：

```
function _ _construct([mixed args]){
//方法的内容
}
```

一个类只能声明一个构造方法。构造方法中的参数是可选的，如果没有传入参数，那么将使用默认参数为成员变量进行初始化。

实例 4：定义构造方法

```
<?php
    class Goods {
        public $name;                                    //定义成员变量
        public $price;                                   //定义成员变量
        public $city;                                    //定义成员变量
        public function_ _construct($name,$price, $city){ //定义构造方法
            $this->name=$name;                           //调用本类的成员变量
            $this->price=$price;                         //调用本类的成员变量
            $this->city=$city;                           //调用本类的成员变量
        }
        public function displayGoods(){                  //定义成员方法
             If($this->price>8000){
                return "商品".$this->name. "的价格太高了，需要调价哦！";
            }else{
                return "商品".$this->name. "价格合适，不需要调价哦！";
            }
        }
    }
    $goods=new Goods("电视机",4988, "上海");              //类的实例化并传递参数
    echo $goods->displayGoods ();                        //调用方法
```

```
    echo "<br />";
    $goods1=new Goods("空调",9988,"北京");          //类的实例化并传递参数
    echo $goods1->displayGoods ();                  //调用方法
?>
```

运行结果如图 7-5 所示。可见构造方法 _ _construct() 在实例化时会自动执行，通常对一些属性进行初始化，也就是对一些属性进行初始化的赋值。

图 7-5　定义构造方法

要特别注意的是，构造方法不能有返回值（return）。

析构方法在作用上和构造方法正好相反。它是在对象被销毁的时候调用执行的。但是因为 PHP 在每个请求的最终都会把所有资源释放，所以析构方法的意义是有限的。具体使用的语法格式如下：

```
function _ _destruct(){
        //方法的内容，通常是完成一些在对象销毁前的清理任务
}
```

PHP 具有垃圾回收机制，可以自动清除不再使用的对象，从而释放更多的内存。析构方法是在垃圾回收程序执行前被调用的方法，是 PHP 编程中的可选内容。

不过，析构方法在某些特定行为中还是有用的，比如在对象被销毁时清空资源或者记录日志信息。

以下两种情况，析构方法可能被调用执行：

（1）代码运行时，当所有的对于某个对象的 reference（引用）被毁掉的时候。

（2）当代码执行到最后，并且 PHP 停止请求的时候。

实例 5：定义析构方法 (案例文件：ch07\7.5.html)

```
<?php
    class Goods {
        public $name;                                    //定义成员变量
        public $price;                                   //定义成员变量
        public $city;                                    //定义成员变量
        public function _ _co3nstruct($name,$price, $city){ //定义构造方法
            $this->name=$name;                           //调用本类的成员变量
            $this->price=$price;                         //调用本类的成员变量
            $this->city=$city;                           //调用本类的成员变量
        }
        public function displayGoods(){              //定义成员方法
             if($this->price>8000){
                return "商品".$this->name. "的价格太高了，需要调价哦！";
            }else{
                return "商品".$this->name. "价格合适，不需要调价哦！";
            }
        }
```

```
        public function --destruct(){                //定义析构方法
            echo "析构函数被调用了，对象被销毁！<br />";
        }
    }
    $goods=new Goods("电视机",4988, "上海");          //类的实例化并传递参数
    $goods1=new Goods("空调",9988,"北京");            //类的实例化并传递参数
?>
```

运行结果如图 7-6 所示。

图 7-6　定义析构方法

7.2.7　“$this->”和“::”的使用

对象不仅可以调用自己的变量和方法，也可以调用类中的变量和方法。PHP 通过伪变量“$this->”和作用域操作符“::”来实现这些功能。

1. 伪变量“$this->”

在通过对象名 -> 方法调用对象的方法时，如果不知道对象的名称是什么，而又想调用类中的方法，就要使用伪变量“$this->”。伪变量“$this->”的意思就是本身，成员方法属于哪个对象，$this 引用就代表哪个对象，主要作用是专门完成对象内部成员之间的访问。

实例 6：使用伪变量“$this->”

```
<?php
    class myexample {
        function fun(){                                        //定义成员方法
            if(isset($this)){                                  //判断变量$this是否存在
                echo "变量\$this的值是：".get_class($this); //输出$this所属的类名
            }else{
                echo "变量\$this不存在！";
            }
        }
    }
    $myexam=new myexample();                               //类的实例化
    $myexam->fun();              //类的实例化并传递参数
?>
```

运行结果如图 7-7 所示。

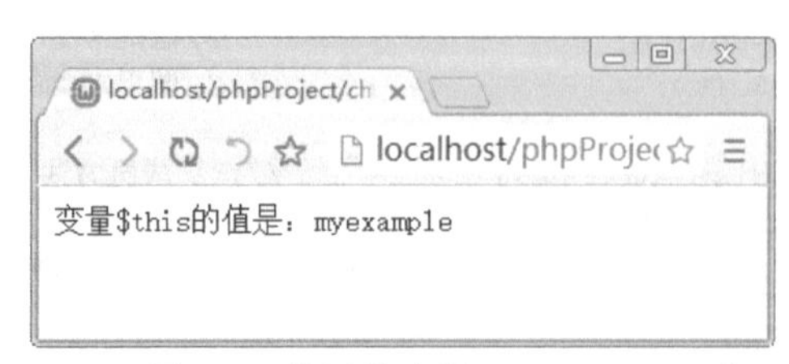

图 7-7　使用伪变量“$this->”

2. 操作符“::”

操作符“::”可以在没有任何声明实例的情况下访问类中的成员。使用的语法格式如下：

```
关键字::变量名/常量名/方法名
```

其中，关键字主要包括 parent、self 和类名 3 种。

（1）parent 关键字：表示可以调用父类中的成员变量、常量和成员方法。

（2）self 关键字：表示可以调用当前类中的常量和静态成员。

（3）类名关键字：表示可以调用本类中的常量、变量和方法。

实例 7：使用操作符“::”

```
<?php
    class Goods {
        const NAME="家用电器";                          //定义常量NAME
        function __construct(){                          //定义构造方法
                                                         //输出常量的默认值
            echo "本商城销量最高的商品类别是：".Goods::NAME."<br />";
        }
    }
    class MyGoods extends Goods {                    //定义Goods类的子类
        const NAME="洗衣机";                          //定义常量NAME
        function __construct()                       //定义子类的构造方法
        {
            parent::__construct();                   //调用父类的构造方法
                                                     //输出本类的常量NAME
        }
            echo "家用电器中销量最高的商品是：".self::NAME." ";
    }
    $goods=new MyGoods();                                //类的实例化
?>
```

运行结果如图 7-8 所示。

图 7-8 使用操作符“::”

7.2.8 继承和多态

继承和多态可以实现代码重用的效果。下面分别进行讲述。

1. 继承

继承（Inheritance）是 OOP 中最为重要的特性与概念。父类拥有其子类的公共属性和方法。子类除了拥有父类具有的公共属性和方法外，还拥有自己独有的属性和方法。

PHP 使用关键字 extends 来确认子类和父类，实现子类对父类的继承。

具体的语法格式如下：

```
class 子类名称 extends 父类名称{
    //子类成员变量列表
    function 成员方法(){                //子类成员方法
    //方法内容
    }
}
```

实例 8：继承类的变量

```
<?php
    class Goods{
        var $t1 = "洗衣机";                         //定义变量
        var $t2 = "冰箱";
    };
    class MyGoods extends Goods {                  //类之间继承
        var $t3 = "空调";                           //定义子类的变量
        var $t4 = "热水器";
    };
    $mygoods = new MyGoods ();                     //实例化对象
     echo "商城目前主要销售的家用电器：".$mygoods ->t1."，".$mygoods ->t2."，".$mygoods
->t3." ，".$mygoods->t4;
?>
```

运行结果如图 7-9 所示。从结果可以看出，本案例创建了一个 Goods 父类，子类通过关键字 extends 继承了 Goods 父类中的成员属性，最后对子类进行实例化操作。

图 7-9　继承类的变量

2. 多态

多态性是指同一操作作用于不同类的实例，将产生不同的执行结果，即不同类的对象收到相同的消息时，得到不同的结果。

实例 9：实现类的多态

```
<?php
    abstract class Cars{                           //定义抽象类Cars
        abstract function display_Cars();          //定义抽象方法 display_Cars
    }
class Cars_bk extends Cars{                        //继承父类Cars
        public function display_Cars(){            //重写抽象方法 display_Cars
            echo "我喜欢别克系列的汽车！" ;          //输出信息
        }
    }
    class Cars_dz extends Cars{                    //继承父类Cars
        public function display_Cars(){            // display_Cars
            echo "我喜欢大众系列的汽车！" ;
        }
    }
    function change($obj){                         //根据对象调用不同的方法
```

```
        if($obj instanceof Cars){
            $obj->display_Cars();
        }else{
            echo "传入的参数不是一个对象";              //输出信息
        }
    }
    echo "实例化Cars_bk: ";
    change(new Cars_bk());                         //实例化Cars_bk
    echo "<br>";
    echo "实例化Cars_dz: ";
    change(new Cars_dz());                         //实例化Cars_dz
?>
```

运行结果如图 7-10 所示。

图 7-10　实现类的多态

7.2.9　数据封装

面向对象的特点之一就是封装性，也就是数据封装。PHP 通过限制访问权限来实现封装性，这里需要用到 public、private、protected、static 和 final 几个关键字。这里先来学习前三个关键字。

1. public

public 为公有类型，在程序的任何位置都可以被调用。常用的调用方法有以下三种。

（1）在类内通过 self:: 属性名（或方法名）调用自己类的 public 方法或属性。

（2）在子类中通过 parent:: 方法名调用父类方法。

（3）在实例中通过 $obj-> 属性名（或方法名）调用 public 类型的方法或属性。

2. private

private 为私有类型，该类型的属性或方法只能在该类中使用，在该类的实例、子类、子类的实例中都不能调用私有类型的属性和方法。

实例 10：定义 private 类型的变量

```
<?php
    class Goods {
        private $name="家用电器";                      //设置私有变量
        public function setName($name){               //设置共有变量的方法
            $this -> name =$name;
         }
         public function getName(){                    //读取私有变量
            return $this -> name;
         }
    }
    class MyGoods extends Goods{}                      //继承父类Goods
    $mygoods=new MyGoods();
```

```
    $mygoods->setName("风韵牌洗衣机");                          //操作私有变量的正确方法
    echo $mygoods->getName();
    echo Goods::$name;                                         //操作私有变量的错误方法
?>
```

运行结果如图 7-11 所示。

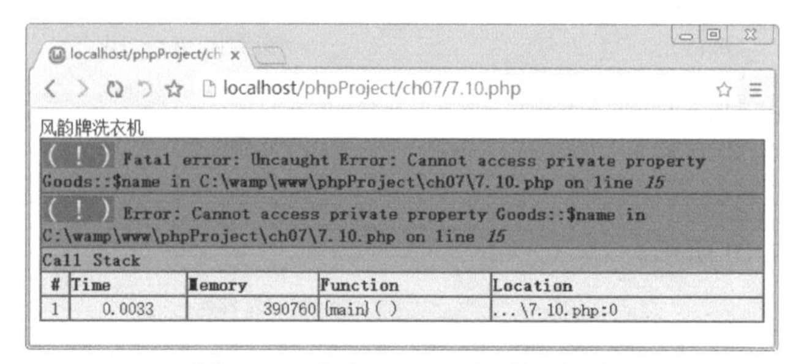

图 7-11　定义 private 类型的变量

3. protected

protected 为受保护的类型。常用的调用方法如下：

（1）在类内通过 self:: 属性名（或方法名）调用自己类的 public 方法或属性。

（2）在子类中通过 parent:: 方法名调用父类方法。

在实例中不能通过 $obj-> 属性名（或方法名）来调用 public 类型的方法或属性。

实例 11：定义 protected 类型的变量

```
<?php
    class Goods {
        protected $name="家用电器";
    }
    class MyGoods extends Goods{
        public function display(){
            echo "在子类中直接调用保护变量：". $this->name."<br />";
        }
    }
    $mygoods=new MyGoods();
    $mygoods->display();
    echo "其他地方调用保护变量就会报错：";
    $mygoods->$name="洗衣机";
?>
```

运行结果如图 7-12 所示。

图 7-12　定义 protected 类型的变量

7.2.10 静态变量和方法

如果不想通过创建对象来调用变量或方法，则可以将该变量或方法创建为静态变量或方法，也就是在变量或方法的前面加上 static 关键词。

使用静态变量或方法，不仅不需要实例化对象，还可以在对象销毁后，仍然保持被修改的静态数据，以备下次使用。

例如商品的库存量，每次被采购后，都会减少，下一次使用时希望该数值是上一次的值，下面通过实例来解决。

实例 12：使用静态变量

```
<?php
    class Goods {
        static $num=100;              //声明一个静态变量$num，初始值为0
        public function display(){                              //定义一个方法
            echo "本商品的库存还有".self::$num."台<br />"; //输出静态变量
            self::$num--;                                   //静态变量减1
        }
    }
    $goods1=new Goods();                            //类的实例化对象goods1
    $goods1->display();           //调用对象goods1的display()方法
    $goods2=new Goods();                            //类的实例化对象goods2
    $goods2->display();           //类调用对象goods2的display()方法
    echo "本商品的库存还有".Goods::$num."台";     //直接使用类名调用静态变量
?>
```

运行结果如图 7-13 所示。

图 7-13 使用静态变量

7.3 对象的高级应用

对象除了上述基本操作以外，还有一些高级应用需要读者进一步掌握。

7.3.1 final 关键字

final 的意思是最终的。如果关键字 final 放在类的前面，则表示该类不能被继承；如果关键字 final 放在方法的前面，则表示该方法不能被重新定义。

实例 13：使用 final 关键字

```
<?php
final class Goods {                                    //final类Goods
    function --construct(){                            //定义构造方法
        echo "本商城销量最高的商品类别是家用电器。";
```

```
    }
}
class MyGoods extends Goods {                          //定义Goods类的子类
    function display()                                 //定义子类的方法
    {
        echo "家用电器中销量最高的商品是洗衣机。";
    }
}
$goods=new MyGoods();                                  //类的实例化
echo $goods->display();                                //调用类的方法
?>
```

运行结果如图 7-14 所示。说明类 Goods 不能被继承，否则将会报错。

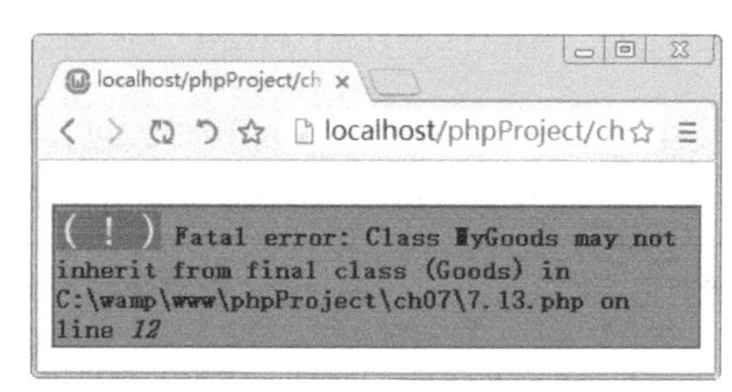

图 7-14　使用 final 关键字

7.3.2　抽象类

抽象类只能作为父类使用，因为抽象类不能被实例化。抽象类使用关键字 abstract 来声明，具体的语法格式如下：

```
abstract class 抽象类名称{
    //抽象类的成员变量列表
    abstract function 成员方法1(参数);                 //抽象类的成员方法
    abstract function 成员方法2(参数);                 //抽象类的成员方法
}
```

抽象类与普通类的主要区别在于，抽象类的方法没有方法内容，而且至少包含一个抽象方法。另外抽象方法也必须使用关键字 abstract 来修饰，抽象方法后必须有分号。

实例 14：使用抽象类

```
<?php
    abstract class MyObject{
        abstract function service($getName,$price,$num);
    }
    class MyGoods extends MyObject{
        function service($getName,$price,$num){
            echo '您采购的商品是'.$getName.'，该商品的价格是：'.$price.' 元。';
            echo '您采购的数量为：'.$num.' 件。';
        }
    }
    class MyComputer extends MyObject{
        function service($getName,$price,$num){
            echo '您采购的商品是'.$getName.'，该商品的价格是：'.$price.' 元。';
            echo '您采购的数量为：'.$num.' 件。';
        }
```

```
    }
    $goods = new MyGoods();
    $goods1 = new MyComputer();
    $goods -> service('洗衣机',4988,10);
    echo '<p>';
    $goods1 -> service('空调',6888,36);
?>
```

运行结果如图 7-15 所示。

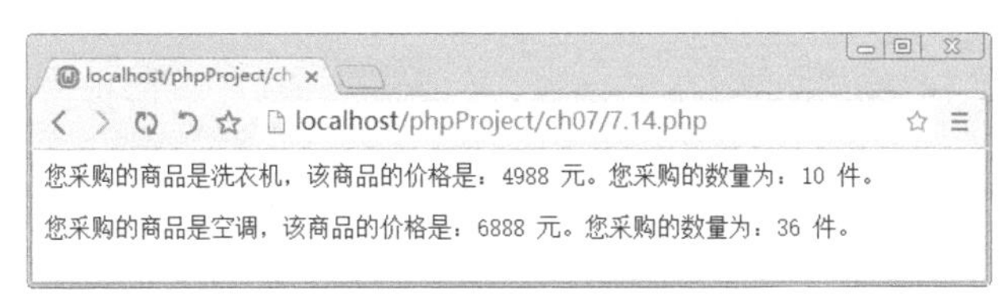

图 7-15　使用抽象类

7.3.3　使用接口

继承特性简化了对象、类的创建，增加了代码的可重用性。但是 PHP 只支持单继承，如果想实现多继承，就需要使用接口。PHP 可以实现多个接口。

接口类通过关键字 interface 来声明，接口中不能声明变量，只能使用关键字 const 声明为常量的成员属性，接口中声明的方法必须是抽象方法，并且接口中所有的成员都必须是 public 的访问权限。

语法格式如下：

```
interface接口名称{                          //使用interface关键字声明接口
    //常量成员                                 //接口中的成员只能是常量
    //抽象方法                                 //成员方法必须是抽象方法
}
```

与继承使用 extends 关键字不同的是，实现接口使用的是 implements 关键字：

```
class 实现接口的类 implements 接口名称
```

实现接口的类必须实现接口中声明的所有方法，除非这个类被声明为抽象类。

实例 15：使用接口

```
<?php
    interface Intgoods{
        //这两个方法必须在子类中继承,修饰符必须为public
        public function getName();
        public function getPrice();
    }
    class goods implements Intgoods{
        private $name = '洗衣机';
        private $price = '4888元';
        //具体实现接口声明的方法
        public function getName(){
            return $this->name;
        }
```

```
        public function getPrice(){
            return $this->price;
        }
        //这里还可以有自己的方法
        public function getOther(){
            return '商品的价格更新完毕！';
        }
    }
    $goods = new goods();
    echo '商品名称是：'.$goods->getName();
    echo '<br/>';
    echo '商品价格是：'.$goods->getPrice();
    echo '<br/>';
    echo $goods->getOther();
?>
```

运行结果如图 7-16 所示。

图 7-16　使用接口

7.3.4　检测对象类型

通过 PHP 提供的 instanceof 操作符可以检测当前对象属于哪个类。语法格式如下：

```
ObjectName instanceof ClassName
```

实例 16：检测对象类型

本实例将创建 3 个类，其中有两个类是父类和子类的关系，然后实例化子类对象，最后通过 if 语句判断该对象属于哪个类。

```
<?php
    class Goods {}
    class Goods1 {}
    class MyGoods extends Goods {                    //定义Goods类的子类
        private $type;
    }
    $goods=new MyGoods();                           //类的实例化对象$goods
    if($goods instanceof Goods){                    //判断对象是否属于父类Goods
        echo "对象\$goods属于父类Goods!<br />";
    }
    if($goods instanceof Goods1){                   //判断对象是否属于父类Goods
        echo "对象\$goods属于父类Goods1!<br />";
    }
    if($goods instanceof MyGoods){                  //判断对象是否属于子类Myoods
        echo "对象\$goods属于子类MyGoods!";
    }
?>
```

运行结果如图 7-17 所示。

图 7-17 检测对象类型

7.3.5 魔术方法（__）

前面讲述的构造方法 __construct() 和析构方法 __destruct() 的名称都是两个下画线开头，这样的方法被称为魔术方法。魔术方法是 PHP 在创建类时自动包含的一些方法，这些方法的名称 PHP 已经定义好了，读者不能自定义方法名。下面来学习 PHP 中其他的一些魔法方法。

1. __set() 和 __get() 方法

由于面向对象思想并不鼓励直接从类的外部访问类的属性，以强调封装性，所以可以使用 __get 和 __set 方法来达到此目的。无论何时，访问和操作类属性时，访问方法都会被激发。通过使用它们，可以避免直接对类属性的访问。

（1）当程序试图写入一个没有定义或不可见的成员变量时，PHP 就会执行 __set() 方法。该方法包含两个参数，分别表示变量名称和变量值。

（2）当程序调用没有定义或不可见的成员变量时，PHP 就会执行 __get() 方法来读取变量值。该方法包含一个参数，表示要调用变量的名称。

实例 17：使用 __set() 和 __get() 方法

```
<?php
    class Goods{
        function __set($names,$value){
            $this->$names = $value;
        }

        function __get($names){
            return $this->$names;
        }
    };
    $a = new Goods();
    $a->name = "冰箱";
    $a->price = "6889元";
    echo $a->name."的价格为：".$a->price."<br />";
    $b = new Goods();
    $b->name = "洗衣机";
    $b->counts="12台";
    $b->price= "62888元";
    echo $b->name."的数量为：".$b->counts"，总价格为： ".$b->price."<br />";
?>
```

上述代码中，变量 name、price 和 counts 都是没有定义的成员变量，所以此时都会调用 __set() 和 __get() 方法。运行结果如图 7-18 所示。

冰箱的价格为：6889元
洗衣机的数量为：12台，总价格为： 62888元

图 7-18　使用 --set() 和 --get() 方法

7.4　PHP 的新特性——匿名类

PHP 7 支持通过 new class 来实例化一个匿名类。所谓匿名类，是指没有名称的类，只能在创建时用 new 语句来声明。

实例 18：使用匿名类

```
<?php
   /********************匿名函数**********************/
   $f = function(){
       echo "这是匿名函数";
   };
   $f();
   echo "<br />";
   class Goods{
       public $num;
       public function __construct($key){
           $this->num = $key;
       }

       public function getValue($sum):int{
           return $this->num+$sum;
       }
   }
   $goods = new Goods (100);
   echo $goods ->getValue(200);

   echo "<br />";

   /**************************匿名类*********************/
   echo "这是匿名类<br/>";
   echo (new class(10) extends Good{})->getValue(60);
   echo "<br />";
   echo (new class(10) extends Good{})->getValue(80);
?>
```

运行结果如图 7-19 所示。

图 7-19　使用匿名类

7.5 新手疑难问题解答

疑问 1：静态变量越多越好吗？

静态变量不用实例化对象就可以使用，主要是因为当类第一次被加载时就已经分配了内存空间，所以可以直接调用静态变量，速度也比较快。但是如果静态变量声明得过多，空间就会一直被占用，从而影响系统的功能，可见声明多少静态变量，还要根据实际开发的需要，不是越多越好。

疑问 2：如何区分抽象类和类的不同之处？

抽象类是类的一种，通过在类的前面增加关键字 abstract 来表示。抽象类只是用来继承的类。通过 abstract 关键字声明，就是告诉 PHP，这个类不再用于生成类的实例，仅仅是用来被其子类继承的。可以说，抽象类只关注于类的继承。抽象方法就是在方法前面添加关键字 abstract 声明的方法。抽象类中可以包含抽象方法。一个类中只要有一个方法通过关键字 abstract 声明为抽象方法，则整个类都要声明为抽象类。然而，特定的某个类即便不含抽象方法，也可以通过 abstract 声明为抽象类。

7.6 实战技能训练营

实战 1：设计一个网站访问计数器

使用静态变量来实现一个网站访问计数器效果，每次对象实例化，计数器都会加一。运行结果如图 7-20 所示。

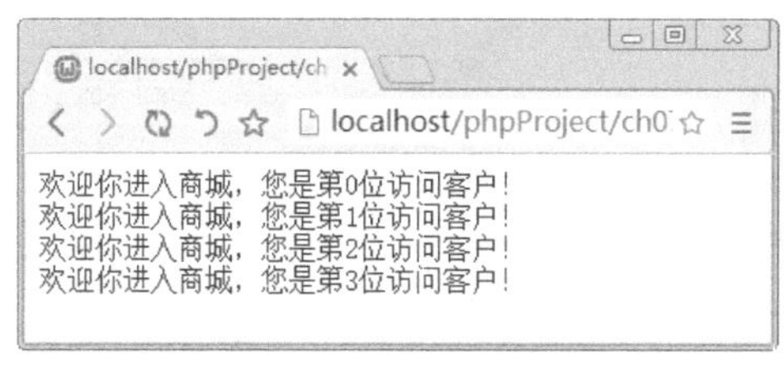

图 7-20　网站访问计数器

实战 2：通过接口实现多态

多态性不仅可以通过继承类来实现，也可以通过继承接口实现。设计一个通过接口实现多态的案例，运行结果如图 7-21 所示。

图 7-21　通过接口实现多态

第8章　日期和时间

本章导读

在 Web 开发中对时间和日期的使用是非常频繁的，因为很多情况下都是依靠日期和时间才能做出判断、完成操作的。例如，在在线教育网站中，需要根据时间的先后顺序排列技术文章，这与时间是密不可分的。本章将介绍日期和时间的使用和处理方法。

知识导图

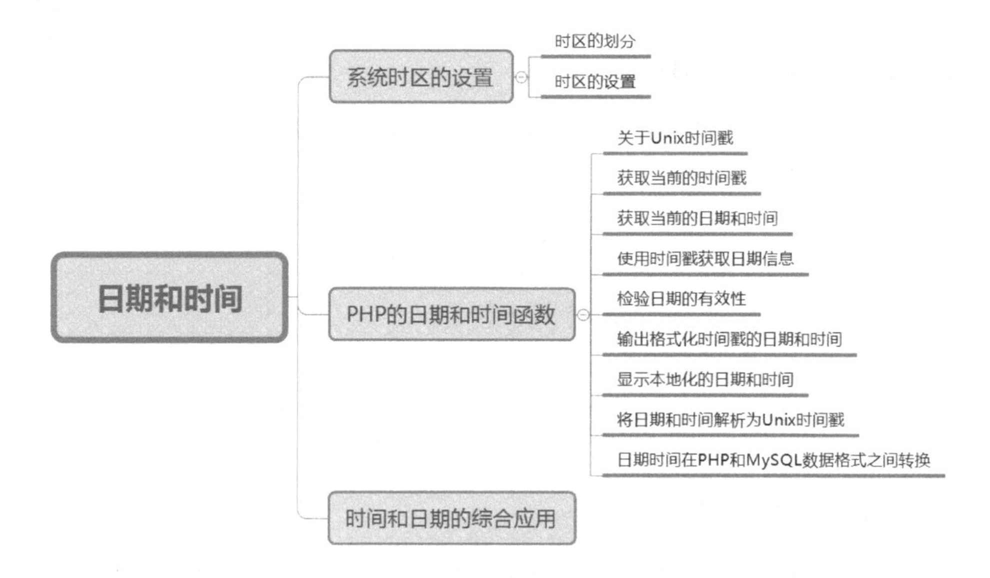

8.1 系统时区的设置

这里的系统是指运行 PHP 的系统环境，常见的有 Windows 系统和 Unix-like（类 Unix）系统。对于它们时区的设置，关系到运行应用的时间准确性。

8.1.1 时区的划分

时区的划分是一个地理概念。从本初子午线开始向东和向西各有 12 个时区。同一时间，每个时区的本地时间相差 1~23 小时。比如北京时间是东八区，英国伦敦时间是零时区，所以它们相差 8 个小时。在 Windows 系统里，这个操作比较简单，在控制面板里设置就行了。在 Linux 这样的 Unix-like 系统中，需要使用命令对时区进行设置。

8.1.2 时区的设置

PHP 中，日期时间的默认设置是 GMT 格林尼治时间。在使用时间日期功能之前，需要对时区进行设置。

时区的设置方法主要有以下两种：

（1）修改 php.ini 文件的设置。找到“;date.timezone=”选项，将其值修改为 date.timezone =Asia/Hong_Kong，这样系统默认时间为东八区的时间。

（2）在应用程序中直接用函数 date_default_timezone_set() 来设置。语法格式如下：

```
date_default_timezone_set("timezone")
```

参数 timenone 为 PHP 可识别的时区名称。例如，设置我国北京时间可以使用的时区包括：PRC（中华人民共和国）、Asia/Chongqing（重庆）、Asia/Hong_Kong（香港）、Asia/Shanghai（上海）等。这些时区的名称都是有效的。

这种设置方法比较灵活。设置完成后，data() 函数便可以正常使用，不会再出现时差问题。

8.2 PHP 的日期和时间函数

本节开始学习 PHP 中常用日期和时间函数的使用方法和技巧。

8.2.1 关于 Unix 时间戳

在很多情况下，程序需要对日期进行比较、运算等操作。如果按照人们日常的计算方法，很容易知道 6 月 5 号和 6 月 8 号相差几天。

然而，如果日期的书写方式是 2012-3-8 或 2012 年 3 月 8 日星期五，这让程序如何运算呢？对于整型数据的数学运算来说，好像这样的描述并不容易处理。如果想知道 3 月 8 号和 4 月 23 号相差几天，则需要把月先转换为 30 天或 31 天，再对剩余天数加减。这是一个很麻烦的过程。

如果时间或者日期是一个连贯的整数，这样处理起来就很方便了。

幸运的是，系统的时间正是以这种方式储存的，这种方式就是时间戳，也称为Unix时间戳。Unix 系统和 Unix-like 系统把当下的时间储存为 32 位的整数，这个整数的单位是秒，而这个整数的开始时间为格林尼治时间（GMT）的 1970 年 1 月 1 日的零点整。换句话说，就是现在的时间是 GMT 1970 年 1 月 1 日的零点整到现在的秒数。

由于每一秒的时间都是确定的，这个整数就像一个章戳一样不可改变，所以就称为 Unix 时间戳。

这个时间戳在 Windows 系统下也是成立的，但是与 Unix 系统下不同的是，Windows 系统下的时间戳只能为正整数，不能为负值。所以想用时间戳表示 1970 年 1 月 1 日以前的时间是不行的。

PHP 完全采用了 Unix 时间戳，所以不管 PHP 在哪个系统下运行，都可以使用 Unix 时间戳。

8.2.2 获取当前的时间戳

要获得当前时间的 Unix 时间戳，以得到当前时间，直接使用 time() 函数即可。time() 函数不需要任何参数，直接返回当前日期和时间。

实例 1：获取当前的时间戳

```
<?php
    $t1 = time();
    echo "当前时间戳为：".$t1;
?>
```

运行结果如图 8-1 所示。数值 1596770150 表示从 1970 年 1 月 1 日 0 点 0 分 0 秒到本程序执行时间隔的秒数。

图 8-1 获取当前的时间戳

> **提示：** 如果每隔一段时间刷新一次页面，获取的时间戳的值将会增加。这个数会一直不断地变大，即每过 1 秒，此值就会加 1。

8.2.3 获取当前的日期和时间

可使用 date() 函数返回当前日期，如果在 date() 函数中使用参数“U”，则可返回当前时间的 Unix 时间戳。如果使用参数“d”，则可直接返回当前月份的 01 到 31 号的两位数日期，等等。

date() 函数有很多参数，具体含义如表 8-1 所示。

表 8-1 date() 函数的参数

参数	含义	参数	含义
a	小写 am 或 pm	A	大写 AM 或 PM
d	01 到 31 的日期	D	Mon 到 Sun 的简写星期
e	显示时区	F	月份的全拼单词
g	12 小时格式的小时数 (1 到 12)	G	24 小时格式的小时数 (0 到 23)
h	12 小时格式的小时数 (01 到 12)	H	24 小时格式的小时数 (00 到 23)
i	分钟数 (00 到 59)	I	判断是否为夏令时
j	一月中的天数 (从 1 到 31)	L	判断是否闰年
l	一周中天数的全拼	M	三个字母的月份简写 (从 Jan 到 Dec)
m	月份 (从 01 到 12)	O	与格林尼治时间相差的时间
n	月份 (从 1 到 12)	S	天数的序数表达 (st、nd、rd、th)
s	秒数 (从 00 到 59)	T	时区简写
t	一个月中天数的总数 (从 28 到 31)	U	当前的 Unix 时间戳
w	数字表示的周天 (从 0-Sunday 到 6-Saturday)	W	一年中的星期数
z	一年中的天数 (从 0 到 365)	Y	四位数的公元纪年 (从 1901 到 2038)
		Z	以秒表现的时区 (从 -43200 到 50400)

8.2.4 使用时间戳获取日期信息

如果相应的时间戳已经储存在数据库中，程序需要把时间戳转换为可读的日期和时间，才能满足应用的需要。

PHP 中提供了 date() 和 getdate() 等函数来实现从时间戳到通用时间的转换。

1. date() 函数

date() 函数主要是将一个 Unix 时间戳转换为指定的时间 / 日期格式。该函数的格式如下：

```
string date(string format, [时间戳整数])
```

此函数将会返回一个字符串。该字符串就是一个指定格式的日期时间，其中 format 是一个字符串，用来指定输出的时间格式。时间戳整数可以为空，如果为空，则表示为当前时间的 Unix 时间戳。

format 参数是由指定的字符构成的，具体字符的含义如表 8-2 所示。

表 8-2 format 字符的含义

字符	含义说明
a	am 或 pm
A	AM 或 PM
d	几日，二位数字，若不足二位，则前面补零。例如 01 至 31
D	星期几，三个英文字母。例如 Fri
F	月份，英文全名。例如 January
h	12 小时制的小时。例如 01 至 12
H	24 小时制的小时。例如 00 至 23

续表

字符	含义说明
g	12 小时制的小时，不足二位不补零。例如 1 至 12
G	24 小时制的小时，不足二位不补零。例如 0 至 23
i	分钟。例如 00 至 59
j	几日，二位数字，若不足二位不补零。例如 1 至 31
l	星期几，英文全名。例如 Friday
m	月份，二位数字，若不足二位则在前面补零。例如 01 至 12
n	月份，二位数字，若不足二位则不补零。例如 1 至 12
M	月份，三个英文字母。例如 Jan
s	秒。例如 00 至 59
S	字尾加英文序数，两个英文字母。例如 th、nd
t	指定月份的天数。例如 28 至 31
U	总秒数
w	数值型的星期几。例如 0(星期日) 至 6(星期六)
Y	年，四位数字。例如 1999
y	年，二位数字。例如 99
z	一年中的第几天。例如 0 至 365

下面通过一个例子来理解 format 字符的使用方法。

实例 2：使用 date() 方法转换当前时间

```
<?php
    date_default_timezone_set("PRC"); //设置默认时区为北京时间
    //定义一个当前时间的变量
    $tt = time();
    echo "目前的时间为：<br />";
    //使用不同的格式化字符测试输出效果
    echo date("Y年m月d日[l]H点i分s秒",$tt)."<br />";
    echo date("y-m-d h:i:s a",$tt)."<br />";
    echo date("Y-M-D H:I:S A",$tt)."<br />";
    echo date("F,d,y l",$tt)." <br />";
    echo date("Y-M-D H:I:S",$tt)." <br />";
?>
```

运行结果如图 8-2 所示。格式化字符的使用方法非常灵活，只要设置字符串中包含的字符，date() 函数就能将字符串替换成指定的日期时间信息。利用上面的函数可以随意输出自己需要的日期。

图 8-2　理解 format 字符的用法

2. getdate() 函数

getdate() 函数可以获取详细的时间信息，函数的格式如下：

```
array getdate(时间戳整数)
```

getdate() 函数返回一个数组，包含日期和时间的各个部分。如果它的时间戳整数参数为空，则表示直接获取当前时间戳。

实例 3：使用 getdate() 函数获取详细的时间信息

```
<?php
    date_default_timezone_set("PRC");       //设置默认时区为北京时间
    //定义一个时间的变量
    $tm ="2021-10-10 08:08:08";
    echo "时间为：". $tm. "<br />";
    //将格式转换为Unix时间戳
    $tp = strtotime($tm);
    echo "此时间的Unix时间戳为：".$tp. "<br />";
    $ar1 = getdate($tp);
    echo "年为：". $ar1["year"]."<br />";
    echo "月为：". $ar1["mon"]."<br />";
    echo "日为：". $ar1["mday"]."<br />";
    echo "点为：". $ar1["hours"]."<br />";
    echo "分为：". $ar1["minutes"]."<br />";
    echo "秒为：". $ar1["seconds"]."<br />";
?>
```

运行结果如图 8-3 所示。

图 8-3　使用 getdate() 函数

8.2.5　检验日期的有效性

使用用户输入的时间数据时，有时会由于用户输入的数据不规范，导致程序运行出错。为了检查时间的有效性，需要使用 checkdate() 函数对输入日期进行检测。它的格式如下：

```
checkdate(月份, 日期, 年份)
```

此函数检查的项目是，年份整数是否在 0~32767 之间，月份整数是否在 1~12 之间，日期整数是否在相应的月份的天数内。

实例 4：检查日期的有效性

```
<?php
    if(checkdate(2,30,2021)){
        echo "此日期是有效日期！";
    }else{
```

```
    echo "此日期不符合规范！";                ?>
}
```

运行结果如图 8-4 所示。

图 8-4 使用 checkdate() 函数对输入日期进行检测

8.2.6 输出格式化时间戳的日期和时间

使用 strftime() 可以把时间戳格式化为日期和时间。它的格式如下：

```
strftime(格式, 时间戳)
```

其中有两个参数，格式决定了如何把其后面的时间戳格式化并输出。如果时间戳为空，则使用系统当前时间戳。

格式代码的含义如表 8-3 所示。

表 8-3 格式代码的含义

代 码	含 义	代 码	含 义
%a	周日期 (缩简)	%A	周日期
%b 或 %h	月份 (缩简)	%B	月份
%c	标准格式的日期和时间	%C	世纪
%d	月日期 (从 01 到 31)	%D	日期的缩简格式 (mm/dd/yy)
%e	包含两个字符的字符串月日期 (从 ‘01’ 到 ‘31’)	%G	根据周数的年份 (4 个数字)
%g	根据周数的年份 (2 个数字)	%H	小时数 (从 00 到 23)
%j	一年中的天数 (从 001 到 365)	%I	小时数 (从 1 到 12)
%m	月份 (从 01 到 12)	%M	分钟 (从 00 到 59)
%n	新一行 (同 \n)	%P	am 或 pm
%r	时间使用 am 或 pm 表示	%R	时间使用 24 小时制表示
%t	Tab(同 \t)	%S	秒 (从 00 到 59)
%u	周天数 (从 1-Monday 到 7-Sunday)	%T	时间使用 hh:ss:mm 格式表示
%w	周天数 (从 0-Sunday 到 6-Saturday)	%U	一年中的周数 (从第一周的第一个星期天开始)
%x	标准格式日期 (无时间)	%V	一年中的周数 (以至少剩余四天的这一周开始为第一周)
%y	年份 (2 字符)	%W	一年中的周数 (从第一周的第一个星期一开始)
%z 和 %Z	时区	%X	标准格式时间 (无日期)
		%Y	年份 (4 字符)

实例 5：输出格式化日期和时间

```
<?php
    date_default_timezone_set("PRC");
    echo(strftime("%b %d %Y %X", mktime(20,0,0,12,31,2021)));
    echo(gmstrftime("%b %d %Y %X", mktime(20,0,0,12,31,2021)));
    //输出当前日期、时间和时区
    echo(gmstrftime("It is %a on %b %d, %Y, %X time zone: %Z",time()));
?>
```

运行结果如图 8-5 所示。

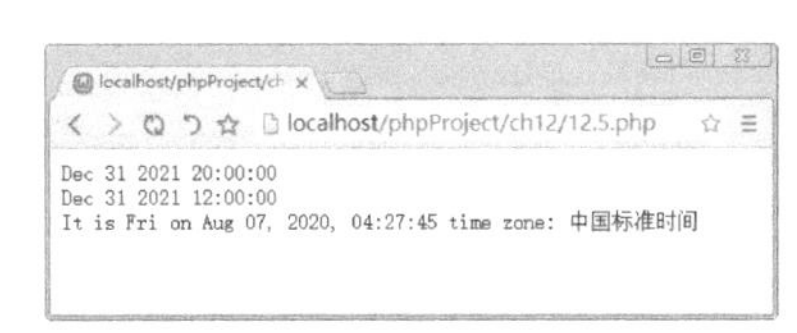

图 8-5　输出格式化日期和时间

8.2.7　显示本地化的日期和时间

由于世界上有不同的显示习惯和规范，所以日期和时间也会根据不同的地区显示为不同的形式。这就是日期时间的本地化显示。

实现此操作需要使用 setlocale() 和 strftime() 两个函数。后者已经介绍过。

使用 setlocale() 函数来改变 PHP 的本地化默认值，实现本地化的设置，它的格式如下：

```
setlocale(目录, 本地化值)
```

（1）本地化值是一个字符串，它有一个标准格式：language_COUNTRY.chareacterset。例如，想把本地化设为美国，按照此格式为 en_US.utf8；如果想把本地化设为英国，按照此格式为 en_GB.utf8；如果想把本地化设为中国，且为简体中文，按照此格式为 zh_CN.gb2312 或者 zh_CN.utf8。

（2）目录是指 6 个不同的本地化目录，如表 8-4 所示。

表 8-4　本地化目录

目 录	说 明
LC_ALL	为后面其他的目录设定本地化规则的目录
LC_COLLATE	字符串对比目录
LC_CTYPE	字母划类和规则
LC_MONETARY	货币表示规则
LC_NUMERIC	数字表示规则
LC_TIME	日期和时间表示规则

由于这里要对日期时间进行本地化设置，需要使用的目录是 LC_TIME。

实例 6：对日期时间本地化操作

```
<?php
    date_default_timezone_set("Asia/Hong_Kong");     //设置时区为中国时区
    setlocale(LC_TIME, "zh_CN.gb2312");              //设置时间的本地化显示方法
    echo strftime("%z");                             //输出所在的时区
?>
```

运行结果如图 8-6 所示，+0800 是东八区。

图 8-6 日期时间本地化

8.2.8 将日期和时间解析为 Unix 时间戳

使用给定的日期和时间，操作 mktime() 函数可以生成相应的 Unix 时间戳。它的格式如下：

```
mktime(小时, 分钟, 秒, 月份, 日期, 年份)
```

把时间和日期部分输入相应位置的参数，即可得到相应的时间戳。

实例 7：使用 mktime() 函数

```
<?php
    $timestamp = mktime(10,10,0,5,31,2021);
    echo $timestamp;
?>
```

运行结果如图 8-7 所示。

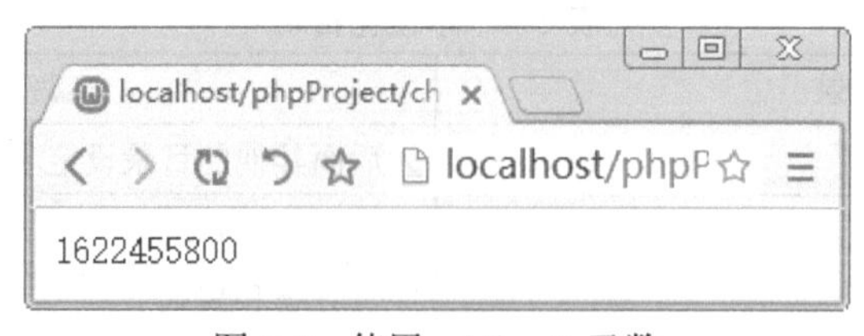

图 8-7 使用 mktime() 函数

8.2.9 日期时间在 PHP 和 MySQL 数据格式之间转换

日期和时间在 MySQL 中是按照 ISO8601 格式存储的，这种格式要求以年份打头，如 2018-03-08。从 MySQL 中读取的默认格式也是这种格式。对于这种格式我们中国人是比较熟悉的。这样在中文应用中，几乎不用转换，就可以直接使用这种格式。

但是，在西方的表达方法中，经常把年份放在月份和日期的后面，如March 08, 2018。所以，在接触到国际的，特别是符合英语使用习惯的项目时，需要对ISO8601格式的日期时间做合适的转换。

有意思的是，为了解决这个英文使用习惯和ISO8601格式冲突的问题，MySQL提供了把英文使用习惯的日期时间转换为符合ISO8601标准的两个函数，即DATE_FOMRAT()和UNIX_TIMESTAMP()。这两个函数在SQL语言中使用。具体用法将在介绍MySQL时详述。

8.3 时间和日期的综合应用

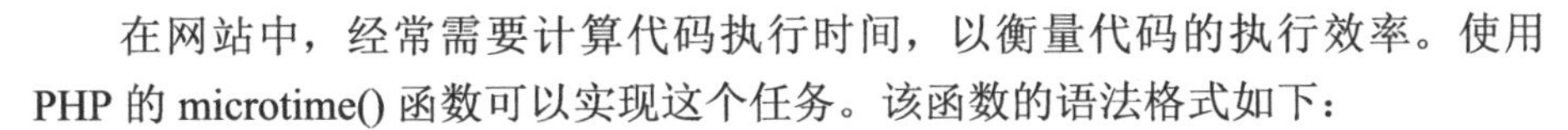

在网站中，经常需要计算代码执行时间，以衡量代码的执行效率。使用PHP的microtime()函数可以实现这个任务。该函数的语法格式如下：

```
microtime  (void)
```

该函数返回当前UNIX时间戳和微秒数。返回格式为msec sec的字符串，其中sec是当前的UNIX时间戳，msec为微秒数。

实例8：时间和日期的综合应用

本实例将计算当前时间与2022年过年的间隔小时数、当前时间与2022年元旦的间隔天数，最后计算此程序执行的时间。

```
<!doctype html>
<html>
<head>
    <meta charset="utf-8">
    <style type="text/css">
        .center{text-align:center;}
        .red {color:red;}
    </style>
    <title></title>
</head>
<body>
<div class="center">
    <?php
    function run_time(){
        list($msec, $sec) = explode(" ", microtime());
        return ((float)$msec + (float)$sec);
    }
    $start_time = run_time();
    $time1 = strtotime(date( "Y-m-d H:i:s"));
    $time2 = strtotime("2022-2-10 17:10:00");
    $time3 = strtotime("2022-1-1");
    $sub1 = ceil(($time2 - $time1) / 3600);    //60 * 60    ceil()为向上取整
    $sub2 = ceil(($time3 - $time1) / 86400);    //60 * 60 * 24
    echo "<p>离2022年过年还有<span class='red'>$sub1</span>小时!</p>" ;
    echo "<p>离2022年元旦还有<span class='red'>$sub2</span>天!</p>";
    $end_time = run_time();
    ?>
    <p>此程序运行时间：<span class="red"> <?php echo ($end_time - $start_time); ?> </
span>秒</p>
</div>
```

```
</body>
</html>
```

运行结果如图 8-8 所示。

图 8-8　时间和日期的综合应用

8.4　新手疑难问题解答

疑问 1：如何使用微秒单位？

有些时候，某些应用要求使用比秒更小的时间单位来表示时间。比如在一段测试程序运行的程序中，可能要用到微秒级的时间单位来表示时间。如果需要微秒，只需要使用函数 microtime(true) 即可。

例如：

```
<?php
    $timestamp = microtime(true);
    echo $timestamp;
?>
```

返回结果的时间戳精确到小数点后 4 位。

疑问 2：定义日期和时间时出现警告怎么办？

在运行 PHP 程序时，可能会出现这样的警告：PHP Warning: date(): It is not safe to rely on the system,s timezone settings 等。出现上述警告是因为 PHP 所取的时间是格林尼治标准时间，所以与用户当地的时间会有出入，由于格林尼治标准时间与北京时间大概差 8 个小时，所以会弹出警告。可以使用下面任意一种方法来解决。

（1）在页头使用 date_default_timezone_set() 设置默认时区为北京时间，即

```
<?php date_default_timezone_set("PRC"); ?>
```

（2）在 php.ini 中设置 date.timezone 的值为 PRC，设置语句为：date.timezone=PRC。

8.5　实战技能训练营

实战 1：实现倒计时功能

对于未来的时间点实现倒计时，其实就是使用当下的时间戳和未来的时间点进行比较和运算。本案例将实现倒计时效果，如图 8-9 所示。

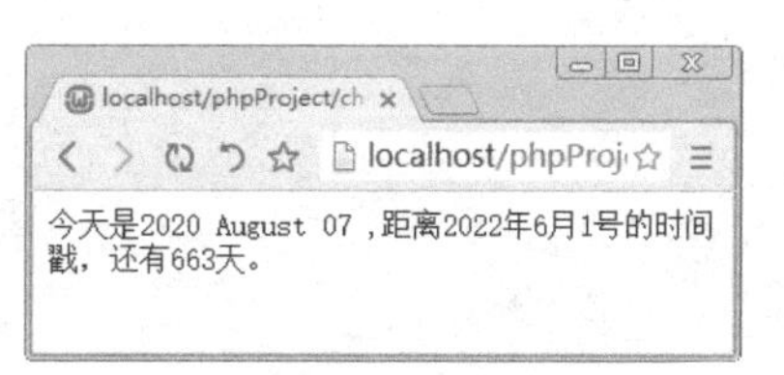

图 8-9 实现倒计时功能

实战 2：比较两个时间的大小

对于比较两个时间的大小来说，如果通过一定形式的日期时间进行比较，或者不同格式的时间日期进行比较，都不方便。最方便的方法是，把所有格式的时间都转换为时间戳，然后比较时间戳的大小，如图 8-10 所示。

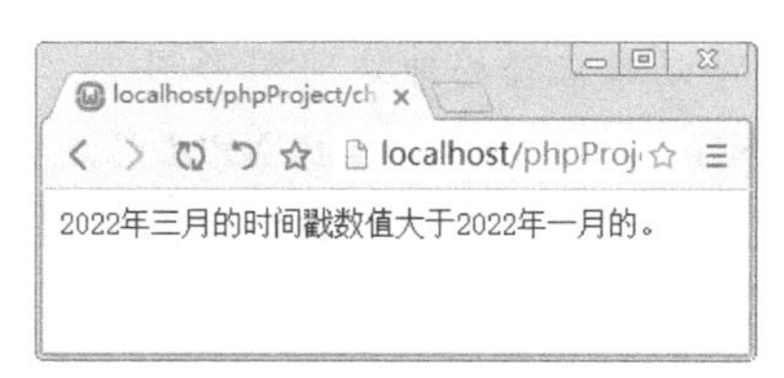

图 8-10 比较两个时间的大小

第9章　图形图像处理技术

本章导读

通过自带的GD库，PHP可以非常轻松地处理图形图像，还可以创建及操作多种不同格式的图像文件，包括GIF、PNG、JPG、WBMP和XPM等。另外，图形化类库JpGraph也是一款非常强大的图形处理工具，还可以绘制各种统计图和曲线图。本章将详细介绍GD库和JpGraph库的使用方法。

知识导图

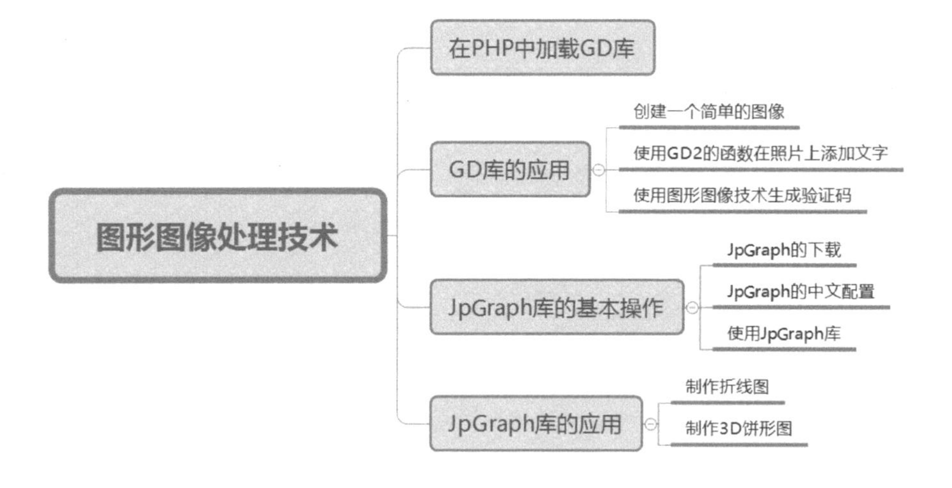

9.1 在 PHP 中加载 GD 库

GD 库在 PHP7 中是默认安装的，但要激活 GD 库，必须先修改 php.ini 文件。将该文件中的 extension=gd2前面的“;”删除，保存修改的文件后重新启动 Wampserver 服务器即可生效，如图 9-1 所示。

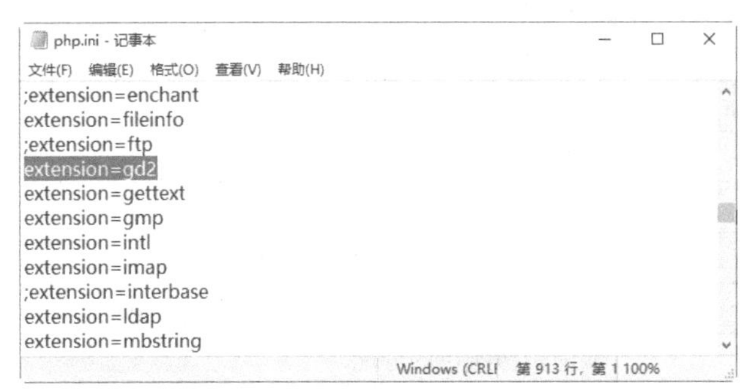

图 9-1 修改 php.ini 配置文件

GD 库加载成功后，可以通过 phpinfo() 函数来获取 GD 函数库的安装信息，下面来验证 GD 库是否安装成功。在浏览器的地址栏中输入“localhost/phpinfo.php”并按 Enter 键，即可查看 GD 库是否安装成功，如图 9-2 所示。

http://localhost/?phpinfo= PHP 7.3.12 - phpinfo()
文件(F) 编辑(E) 查看(V) 收藏夹(A) 工具(T) 帮助(H)

gd

GD Support	enabled
GD Version	bundled (2.1.0 compatible)
FreeType Support	enabled
FreeType Linkage	with freetype
FreeType Version	2.9.1
GIF Read Support	enabled
GIF Create Support	enabled
JPEG Support	enabled
libJPEG Version	9 compatible
PNG Support	enabled
libPNG Version	1.6.34
WBMP Support	enabled
XPM Support	enabled
libXpm Version	30512
XBM Support	enabled
WebP Support	enabled

图 9-2 查看 GD 库是否安装成功

下面来了解 PHP 中常用的图像函数的功能，具体如表 9-1 所示。

表 9-1 图像函数的功能

函 数	功 能
gd_info	取得当前安装的 GD 库的信息
getimagesize	取得图像大小
image_type_to_mime_type	取得 getimagesize、exif_read_data、exif_thumbnail、exif_imagetype 所返回的图像类型的 MIME 类型

续表

函　数	功　能
image2wbmp	以 WBMP 格式将图像输出到浏览器或文件
imagealphablending	设定图像的混色模式
imageantialias	是否使用 antialias 功能
imagearc	画椭圆弧
imagechar	水平地画一个字符
imagecharup	垂直地画一个字符
imagecolorallocate	为一幅图像分配颜色
imagecolorallocatealpha	为一幅图像分配颜色和透明度
imagecolorat	取得某像素的颜色索引值
imagecolorclosest	取得与指定颜色最接近的颜色的索引值
imagecolorclosestalpha	取得与指定颜色加透明度最接近的颜色的索引值
imagecolorclosesthwb	取得与给定颜色最接近的色度的黑白色的索引
imagecolordeallocate	取消图像颜色的分配
imagecolorexact	取得指定颜色的索引值
imagecolorexactalpha	取得指定颜色加透明度的索引值
imagecolormatch	使一个图像中调色板版本的颜色与真彩色版本更匹配
imagecolorresolve	取得指定颜色的索引值或有可能得到的最接近的替代值
imagecolorresolvealpha	取得指定颜色加透明度的索引值或有可能得到的最接近的替代值
imagecolorset	给指定调色板索引设定颜色
imagecolorsforindex	取得某索引的颜色
imagecolorstotal	取得一幅图像的调色板中颜色的数目
imagecolortransparent	将某个颜色定义为透明色
imagecopy	拷贝图像的一部分
imagecopymerge	拷贝并合并图像的一部分
imagecopymergegray	用灰度拷贝并合并图像的一部分
imagecopyresampled	重采样拷贝部分图像并调整大小
imagecopyresized	拷贝部分图像并调整大小
imagecreate	新建一个基于调色板的图像
imagecreatefromgd2	从 GD2 文件或 URL 中新建一图像
imagecreatefromgd2part	从给定的 GD2 文件或 URL 中的部分新建一图像
imagecreatefromgd	从 GD 文件或 URL 中新建一图像
imagecreatefromgif	从 GIF 文件或 URL 中新建一图像
imagecreatefromjpeg	从 JPEG 文件或 URL 中新建一图像
imagecreatefrompng	从 PNG 文件或 URL 中新建一图像
imagecreatefromstring	从字符串中的图像流新建一图像
imagecreatefromwbmp	从 WBMP 文件或 URL 中新建一图像
imagecreatefromxbm	从 XBM 文件或 URL 中新建一图像

续表

函 数	功 能
imagecreatefromxpm	从 XPM 文件或 URL 中新建一图像
imagecreatetruecolor	新建一个真彩色图像
imagedashedline	画一虚线
imagedestroy	销毁一图像
imageellipse	画一个椭圆
imagefill	区域填充
imagefilledarc	画一椭圆弧且填充
imagefilledellipse	画一椭圆并填充
imagefilledpolygon	画一多边形并填充
imagefilledrectangle	画一矩形并填充
imagefilltoborder	区域填充到指定颜色的边界为止
imagefontheight	取得字体高度
imagefontwidth	取得字体宽度
imageftbbox	取得使用了 FreeType 2 字体的文本的范围
imagefttext	使用 FreeType 2 字体将文本写入图像
imagegd	将 GD 图像输出到浏览器或文件
imagegif	以 GIF 格式将图像输出到浏览器或文件
imagejpeg	以 JPEG 格式将图像输出到浏览器或文件
imageline	画一条直线
imagepng	将调色板从一幅图像拷贝到另一幅
imagepolygon	画一个多边形
imagerectangle	画一个矩形
imagerotate	用给定角度旋转图像
imagesetstyle	设定画线的风格
imagesetthickness	设定画线的宽度
imagesx	取得图像宽度
imagesy	取得图像高度
imagetruecolortopalette	将真彩色图像转换为调色板图像
imagettfbbox	取得使用 TrueType 字体的文本的范围
imagettftext	用 TrueType 字体向图像写入文本

9.2 GD 库的应用

使用 GD 函数库可以实现各种图形图像的处理，下面讲述 GD 库的应用案例。

9.2.1 创建一个简单的图像

使用 GD 库文件，就像使用其他库文件一样。由于它是 PHP 的内置库文件，不需要在 PHP 文件中再用 include 等函数进行调用。

实例 1：创建一个长方形图像

```
<?php
    $tm = imagecreate(300,200);                          //创建一个画布
    $white = imagecolorallocate($tm, 255,0,0);        //设置画布的背景色为一种红色
    imagegif($tm);                                         //输出图像
?>
```

运行程序，结果如图 9-3 所示。本例使用 imagecreate() 函数创建了一个宽 300 像素、高 200 像素的画布，并设置画布的 RGB 值为（255，0，0），最后输出一个 GIF 格式的图像。

图 9-3　创建图像

> **提示：**使用 imagecreate(300,200) 函数创建基于普通调色板的画布，支持 256 色，其中 300、200 为图像的宽度和高度，单位为像素。

上面的案例只是把图像输出到页面，那么如何将图像保存到文件中呢？

imagearc（$theimage,100,100,150,200,0,270,$color3）; 语句使用 imagearc() 函数在画布上创建了一个弧线。它的参数介绍：$theimage 为目标画布，“100,100”为弧线中心点的 x、y 坐标，“150,200”为弧线的宽度和高度，“0,270”为顺时针画弧线的起始度数和终止度数，在 0 到 360 度之间，$color3 为画弧线所使用的颜色。

实例 2：生成图像文件

```
<?php
    //设置画布的大小参数
    $ysize = 300;
    $xsize = 200;
    //创建图片画布
    $theimage = imagecreatetruecolor($xsize, $ysize);
    //设置颜色
    $color2 = imagecolorallocate($theimage, 250,250,210);
    $color3 = imagecolorallocate($theimage, 255,0,0);
    imagefill($theimage, 0, 0, $color2);
    /*创建一个弧线，"100,100"为弧线中心点的x、y坐标，"150,200"为弧线的宽度和高度，"0,270"为
顺时针画弧线的起始度数和终止度数，在0到360度之间，$color3为画弧线所使用的颜色。*/
    imagearc($theimage,100,100,150,200,0,270,$color3);
    //生成JPEG格式的图片
    imagejpeg($theimage,"newimage.jpeg");
    //向页面输出了一张PNG格式的图片。
```

```
    header('content-type: image/png');
    imagepng($theimage);
    //清除对象，释放资源
    imagedestroy($theimage);
?>
```

运行程序，结果如图 9-4 所示。同时在程序文件夹下生成了一个名为 newimage.jpeg 的图片，其内容与页面显示的相同。

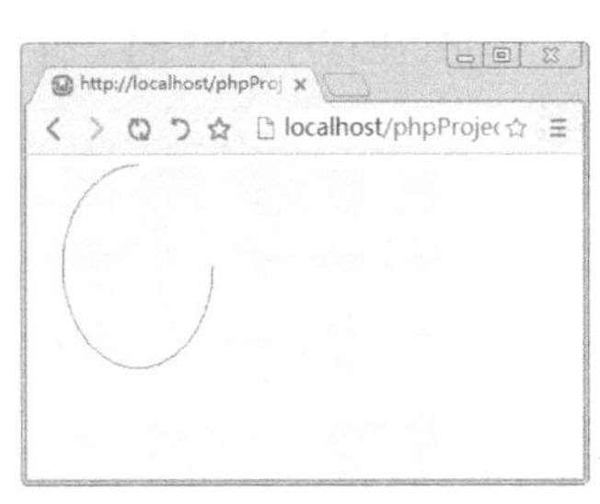

图 9-4　生成图像文件

9.2.2　在照片上添加文字

如果想在图片上添加文字，就需要修改图片，具体的过程如下：

（1）使用 imagecreatefromjpeg() 函数载入图片。

（2）使用 imagecolorallocate() 函数设置字体颜色。

（3）使用 imagettftext() 函数向图片中写入文本。

（4）使用 imagejpeg() 函数创建 jpg 图片。

（5）使用 imagedestroy() 函数清除对象，释放资源。

imagettftext () 函数的语法格式如下：

```
array imagettftext(resource $image,float $size,float $angle,int $x,int $y,int
$color,string $fontfile,string $text)
```

上述各个参数的含义如下。

（1）$image：由图像创建函数返回的图像资源。

（2）$size：字体的尺寸。

（3）$angle：文本的角度。

（4）$x：字体的 x 坐标。

（5）$y：字体的 y 坐标。

（6）$color：字体颜色。

（7）$fontfile：字体的路径。

（8）$text：文本字符串。

实例 3：在照片上添加文字

```
<?php
    header("content-type:image/jpeg");          //定义输出的图形类型
    $pic="newimage.jpeg";                          //图片路径
    $theimage = imagecreatefromjpeg('$pic'); //载入图片
```

```
    $color = imagecolorallocate($theimage, 250,0,0);//设置字体颜色
    $fnt = "c:/windows/fonts/simfang.ttf";      //定义字体
    //在图片上添加文字
    imagettftext($theimage,30,0,150,80,$color,$fnt,"感受梦的火焰");
    imagejpeg($theimage);                              //创建jpg图片
    imagejpeg($theimage,'textimage.jpeg');       //保存图片文件
    imagedestroy($theimage);                           //清除对象，释放资源
?>
```

运行程序，结果如图 9-5 所示。同时在程序所在的文件夹下生成了名为 textimage.jpeg 的图片文件，其内容与页面显示相同。

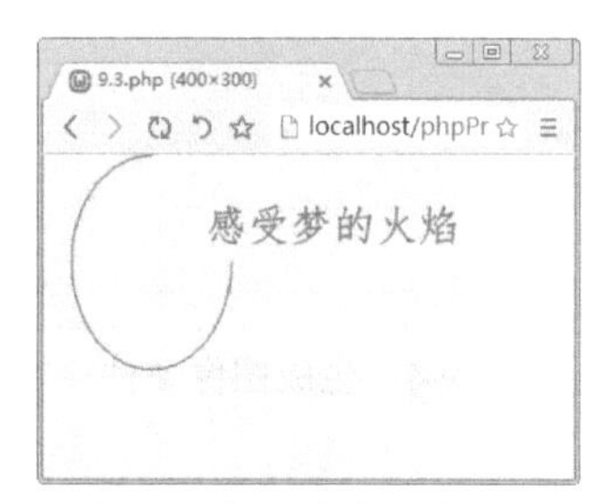

图 9-5 在照片上添加文字

9.2.3 使用图形图像技术生成验证码

使用 GD2 函数库可以生成验证码，这在用户登录页面中很常用。

实例 4：使用图形图像技术生成验证码

9.4.php 文件用于生成验证码，代码如下：

```
<?php
/*PHP实现验证码*/
session_start();//开启会话
//创建画布
$image=imagecreatetruecolor(100,38);
//背景颜色
$bgcolor=imagecolorallocate($image,255,255,255);
imagefill($image,0,0,$bgcolor);
$captch_code='';//存储验证码
//随机选取4个数字
for($i=0;$i<4;$i++){
    $fontsize=10;   //
      $fontcolor=imagecolorallocate($image,rand(0,120),rand(0,120),rand(0,120));//随
机颜色
    $fontcontent=rand(0,9);
    $captch_code.=$fontcontent;
    $x=($i*100/4)+rand(5,10); //随机坐标
    $y=rand(5,10);
    imagestring($image,$fontsize,$x,$y,$fontcontent,$fontcolor);
}
/*//字母和数字混合验证码
for($i=0;$i<4;$i++) {
 $fontsize = 10;  //
  $fontcolor = imagecolorallocate($image, rand(0, 120), rand(0, 120), rand(0,
120));//??????
```

```
 $data = 'abcdefghijklmnopqrstuvwxyz1234567890'; //数据字典
 $fontcontent = substr($data, rand(0, strlen($data)), 1);
 $captch_code.=$fontcontent;
 $x = ($i * 100 / 4) + rand(5, 10);
 $y = rand(5, 10);
 imagestring($image, $fontsize, $x, $y, $fontcontent, $fontcolor);
}*/
$_SESSION['code']=$captch_code;
//增加干扰点
for($i=0;$i<200;$i++){
    $pointcolor=imagecolorallocate($image,rand(50,200),rand(50,200),rand(50,200));
    imagesetpixel($image,rand(1,99),rand(1,29),$pointcolor);//
}
//增加干扰线
for($i=0;$i<3;$i++){
    $linecolor=imagecolorallocate($image,rand(80,280),rand(80,220),rand(80,220));
    imageline($image,rand(1,99),rand(1,29),rand(1,99),rand(1,29),$linecolor);
}
//输出格式
header('content-type:image.png');
imagepng($image);
//销毁图片
imagedestroy($image);
?>
```

9.1.html 文件包含用户登录表单，通过调用 9.4.php 文件，显示验证码的效果。代码如下：

```
<!DOCTYPE html>
<html lang="en">
<head>
    <meta charset="UTF-8">
    <title>验证码</title>
</head>
<body>
<form>
    <br/> <input type="text" placeholder="用户名" name="user">  <br />
    <input type="password" placeholder="密码" name="password"><br />
      <input type="text" placeholder="验证码" name="verifycode" class="captcha"><br
/><br />
    <img id="captcha_img" src="9.4.php" alt="验证码">
       <input type="submit" value="登录">
</form>
</body>
</html>
```

运行 9.1.html 文件，结果如图 9-6 所示。刷新页面，验证码会发生变化。

图 9-6　生成验证码

9.3 JpGraph 库的基本操作

JpGraph 是一个功能强大且十分流行的 PHP 外部图片处理库文件，建立在内部库文件 GD 库之上。它的优点是建立了很多方便操作的对象和函数，能够大大地简化使用 GD 库对图片进行处理的编程过程。

9.3.1 JpGraph 的下载

JpGraph 的压缩包可以从其官方网站 http://jpgraph.net/download/ 下载，目前最新的版本是 JpGraph 4.3.1。

下载完成后，安装比较简单。首先将下载的压缩包解压，然后将文件夹复制到项目文件夹下，这里复制到 C:\wamp\www\phpProject\ch09\ 文件夹下。将 src 文件夹重命名为 jpgraph，目录结构如图 9-7 所示。

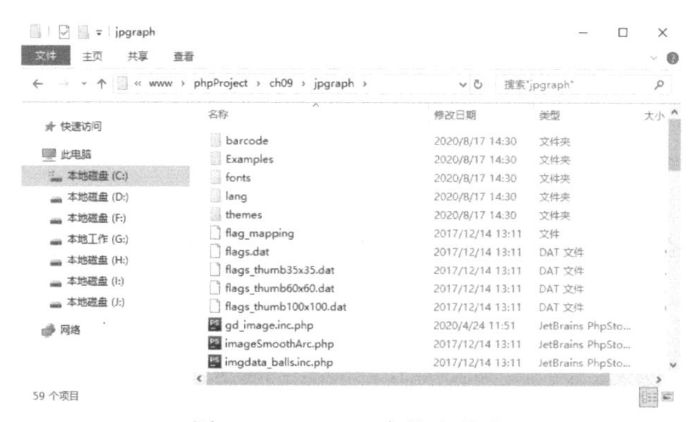

图 9-7　JpGraph 库的文件夹

9.3.2 JpGraph 的中文配置

JpGraph 生成的图片包含中文时，会出现乱码现象。如果要解决这个问题，就需要修改 JpGraph 中的三个文件。

1. 修改 jpgraph_ttf.inc.php

该文件的路径为 C:\wamp\www\phpProject\ch09\jpgraph。在该文件中，找到如下代码：

```
define('CHINESE_TTF_FONT','bkai00mp.ttf');
```

修改如下：

```
define('CHINESE_TTF_FONT','SIMLI.TTF');
```

这里的 SIMLI.TTF 为中文隶书，更多中文字体可以在 C:\Windows\Fonts 文件夹下选择。

2. 修改 jpgraph_legend.inc.php

该文件的路径为 C:\wamp\www\phpProject\ch09\jpgraph。在该文件中，找到如下代码：

```
public $font_family=FF_DEFAULT,$font_style=FS_NORMAL,$font_size=8;
```

修改如下：

```
public $font_family=FF_CHINESE,$font_style=FS_NORMAL,$font_size=8;
```

3. 修改 jpgraph.php

该文件的路径为 C:\wamp\www\phpProject\ch09\jpgraph。在该文件中，找到如下代码：

```
public $font_family= FF_DEFAULT,$font_style=FS_NORMAL,$font_size=8;
```

修改如下：

```
public $font_family=FF_CHINESE,$font_style=FS_NORMAL,$font_size=8;
```

9.3.3 使用 JpGraph 库

使用 JpGraph 库非常简单，直接使用 require_once() 命令，并且指出 JpGraph 库相对于此应用的路径。例如：

```
require_once ('jpgraph/src/jpgraph.php');
```

实例 5：制作商品销售量柱形图

```
<?php
include ("jpgraph/jpgraph.php");
include ("jpgraph/jpgraph_bar.php");

$datay=array(100,120,180,250,400,800,300,200,600,400,200,150);

//创建画布
$graph = new Graph(600,300,"auto");
$graph->SetScale("textlin");
$graph->yaxis->scale->SetGrace(20);

//创建画布阴影
$graph->SetShadow();

//设置显示区左、右、上、下与边线的距离，单位为像素
$graph->img->SetMargin(40,30,30,40);

//创建一个矩形的对象
$bplot = new BarPlot($datay);

//设置柱形图的颜色
$bplot->SetFillColor('orange');
//设置显示数字
$bplot->value->Show();
//在柱形图中显示格式化的图书销量
$bplot->value->SetFormat('%d');
//将柱形图添加到图像中
$graph->Add($bplot);

//设置画布背景色为淡蓝色
```

```
$graph->SetMarginColor("lightblue");

//创建标题
$graph->title->Set(iconv("UTF-8","GB2312//IGNORE","2020年洗衣机销售量统计图"));

//设置X坐标轴文字
$a=array("1","2","3","4","5","6","7","8","9","10","11","12");
$graph->xaxis->SetTickLabels($a);

//设置字体
$graph->title->SetFont(FF_SIMSUN);
$graph->xaxis->SetFont(FF_SIMSUN);

//输出矩形图表
$graph->Stroke();
?>
```

运行程序结果如图 9-8 所示。

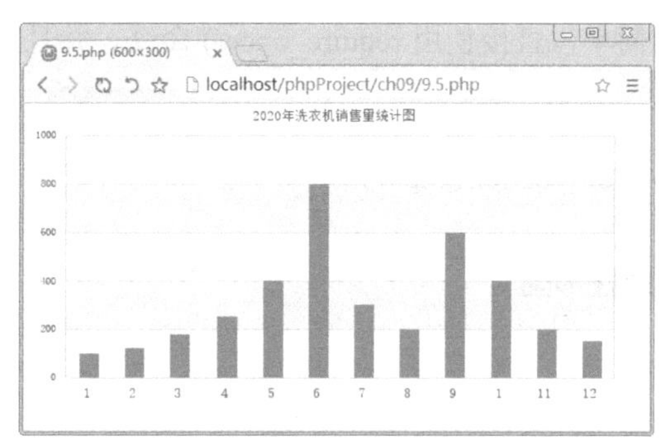

图 9-8　商品销售量柱形图

9.4　JpGraph 库的应用

本章节讲述 JpGraph 库的常见应用案例。

9.4.1　制作折线图

引入 JpGraph 库中的 jpgraph_line.php，可以制作折线图。

实例 6：制作商品销售量折线图

```
<?php
include ("jpgraph/jpgraph.php");
include ("jpgraph/jpgraph_line.php"); //引用折线图LinePlot类文件
$datay = array(754,760,10450,15210,780,420,1500,240,350,880,4500,890);
//填充的数据
$graph = new Graph(600,300,"auto");                    //创建画布
$graph->img->SetMargin(50,40,30,40);          //设置统计图所在画布的位置，左边距50、右边
距40、上边距30、下边距40，单位为像素
$graph->img->SetAntiAliasing();                              //设置折线的平滑状态
$graph->SetScale("textlin");                    //设置刻度样式
$graph->SetShadow();                          //创建画布阴影
$graph->title->Set(iconv("UTF-8","GB2312//IGNORE","2020年空调销售量折线图")); //设置标题
```

```
$graph->title->SetFont(FF_SIMSUN,FS_BOLD);                    //设置标题字体
$graph->SetMarginColor("lightblue");                //设置画布的背景颜色为淡蓝色
$graph->yaxis->title->SetFont(FF_SIMSUN,FS_BOLD);      //设置Y轴标题的字体
$graph->xaxis->SetPos("min");
$graph->yaxis->HideZeroLabel();
$graph->ygrid->SetFill(true,'#EFEFEF@0.5','#BBCCFF@0.5');
$a=array("1","2","3","4","5","6","7","8","9","10","11","12");    //X轴
$graph->xaxis->SetTickLabels($a);                             //设置X轴
$graph->xaxis->SetFont(FF_SIMSUN);                                     //设置X坐标轴的字体
$graph->yscale->SetGrace(20);

$p1 = new LinePlot($datay);                                   //创建折线图对象
$p1->mark->SetType(MARK_FILLEDCIRCLE);                                 //设置数据坐标点为圆形标记
$p1->mark->SetFillColor("red");                                        //设置填充的颜色
$p1->mark->SetWidth(4);                                                //设置圆形标记的直径为4像素
$p1->SetColor("blue");                                        //设置折线颜色为蓝色
$p1->SetCenter();                                   //在X轴的各坐标点中心位置绘制折线
$graph->Add($p1);                                             //在统计图上绘制折线
$graph->Stroke();                                             //输出图像
?> >
```

运行程序结果如图 9-9 所示。

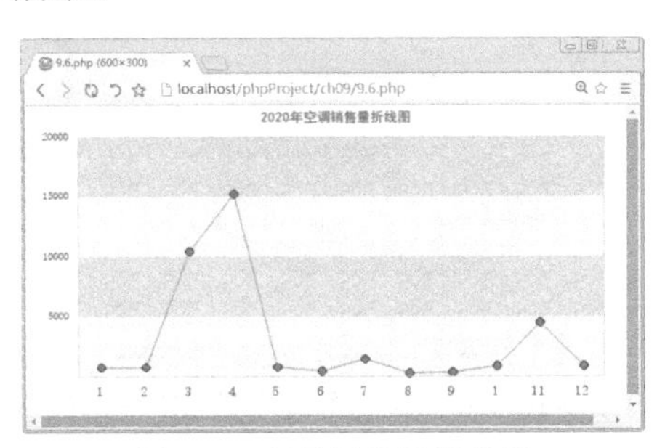

图 9-9　商品销售量折线图

9.4.2　制作 3D 饼形图

下面讲述如何制作商品销售额比率的 3D 饼形图。

实例 7：制作商品销售额比率的 3D 饼形图

```
<?php
include_once ("jpgraph/jpgraph.php");
include_once ("jpgraph/jpgraph_pie.php");
include_once ("jpgraph/jpgraph_pie3d.php");//引用3D饼图PiePlot3D对象所在的类文件

$data = array(2650,3500,1600,980,2600,3800);             //定义数组
$graph = new PieGraph(600,400,'auto');                            //创建画布
$graph->SetShadow();//设置画布阴影
//创建标题
$graph->title->Set(iconv("UTF-8","GB2312//IGNORE","2020年商品销售额比率3D饼图"));
$graph->title->SetFont(FF_SIMSUN,FS_BOLD);                 //设置标题字体
$graph->legend->SetFont(FF_SIMSUN,FS_NORMAL);              //设置图例字体

$p1 = new PiePlot3D($data);                                                //创建3D
饼形图对象
```

```
$s1=iconv("UTF-8","GB2312//IGNORE","洗衣机");
$s2=iconv("UTF-8","GB2312//IGNORE","空调");
$s3=iconv("UTF-8","GB2312//IGNORE","冰箱");
$s4=iconv("UTF-8","GB2312//IGNORE","热水器");
$s5=iconv("UTF-8","GB2312//IGNORE","电视机");
$s6=iconv("UTF-8","GB2312//IGNORE","壁挂炉");
$p1->SetLegends(array($s1,$s2,$s3,$s4,$s5,$s6));
$targ=array("pie3d_csimex1.php?v=1","pie3d_csimex1.php?v=2","pie3d_csimex1.php?v=3",
    "pie3d_csimex1.php?v=4","pie3d_csimex1.php?v=5","pie3d_csimex1.php?v=6");
$alts=array("val=%d","val=%d","val=%d","val=%d","val=%d","val=%d");
$p1->SetCSIMTargets($targ,$alts);

$p1->SetCenter(0.4,0.5);                                    //设置饼形图所在画布的位置
$graph->Add($p1);                                  //将3D饼图形添加到图像中
$graph->StrokeCSIM();                          //输出图像到浏览器

?>
```

运行程序结果如图 9-10 所示。

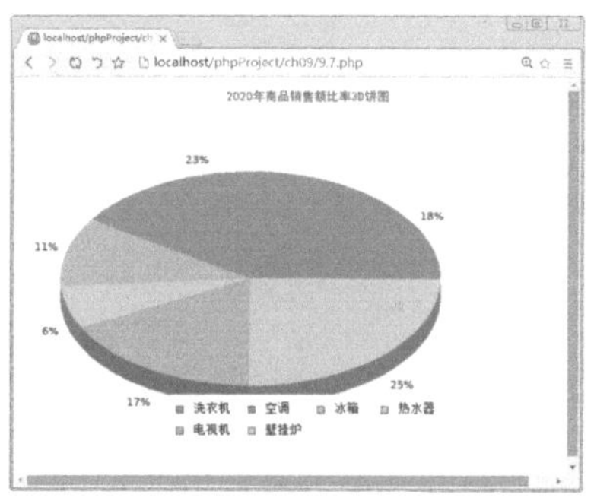

图 9-10　商品销售额比率的 3D 饼形图

9.5　新手疑难问题解答

疑问 1：在使用 JpGraph 库时，所有中文字符都报错，英文和数字正常显示，如何解决？

初学者经常会遇到上述问题。在 JpGraph 中默认把字符串转换成 utf8 编码，但是如果文件本身就是 utf8 编码，并且要用中文字体，它还会再转一遍编码，结果多转了一次，就会出现乱码。

一劳永逸的方法就是，所有使用中文的地方就用 iconv() 函数重新进行编码的转换。例如:

```
$s1=iconv("UTF-8","GB2312//IGNORE","洗衣机");
$s2=iconv("UTF-8","GB2312//IGNORE","空调");
$s3=iconv("UTF-8","GB2312//IGNORE","冰箱");
```

疑问 2：不同格式的图片在使用上有何区别？

JPEG 格式是一个标准。JPEG 经常用来存储照片和拥有很多颜色的图片，它不强调压缩，强调的是对图片信息的保存。如果使用图形编辑软件缩小 JPEG 格式的图片，那么它原本包含的一部分数据就会丢失。并且这种数据的丢失用肉眼可以察觉到。这种格式不适合保存简单图形颜色或文字的图片。

PNG格式是指portable network graphics，发明这种图片格式是为了取代GIF格式。同样的图片使用PNG格式的大小要小于使用GIF格式的大小。这种格式是一种低损失压缩的网络文件格式。这种格式适合于包含文字、直线或者色块等信息的图片。PNG支持透明、伽马校正等。但是PNG不像GIF一样支持动画功能。并且IE 6不支持PNG的透明功能。低损压缩意味着压缩比不高，所以它不适合用于照片一类的图片，否则文件将太大。

GIF是指graphics interchange format，它也是一种低损压缩的格式，适用于包含文字、直线或者色块信息的图片。它使用的是24位RGB色彩中的256色。由于色彩有限，所以也不适合用于照片一类的大图片。对于其适合的图片，它具有不丧失图片质量却能大幅压缩图片大小的优势。另外，它支持动画。

9.6 实战技能训练营

实战1：绘制五角星

使用GD库绘制一个五角星，运行结果如图9-11所示。

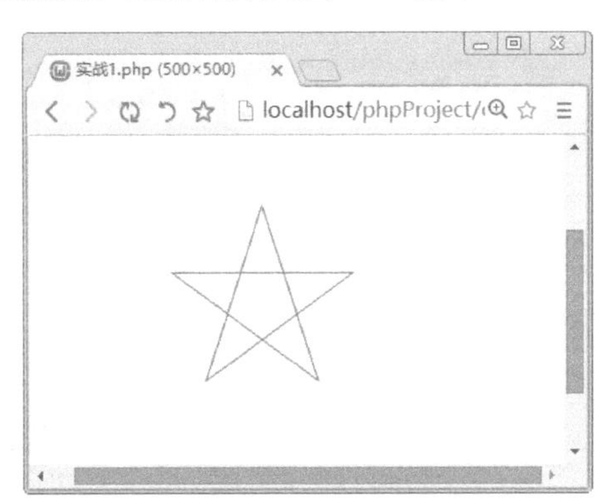

图9-11 绘制五角星

实战2：制作一个商品销量柱形图

使用JpGraph库制作一个空调销售量统计柱形图，运行结果如图9-12所示。

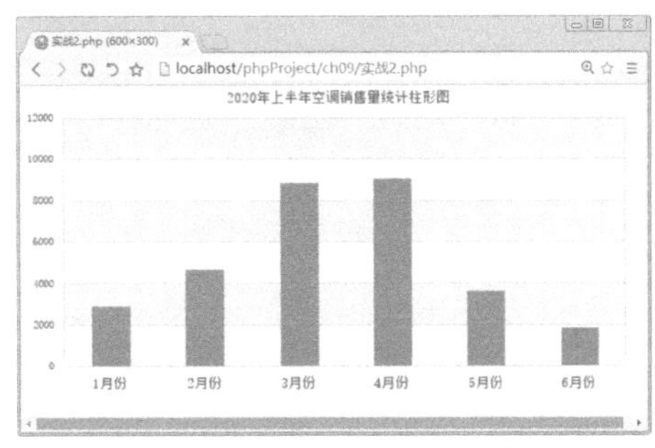

图9-12 制作空调销售量统计柱形图

第10章　操作文件与目录

本章导读

前面介绍过PHP操作MySQL数据库的方法，相比较而言，使用文件存取数据更简单、更方便。使用文件存取数据常常用于数据量比较少的情况。本章主要讲述如何对普通文件进行写入和读取，以及目录的处理、文件的上传等操作。

知识导图

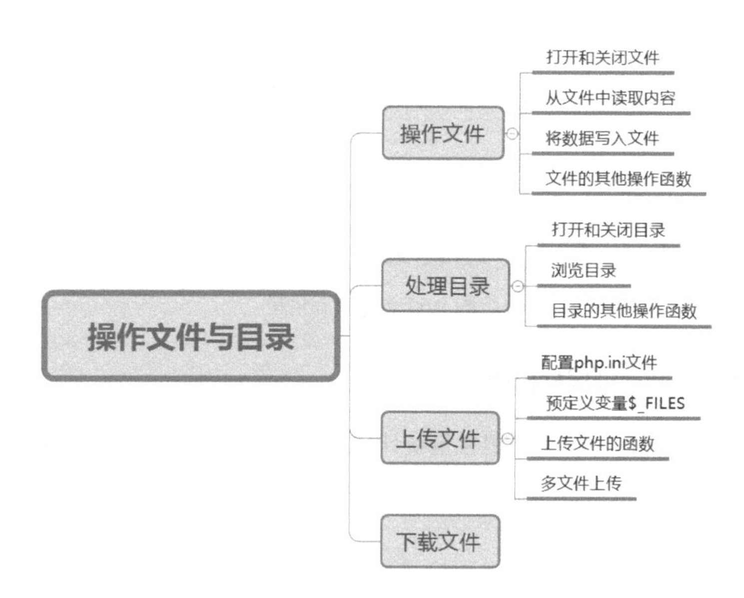

10.1 操作文件

操作文件的基本流程是打开文件、读写文件和关闭文件。除此之外，还可以查看文件的名称、文件类型、文件的路径、文件的修改时间等。本节将详细介绍操作文件的方法和技巧。

10.1.1 打开和关闭文件

打开和关闭文件分别使用 fopen() 函数和 fclose() 函数。

1. 打开文件

对文件操作前，需要打开文件。PHP 提供的 fopen() 函数可以打开文件。语法格式如下：

```
fopen ($filename,$mode)
```

其中参数 $filename 为必需参数，指定要打开的包含路径的文件名称。参数 $mode 为打开文件的方式，取值如表 10-1 所示。

表 10-1　fopen() 函数中参数 mode 的取值

mode 取值	模式名称	含　义
r	只读	打开文件为只读。文件指针在文件的开头开始
w	只写	打开文件为只写
a	追加	打开文件为只写。文件中的现有数据会被保留。文件指针在文件结尾开始。如果文件不存在，则创建新的文件
x	谨慎写	创建新文件为只写。如果文件已存在，返回 false 和错误
r+	只读	打开文件为读 / 写。文件指针在文件的开头开始
w+	只写	打开文件为读 / 写。如果文件不存在，则删除文件的内容或创建一个新的文件。文件指针在文件的开头开始
a+	追加	打开文件为读 / 写。文件中已有的数据会被保留。文件指针在文件结尾开始。如果文件不存在，则创建新的文件
x+	谨慎写	创建新文件为读 / 写。如果文件已存在，返回 false 和错误
b	二进制	由于 Windows 系统可以区分二进制文件和文本文件，可以使用该模式与其他模式进行连接
t	文本	用于与其他模式结合

2. 关闭文件

文件操作完成后，需要关闭文件，从而释放资源。关闭文件使用 fclose() 函数。语法格式如下：

```
bool fclose(resource handle)
```

其中，参数 handle 为已经打开文件的资源对象。如果 handle 无效，则返回 false。

实例 1：打开和关闭文件

```
<?php
    $file = "myfile.txt";
    $fo= fopen($file , "wb"); //以写入的方式打开文件
    if(!$fo) {
       echo("打开文件".$file."失败!<br />");
    }else {
       echo "打开文件".$file."成功!<br />";
    }
    if(fclose($fo)){
       echo "关闭文件".$file."成功!";
    } else {
       echo "关闭文件".$file."失败!";
    }
?>
```

运行结果如图 10-1 所示。

localhost/phpProject/ch10/10.1.php

打开文件myfile.txt成功!
关闭文件myfile.txt成功!

图 10-1　打开和关闭文件

10.1.2　从文件中读取内容

打开文件后，即可读取文件的内容。PHP 提供了很多读取文件中数据的函数。

1. 逐行读取文件

fgets() 函数可以逐行读取数据。语法格式如下：

```
string fgets(resource $handle [,int $length])
```

参数 handle 为需要打开的文件，参数 length 是要读取的数据长度。该函数将读取文件的一行并返回长度最大值为 length-1 个字节的字符串。如果遇到换行符、EOF 或者读取了 length-1 个字节后停止。如果忽略 length 参数，则读取数据直到行结束。

实例 2：使用 fgets() 函数逐行读取数据

```
<?php
    $file = fopen("m1.txt", "rb") or exit("无法打开文件!");
    // 读取文件的每一行，直到文件结尾
    while(!feof($file))    // feof()函数的作用是检查是否已经到了文件的末尾（EOF）
    {
       echo fgets($file). "<br />";//逐行读取并输出数据
    }
    fclose($file);   //关闭文件
?>
```

运行结果如图 10-2 所示。

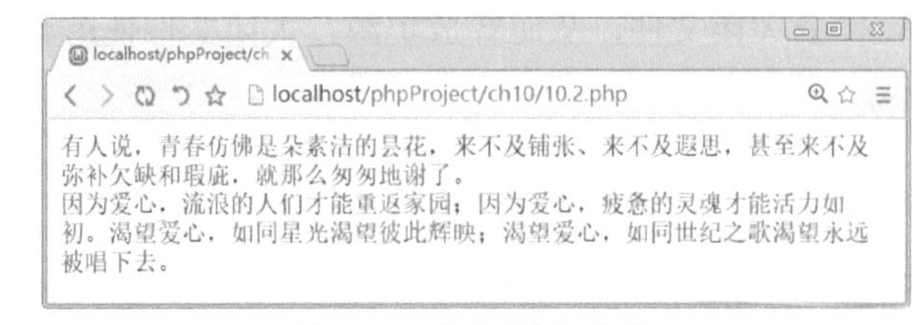

图 10-2　逐行读取文件

> **注意**：在 w、a 和 x 模式下，用户无法读取打开的文件。

2. 逐字符读取文件

fgetc() 函数用于从文件中逐字符地读取文件。其语法格式如下：

```
string fgetc(resource $handle)
```

参数 handle 为需要读取的文件。此函数遇到 EOF 则返回 false。

> **注意**：fgetc() 函数按单字节读取文件，而中文在 UTF-8 编码的格式下占 3 个字节，所以输出中文时会乱码。

实例 3：逐字符读取文件

```
<?php
    $file = fopen("m2.txt", "rb") or exit("无法打开文件!");
    // 读取文件的每一行，直到文件结尾
    while(!feof($file))    // feof()函数的作用是检查是否已经到了文件的末尾（EOF）
    {
       echo fgetc($file);//逐字符读取并输出数据
    }
    fclose($file);   //关闭文件
?>
```

运行结果如图 10-3 所示。

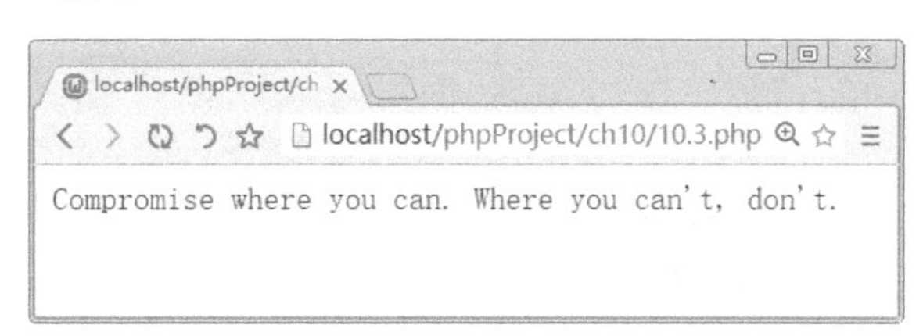

图 10-3　逐字符读取文件

3. 读取整个文件的内容

如果想读取整个文件的内容，可以使用 readfile()、file() 或 file_get_contents() 中的任意一个函数。

1）readfile() 函数

该函数用于读入一个文件并将其写入缓冲区，如果出现错误则返回 false。其语法格式如下：

```
int readfile(string $ filename[,bool $use_include_path = false])
```

这里的参数 use_include_path 如果设置为 true，则将在 include_path 中搜索文件。用户也可以在 php.ini 配置文件中设置 include_path。使用 readfile() 函数打开文件比较简单，不需要打开和关闭文件。

2）file() 函数

该函数将一次性读取正规文件的内容，并将读取的内容按行存放在数组中，包括换行符。

如果出现错误则返回 false。其语法格式如下：

```
array file(string $filemame[,int $flags = 0])
```

该函数将返回一个数组。其中参数 flags 的值可以设置为一个或多个常量，常量值的含义如下：

（1）FILE_USE_INCLUDE_PATH：在 include_path 中查找文件。

（2）FILE_IGNORE_NEW_LINES：数组中每个元素的末尾不添加换行符。

（3）FILE_SKIP_EMPTY_LINES：跳过空行。

3）file_get_contents()

用于读入一个文件并存入字符串中，如果出现错误则返回 false。其语法格式如下：

```
string file_get_contents(string $filename[,bool $use_include_path = false[,resource
$context[,int $offset = -1[,int $maxlen]]]])
```

该函数在参数 offset 所指定的位置开始读取长度为 maxlen 的内容。

实例 4：三种方法读取整个文件的内容

```
<?php
    $file = "m3.txt";
    // 使用readfile()函数读取文件内容
    readfile($file);
    echo "<hr/>";
    // 使用file()函数读取文件内容
    $farr = file($file);
    foreach($farr as $v) {
        echo $v."<br/>";
    }
    echo "<hr/>";
    // 使用file_get_contents()函数读取文件内容
    echo file_get_contents($file);
?>
```

运行结果如图 10-4 所示。

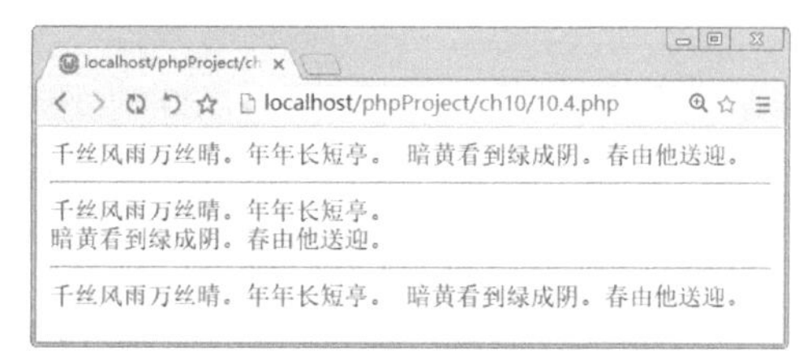

图 10-4　三种方法读取整个文件的内容

10.1.3　将数据写入文件

把数据写入文件中的基本流程如下：

（1）打开文件。

（2）向文件中写入数据。

（3）关闭文件。

打开文件的前提是，文件首先是存在的。如果不存在，则需要建立一个文件。并且在所在的系统环境中，代码应该对文件具有“写”的权限。

通过使用 fwrite() 或 file_put_contents() 函数，可以对文件写入数据。

fwrite() 函数的语法格式如下：

```
fwrite(file,string,length)
```

其中，file 为必需参数，指定要写入的文件。如果文件不存在，则创建一个新文件。string 为必需参数，指定要写入文件的字符串。length 为可选参数，指定要写入的最大字节数。

file_put_contents() 函数的语法格式如下：

```
file_put_contents(file,data,mode,context)
```

其中，file 为必需参数，指定要写入的文件。如果文件不存在，则创建一个新文件。data 为可选参数，指定要写入文件的数据，可以是字符串、数组或数据流。mode 为可选参数，指定如何打开、写入文件。context 为可选参数，规定文件句柄的环境。

实例 5：使用两种方法将数据写入文件

```
<?php
$file = "m4.txt";
$str = "十年生死两茫茫，不思量，自难忘。";
// 使用fwrite()函数写入文件
$fp = fopen($file, "wb") or die("打开文件错误！");
fwrite($fp , $str);
fclose($fp);
readfile($file);
echo "<hr/>";
$str  =  "夜来幽梦忽还乡，小轩窗，正梳妆。";
// 使用file_put_contens()函数往文件追加内容
file_put_contents($file , $str , FILE_APPEND);
readfile($file);
?>
```

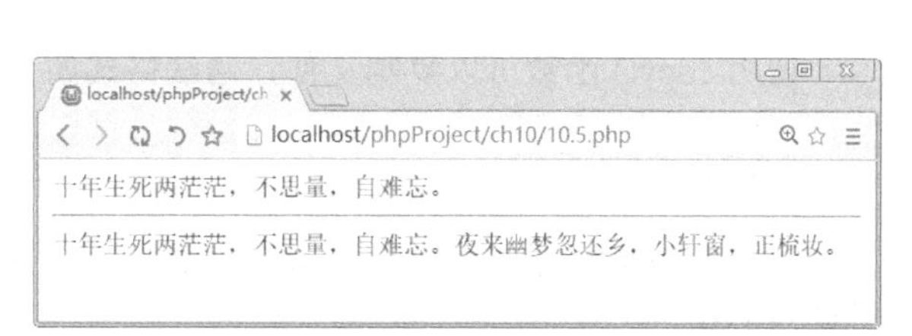

图 10-5　使用两种方法将数据写入文件

运行结果如图 10-5 所示。

打开 m4.txt 文件，可以查看写入的内容，如图 10-6 所示。

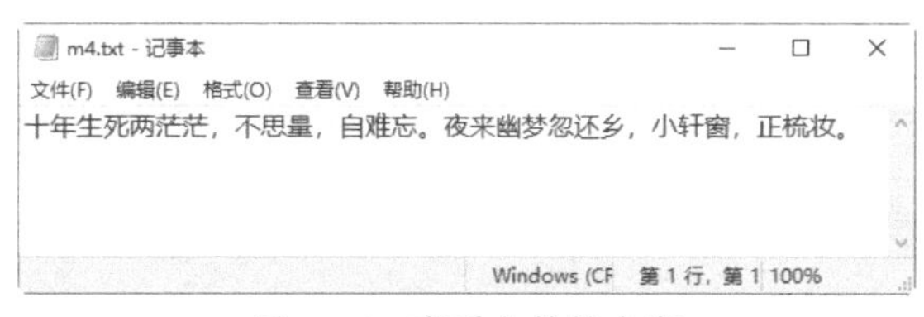

图 10-6　查看文件的内容

10.1.4　文件的其他操作函数

PHP 提供了大量的文件操作函数，不仅可以对文件进行读写操作，还可以进行重命名文件、复制文件、删除文件、查看文件类型、查看文件修改日期等操作。

1. 重命名文件

rename() 函数可以重命名文件或目录。若成功，则该函数返回 true；若失败，则返回 false。语法格式如下：

```
rename(oldname,newname,context)
```

其中，oldname 为必需参数，指定需要重命名的文件或目录；newname 为必需参数，指定文件或目录的新名称；context 为可选参数，规定文件句柄的环境。

实例 6：重命名文件

```
<?php
    $file = 'myfile.txt';
    $newfile = 'newfile.txt';
    // 文件的重命名
    if (rename($file, $newfile)) {
        echo "文件重命名成功! <br />";
    } else {
        echo "文件重命名失败! <br />";
    }
?>
```

运行结果如图 10-7 所示。

图 10-7　重命名文件

2. 复制文件

使用 copy() 函数可以复制文件，语法格式如下：

```
copy(source,destination)
```

其中，source 为必需参数，指定需要复制的文件；destination 为必需参数，指定复制文件的目的地。

实例 7：复制文件

```
<?php
$file = ' newfile.txt';
$newfile = 'newfile2.txt';

if (copy($file, $newfile)) {
    echo "文件成功复制为".$newfile;
} else {
    echo "文件复制失败! ";
}
?>
```

运行结果如图 10-8 所示。

图 10-8　复制文件

3. 删除文件

使用 unlink () 函数可以删除文件。语法格式如下：

```
unlink(filename)
```

其中，source 为必需参数，指定需要删除的文件。如果成功返回 true，失败则返回 false。

实例 8：删除文件

```
<?php
    $file = "newfile2.txt";
    if(unlink($file)) {
        echo "文件".$file."删除成功！";
    } else {
        echo "文件".$file."删除失败！";
    }
?>
```

运行结果如图 10-9 所示。

图 10-9　删除文件

4. 查看文件的类型

使用 filetype() 函数可以获取文件的类型。可能的返回值有 fifo、char、dir、block、link、file 和 unknown。语法格式如下：

```
filetype($filename)
```

其中，参数 $filename 为必需参数，指定要检查的文件路径。如果查看失败，则返回 false。

实例 9：查看文件的类型

```
<?php
    $path = "C:\\wamp\\www\\phpProject";
    echo filetype($path)."<br /> ";//显示文件的类型为dir
    $path1 = "10.1.php";
    echo filetype($path1);//显示文件的类型为file
?>
```

运行结果如图 10-10 所示。

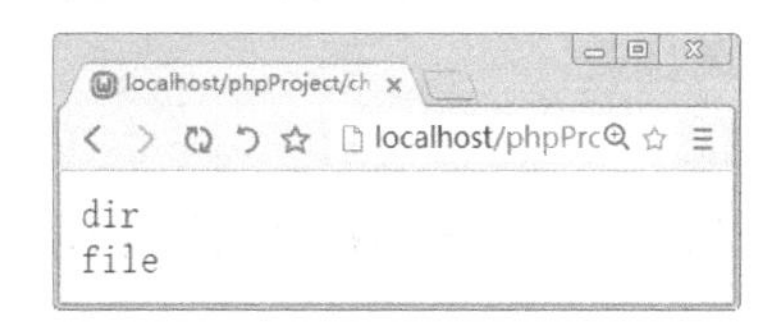

图 10-10　查看文件的类型

5. 查看文件的访问和修改时间

使用 fileatime() 函数可以获取文件上次的访问时间。语法格式如下：

```
fileatime($filename)
```

其中，参数 $filename 为必需参数，指定要检查的文件名称。如果查看失败，则返回 false。

实例 10：查看文件的访问时间

```
<?php
    $path = "10.1.php";
    echo fileatime($path)."<br/> ";                    //显示文件上次的访问时间
    echo date("Y-m-d H:i:s ",fileatime($path));//设置时间的显示格式
?>
```

运行结果如图 10-11 所示。从结果可以看出，默认情况下以 Unix 时间戳的形式返回时间。

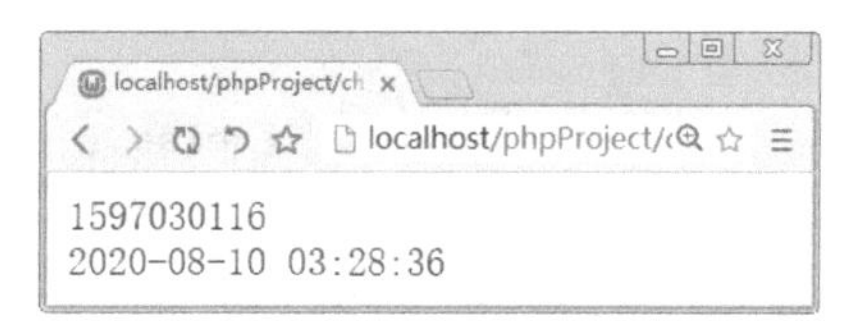

图 10-11　查看文件的访问时间

使用 filemtime() 函数可以获取文件上次被修改的时间。语法格式如下：

```
filemtime($filename)
```

其中，参数 $filename 为必需参数，指定要检查的文件名称。如果查看失败，则返回 false。

实例 11：查看文件上次被修改时间

```
<?php
    $path = "10.1.php";
    echo filemtime($path)."<br /> ";//显示文件上次的修改
时间
    echo date("Y-m-d H:i:s ",fileatime($path));//设置时
间的显示格式
?>
```

运行结果如图 10-12 所示。

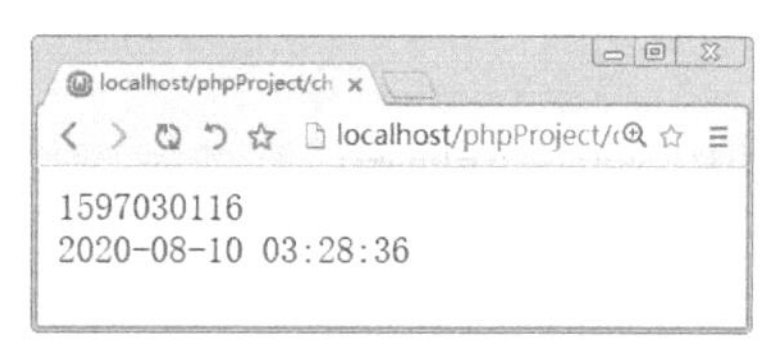

图 10-12　查看文件的修改时间

10.2　处理目录

要浏览目录下的文件，往往需要处理目录，包括打开目录、浏览目录和关闭目录。

10.2.1　打开和关闭目录

打开和关闭目录和操作文件类似，不过如果目录不存在，将会报错，而打开的文件如果不存在，则会自动创建一个新文件。

1. 打开目录

opendir() 函数可以打开目录，其语法格式如下：

```
resource opendir(string path)
```

该函数返回一个目录指针。其中，path 为要打开的目录路径。如果 path 不是一个合法的目录或者因为权限限制或文件系统错误而不能打开目录，则返回 false 并产生一个 E_WARNING 级别的 PHP 错误信息。如果不想输出错误，可以在 opendir() 的前面加上 @ 符号。

2. 关闭目录

closedir() 函数可以关闭目录，其语法格式如下：

```
void closedir(resource dir_handle)
```

参数 dir_handle 为一个目录指针。

实例 12：打开和关闭目录

```
<?php
    $path = "C:\\wamp\\www\\phpProject";
    if (is_dir($path)){                              //判断是否是一个目录
       if($dire = opendir($path)){                   //判断打开目录是否成功
       echo $dire;
       }                                             //输出目录指针
    }else{
       echo " 目录有错误，请仔细检查！ ";
exit;
}
    closedir($dire);//关闭目录
?>
```

运行结果如图 10-13 所示。

图 10-13　打开和关闭目录

10.2.2　浏览目录

通过 scandir() 函数可以浏览目录中的文件，其语法格式如下：

```
array scandir(string directory [,int sorting_order])
```

该函数返回一个数组，包括目录 directory 下的所有文件和子目录。默认情况下，返回值按照字母顺序升序排列。如果使用了可选参数 sorting_order（设为 1），则按字母顺序降序排列。如果 directory 不是一个目录，则返回布尔值 false，并产生一条 E_WARNING 级别的错误。

实例 13：浏览目录

```
<?php
    $dir = "C:\\wamp\\www\\phpProject\\ch10";        //定义指定的目录
    $files1 = scandir($dir);                         //列出指定目录中的文件和目录
    $files2 = scandir($dir, 1);
    print_r($files1);                                //输出指定目录中的文件和目录
    echo "<br />";
    print_r($files2);
?>
```

运行结果如图 10-14 所示。其中，is_dir() 函数主要是判断给定文件名是否是一个目录。

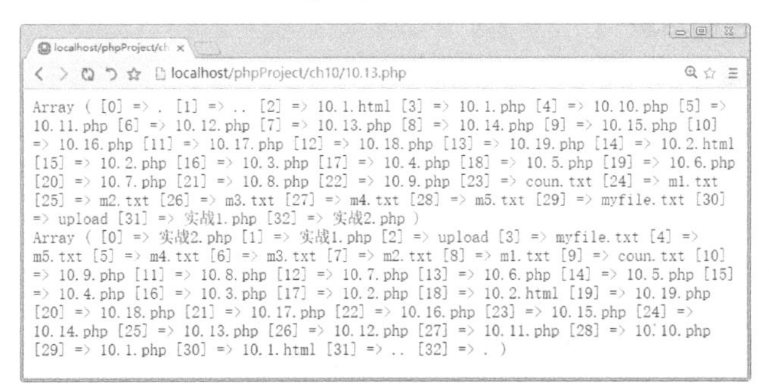

图 10-14　浏览目录

10.2.3　目录的其他操作函数

PHP 提供了大量的目录操作函数，不仅可以对目录进行打开和关闭操作，还可以进行查看目录名称、查看文件真实目录等操作。

1. 查看目录名称

使用 dirname() 函数可以查看目录的名称，该函数返回文件目录中去掉文件后的目录名称，语法格式如下：

```
dirname($path)
```

其中，参数 $path 为必需参数，指定要检查的路径。

实例 14：查看目录

```
<?php
    $path = " C:/wamp/www/phpProject/ch10/10.1.php";
    //显示路径的名称
    echo dirname($path);
?>
```

运行结果如图 10-15 所示。

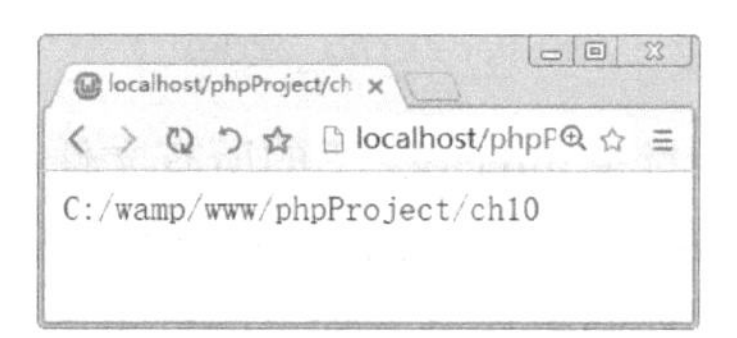

图 10-15　查看路径

> **提示：** dirname() 函数只查看 $path 变量中的目录名称，并不核实该目录是否真实存在。

2. 查看文件的目录

使用 readpath() 可以查看文件的真实目录，该函数返回绝对路径。它会删除所有的符号连接（比如 '/./', '/../' 以及多余的 '/'），返回绝对路径名称。语法格式如下：

```
realpath($path)
```

其中，参数 $path 为必需参数，指定要检查的路径。如果文件不存在的，则返回 false。

实例 15：浏览文件的目录

```
<?php
    $path = "10.1.php";
    //显示绝对路径
    echo realpath($path);
?>
```

运行结果如图 10-16 所示。

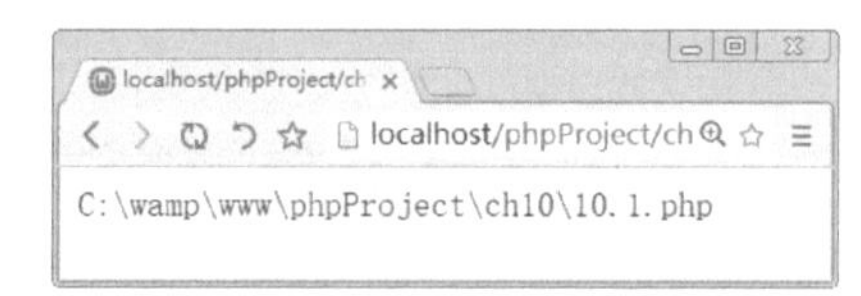

图 10-16　查看文件的真实路径

3. 获取当前的工作目录

使用 getcwd() 函数可以获取当前的工作目录，返回的是字符串。

实例 16：浏览当前工作目录

```
<?php
    $d1 = getcwd();     //获取当前路径
    echo getcwd();      //输出当前目录
?>
```

运行结果如图 10-17 所示。

图 10-17　获取当前的工作目录

10.3　上传文件

上传文件可以通过 HTTP 协议来实现。要实现文件上传的功能，首先需要在 php.ini 文件中进行设置，然后通过预定义变量 $_FILES 对上传文件做限制和判断，最后通过 move_uploaded_file() 函数实现上传的功能。

10.3.1　配置 php.ini 文件

要实现文件上传的功能，首先需要根据实际开发的需要，在 php.ini 文件中，并对一些参数做相关设置。

（1）file_uploads：开启文件上传，需要设置该值为 on。

（2）upload_tmp_dir：上传文件临时目录。文件被成功上传之前，文件首先存放在服务器端的临时目录，该目录可以根据实际需要进行设置。

（3）upload_max_filesize：服务器允许上传文件的最大值，单位为 MB。系统默认为 2MB。

（4）max_execution_time：一个指令所能执行的最大时间，单位为秒。

（5）memory_limit：一个指令所分配的内存空间，单位为 MB。

10.3.2　预定义变量 $_FILES

通过使用 PHP 的全局变量 $_FILES，用户可以从客户计算机向远程服务器上传文件。全局变量 $_FILES 是一个二维数组，用于接收上传文件的信息，它会保存表单中 type 值为 file 的提交信息，有 5 个主要列，具体含义如下。

（1）$_FILES["file"]["name"]：存放上传文件的名称。

（2）$_FILES["file"]["type"]：存放上传文件的类型。

（3）$_FILES["file"]["size"]：存放上传文件的大小，以字节为单位。

（4）$_FILES["file"]["tmp_name"]：存放存储在服务器的文件的临时全路径。

（5）$_FILES["file"]["error"]：存放文件上传导致的错误代码。

在 $_FILES["file"]["tmp_name"] 中，/tmp 目录是默认的上传临时文件的存放地点，此时用户必须将文件从临时目录中删除或移到其他位置，如果没有，则上传的文件会被自动删除。

可见，无论上传是否成功，程序最后都会自动删除临时目录中的文件，所以在删除前，需要将上传的文件复制到其他位置，这样才算真正完成了上传文件的过程。

另外，$_FILES["file"]["error"] 中返回的错误代码对应的数值的含义如下。

（1）UPLOAD_ERR_OK=0：表示没有发生任何错误。

（2）UPLOAD_ERR_INI_SIZE=1：表示上传文件的大小超过了约定值。

（3）UPLOAD_ERR_FORM_SIZE =2：表示上传文件的大小超过了 HTML 表单隐藏域属性的 MAX_FILE_SIZE 元素所规定的最大值。

（4）UPLOAD_ERR_PARTIAL =3：表示文件只被部分上传。

（5）UPLOAD_ERR_NO_FILE =4：表示没有上传任何文件。

10.3.3 上传文件的函数

在 PHP 中，使用 move_uploaded_file() 函数可以将上传的文件移动到新位置。语法格式如下:

```
move_uploaded_file(file,newloc)
```

其中，file 为需要移动的文件；newloc 参数为文件的新位置。如果 file 指定的上传文件是合法的，则文件被移动到 newloc 指定的位置；如果 file 指定的上传文件不合法，则不会出现任何操作，move_uploaded_file() 函数将返回 false；如果 file 指定的上传文件是合法的，但出于某些原因无法移动，不会出现任何操作，move_uploaded_file() 函数将返回 false，此外还会发出一条警告。

> **注意：**move_uploaded_file() 函数只能用于通过 HTTP POST 上传的文件。如果目标文件已经存在，将会被覆盖。

实例 17：实现上传图片文件的功能

10.1.html 文件为获取上传文件的页面，代码如下：

```
<!DOCTYPE html>
<html>
<head>
    <title>上传图片文件</title>
</head>
<body>
<form action="10.17.php" method="post" enctype="multipart/form-data">
    <label for="file">文件名：</label>
    <input type="file" name="file" id="file"><br/>
    <input type="submit" name="submit" value="上传">
</form>
</body>
</html>
```

其中，7<form action="10.17.php"method="post"enctype="multipart/form-data"> 语句中的 method 属性表示提交信息的方式是 post，即采用数据块，action 属性表示处理信息的页面为 10.17.php，enctype="multipart/form-data" 表示以二进制的方式传递提交的数据。

为了设置和保存上传文件的路径，用户需要在创建文件的目录下新建一个名称为 upload 的文件夹。10.17.php 文件的主要功能是实现文件的上传，代码如下：

```
<?php
    // 允许上传的图片后缀
    $allowedExts = array("gif", "jpeg", "jpg", "png");
    $temp = explode(".", $_FILES["file"]["name"]);
    echo $_FILES["file"]["size"];
    $extension = end($temp);      // 获取文件后缀名
    if ((($_FILES["file"]["type"] == "image/gif")
            || ($_FILES["file"]["type"] == "image/jpeg")
            || ($_FILES["file"]["type"] == "image/jpg")
            || ($_FILES["file"]["type"] == "image/pjpeg")
            || ($_FILES["file"]["type"] == "image/x-png")
            || ($_FILES["file"]["type"] == "image/png"))
        && ($_FILES["file"]["size"] < 204800)    // 小于 200 kb
        && in_array($extension, $allowedExts))
    {
        if ($_FILES["file"]["error"] > 0)
        {
            echo "错误：: " . $_FILES["file"]["error"] . "<br/>";
        }
        else
        {
            echo "上传文件名: " . $_FILES["file"]["name"] . "<br/>";
            echo "文件类型: " . $_FILES["file"]["type"] . "<br/>";
            echo "文件大小: " . ($_FILES["file"]["size"] / 1024) . " kB<br/>";
            echo "文件临时存储的位置: " . $_FILES["file"]["tmp_name"] . "<br/>";

            // 判断当前目录下的 upload 目录是否存在该文件
            // 如果没有 upload 目录，你需要创建它，upload 目录权限为 777
            if (file_exists("upload/" . $_FILES["file"]["name"]))
            {
                echo $_FILES["file"]["name"] . " 文件已经存在。 ";
            }
            else
            {
                // 如果 upload 目录不存在该文件，则将文件上传到 upload 目录下
                        move_uploaded_file($_FILES["file"]["tmp_name"], "upload/" . $_
FILES["file"]["name"]);
                echo "文件存储在: " . "upload/" . $_FILES["file"]["name"];
            }
        }
    }
    else{
        echo "非法的文件格式";
    }
?>
```

运行 10.1.html 网页，结果如图 10-18 所示。单击“浏览”按钮，即可选择需要上传的文件，最后单击“上传”按钮，即可跳转到 10.17.php 文件，如图 10-19 所示，实现了文件的上传操作。

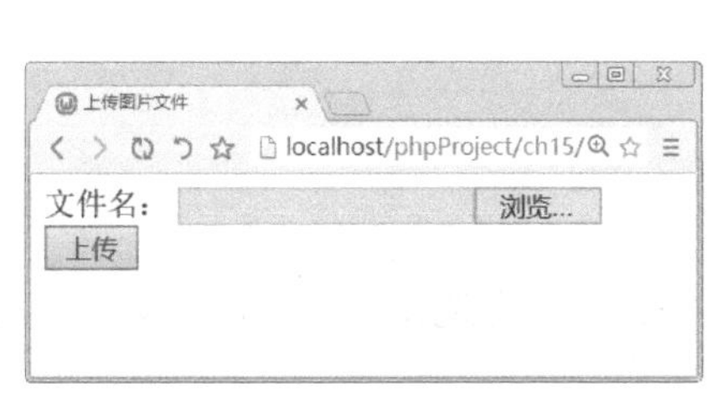

图 10-18 上传文件

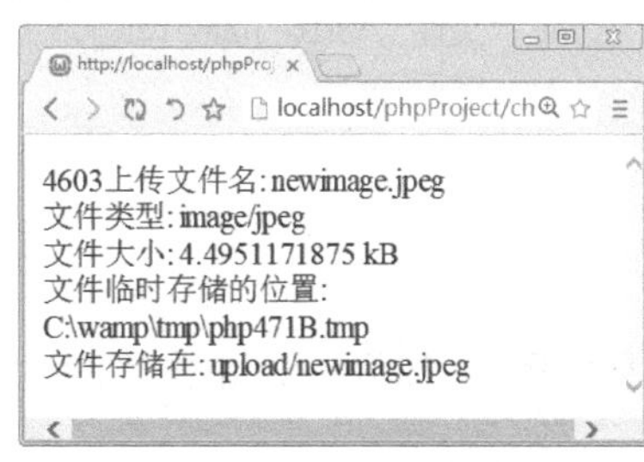

图 10-19 上传文件的信息

10.3.4 多文件上传

上一节讲述了如何上传单个文件，那么如何上传多个文件呢？用户只需要在表单中使用与复选框相同的数组式提交语法即可。

实例 18：实现多文件上传的功能

本实例有 3 个文件上传域，文件域的名称为 file[]，提交后上传文件的信息保存在 $_FILES[file] 中，生成了多维数组，最后读取数组信息，上传文件即可。代码如下：

```
<!DOCTYPE html>
<html>
<head>
    <meta charset="UTF-8">
    <title>多文件上传</title>
</head>
<body>
请选择要上传的文件
<form action="" method="post" enctype="multipart/form-data">
      <table border="1" cellpadding="1" cellspacing="1" bordercolor="#FFFFFF"
bgcolor="#CCCCCC" id="up_table" >
        <tbody id="auto">
        <tr id="show" >
            <td bgcolor="#FFFFFF">上传文件 </td>
            <td bgcolor="#FFFFFF"><input name="file[]" type="file"></td>
        </tr>
        <tr>
            <td bgcolor="#FFFFFF">上传文件 </td>
            <td bgcolor="#FFFFFF"><input name="file[]" type="file"></td>
        </tr>
        <tr>
            <td bgcolor="#FFFFFF">上传文件 </td>
            <td bgcolor="#FFFFFF"><input name="file[]" type="file"></td>
        </tr>
        </tbody>
        <tr>
            <td colspan="4" bgcolor="#FFFFFF"><input type="submit" value="上传" /></
td>
        </tr>
    </table>
</form>
<?php
if(!empty($_FILES['file']['name'])){
    $file_name = $_FILES['file']['name'];
    $file_tmp_name = $_FILES['file']['tmp_name'];
    for($i = 0; $i < count($file_name); $i++){
        if($file_name[$i] != ''){
            move_uploaded_file($file_tmp_name[$i],"upload/" . $i.$file_name[$i]);
            echo '文件'.$file_name[$i].'上传成功。更名为'.$i.$file_name[$i].'<br>';
        }
    }
}
?>
</body>
</html>
```

运行结果如图 10-20 所示。单击“浏览”按钮，即可选择需要上传的文件，选择 3 个文件后单击“上传”按钮，实现文件的上传操作，如图 10-21 所示。

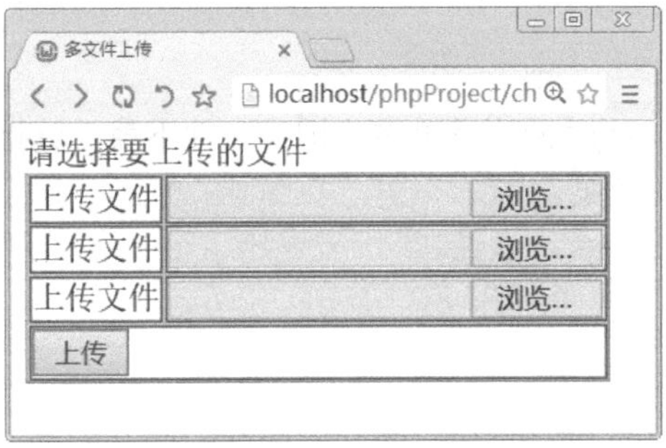

图 10-20　上传多文件

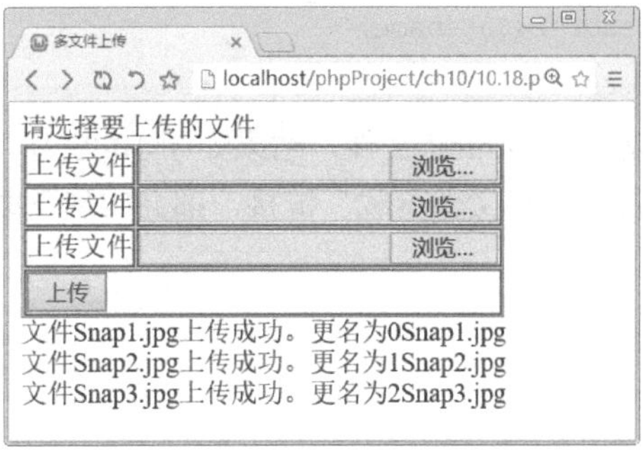

图 10-21　上传多文件的信息

10.4　下载文件

在添加文件的链接时，如果浏览器可以解析，会显示解析后的内容，例如图片的链接：

```
<a href="pic/m1.jpg ">图片文件下载</a>
```

此时单击链接，浏览器会直接显示图片效果，而不会下载文件。这就需要使用 header() 函数来实现文件下载，代码如下：

```
header('content-disposition:attachment;filename=somefile');
```

在添加文件的链接时，如果浏览器不能解析，会直接显示下载效果，例如压缩文件的链接：

```
<a href="pic/m1.zip ">压缩文件下载</a>
```

实例 19：下载文件

10.2.html 为显示文件下载的页面，代码如下：

```
<!DOCTYPE html>
<html>
<head>
    <meta charset="UTF-8">
    <title>多文件上传</title>
</head>
<body>
<a href="10.19.php?filename=upload/m1.jpg ">图片文件下载</a>
<a href="upload/m1.zip ">压缩文件下载</a>
</body>
</html>
```

10.19.php 实现图片文件下载的功能，代码如下：

```
<?php
    $filename = $_GET['filename'];
```

```
    header('content-disposition:attachment;filename=somefile');
    header('content-length:'.filesize($filename));
    readfile($filename)
?>
```

运行 10.2.html 文件，结果如图 10-22 所示。此时无论是单击“图片文件下载”链接，还是单击“压缩文件下载”链接，都会实现下载的效果。

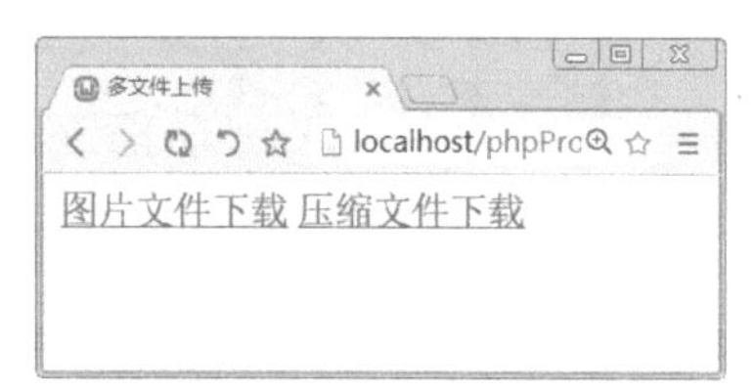

图 10-22　实现下载文件的功能

10.5　新手疑难问题解答

疑问 1：读取 txt 文件时，中文内容显示乱码，为什么？

在 PHP 中读取有中文信息的文本内容时，如果出现乱码问题，一般都是文件的编码问题。用记事本打开 txt 格式的文件，另存为 UTF-8 编码方式，即可解决乱码问题，如图 10-23 所示。

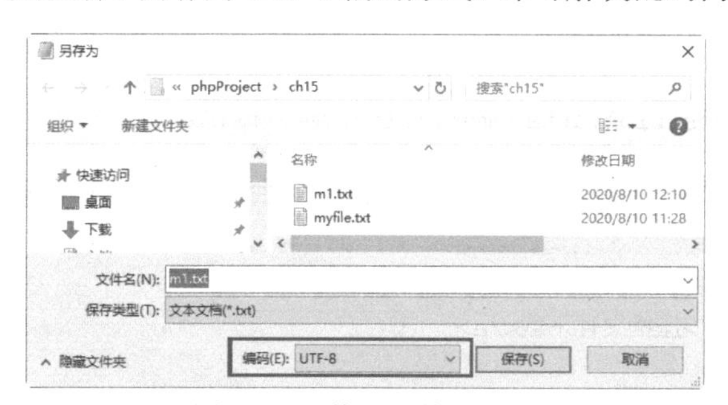

图 10-23　修改文件的编码

疑问 2：如何从路径中抽取文件的名称？

使用 basename() 函数可以查看文件的名称，该函数返回文件目录中去掉路径后的文件名称，语法格式如下：

```
basename($path, $suffix)
```

其中，参数 $path 为必需参数，指定要检查的路径；参数 $suffix 为可选参数，规定文件的扩展名。如果文件有 $suffix，则不会输出这个扩展名。例如以下代码：

```
<?php
$path = "/mytest/index.php ";

//显示带有文件扩展名的文件名
echo basename($path)."<br/> ";

//显示不带有文件扩展名的文件名
```

```
echo basename($path,".php");
?>
```

疑问 3：如何获取文件或目录的权限？

PHP 提供的 fileperms() 函数可以返回文件或目录的权限。如果成功，则返回文件的访问权限。如果失败，则返回 false。语法格式如下：

```
fileperms($filename)
```

其中，参数 $filename 为需要检查的文件名。

10.6 实战技能训练营

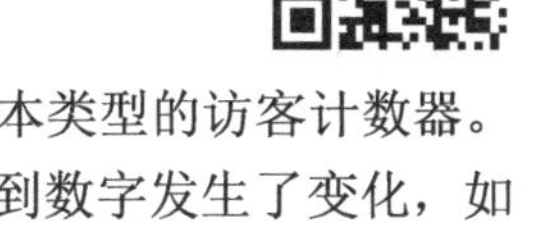

实战 1：编写访客计数器

本实例通过对文本文件的操作，利用相关函数编写一个简单的文本类型的访客计数器。程序第一次运行时，结果如图 10-24 所示。多次刷新页面后，即可看到数字发生了变化，如图 10-25 所示。

图 10-24 程序第一次运行的效果

图 10-25 多次刷新页面后的效果

实战 2：设计两种方法将古诗写入文件中

本实例通过使用 fwrite() 和 file_put_contents() 函数，将古诗写入文件中，运行结果如图 10-26 所示。

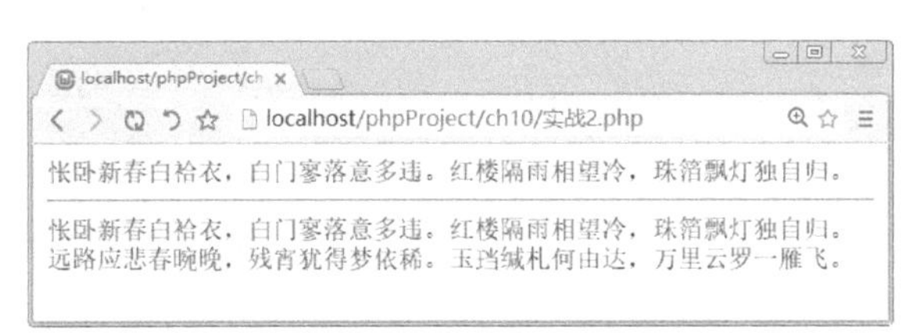

图 10-26 将古诗写入文件中

第11章　错误处理和异常处理

本章导读

当 PHP 代码运行时，会发生各种错误：可能是语法错误（通常是程序员造成的编码错误）；可能是缺少功能（由于浏览器差异）；可能是由于来自服务器或用户的错误输出而导致的错误；当然，也可能是由于许多其他不可预知的因素。本章主要讲述错误处理和异常处理。

知识导图

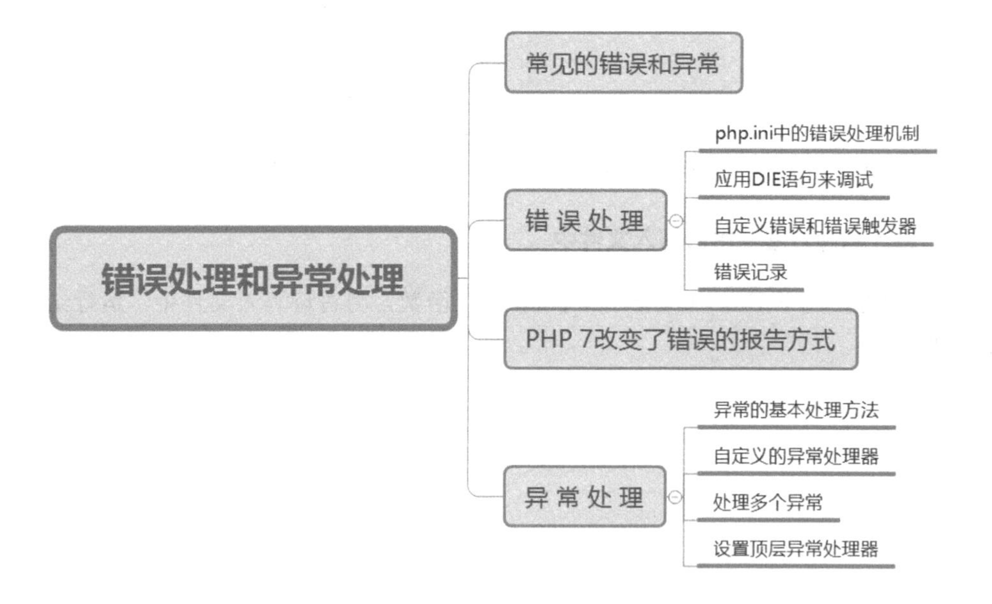

11.1 常见的错误和异常

错误和异常是编程中经常出现的问题。本节将主要介绍常见的错误和异常。

1. 拼写错误

拼写代码时要求程序员非常仔细，对编写完成的代码需要认真地去检查，否则会出现不少编写上的错误。

另外，PHP 中的常量和变量都是区分大小写的，例如把变量名 abc 写成 ABC，就会出现语法错误。PHP 中的函数名、方法名、类名不区分大小写，但建议使用与定义时相同的名字。魔术常量不区分大小写，但是建议全部大写，包括 __LINE__、__FILE__、__DIR__、--FUNCTION--、--CLASS--、--METHOD--、--NAMESPACE--。知道了这些规则，程序员就可以避免大小写的错误。

另外，编写代码有时需要输入中文字符，编程人员容易在输入中文字符后忘记切换输入法，从而导致输入的小括号、分号或者引号等出现错误。当然，这种输入错误在大多数编程软件中显示的颜色会跟正确的输入显示的颜色不一样，较容易发现，但还是应该细心谨慎，以减少错误的出现。

2. 单引号和双引号的混乱

单引号、双引号在 PHP 中没有特殊的区别，都可以用来创建字符串。但是必须使用同一种单引号或双引号来定义字符串，例如，'Hello" 和 "Hello' 为非法的字符串定义。单引号串和双引号串在 PHP 中的处理是不同的。双引号串中的内容可以被解释而且替换，而单引号串中的内容总被认为是普通字符。

另外，缺少单引号或者双引号也是经常出现的问题。例如：

```
echo "错误处理的方法;
```

其中缺少了一个双引号，运行时会提示错误。

3. 括号使用混乱

首先需要说明的是，在 PHP 中，括号包含两种语义，可以是分隔符，也可以是表达式。例如：

（1）作为分隔符比较常用，比如（1+4）*4 等于 20。

（2）在 (function(){})(); 中，最后面的括号表示立即执行这个方法。

由于括号的使用层次比较多，所以可能会导致括号不匹配的错误。

例如以下代码：

```
if((($a==$b)and($b==$c))and($c==$d){          //此处缺少一个括号
     echo "正确的括号使用方法！"
}
```

4. 等号与赋值符号混淆

等号与赋值符号混淆的错误一般较常出现在 if 语句中，而且这种错误在 PHP 中不会产生错误信息，所以在查找错误时往往不容易被发现。例如：

```
if(s=1)
    echo("没有找到相关信息");
```

上面的代码在逻辑上是没有问题的，它的运行结果是将 1 赋值给了 s，成功后则弹出对话框，而不是对 s 和 1 进行比较，这不符合开发者的本意。正确写法是 s==1，而不是 s=1。

5. 缺少美元符号

在 PHP 中，设置变量时需要使用美元符号“$”，如果不添加美元符号，就会引起解析错误。例如以下代码：

```
for($s=1; $s<=10; s++){                    //缺少一个变量的美元符号
    echo ("缺少美元符号！");
}
```

需要修改 s++ 为 $s++。如果 $s<=10; 缺少美元符号，则会进入无限循环状态。

6. 调用不存在的常量和变量

如果调用没有声明的常量或者变量，将会触发 NOTICE 错误。例如下面的代码中，输出时错误书写了变量的名称：

```
<?php
    $abab = "错误处理的方法"
    echo $abba;                                //调用了不存在的变量
?>
```

如果运行程序，会提示如图 11-1 所示的错误。

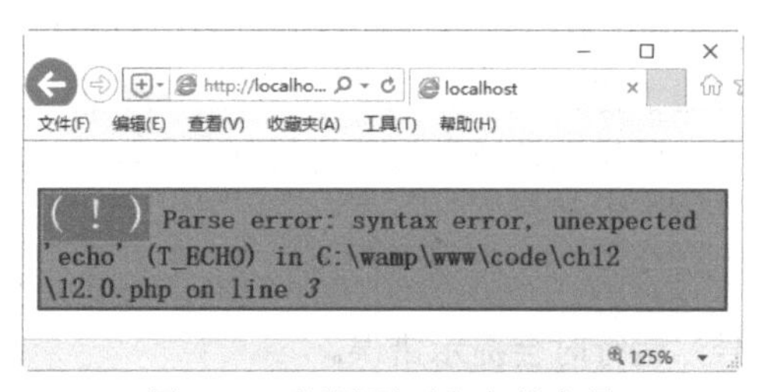

图 11-1　调用了不存在的变量

7. 调用不存在的文件

如果调用不存在的文件，程序将会停止运行。例如下面的代码：

```
<?php
    include("mybook.txt");                  //调用了一个不存在的文件
?>
```

运行后，将会弹出如图 11-2 所示的错误提示信息。

8. 环境配置的错误

如果环境配置不当，也会给运行带来错误。例如，如果操作系统、PHP 配置文件和 PHP 的版本等配置不正确，将会提示文件无法打开、操作权限不具备和服务器无法连接等错误信息。

首先，不同的操作系统采用不同的路径格式，这些都会导致程序运行错误。此外，PHP 在不同的操作系统上的功能也会有差异，数据库的运行也会在不同的操作系统中有问题出现等。其次，PHP 的配置也很重要，由于各个计算机的配置方法不尽相同，当程序的运行环境发生变化时，也会出现这样或者那样的问题。最后，是 PHP 的版本问题，PHP 的高版本在一定程度上可以兼容低版本，但是针对高版本编写的程序拿到低版本中运行时，会出现意想不到的问题，这些都是因为环境配置的不同而引起的错误。

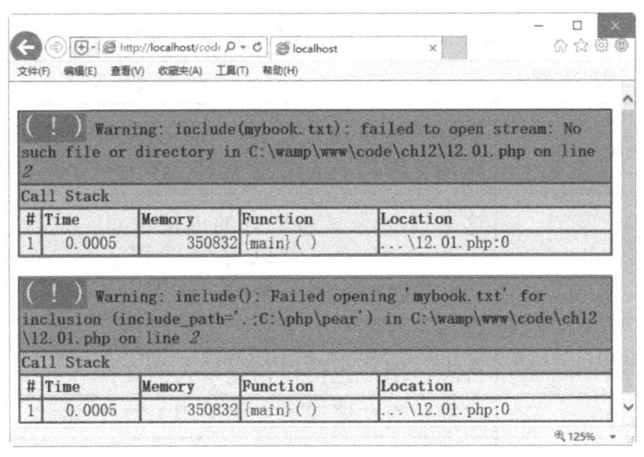

图 11-2 调用了不存在的文件

9. 数据库服务器连接错误

由于 PHP 应用于动态网站的开发，所以经常会对数据库进行基本的操作。在操作数据库之前，需要连接数据库服务，如果用户名或者密码设置不正确，或者数据库不存在，或者数据库的属性不允许访问等，都会在程序运行中出现错误。

例如以下的代码，在连接数据库的过程中，密码编写是错误的：

```
<?php
    $conn = mysqli_connect("localhost","root","root");      //连接MySQL服务器
?>
```

运行后，将会弹出如图 11-3 所示的错误提示信息。

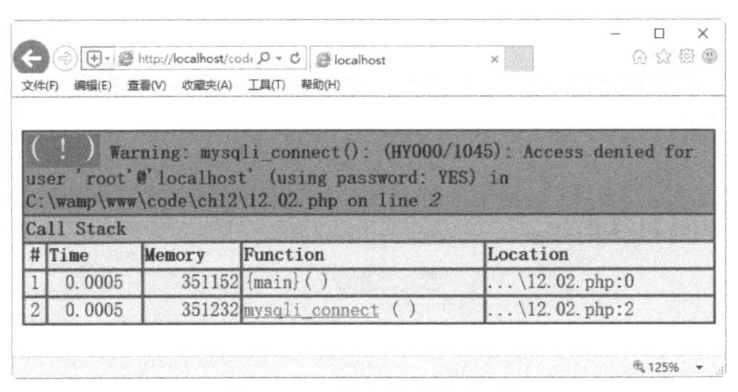

图 11-3 无法连接数据库

11.2 错误处理

常见的错误处理方法包括使用错误处理机制，使用 DIE 语句调试，自定义错误和错误触发器等。本节将介绍如何处理程序中的错误。

11.2.1 php.ini 中的错误处理机制

在前面的例子中，错误提示会显示错误的信息、错误文件的行号信息等，这是 PHP 最

基本的错误报告机制。此外，php.ini 文件规定了错误的显示方式，包括配置选项的名称、默认值和表述的含义等。常见的错误配置选项的内容如表 11-1 所示。

表 11-1　php.ini 文件中控制错误显示的配置选项含义

名 称	默 认 值	含 义
display_errors	On	设置错误作为 PHP 的一部分输出。开发的过程中可以采用默认的设置，但是为了安全考虑，在生产环境中还是设置为 Off 比较好
error_reporting	E_all	这个设置会显示所有的出错信息。这种设置会让一些无害的提示也会显示，所以可以设置 error_reporting 的默认值：error_reporting = E_ALL & ~E_NOTICE，这样只会显示错误和不良编码
error_log	null	设置记录错误日志的文件。默认情况下将错误发送到 Web 服务器日志，用户也可以指定写入的文件
html_errors	On	控制是否在错误信息中采用 HTML 格式
log_errors	Off	控制是否应该将错误发送到主机服务器的日志文件
display_startup_errors	Off	控制是否显示 PHP 启动时的错误
track_errors	Off	设置是否保存最近一个警告或错误信息

11.2.2　应用 DIE 语句来调试

使用 DIE 语句进行调试的优势是，不仅可以显示错误的位置，还可以输出错误信息。一旦出现错误，程序将会终止运行，并在浏览器上显示出错之前的信息和错误信息。

前面曾经讲述过，调用不存在的文件会提示错误信息，如果应用 DIE 来调试，将会输出自定义的错误信息。

实例 1：应用 DIE 语句来调试错误

```
<?php
    if(!file_exists("m1.txt")){
       die("文件不存在! ");
    }else{
       $file = fopen("m1.txt","r");
    }
?>
```

运行后，结果如图 11-4 所示。

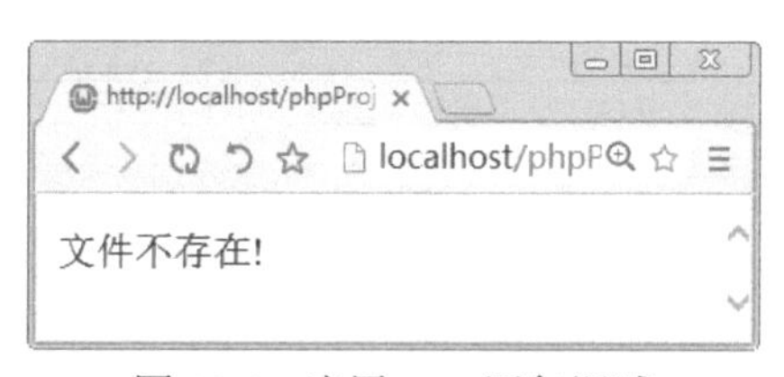

图 11-4　应用 DIE 语句调试

与基本的错误报告机制相比，使用 DIE 语句调试显得更有效，这是由于它采用了一个简单的错误处理机制，在错误之后终止了脚本。

11.2.3　自定义错误和错误触发器

简单地终止脚本并不总是恰当的方式。本小节将讲述如何自定义错误和错误触发器。自定义错误处理器非常简单，用户可以创建一个专用函数，然后在PHP程序发生错误时调用该函数。

自定义错误函数的语法格式如下：

```
error_function(error_level,error_message,error_file,error_line,error_context)
```

该函数必须至少包含level和message参数，另外3个参数file、line和context是可选的。各个参数的具体含义如表11-2所示。

表 11-2 各个参数的含义

参 数	含 义
error_level	必需参数。为用户定义的错误报告级别。必须是一个值
error_message	必需参数。为用户定义的错误消息
error_file	可选参数。规定错误在其中发生的文件名
error_line	可选参数。规定错误发生的行号
error_context	可选参数。规定一个数组，包含当错误发生时在使用的每个变量以及它们的值

参数error_level为用户定义错误的报告级别，这些错误报告级别是错误处理程序将要处理的错误的类型。具体的级别值和含义如表11-3所示。

表 11-3 错误的级别值和含义

数 值	常 量	含 义
2	E_WARNING	非致命的run-time错误。不暂停脚本执行
8	E_NOTICE	Run-time通知。脚本发现可能有错误发生，但也可能在脚本正常运行时发生
256	E_USER_ERROR	致命的用户生成的错误。类似于程序员用PHP函数trigger_error()设置的E_ERROR
512	E_USER_WARNING	非致命的用户生成的警告。类似于程序员使用PHP函数trigger_error()设置的E_WARNING
1024	E_USER_NOTICE	用户生成的通知。类似于程序员使用PHP函数trigger_error()设置的E_NOTICE
4096	E_RECOVERABLE_ERROR	可捕获的致命错误。类似于E_ERROR，但可被用户定义的处理程序捕获
8191	E_ALL	所有错误和警告

下面通过例子来讲解如何自定义错误和错误触发器。

首先创建一个处理错误的函数：

```
function customError($errno, $errstr){
    echo "<b>错误:</b> [$errno] $errstr<br />";
    echo "终止程序";
    die();
}
```

上面的代码是一个简单的错误处理函数。当它被触发时，会获取错误级别和错误消息，然后输出错误级别和消息，并终止程序。

创建一个错误处理函数后，下面需要确定在何时触发该函数。在PHP中，使用set_error_

handler() 函数来设置用户自定义的错误处理函数。该函数用于创建运行期间用户自己的错误处理方法。该函数会返回旧的错误处理程序，若失败，则返回 null。具体的语法格式如下：

```
set_error_handler(error_function, error_types)
```

其中，error_function 为必需参数，规定发生错误时运行的函数；error_types 是可选参数，如果不选择此参数，则表示默认值为 E_ALL。

在本例中，针对所有错误使用自定义错误处理程序，具体的代码如下：

```
set_error_handler("customError");
```

实例 2：自定义错误处理程序

```
<?php
    //定义错误函数
    function customError($errno, $errstr){
        echo "<b>错误:</b> [$errno] $errstr";
    }
    //设置错误函数的处理
    set_error_handler("customError");
    //触发自定义错误函数
    echo($test);
?>
```

图 11-5　自定义错误

运行后，结果如图 11-5 所示。

在脚本中用户输入数据的位置，设置当用户的输入无效时触发错误是很有用的。在 PHP 中，这个任务由 trigger_error() 来完成。trigger_error() 函数创建用户定义的错误消息。

trigger_error() 用于在用户指定的条件下触发一个错误消息。它与内建的错误处理器一同使用，也可以与由 set_error_handler() 函数创建的用户自定义函数一起使用。如果指定了一个不合法的错误类型，该函数返回 false，否则返回 true。

trigger_error() 函数的具体语法格式如下：

```
trigger_error(error_message, error_types)
```

其中，error_message 为必需参数，规定错误消息，长度限制为 1024 个字符；error_types 为可选参数，规定错误消息的错误类型，可能的值为 E_USER_ERROR、E_USER_WARNING 或者 E_USER_NOTICE。

实例 3：使用 trigger_error() 函数

```
<?php
    $test = 5;
    if ($test > 4){
        trigger_error("Value must be 4 or below");
    }
?>
```

运行后，结果如图 11-6 所示。由于 test 的数值为 5，发生了 E_USER_WARNING 错误。

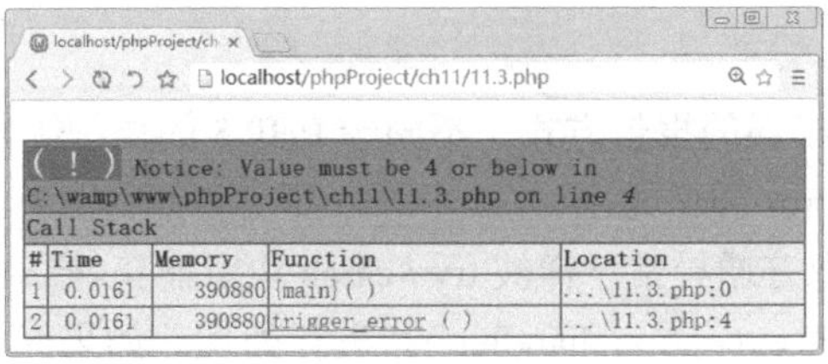

图 11-6　使用 trigger_error() 函数

下面通过示例来讲述 trigger_error() 函数和自定义函数一起使用的处理方法。

实例 4：使用 trigger_error() 函数和自定义函数

```
<?php
    //定义错误函数
    function customError($errno, $errstr){
       echo "<b>错误:</b> [$errno] $errstr";
    }
    //设置错误函数的处理
    set_error_handler("customError");
    //触发自定义错误函数
    echo($test);
?>
```

运行结果如图 11-7 所示。

图 11-7　使用自定义函数和 trigger_error() 函数

11.2.4　错误记录

默认情况下，根据 php.ini 中的 error_log 配置，PHP 向服务器的错误记录系统或文件发送错误记录。通过使用 error_log() 函数，用户可以向指定的文件或远程目的地发送错误记录。

通过电子邮件向用户自己发送错误消息，是一种获得指定错误通知的好办法。下面通过示例来讲解。

实例 5：通过 E-mail 发送错误信息

```
<?php
    //定义错误函数
    function customError($errno, $errstr){
        echo "<b>错误:</b> [$errno] $errstr <br/>";
        echo "错误记录已经发送完毕";
        error_log("错误: [$errno] $errstr",1, "357975357@qq.com",
            "From: webmastere@example.com");
    }
    //设置错误函数的处理
    set_error_handler("customError", E_USER_WARNING);
    //trigger_error函数
    $test = 5;
    if ($test > 4){
trigger_error("Value must be 4 or below",
E_USER_WARNING);
}
?>
```

图 11-8　通过 E-mail 发送错误信息

运行结果如图 11-8 所示。在指定的邮箱中将收到错误信息。

11.3 PHP 7 改变了错误的报告方式

PHP 7 改变了大多数错误的报告方式。不同于 PHP 5 的传统错误报告机制，现在大多数错误被作为 Error 异常抛出。

这种 Error 异常可以像普通异常一样被 try / catch 块所捕获。如果没有匹配的 try / catch 块，则调用异常处理函数（set_exception_handler()）进行处理。如果尚未注册异常处理函数，则按照传统方式处理：被报告为一个致命错误（Fatal Error）。

Error 类并不是从 Exception 类扩展出来的，所以用 catch (Exception $e) { ... } 这样的代码是捕获不到 Error 的。用户可以用 catch (Error $e) { ... } 这样的代码，或者通过注册异常处理函数（ set_exception_handler()）来捕获 Error。

实例 6：PHP 7 改变了错误的报告方式

```
<?php
    class Mathtions            //定义一个类Mathtions
    {
       protected $n = 10;       //定义变量

       // 求余数运算，除数为 0，抛出异常
       public function dotion(): string
       {
           try {
               $value = $this->n % 0;
               return $value;
           } catch (DivisionByZeroError $e) {
               return $e->getMessage();
           }
       }
    }

    $aa = new Mathtions();
    print($aa->dotion());
?>
```

运行结果如图 11-9 所示。

Modulo by zero

图 11-9　程序运行结果

11.4 异 常 处 理

异常 (Exception) 用于在指定的错误发生时改变脚本的正常执行流程。PHP 提供了一种新的面向对象的异常处理方法。本节主要讲述异常处理的方法和技巧。

11.4.1 异常的基本处理方法

当异常被触发时，通常会发生以下动作。

（1）当前代码状态被保存。

（2）代码执行被切换到预定义的异常处理器函数。

（3）根据情况，处理器也许会从保存的代码状态重新开始执行代码，终止脚本执行，或从代码中另外的位置继续执行脚本。

当异常被抛出时，其后的代码不会继续执行，PHP 会尝试查找匹配的 catch 代码块。如果异常没有被捕获，而且又没有使用 set_exception_handler() 做相应处理，那么将发生一个严重的错误，并且输出 Uncaught Exception(未捕获异常) 的错误消息。

下面的示例中抛出一个异常，同时不去捕获它。

实例 7：抛出异常而不捕获

```
<?php
    //创建带有异常的函数
    function checkNum($number){
       if($number>1){
           throw new Exception("Value must be 1 or below");
}
return true;
}
//抛出异常
checkNum(2);
?>
```

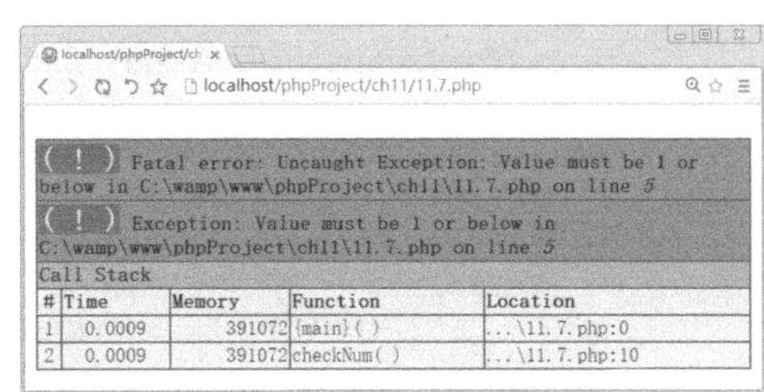

图 11-10　没有捕获异常

运行结果如图 11-10 所示。由于没有捕获异常，出现了错误提示消息。

如果想避免上面例子出现的错误，需要创建适当的代码来处理异常。处理异常的程序应当包括下列代码块。

- try 代码块：使用异常的函数应该位于 try 代码块内。如果没有触发异常，则代码将照常继续执行。但是如果异常被触发，会抛出一个异常。
- throw 代码块：这里规定如何触发异常。每一个 throw 必须至少对应一个 catch。
- catch 代码块：catch 代码块会捕获异常，并创建一个包含异常信息的对象。

实例 8：抛出异常后捕获异常

本实例创建 checkNum() 函数，用于检测数字是否大于 1。如果是，则抛出一个异常，然后捕获这个异常。

```
<?php
    //创建可抛出一个异常的函数
    function checkNum($number){
       if($number>1){
           throw new Exception("数值必须小于或等于1");
       }
       return true;
    }
    //在 try代码块中触发异常
    try{
       checkNum(2);
    //如果没有异常，则会显示以下信息
       echo '没有任何异常';
    }
    //捕获异常
    catch(Exception $e){
       echo '异常信息：' .$e->getMessage();
    }
?>
```

图 11-11　捕获了异常

运行结果如图 11-11 所示。由于抛出异常后捕获了异常，所以出现了提示消息。

11.4.2　自定义的异常处理器

创建自定义的异常处理程序非常简单，只需要创建一个专门的类，当 PHP 程序中发生异常时，调用该类的函数即可。当然，该类必须是 exception 类的一个扩展。

这个自定义的 exception 类继承了 PHP 中的 exception 类的所有属性，然后用户可向其添加自定义的函数。

实例 9：创建自定义的异常处理器

```
<?php
    class customException extends Exception{

       public function errorMessage(){

    //错误消息
           $errorMsg = '异常发生的行: '.$this->getLine().' in '.$this->getFile()
               .': <b>'.$this->getMessage().'</b>不是一个有效的邮箱地址';

           return $errorMsg;
       }
    }
    $email = "someone@example.321com";
    try
    {
    //检查是否符合条件
       if(filter_var($email, FILTER_VALIDATE_EMAIL) === FALSE)  {
    //如果邮件地址无效，则抛出异常
           throw new customException($email);
       }
    } catch (customException $e){
    //显示自定义的消息
       echo $e->errorMessage();
    }
?>
```

运行后结果如图 11-12 所示。

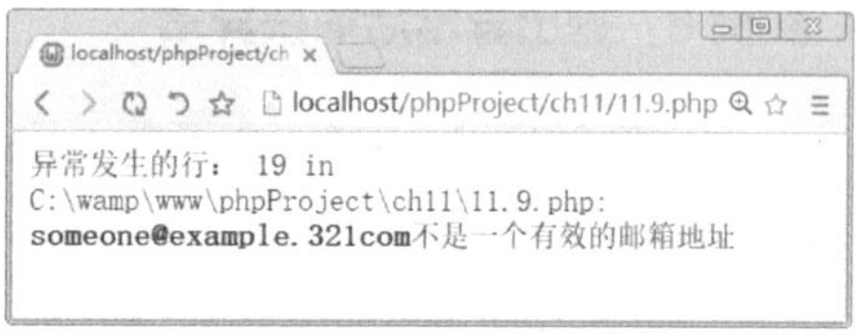

图 11-12　自定义异常处理器

11.4.3　处理多个异常

在上面的案例中，只是检查了邮箱地址是否有效。如果用户想检查邮箱是否为雅虎邮箱，或想检查邮箱是否有效等，这就出现了多个可能发生异常的情况。用户可以使用多个 if…else 代码块，或一个 switch 代码块，或者嵌套多个异常。这些异常能够使用不同的 exception 类，并返回不同的错误消息。

实例 10：处理多个异常

```
<?php
    class customException extends Exception{
       public function errorMessage(){
       //定义错误信息
       $errorMsg = '错误消息的行: '.$this->getLine().' in '.$this->getFile()
```

```
.': <b>'.$this->getMessage().'</b> 不是一个有效的邮箱地址';
        return $errorMsg;
        }
    }
    $email = "someone@yahoo.com";
    try{
    //检查是否符合条件
    if(filter_var($email, FILTER_VALIDATE_EMAIL) === FALSE)
    {
        //如果邮箱地址无效，则抛出异常
        throw new customException($email);
    }
    //检查邮箱是否是雅虎邮箱
    if(strpos($email, "yahoo") !== FALSE){
        throw new Exception("$email 是一个雅虎邮箱");
    }
    } catch (customException $e) {
        echo $e->errorMessage();
    } catch(Exception $e) {
        echo $e->getMessage();
}
?>
```

图 11-13　处理多个异常

运行结果如图 11-13 所示。上面的代码测试了两种条件，如果任何条件都不成立，则抛出一个异常。

11.4.4　设置顶层异常处理器

所有未捕获的异常，都可以通过顶层异常处理器来处理。顶层异常处理器可以使用 set_exception_handler() 函数来实现。

set_exception_handler() 函数设置用户自定义的异常处理函数。该函数用于创建运行时期间用户自己的异常处理方法。该函数会返回旧的异常处理程序，若失败，则返回 null。具体的语法格式如下：

```
set_exception_handler(exception_function)
```

其中，exception_function 参数为必需的参数，规定未捕获的异常发生时调用的函数，该函数必须在调用 set_exception_handler() 函数之前定义。这个异常处理函数需要一个参数，即抛出的 exception 对象。

实例 11：设置顶层异常处理器

```
<?php
    function myException($exception){
        echo "<b>异常是:</b> " , $exception->getMessage();
    }
    set_exception_handler('myException');
    throw new Exception('正在处理未被捕获的异常');
?>
```

运行结果如图 11-14 所示。上面的代码不存在 catch 代码块，而是触发顶层的异常处理程序。用户应该使用此函数来捕获所有未被捕获的异常。

图 11-14　使用顶层异常处理器

11.5　新手疑难问题解答

疑问 1：处理异常有什么规则？

在处理异常时，有下列规则需要用户牢牢掌握：

（1）需要进行异常处理的代码应该放入 try 代码块，以便捕获潜在的异常。

（2）每个 try 或 throw 代码块必须至少拥有一个对应的 catch 代码块。

（3）使用多个 catch 代码块可以捕获不同种类的异常。

（4）可以在 try 代码块内的 catch 代码块中再次抛出（re-thrown）异常。

疑问 2：如何隐藏错误信息？

PHP 提供了一种隐藏错误的方法，就是在被调用的函数名前加 @ 符号，这样会隐藏可能由于这个函数导致的错误信息。

例如以下代码：

```
<?php
   $ab = fopen("123.txt", "r");                    //打开指定的文件
   fclose();                                        //关闭指定的文件
?>
```

由于指定的文件不存在，所以运行后会弹出如图 11-15 所示的错误信息。

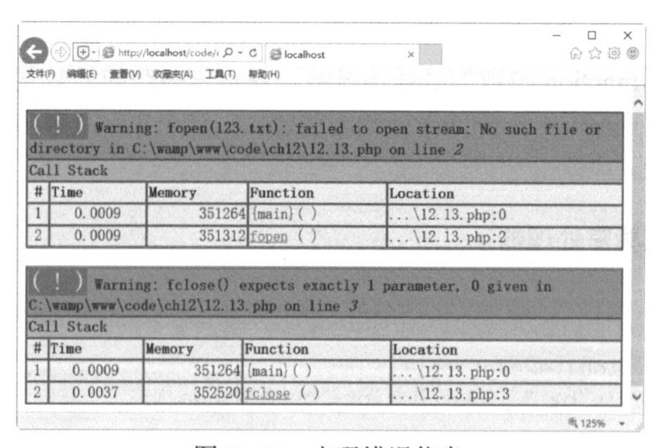

图 11-15　出现错误信息

如果在 fopen() 函数和 fclose() 函数前加上 @ 符号，再次运行程序时，就不会出现错误信息了。这种隐藏信息的方法对于查找错误的位置是很有帮助的。

11.6 实战技能训练营

实战1：处理找不到文件时的异常或错

错误处理也叫异常处理。通过使用 try…throw…catch 结构和一个内置函数 Exception() 来“抛出”和“处理”错误或异常。本实例将处理路径有误或者找不到文件时的异常或错误，运行结果如图 11-16 所示。

图 11-16　处理异常或错误

实战2：自定义错误触发器

下面例子自定义错误和错误触发器。当传入的参数为字符串时，运行结果如图 11-17 所示。

图 11-17　错误触发器

第12章　PHP与Web页面交互

本章导读

当读者浏览网页时，通过在浏览器中输入网址后按Enter键，就可以查看需要浏览的内容。这看起来很简单的操作，背后到底隐藏了什么技术原理呢？这就是本章要重点学习的PHP与Web网页交互的技术，包括Web工作原理、HTML表单、CSS美化表单页面、JavaScript表单验证、PHP获取表单数据等。

知识导图

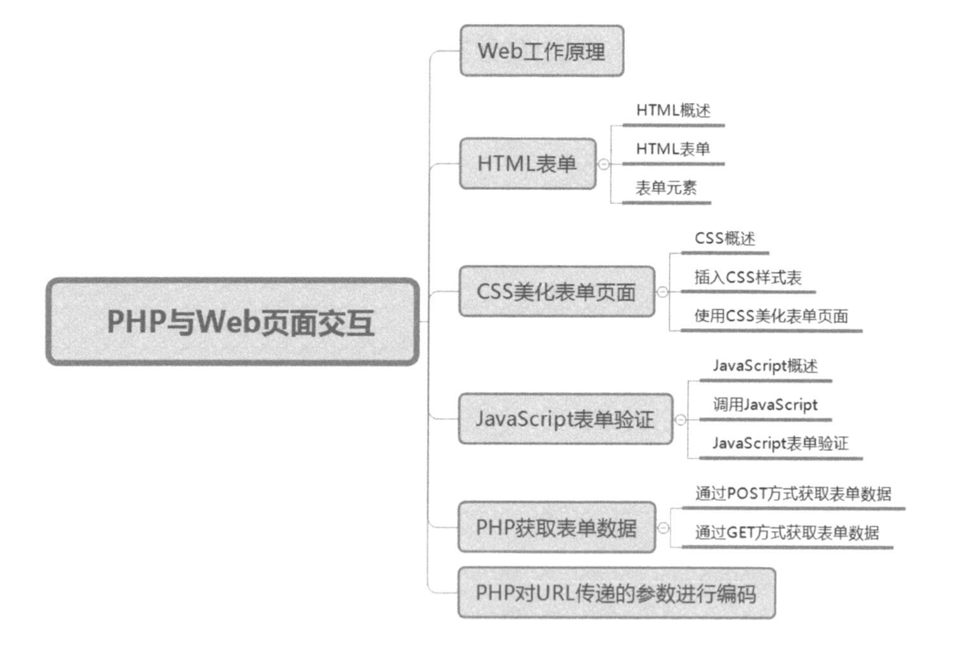

12.1 Web 工作原理

在学习 PHP 与 Web 页面交互知识之前，读者需要了解 HTML 网页的运行原理。网页浏览者在客户端通过浏览器向服务器发出页面请求，服务器接收到请求后将页面返回到客户端的浏览器，这样网页浏览者即可看到页面显示效果。

PHP 语言在 Web 开发中作为嵌入式语言，需要嵌入 HTML 代码中执行。要想运行 PHP 网站，需要搭建 PHP 服务器。PHP 网站的运行原理如图 12-1 所示。

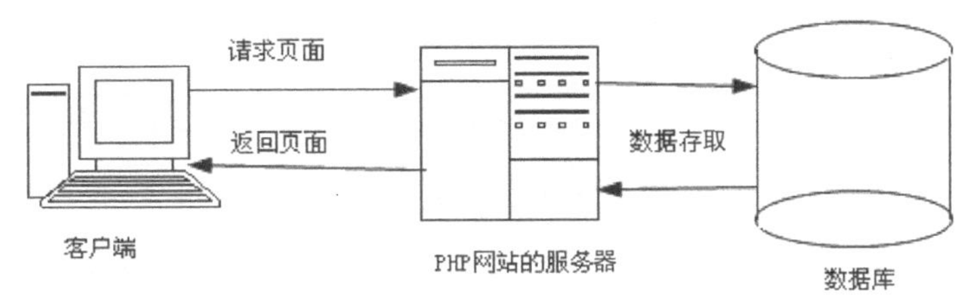

图 12-1　PHP 网站的运行原理

从图 12-1 可以看出，PHP 程序运行的基本流程如下。

（1）网页浏览者首先在浏览器的地址栏中输入要访问的主页地址，按 Enter 键触发该申请。

（2）浏览器将申请发送到 PHP 网站服务器。网站服务器根据申请读取数据库中的页面。

（3）通过 Web 服务器向客户端发送处理结果，客户端的浏览器显示最终页面。

> **提示：** 由于在客户端显示的只是服务器端处理过的 HTML 代码页面，所以网页浏览者看不到 PHP 代码，这样可以提高代码的安全性。同时在客户端不需要配置 PHP 环境，只要安装浏览器即可。

PHP 是一种专门设计用于 Web 开发的服务器端脚本语言。从这个描述可以知道，PHP 要打交道的对象主要有服务器（Server）和基于 Web 的 HTML（超文本标记语言）。使用 PHP 处理 Web 应用时，需要把 PHP 代码嵌入 HTML 文件中。每次当这个 HTML 网页被访问的时候，其中嵌入的 PHP 代码就会被执行，并且返回给请求浏览器生成好的 HTML。换句话说，在上述过程中，PHP 就是用来执行且生成 HTML 的。

12.2 HTML 表单

由于 HTML 页面需要通过表单往 PHP 页面提交数据，所以读者需要先了解 HTML 表单的相关知识。

12.2.1 HTML 概述

HTML 不是一种编程语言，而是一种描述性的标记语言，用于描述超文本中的内容和结构。HTML 最基本的语法是 <标记符></标记符>。标记符通常都是成对使用，有一个开始标记和一个结束标记。结束标记只是在开始标记的前面加一个斜杠“/”。当浏览器收到

HTML 文件后，就会解释里面的标记符，然后把标记符相对应的功能表达出来。

例如，在 HTML 中用 <p></p> 标记符定义一个换行符。当浏览器遇到 <p></p> 标记符时，会把该标记中的内容自动形成一个段落。当遇到
 标记符时，会自动换行，并且该标记符后的内容会从一个新行开始。这里的
 标记符是单标记，没有结束标记，标记后的“/”符号可以省略；但为了使代码规范，一般建议加上。

完整的 HTML 文件包括标题、段落、列表、表格、绘制的图形以及各种嵌入对象，这些对象统称为 HTML 元素。一个 HTML 5 文件的基本结构如下：

```
<!DOCTYPE html>
<html>
<head>
<title>网页标题</title>
</head>
<body>
网页内容
</body>
</html>
```

从上面的代码可以看出，一个基本的 HTML 5 网页由以下几部分构成。

（1）<!DOCTYPE html> 声明：该声明必须位于 HTML 5 文档中的第一行，也就是位于 <html> 标记之前。该标记告知浏览器文档所使用的 HTML 规范。<!DOCTYPE html> 声明不属于 HTML 标记，它是一条指令，告诉浏览器编写页面所用的标记的版本。由于 HTML 5 版本还没有得到浏览器的完全认可，后面介绍时还采用以前的通用标准。

（2）<html></html> 标记：说明本页面是用 HTML 语言编写的，使浏览器软件能够准确无误地解释和显示。

（3）<head></head> 标记：HTML 的头部标记，头部信息不显示在网页中，此标记内可以包含一些其他标记，用于说明文件标题和整个文件的一些公用属性。可以通过 <style> 标记定义 CSS 样式表，通过 <script> 标记定义 JavaScript 脚本文件。

（4）<title></title> 标记：title 是 head 中的重要组成部分，它包含的内容显示在浏览器的窗口标题栏中。如果没有 title，浏览器标题栏将显示本页的文件名。

（5）<body></body> 标记：body 包含 html 页面的实际内容，显示在浏览器窗口的客户区中。例如，在页面中，文字、图像、动画、超链接以及其他 HTML 相关的内容都定义在 body 标记中。

下面讲述如何在 PhpStorm 中创建 HTML 文件。本实例用 <h1> 标签、<h4> 标签、<h5> 标签，实现一个短新闻页面效果。其中新闻的标题放在 <h1> 标签中，发布者放在 <h5> 标签中，新闻正文内容放在 <h4> 标签中。

01 打开 PhpStorm，在左侧选择存放 HTML 文件的文件夹 ch12，右击并在弹出的快捷菜单中选择 New 命令，在弹出的子菜单中选择 HTML File 命令，如图 12-2 所示。

02 打开 New HTML File 对话框，在文本框中输入 HTML 文件的名称“12.1.html”，如图 12-3 所示。

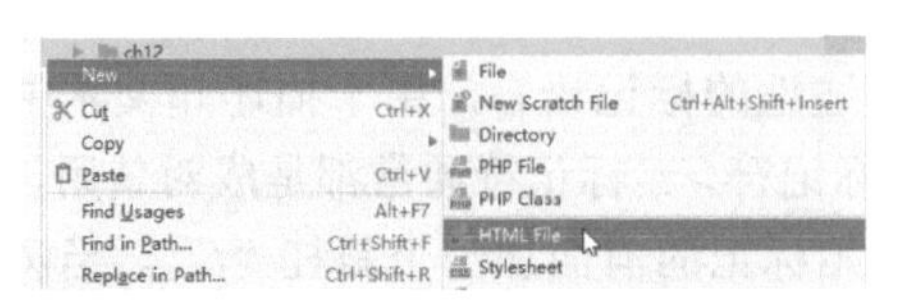

图 12-2　选择 HTML File 命令

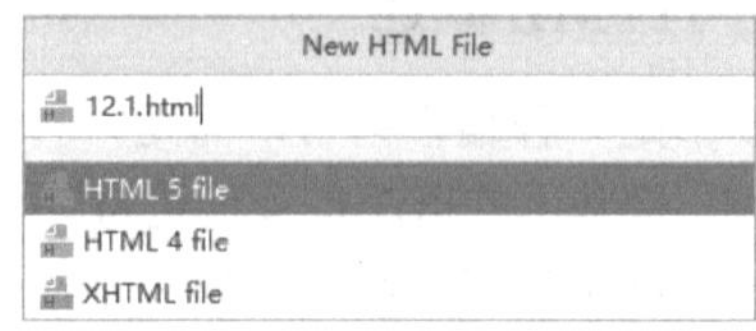

图 12-3　New HTML File 对话框

03 按 Enter 键确认，即可得到一个空白的 HTML 文件，在右侧的窗格中输入具体的代码，然后保存文件即可。

```
<!DOCTYPE html>
<html>
  <head>
  <!--指定页面编码格式-->
  <meta charset="UTF-8">
  <!--指定页头信息-->
  <title>巧编短新闻</title>
</head>
<body>
  <!--表示新闻的标题-->
  <h1>"雪龙"号再次远征南极</h1>
  <!--表示相关发布信息-->
  <h5>发布者：老码识途课堂<h5>
  <!--表示对话内容-->
  <h4>经过3万海里航行，2020年3月10日，"雪龙"号极地考察破冰船载着中国第35次南极科考队队员安全抵达上海吴淞检疫锚地，办理进港入关手续。这是"雪龙"号第22次远征南极并安全返回。自2020年11月2日从上海起程执行第35次南极科考任务，"雪龙"号载着科考队员风雪兼程，创下南极中山站冰上和空中物资卸运历史纪录，在咆哮西风带布下我国第一个环境监测浮标，更经历意外撞上冰山的险情及成功应对。</h4>
</body>
</html>
```

04 在浏览器地址栏中输入“http://localhost/phpProject/ch12/12.1.html”后按 Enter 键确认，即可查看新建 HTML 文件的运行效果，如图 12-4 所示。

图 12-4　运行 HTML 文件

12.2.2　HTML 表单

表单主要用于收集网页上浏览者的相关信息。其标签为 <form></form>。表单的基本语法格式如下：

```
<form action="url" method="get|post" enctype="mime"></form>
```

其中，action="url" 指定处理提交表单的格式，它可以是一个 URL 地址或一个电子邮件地址。method="get"|"post" 指明提交表单的 HTTP 方法。enctype="mime" 指明用来把表单提交给服务器时的互联网媒体形式。

表单是一个能够包含表单元素的区域。通过添加不同的表单元素，将显示不同的效果。表单元素是能够让用户在表单中输入信息的元素，常见的有文本框、密码框、下拉列表框、单选按钮、复选框等。

实例 1：创建网站会员登录页面

```
<!DOCTYPE html>
<html>
<head>
</head>
<body>
<form>
    网站会员登录
    <br />
    用户名称
    <input type="text" name="user">
    <br />
    用户密码
    <input type="password" name="password"><br/>
    <input type="submit" value="登录">
</form>
</body>
</html>
```

运行效果如图 12-5 所示，可以看到用户登录信息页面。

图 12-5　用户登录窗口

12.2.3　表单元素

表单由表单元素构成，下面介绍常见的表单元素的使用方法。

1. 单行文本框 text

文本框是一种让访问者自己输入内容的表单对象，通常用于填写单个字或者简短的回答，例如用户姓名和地址等。

代码格式如下：

```
<input type="text" name="..." size="..." maxlength="..." value="...">
```

其中，type="text" 定义单行文本输入框；name 属性定义文本框的名称，要保证数据的准确采集，必须定义一个独一无二的名称；size 属性定义文本框的宽度，单位是单个字符宽度；maxlength 属性定义最多输入的字符数；value 属性定义文本框的初始值。

2. 多行文本框 textarea

多行文本框 (textarea) 主要用于输入较长的文本信息。代码格式如下：

```
<textarea name="..." cols="..." rows="..." wrap="..."></textarea>
```

其中，name 属性定义多行文本框的名称，要保证数据的准确采集，必须定义一个独一无二的名称；cols 属性定义多行文本框的宽度，单位是单个字符宽度；rows 属性定义多行文本框的高度，单位是单个字符宽度；wrap 属性定义输入内容大于文本域时显示的方式。

3. 密码输入框 password

密码输入框是一种特殊的文本域，主要用于输入一些保密信息。当网页浏览者输入文本时，显示的是黑点或者其他符号，这样就增加了输入文本的安全性。代码格式如下：

```
<input type="password" name="..." size="..." maxlength="...">
```

其中，type="password" 定义密码框；name 属性定义密码框的名称，要保证唯一性；size 属性定义密码框的宽度，单位是单个字符宽度；maxlength 属性定义最多输入的字符数。

4. 单选按钮 radio

单选按钮主要是让网页浏览者在一组选项里只能选择一个。代码格式如下：

```
<input type="radio" name="" value="">
```

其中，type="radio" 定义单选按钮；name 属性定义单选按钮的名称，单选按钮都是以组为单位使用的，在同一组中的单选项必须用同一个名称；value 属性定义单选按钮的值，在同一组中，它们的域值必须是不同的。

5. 复选框 checkbox

复选框主要是让网页浏览者在一组选项里可以同时选择多个选项。每个复选框都是一个独立的元素，都必须有一个唯一的名称。代码格式如下：

```
<input type="checkbox" name="" value="">
```

其中，type="checkbox" 定义复选框；name 属性定义复选框的名称，在同一组中的复选框都必须用同一个名称；value 属性定义复选框的值。

6. 普通按钮 button

普通按钮用来控制其他定义了处理脚本的处理工作。代码格式如下：

```
<input type="button" name="..." value="..." onClick="...">
```

其中，type="button" 定义为普通按钮；name 属性定义普通按钮的名称；value 属性定义按钮的显示文字；onClick 属性定义单击行为，也可以是其他事件，通过指定脚本函数来定义按钮的行为。

7. 提交按钮 submit

提交按钮用于将输入的信息提交到服务器。代码格式如下：

```
<input type="submit" name="..." value="...">
```

其中，type="submit" 定义为提交按钮；name 属性定义提交按钮的名称；value 属性定义按钮的显示文字。通过提交按钮，可以将表单里的信息提交给表单中 action 所指向的文件。

8. 重置按钮 reset

重置按钮又称为复位按钮，用来重置表单中输入的信息。代码格式如下：

```
<input type="reset" name="..." value="...">
```

其中，type="reset" 定义复位按钮；name 属性定义复位按钮的名称；value 属性定义按钮的显示文字。

9. 图像域 image

在设计网页表单时，为了让按钮和表单的整体效果比较一致，有时候需要在“提交”按钮上添加图片，使该图片具有按钮的功能，可以通过图像域来完成。语法格式下：

```
<input type="image" src="图片的地址" name="代表的按键" >
```

其中，src 用于设置图片的地址；name 用于设置代表的按键，比如 submit 或 button 等，默认值为 button。

10. 文件域 file

使用 file 属性实现文件上传框。语法格式如下：

```
<input type="file" accept= " " name=" "  size=" " maxlength=" ">。
```

其中，type="file" 定义为文件上传框；accept 用于设置文件的类别，可以省略；name 属性定义文件上传框的名称；size 属性定义文件上传框的宽度，单位是单个字符宽度；maxlength 属性定义最多输入的字符数。

11. 列表框

列表框主要用于在有限的空间里设置多个选项。列表框既可以用作单选，也可以用作复选。代码格式如下：

```
<select name="..." size="..." multiple>
<option value="..." selected>
...
</option>
...
</select>
```

其中，size 属性定义列表框的行数；name 属性定义列表框的名称；multiple 属性表示可以多选，如果不设置本属性，那么只能单选；value 属性定义列表项的值；selected 属性表示默认已经选中本选项。

12.3 CSS 美化表单页面

使用 CSS 最大的优势，是在后期维护中，如果一些外观样式需要修改，则只需要修改相应的代码即可。

12.3.1 CSS 概述

CSS（Cascading Style Sheet）称为层叠样式表，也可以称为 CSS 样式表（或样式表），其文件扩展名为 .css。CSS 是用于增强或控制网页样式并允许将样式信息与网页内容分离的一种标签性语言。

引用样式表的目的，是将“网页结构代码”和“网页样式风格代码”分离开，从而使网页设计者可以对网页布局进行更多的控制。利用样式表，可以将整个站点上的所有网页都指向某个 CSS 文件，然后设计者只需要修改 CSS 文件中的某一行，整个网站上对应的样式就都会随之发生改变。

CSS 样式表是由若干条样式规则组成的，这些规则可以应用到不同的元素或文档，来定义它们显示的外观。

每一条样式规则由三部分构成：选择符（selector）、属性（property）和属性值（value）。基本格式如下：

```
selector{property: value}
```

（1）selector：选择符可以采用多种形式，既可以为文档中的HTML标签，例如<body>、<table>、<p>等，也可以是XML文档中的标签。

（2）property：选择符指定的标签所包含的属性。

（3）value：指定属性的值。如果定义选择符的多个属性，则属性和属性值为一组，组与组之间用分号（;）隔开。基本格式如下：

```
selector{property1: value1; property2: value2; ...}
```

例如，下面就给出一条样式规则：

```
p{color: red}
```

该样式规则的选择符是p，即为段落标签<p>提供样式，color为指定文字颜色属性，red为属性值。此样式表示标签<p>指定的段落文字为红色。

如果要为段落设置多种样式，可以使用如下语句：

```
p{font-family:"隶书"; color:red; font-size:40px; font-weight:bold}
```

12.3.2 插入CSS样式表

CSS样式表能很好地控制页面显示，以达到分离网页内容和样式代码的目的。CSS样式表控制HTML页面可以达到良好的样式效果，其方式通常包括行内样式、内嵌样式和链接样式。

1. 行内样式

行内样式是所有样式中比较简单、直观的方法，就是直接把CSS代码添加到HTML的标签中，即作为HTML标签的属性标签存在。通过这种方法，可以很简单地对某个元素单独定义样式。

使用行内样式的具体方法是直接在HTML标签中使用style属性，该属性的内容就是CSS的属性和值，例如：

```
<p style="color:red">段落样式</p>
```

2. 内嵌样式

内嵌样式就是将CSS样式代码添加到<head>与</head>之间，并且用<style>和</style>标签进行声明。这种写法虽然没有完全实现页面内容和样式控制代码完全分离，但可以设置一些比较简单的样式，并统一页面样式。其格式如下：

```
<head>
<style type="text/css">
  p{
    color:red;
    font-size:12px;
  }
</style>
```

3. 链接样式

链接样式是 CSS 中使用频率最高，也是最实用的方法。它很好地将“页面内容”和“样式风格代码”分离成两个文件或多个文件，实现了页面框架 HTML 代码和 CSS 代码的完全分离，使前期制作和后期维护都十分方便。

链接样式是指在外部定义 CSS 样式表并形成以 .css 为扩展名的文件，然后在页面中通过 <link> 链接标签链接到页面中，而且该链接语句必须放在页面的 <head> 标签区，如下所示：

```
<link rel="stylesheet" type="text/css" href="1.css" />
```

（1）rel：指定链接到样式表，其值为 stylesheet。

（2）type：表示样式表类型为 CSS 样式表。

（3）href：指定了 CSS 样式表所在的位置，此处表示当前路径下名称为 1.css 的文件。

这里使用的是相对路径。如果 HTML 文档与 CSS 样式表不在同一路径下，则需要指定样式表的绝对路径或引用位置。

12.3.3 使用 CSS 美化表单页面

本案例将使用一个表单内的各种元素来开发一个网站的注册页面，并用 CSS 样式来美化这个页面效果。

实例 2：使用 CSS 美化表单页面

注册表单非常简单，通常包含三个部分，需要在页面上方给出标题，标题下方是正文部分，即表单元素，最下方是表单元素提交按钮。在设计这个页面时，需要把“用户注册”标题设置成 H1 大小，正文使用 p 来限制表单元素。代码如下：

```
<!DOCTYPE html>
<html>
<head>
    <meta charset="UTF-8">
    <title>注册页面</title>
    <link rel="stylesheet" type="text/css" href="user.css" />
</head>
<body>
<h1 align=center>用户注册</h1>
<form method="post" >
    <p>姓    名:
        <input type="text" class=txt size="12" maxlength="20" name="username" />
    </p><p>性    别:
    <input type="radio" value="male" />男
    <input type="radio" value="female" />女
</p><p>年    龄:
    <input type="text" class=txt name="age"  />
</p>
    <p>联系电话:
        <input type="text" class=txt name="tel" />
    </p><p>电子邮件:
    <input type="text" class=txt name="email" />
</p><p>联系地址:
    <input type="text"  class=txt name="address" />
</p>
    <p>
```

```
        <input type="submit" name="submit" value="提交" class=but />
        <input type="reset" name="reset" value="清除" class=but  />
    </p>
</form>
</body>
</html>
```

user.css 样式表修饰全局样式和表单样式，代码如下：

```
*{
    padding:0px;
    margin:0px;
}
body{
    font-family:"宋体";
    font-size:12px;
}
form{
    width:300px;
    margin:0 auto 0 auto;
    font-size:12px;
    color:#000079;
}
form p {
    margin:5px 0 0 5px;
    text-align:center;
}
.txt{
    width:200px;
    background-color:#CCCCFF;
    border:#6666FF 1px solid;
    color:#0066FF;
}
.but{
    border:0px#93bee2solid;
    border-bottom:#93bee21pxsolid;
    border-left:#93bee21pxsolid;
    border-right:#93bee21pxsolid;
    border-top:#93bee21pxsolid;*/
background-color:#3399CC;
    cursor:hand;
    font-style:normal;
    color:#000079;
}
```

运行效果如图12-6所示。可以看到表单元素带有背景色，其输入字体颜色为蓝色，边框颜色为浅蓝色。按钮带有边框，按钮上字体的颜色为蓝色。

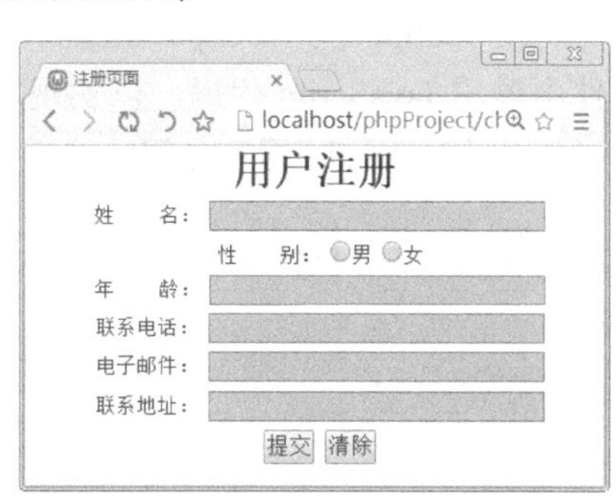

图12-6 使用CSS美化表单页面

12.4 JavaScript 表单验证

JavaScript 是一种客户端的脚本程序语言，用于 HTML 网页制作，主要作用是为 HTML 网页添加动态效果。

12.4.1 JavaScript 概述

JavaScript 最初由网景公司的 Brendan Eich 设计，是一种动态、弱类型、基于原型的语言，内置支持类。经过近 20 年的发展，它已经成为健壮的基于对象和事件驱动并具有相对安全性的客户端脚本语言。同时也是一种广泛用于客户端 Web 开发的脚本语言，常用来给 HTML 网页添加动态功能，比如响应用户的各种操作。

JavaScript 可以弥补 HTML 语言的缺陷，实现 Web 页面客户端动态效果，其主要作用如下。

（1）动态改变网页内容。

HTML 语言是静态的，一旦编写，内容是无法改变的。JavaScript 可以弥补这种不足，可以将内容动态地显示在网页中。

（2）动态改变网页的外观。

JavaScript 通过修改网页元素的 CSS 样式，可以动态地改变网页的外观。例如，修改文本的颜色、大小等属性，图片位置动态地改变等。

（3）验证表单数据。

为了提高网页的执行效率，用户在编写表单时，可以在客户端对数据进行合法性验证，验证成功之后再提交到服务器，进而减少服务器的负担和网络带宽的压力。

（4）响应事件。

JavaScript 是基于事件的语言，因此可以影响用户或浏览器产生的事件。只有事件产生时才会执行某段 JavaScript 代码，如用户单击计算按钮时，程序才显示运行结果。

12.4.2 调用 JavaScript

调用 JavaScript 的常见方法如下：

1. 在 HTML 中嵌入 JavaScript 脚本

作为脚本语言，JavaScript 可以使用 <script> 嵌入 HTML 文件中。其格式如下：

```
<script language="JavaScript ">
...
</script>
```

在 <script> 与 </script> 标签中添加相应的 JavaScript 脚本，这样就可以直接在 HTML 文件中调用 JavaScript 代码，以实现相应的效果。JavaScript 脚本一般放在 HTML 网页头部的 <head> 与 </head> 标签之间。这样，不会因为 JavaScript 影响整个网页的显示结果。

实例 3：在 HTML 网页头中嵌入 JavaScript 代码

```
<!DOCTYPE html>
<html>
<head>
    <meta charset="UTF-8">
    <title>注册页面</title>
    <script language = "javascript">
        document.write("欢迎来到javascript动态世界");
    </script>
</head>
<body>
<p>学习javascript！！！</p>
</body>
</html>
```

该实例的功能是在 HTML 文档里输出一个字符串，即“欢迎来到 javajcript 动态世界”；运行效果如图 12-7 所示，可以看到网页输出了两句话，其中第一句就是 JavaScript 中输出的语句。

图 12-7　嵌入 JavaScript 代码

2. 引用外部 JavaScript 文件

如果 JavaScript 的内容较长，或者多个 HTML 5 网页中都调用相同的 JavaScript 程序，可以将较长的 JavaScript 或者通用的 JavaScript 写成独立的 .js 文件，直接在 HTML 5 网页中调用。

下面的 HTML 代码就是使用 JavaScript 脚本来调用外部的 JavaScript 文件：

```
<head>
<title>使用外部文件</title>
<script src = "hello.js"></script>
</head>
```

3. 应用 JavaScript 事件调用函数

在 Web 程序开发过程中，经常需要在表单元素相应的事件下调用自定义的函数。例如，在单击确定按钮时，将调用 validate() 函数来检验表单元素是否为空，代码如下：

```
<input type="button" value="确定" onclick="validate()">
```

12.4.3 JavaScript 表单验证

在 JavaScript 中获取页面元素的方法有很多。其中，比较常用的方法是根据元素名称获取和根据元素 Id 获取。例如，在 JavaScript 中获取名为 txtName 的 HTML 网页文本框元素，具体的代码如下：

```
var _txtNameObj=document.forms[0].elements("txtName")
```

其中，变量 _txtNameObj 即为名为 txtName 的文本框元素。

实例 4：JavaScript 表单数据验证

```
<!DOCTYPE html>
<html>
<head>
    <meta charset="UTF-8">
    <title>验证表单数据的合法性</title>
    <script language="JavaScript">
        function validate()
        {
            var _txtNameObj = document.all.txtName;        //获取文本框对象
            var _txtNameValue = _txtNameObj.value;         //文本框对象的值
            if((_txtNameValue == null) || (_txtNameValue.length < 1))
            { //判断文本框的值是否为空
                window.alert("输入的内容不能是空字符! ");
                _txtNameObj.focus(); //文本框获得焦点
                return;
            }
            if(_txtNameValue.length > 20)
            { //判断文本框的值，长度是否大于20
                window.alert("输入的内容过长，不能超过20! ");
                _txtNameObj.focus();
                return;
            }
            if(isNaN(_txtNameValue))
            { //判断文本框的值，是否全是数字
```

```
                window.alert("输入的内容必须由数字组成！");
                _txtNameObj.focus();
                return;
            }
        }
    </script>
</head>
<body>
<form method=post action="#">
    <input type="text" name="txtName">
    <input type="button" value="确定" onclick="validate()">
</form>
</body>
</html>
```

上述代码先获得了文本框对象及其值，再对其值是否为空进行判断，对其值长度是否大于 20 进行判断，并对其值是否全是数字进行判断。如果输入内容为空，单击“确定”按钮，即可看到“输入的内容不能是空字符！”提示信息，如图 12-8 所示。

如果在文本框中输入数字的长度大于 20，单击“确定”按钮，即可看到“输入的内容过长，不能超过 20！”提示信息，如图 12-9 所示。

图 12-8　文本框为空

图 12-9　文本框长度过大

当输入内容是非数字时，就会看到“输入的内容必须由数字组成！”提示信息，如图 12-10 所示。

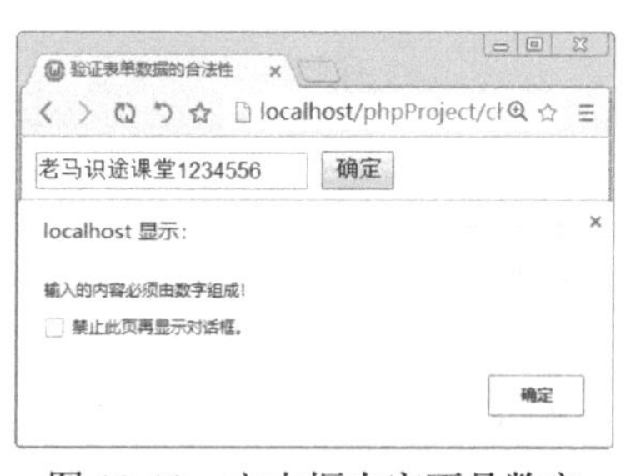

图 12-10　文本框内容不是数字

12.5 PHP 获取表单数据

在 PHP 编程中如何实现 PHP 与 Web 页面请求呢？ PHP 提供了两种方式：一种是通过 POST 方式提交数据，另一种是通过 GET 方式提交数据。

12.5.1 通过 POST 方式获取表单数据

如果客户端使用 POST 方法提交，提交表单域代码如下：

```
<form action="mypost.php" method="post">
<input name="definition"  value="洗衣机">
…
</from>
```

上述代码中，通过 POST 方法提交给 mypost.php 文件处理，PHP 要使用全局变量数组 $_POST[] 来读取所传递的数据。这里的 $_POST["definition "] 接收 name 属性为 definition 的值，$_POST["definition "] 的值为 " 洗衣机 "。

实例 5：通过 POST 方式获取表单数据

12.6.html 文件的代码如下：

```
<!DOCTYPE html>
<html>
<head>
    <meta charset="UTF-8">
    <title>通过POST方式获取表单数据</title>
</head>
<body>
<form action="12.1.php" method="post">
    <h3>请输入您的名字：</h3>
    <input type="text" name="name" size="10" />
    <h3>选择喜欢的商品(可复选)：</h3>
    <input type="checkbox" name="achecked" checked="checked" value="1" /> 洗衣机
    <input type="checkbox" name="bchecked"  value="2" />冰箱
    <input type="checkbox" name="cchecked"  value="3" />空调
    <h3>请选择配送日期：</h3>
    <input type="radio"  name="aradio" value="a1" />今天
    <input type="radio"  name="aradio" value="a2" checked="checked" />明天
    <input type="radio"  name="aradio" value="a3" />后天
    <h3>请选择配送区域：</h3>
    <select name="aselect" size="1">
        <option value="haidian">海淀区</option>
        <option value="jinshui" selected>金水区</option>
        <option value="jingkai">经开区</option>
        <option value="fazhan">发展区</option>
    </select><br />
    <input type="RESET" value="重置" />
    <input type="submit" value="提交" />
</form>
</body>
</html>
```

创建文件 12.1.php，其代码如下：

```
<?php
    $name = $_POST['name'];
    if(isset($_POST['achecked'])){
        $achecked = $_POST['achecked'];
    }
    if(isset($_POST['bchecked'])){
        $bchecked = $_POST['bchecked'];
    }
    if(isset($_POST['cchecked'])){
        $cchecked = $_POST['cchecked'];
```

```
    }
    $aradio = $_POST['aradio'];
    $aselect = $_POST['aselect'];
    echo $name."<br />";
    if(isset($achecked) and $achecked == 1){
        echo "您选择了商品中的洗衣机! <br />";
    }else{
        echo "您没有选择商品中的洗衣机! <br />";
    }
    if(isset($bchecked) and $bchecked == 2){
        echo "您选择了商品中的冰箱! <br />";
    }else{
        echo "您没有选择商品中的冰箱! <br />";
    }
    if(isset($cchecked) and $cchecked == 3){
        echo "您选择了商品中的空调! <br />";
    }else{
        echo "您没有选择商品中的空调! <br />";
    }
    if($aradio == 'a1'){
        echo "您选择的配置日期是: 今天<br />";
    }else if($aradio == 'a2'){
        echo "您选择的配置日期是: 明天<br />";
    }else{
        echo "您选择的配置日期是: 后天<br />";
    }
    if($aselect == 'haidian'){
        echo "您选择的配送区域是海淀区<br/>";
    }else if($aselect == 'jinshui'){
        echo "您选择的配送区域是金水区<br/>";
    }else if($aselect == 'jingkai'){
        echo "您选择的配送区域是经开区<br />";
    }else{
        echo "您选择的配送区域是发展区";
    }
?>
```

运行 12.6.html，结果如图 12-11 所示。输入和选择完表单的信息后，单击“提交”按钮，页面将会跳转到 12.6.php，输出结果如图 12-12 所示。

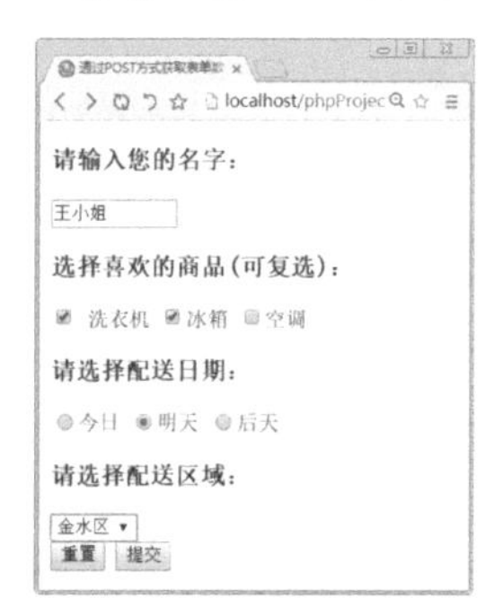

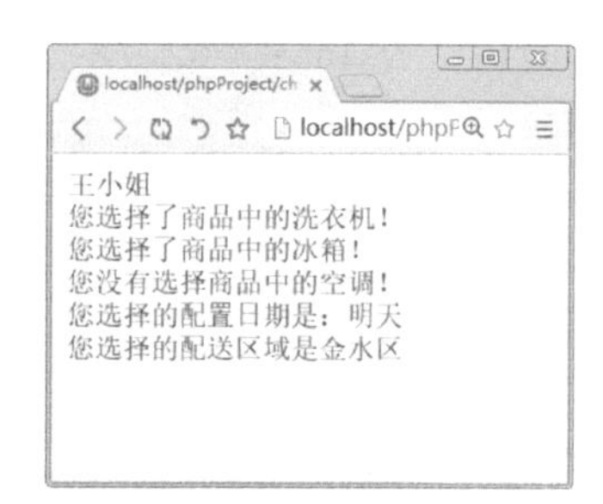

图 12-11　表单页面预览信息　　图 12-12　单击“提交”按钮后的结果

12.5.2　通过 GET 方式获取表单数据

如果表单使用 GET 方式传递数据，则 PHP 要使用全局变量数组 $_GET[] 来读取所传递的数据。与 $_POST[] 相同，表单中的元素传递数据给 $_GET[] 全局变量数组，其数据以关联数组中的数组元素的形式存在。以表单元素的名称属性为键名，以表单元素的输入数据或是传递的数据为键值。

GET 方式比较有特点。通过 GET 方式提交的变量，有大小限制，不能超过 100 个字符。它的变量名和与之相对应的变量值都会以 URL 的方式显示在浏览器地址栏里。所以，若传递大而敏感的数据，一般不使用此方式。使用 GET 方式传递数据，通常是借助 URL 进行的。

实例 6：通过 GET 方式获取表单数据

```
<?php
    if(!$_GET['u'])
    {
        echo "您没有选择任何商品！";
    }else{
        $user = $_GET['u'];
        switch ($user){
            case 1:
                echo "您选择的商品是洗衣机！";
                break;
            case 2:
                echo "您选择的商品是电视机！";
                break;
            case 3:
                echo "您选择的商品是空调！";
                break;
        }
    }
?>
```

先通过 GET 的方法不传递任何参数，在浏览器地址栏中输入“http://localhost/phpProject/ch12/12.2.php?u”并按 Enter 键确认，运行结果如图 12-13 所示。

图 12-13　没有传递参数的效果

在浏览器地址栏中输入“http://localhost/phpProject/ch12/12.2.php?u=1”并按 Enter 键确认，运行结果如图 12-14 所示。

图 12-14　传递参数的效果

12.6　PHP 对 URL 传递的参数进行编码

PHP 对 URL 中传递的参数进行编码，一则可以实现对所传递数据的加密，

二则可以对无法通过浏览器进行传递的字符进行传递。

实现编码操作一般使用 urlencode() 函数和 rawurlencode() 函数。而对此过程的反向解码操作就是使用 urldecode() 函数和 rawurldecode() 函数。代码如下：

```
<?php
    $name = "冰箱";
    $link1 = "index.php?userid=".urlencode($name)."<br />";
    $link2 = "index.php?userid=".rawurlencode($name)."<br />";
    echo "加密URL参数：<br />";
    echo $link1.$link2;
    echo "解密URL参数：<br />";
    echo urldecode($link1);
    echo rawurldecode($link2);
?>
```

运行结果如图 12-15 所示。

图 12-15　对 URL 传递的参数进行编码

12.7　新手疑难问题解答

疑问 1：制作的单选按钮为什么可以同时选中多个？

此时用户需要检查单选按钮的名称，保证同一组中的单选按钮名称必须相同，这样才能保证单选按钮只能选中其中一个。

疑问 2：CSS 的行内样式、内嵌样式和链接样式可以在一个网页中混用吗？

三种用法可以混用，且不会造成混乱，这就是它为什么称为“层叠样式表”的原因。浏览器在显示网页时是这样处理的：先检查有没有行内插入式 CSS，有就执行，针对本句的其他 CSS 就不管了；其次检查内嵌方式的 CSS，有就执行；在前两者都没有的情况下再检查外连文件方式的 CSS。因此可看出，三种 CSS 的执行优先级是：行内样式、内嵌样式、链接样式。

疑问 3：GET 和 POST 的区别和联系是什么？

二者的区别与联系如下。

（1）POST 是向服务器传送数据；GET 是从服务器上获取数据。

（2）POST 是通过 HTTP POST 机制将表单内的各个字段及其内容放置在 HTML HEADER 内一起传送到 ACTION 属性所指的 URL 地址，用户看不到这个过程；GET 是把参数数据队列加到提交表单的 ACTION 属性所指的 URL 中，值和表单内的各个字段一一对应，在 URL 中可以看到。

（3）对于 GET 方式，服务器端用 Request.QueryString 获取变量的值；对于 POST 方式，服务器端用 Request.Form 获取提交的数据。

（4）POST 传送的数据量较大，一般默认为不受限制。

（5）POST 的安全性较高；GET 的安全性非常低，但是执行效率却比 POST 方法高。

（6）在做数据添加、修改或删除时，建议用 POST 方式；而在做数据查询时，建议用 GET 方式。

（7）对于机密信息的数据，建议采用 POST 数据提交方式。

12.8 实战技能训练营

实战1：编写一个用户反馈表单的页面

创建一个用户反馈表单，包含标题以及“姓名”“性别”“年龄”“联系电话”“电子邮件”“联系地址”“请输入您对网站的建议”等输入框和“提交”按钮等。反馈表单非常简单，通常包含三个部分，需要在页面上方给出标题，标题下方是正文部分，即表单元素，最下方是表单元素提交按钮。在设计这个页面时，需要把“用户反馈表单”标题设置成h1大小，正文使用p标签来限制表单元素。最终效果如图12-16所示。

图12-16　用户反馈表单的效果

实战2：设计一个在线商城的酒类爆款推荐

配合CSS样式表，为在线商城设计酒类爆款推荐的效果。运行结果如图12-17所示。

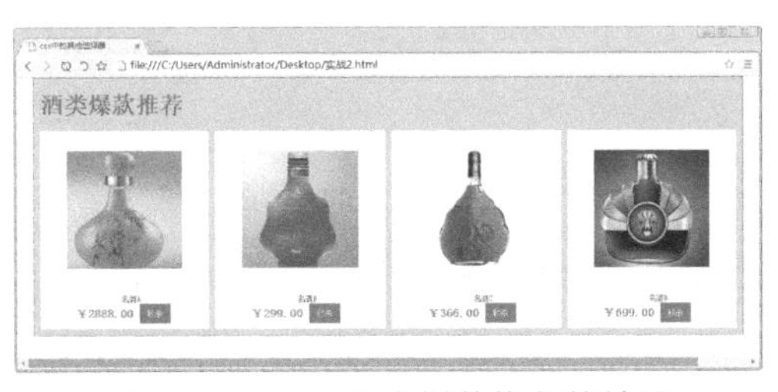

图12-17　设计酒类爆款推荐的效果

第13章　Cookie和Session

本章导读

由于HTTP Web协议是没有记忆功能的无状态协议，所以每次连接需要的数据都要重新传递，无形中增加了工作量。Cookie和Session的出现很好地解决了上述问题。Cookie和Session是两种不同的存储机制，其中Cookie存储在客户端，可以从一个页面向下一个页面传递数据；Session存储在服务器端，可以让数据在页面中持续存在。本章主要讲解创建、读取、删除Cookie的方法，以及Session的管理和高级应用。

知识导图

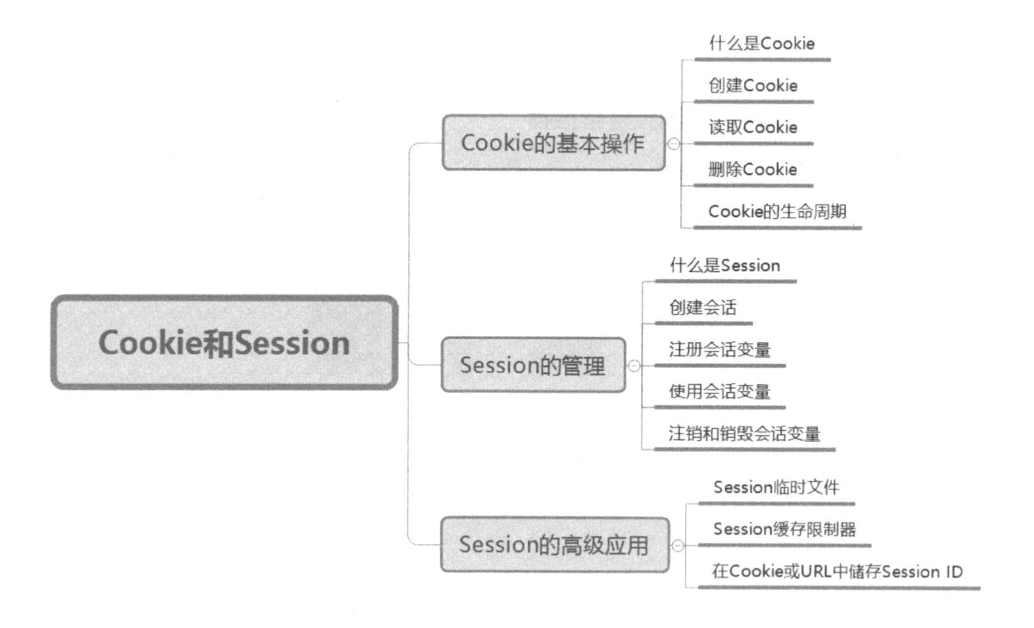

13.1 Cookie 的基本操作

Cookie 是服务器在客户端维护用户信息的一种普遍方法。下面将详细讲述 Cookie 的基本操作。

13.1.1 什么是 Cookie

Cookie 常用于识别用户。Cookie 是服务器留在用户计算机中的小文件。

Cookie 的工作原理是：当客户端浏览器连接到一个 URL 时，它会首先扫描本地储存的 Cookie，如果发现其中有与此 URL 相关联的 Cookie，将会把它返回给服务器端。

Cookie 通常应用于以下几个方面：

（1）在页面之间传递变量。因为浏览器不会保存当前页面上的任何变量信息，如果页面被关闭，则页面上的所有变量信息也会消失。而通过 Cookie，可以把变量值在 Cookie 中保存下来，然后另外的页面就可以重新读取这个值。

（2）记录访客的一些信息。利用 Cookie，可以记录客户曾经输入的信息，或者记录访问网页的次数。

（3）通过把所查看的页面存放在 Cookie 临时文件夹中，可以提高以后的浏览速度。

13.1.2 创建 Cookie

在 PHP 中通过 setcookie() 函数可以创建 Cookie。语法格式如下：

```
bool setcookie(string name[,string value[,int expire[,string path[,string
domain[,int secure]]]]])
```

各个参数的含义如下。

（1）name：用于设置 Cookie 的变量名。

（2）value：Cookie 变量的值，该值保存在客户端，尽量不保存敏感数据。

（3）expire：Cookie 的失效时间。

（4）path：Cookie 在服务器端的有效路径。

（5）domain：Cookie 的有效域名。

（6）secure：设置 Cookie 是否仅通过安全的 HTTPS。如果值为 1，则 Cookie 只能在 HTTPS 连接上有效；如果值为 0，则 Cookie 在 HTTP 和 HTTPS 连接上都有效。该参数的默认值为 0。

> **注意：** Cookie 是 HTTP 头标的组成部分，而头标必须在页面上的其他内容之前发送，它必须最先输出，否则会导致程序出错。可见，setcookie() 函数必须位于 <html> 标签之前。

实例 1：创建 Cookie

在该例子中，将创建名为 name 的 Cookie，把它赋值为“扫地机器人”，并且规定了此

Cookie 在半个小时后过期。

```
<?php
    setcookie("name", "扫地机器人", time()+1800);
?>
```

在谷歌浏览器上运行上述程序，会在 cookies 文件夹下自动生成一个 Cookie 文件，有效期为半个小时，在 Cookie 失效后，Cookies 文件将自动被删除。

下面来查看创建的 Cookie。在谷歌浏览器页面右击，在弹出的快捷菜单中选择“检查”菜单命令，如图 13-1 所示。

图 13-1　选择“检查”菜单命令

在浏览器下方选择 Application 选项，然后在左侧列表中选择 Storage 选项，最后选择 Cookies 选项下的 http://localhost，即可看到 Cookie 的内容，如图 13-2 所示。

图 13-2　查看 Cookie 的内容

注意： 如果用户没有设置 Cookie 的到期时间，则默认立即到期，即在关闭浏览器时会自动删除 Cookie 数据。

13.1.3　读取 Cookie

在 PHP 中，使用 $_COOKIE 变量取回 Cookie 的值。

实例 2：读取名为 name 的 Cookie 的值

本实例将取回名为 name 的 Cookie 的值，并把它显示在页面上。

```
<?php
    // 输出一个Cookie
    echo $_COOKIE["name"]."<br />";
    // 显示所有的Cookie
    print_r($_COOKIE);
?>
```

程序运行效果如图 13-3 所示。

图 13-3 读取 Cookie

用户可以通过 isset() 函数来确认是否已设置了 Cookie。

实例 3：确认是否已经设置了指定的 Cookie

```
<?php
    if (isset($_COOKIE["name"])){                          //假如Cookie文件存在
        echo "商品的名称是：" . $_COOKIE["name"] . "!<br />";
    }else{                                                 //如果Cookie文件不存在
        echo "对不起，Cookie的值不存在!<br />"; }
?>
```

程序运行效果如图 13-4 所示。

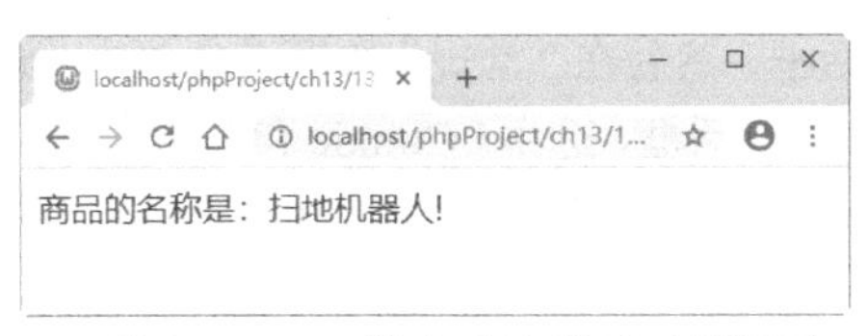

图 13-4 通过 isset() 函数来确认是否已设置了 Cookie

13.1.4 删除 Cookie

常见的删除 Cookie 的方法有两种，包括使用函数删除和在浏览器中手动删除。

1. 删除 Cookie

删除 Cookie 仍然使用 setcookie() 函数。当删除 cookie 时，将第二个参数设置为空，第三个参数的过期时间设置为小于系统的当前时间即可。

实例 4：删除 Cookie

```
<?php
    //将Cookie的过期时间设置为比当前时间减少20秒
   setcookie("name", "", time()-20);
?>
```

在上面的代码中，time() 函数返回的是当前的系统时间，把过期时间设置为比当前时间减少 20 秒，这样过期时间就会变成过去的时间，从而删除 Cookie。如果将过期时间设置为 0，则也可以直接删除 Cookie。

2. 在浏览器中手动删除

由于 Cookie 自动生成的文本会保存在 IE 浏览器的 cookies 临时文件夹中，所以在浏览器中删除 Cookie 文件是比较快捷的方法。具体的操作步骤如下。

01 在浏览器的菜单栏中选择“工具”→“Internet 选项”命令，如图 13-5 所示。

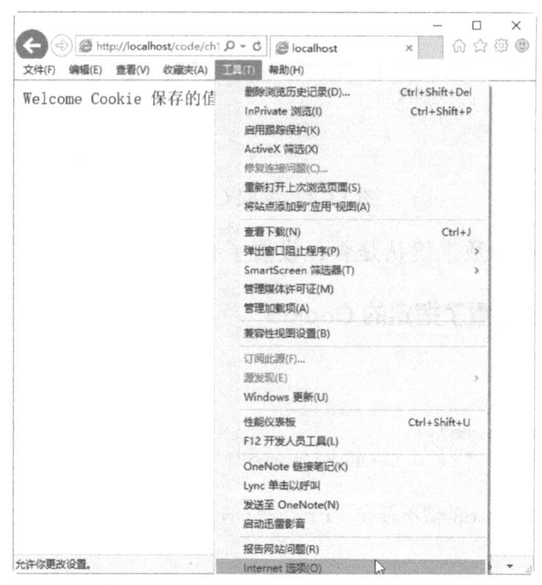

图 13-5　选择“Internet 选项”命令

02 弹出“Internet 选项”对话框，然后在“常规”选项卡中单击“删除”按钮，如图 13-6 所示。

03 弹出“删除浏览历史记录”对话框，选中“Cookie 和网站数据”复选框，单击“删除”按钮，如图 13-7 所示。返回到“Internet 选项”对话框，单击“确定”按钮，即可完成删除 Cookie 的操作。

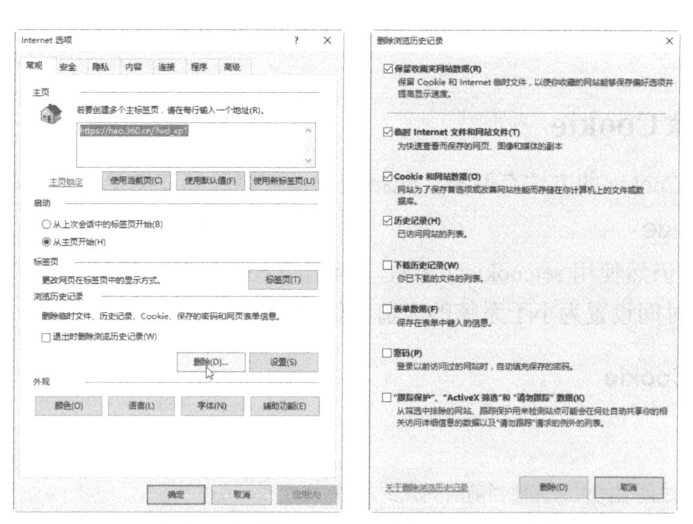

图 13-6　“Internet 选项”对话框　　图 13-7　“删除浏览历史记录”对话框

13.1.5　Cookie 的生命周期

如果设置了 Cookie 过期时间，那么浏览器会把 Cookie 保存在硬盘中，再次打开浏览器时依然有效，直到它的有效期超时。

如果没有设置 Cookie 过期时间，那么浏览器被关闭后，Cookie 就会自动消失。Cookie 只保存在内存中，而不会保存在硬盘上。

需要特别注意的是，在 Cookie 的有效期内，如果 Cookie 文件的数量超过 300 个，或者每个域名超过 20 个 Cookie，则浏览器会自动随机删除 Cookie。

13.2 Session 的管理

和 Cookie 相比，Session 变量在生命周期中可以被跨页的请求所引用，而且不像 Cookie 那样有存储长度的限制。

13.2.1 什么是 Session

由于 HTTP 是无状态协议，也就是说，HTTP 的工作过程是请求与回应的简单过程，所以 HTTP 没有一个内置的方法来储存这个过程中各方的状态。例如，当同一个用户向服务器发出两个不同的请求时，虽然服务器端都会给以相应的回应，但是它并没有办法知道这两个动作是由同一个用户发出的。

由此，会话（Session）管理应运而生。通过使用一个会话，程序可以跟踪用户的身份和行为，并且根据这些状态数据，给用户相应的回应。

当启动一个 Session 会话时，由 PHP 随机生成一个唯一的加密数字 Session ID，也就是 Session 的文件名，此时 Session ID 会被存储在服务器的内存中。当关闭页面时此 Session ID 会自动注销，重新登录此页面时，会再次生成一个随机且唯一的 Session ID。

Session ID 就像是一把钥匙，用来注册到 Session 变量中。而这些 Session 变量是储存在服务器端的。Session ID 是客户端唯一存在的会话数据。

使用 Session ID 打开服务器端相应的 Session 变量，跟用户相关的会话数据便一目了然。默认情况下，在服务器端的 Session 变量数据是以文件的形式存储的，但是会话变量数据也经常通过数据库进行保存。

13.2.2 创建会话

常见的创建会话的方法有 3 种，包括 PHP 自动创建、使用 session_start() 函数创建和使用 session_register() 函数创建。

1. PHP 自动创建

用户可以在 php.ini 中设定 session.auto_start 为启用。但是，使用这种方法的同时，不能把 Session 变量对象化。定义此对象的类必须在创建会话之前加载，然后新创建的会话才能加载此对象。

2. 使用 session_start() 函数

这个函数首先会检查当前是否已经存在一个会话，如果不存在，它将创建一个全新的会话，并且这个会话可以访问全局变量 $_SESSION 数组。如果已经存在一个会话，函数会直接使用这个会话，加载已经注册过的会话变量，然后使用。

session_start() 函数的语法格式如下：

```
bool session_start(void);
```

特别需要注意的是，session_start() 函数必须位于 <html> 标签之前。

实例 5：使用 session_start() 函数

```
<?php session_start(); ?>
<html>
<body>
<h1>使用session_start()函数</h1>
</body>
</html>
```

上面的代码会向服务器注册用户的会话，以便可以开始保存用户信息，同时会为用户会话分配一个 UID。

3. 使用 session_register() 函数

在使用 session_register() 函数之前，需要在 php.ini 文件中将 register_globals 设置为 on，然后需要重启服务器。session_register() 函数通过为会话登记一个变量来隐含地启动会话。

13.2.3 注册会话变量

会话变量被启动后，全部保存在数组 $_SESSION 中。用户可以通过对 $_SESSION 数组赋值来注册会话变量。

例如，启动会话，创建一个 Session 变量，并赋值“扫地机器人”，代码如下：

```
<?php
    session_start();                    //启动Session
    $_SESSION['name']='扫地机器人';   //声明一个名为name的变量，并赋值“扫地机器人”
?>
```

这个会话变量会在此会话结束或被注销后失效，或者根据 php.ini 中的 session.gc_maxlifetime 会话的最大生命周期过期而失效。

13.2.4 使用会话变量

使用会话变量，首先要判断会话变量是否存在一个会话 ID，如果不存在，则需要创建一个，并且能够通过 $_SESSION 变量进行访问。如果已经存在，则将这个已经注册的会话变量载入，以供用户使用。

在访问 $_SESSION 数组时，先要使用 isset() 或 empty() 确定 $_SESSION 会话变量是否为空。例如：

```
<?php
    if(!empty($_SESSION['session_name'])){         //判断会话变量是否为空
        $ssvalue = $_SESSION['session_name'];      //声明一个变量并赋值
    }
?>
```

实例 6：存储和取回 $_SESSION 变量

```
<?php
    session_start();
```

```
    //存储会话变量的值
    $_SESSION['num'] = 10010;
  ?>

<html>
<body>
<?php
    //读取会话变量的值
    echo "2020年洗衣机的销售量：". $_SESSION['num']."
台！";
?>
</body>
</html>
```

图 13-8　存储和取回 $_SESSION 变量

程序运行效果如图 13-8 所示。

13.2.5　注销和销毁会话变量

注销会话变量可以使用 unset() 函数，如 unset（$_SESSION['name']）（不再需要使用 PHP 4 中的 session_unregister() 或 session_unset() 了）。

unset() 函数用于释放指定的 Session 变量，代码如下：

```
<?php
    unset($_SESSION['num']);
?>
```

如果要注销所有会话变量，只需要向 $_SESSION 赋值一个空数组。代码如下：

```
<?php
    $_SESSION = array();
?>
```

会话注销完成后，使用 session_destroy() 函数可以销毁会话，其实就是清除相应的 Session ID。代码如下：

```
<?php
    session_destroy();
?>
```

13.3　Session 的高级应用

本节将继续学习 Session 的高级应用知识。

13.3.1　Session 临时文件

默认情况下，用户的 Session 文件都保存在临时目录中，这样会降低服务器的安全性和执行效率。

如果想解决上述问题，可以使用 session_save_path() 函数修改 Session 的存放路径。注意该函数需要在 session_start() 函数之前执行，否则会报错。

实例 7：修改 Session 的存放路径

```
<?php
    $path = './stmp/';      //定义Session的存放路径
    Session_save_path($path);
    session_start();
    $_SESSION['./stmp/'] = '张三丰'
?>
```

运行上述程序，即可查看 stmp 文件夹下的 Session 文件内容，如图 13-9 所示。

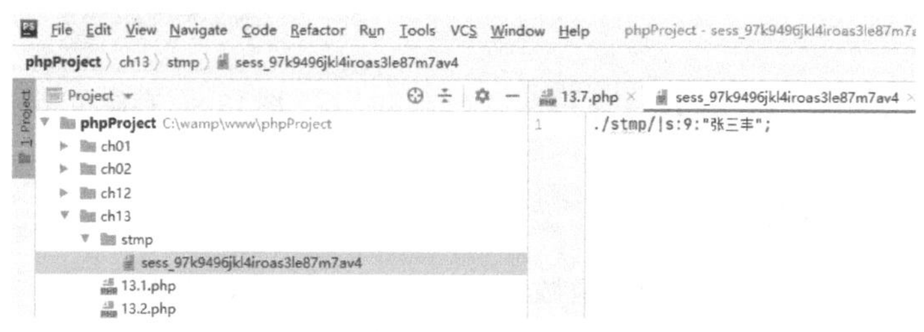

图 13-9　修改 Session 的存放路径

注意，在程序文件的同目录下，需要创建一个文件夹 stmp，否则会报错。

13.3.2　Session 缓存限制器

用户在第一次浏览网页时，页面的部分内容在规定的时间内被存储在客户端的临时文件夹中，下次访问该页面时，浏览器会读取缓存中的内容，从而提高网站的浏览效率。要实现上述效果，就需要设置 Session 缓存限制器，把网页中的内容临时存储在客户端的文件夹下，并设置缓存的时间。

Session 缓存限制器是通过 session_cache_limiter() 函数来实现的，其语法格式如下：

```
string session_cache_limiter([string cache_limiter])
```

如果想设置缓存时间，可以使用 session_cache_expire() 函数，其语法格式如下：

```
int session_cache_expire([int new_cache_expire])
```

这里的参数 new_cache_expire 用于设置 Session 缓存的时间，单位为分钟。

注意上述两个函数都需要在 session_start() 函数之前调用，否则会出错。

实例 8：Session 缓存限制器

```
<?php
    //设置缓存限制器mylimiter
    session_cache_limiter('mylimiter');
    $cache_limiter = session_cache_limiter();
    //设置缓存过期时间为50分钟
    session_cache_expire(50);
    $cache_expire =session_cache_expire();
    //启动会话
    session_start();
```

```
    echo  "缓存限制器的名称为：".$cache_limiter."<br
/>";
   echo "缓存限制器的缓存时间为：".$cache_expire."分钟";
?>
```

程序运行效果如图 13-10 所示。

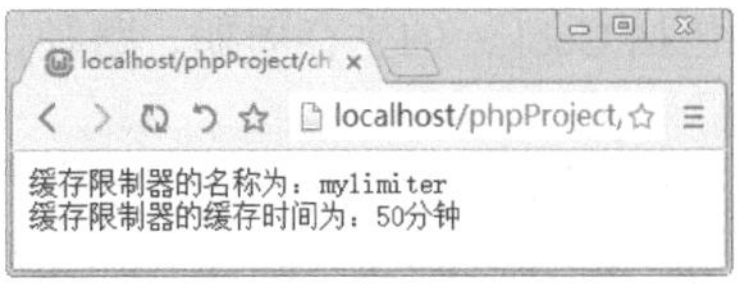

图 13-10　Session 缓存限制器

13.3.3　在 Cookie 或 URL 中储存 Session ID

PHP 默认情况下会使用 Cookie 来存储 Session ID。但是如果客户端浏览器不能正常工作，就需要用 URL 方式传递 Session ID 了。把 php.ini 中的 session.use_trans_sid 设置为启用状态，就可以自动通过 URL 来传递 Session ID。

不过，通过 URL 传递 Session ID 会产生一些安全问题。如果这个连接被其他用户拷贝并使用，有可能造成用户判断的错误。其他用户可能会使用 Session ID 访问目标用户的数据。

或者可以通过程序把 Session ID 储存到常量 SID 中，然后通过一个连接传递。

13.4　新手疑难问题解答

疑问 1：如果浏览器不支持 Cookie，该怎么办?

如果应用程序涉及不支持 Cookie 的浏览器，就必须采取其他方法在应用程序中从一个页面向另一个页面传递信息。常见的方式就是从表单传递数据。

例如，下面的表单在用户单击提交按钮时向 welcome.php 提交用户输入：

```
<html>
<body>
<form action="welcome.php" method="post">
   Name: <input type="text" name="name" />
   Age: <input type="text" name="age" />
<input type="submit" />
</form>
</body>
</html>
```

要取回 welcome.php 中的值，可以使用如下代码：

```
<html>
<body>
   Welcome <?php echo $_POST["name"]; ?>.<br />
   You are <?php echo $_POST["age"]; ?> years old.
</body>
</html>
```

疑问 2： Session 如何访问 Cookie 的内容?

有些用户出于安全性的考虑，会关闭其浏览器的 Cookie 功能，导致 Cookie 不能正常工作。

使用 Session 不需要手动设置 Cookie，PHP Session 可以自动处理。可以使用会话管理及 PHP 中的 session_get_cookie_params() 函数来访问 Cookie 的内容。这个函数将返回一个数组，包括 Cookie 的生存周期、路径、域名、secure 等。它的格式如下：

```
session_get_cookie_params(生存周期,路径,域名,secure)
```

13.5 实战技能训练营

实战 1：使用 Cookie 记录用户访问网站的时间

通过 setcookie() 函数创建 Cookie，通过 isset() 函数检查 Cookie 是否存在。如果是第一次访问页面，则显示效果如图 13-11 所示。如果刷新页面，则显示上次访问时间和本次访问时间，如图 13-12 所示。

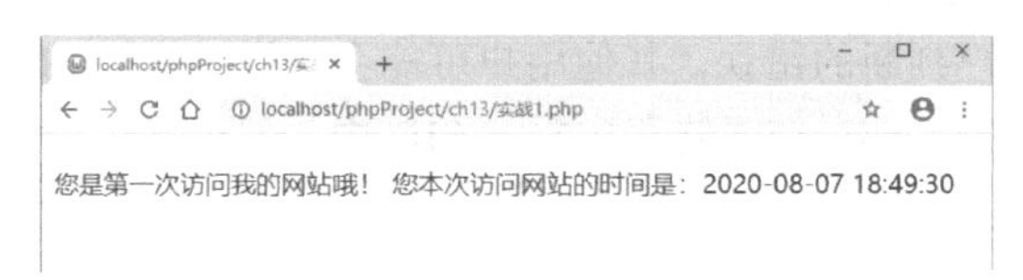

图 13-11　第一次访问页面

图 13-12　再次刷新页面

实战 2：使用 Session 在页面传递变量

通过 Session 在多网页之间传递变量。本实例将包括三个页面，第一个页面创建 Session 变量，第二个页面接收 Session 变量，第三个页面注销 Session 变量。程序初始页面效果如图 13-13 所示。单击“下一页”链接，进入新页面，效果如图 13-14 所示。再次单击“下一页”链接，即可销毁 Session 变量，效果如图 13-15 所示。

图 13-13　程序初始页面

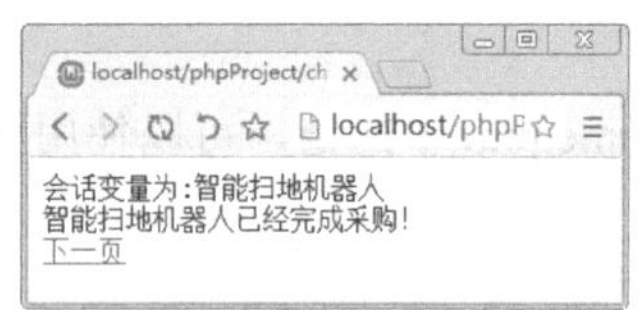

图 13-14　单击链接后的页面

图 13-15　会话变量已注销

第14章　MySQL数据库的基本操作

本章导读

目前，尽管 PHP 支持各种数据库，不过在 Web 开发中，最常用的就是 MySQL 数据库，被称为 PHP Web 开发的黄金搭档。如果想更加深入地使用 MySQL 数据库，就需要进一步学习 MySQL 中相关的 SQL 语句和 MySQL 服务器上的重要操作等知识。

知识导图

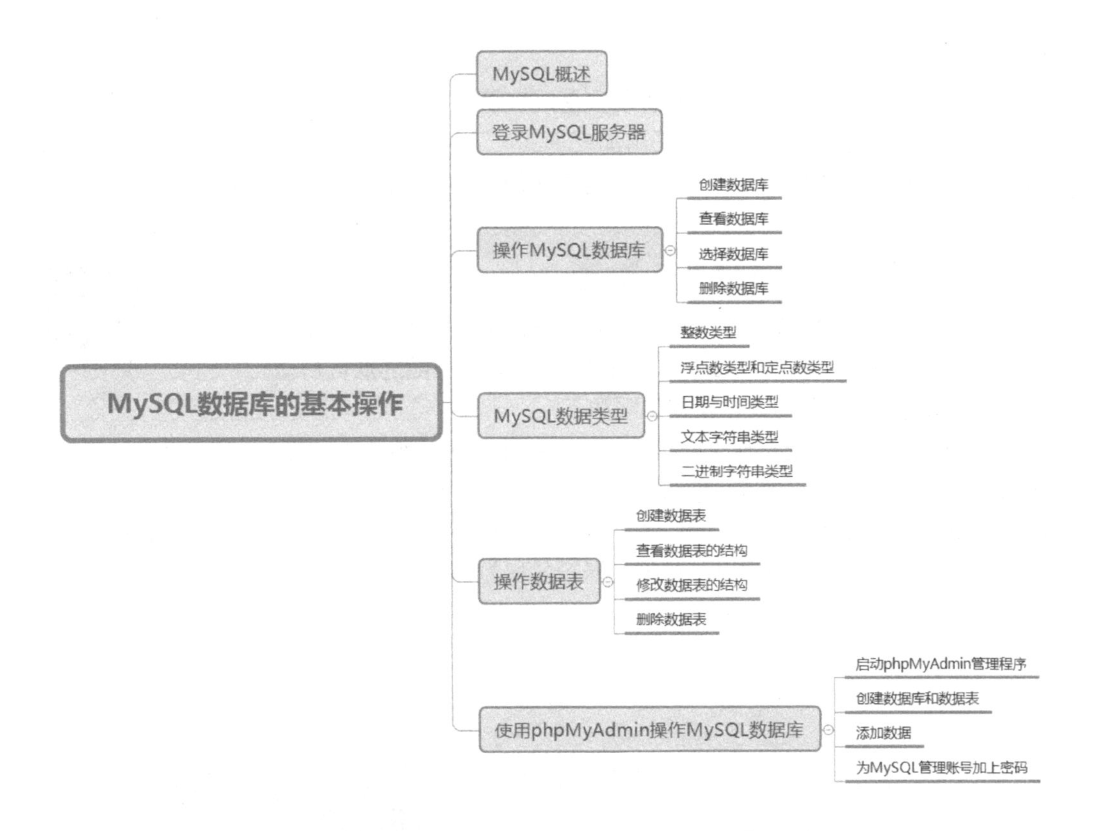

14.1 MySQL 概述

MySQL 是一个小型关系数据库管理系统，与其他大型数据库管理系统例如 Oracle、DB2、SQL Server 等相比，MySQL 规模小、功能有限，但是它体积小、速度快、成本低，并且它提供的功能对稍微复杂的应用来说已经够用，这些特性使得 MySQL 成为世界上最受欢迎的开放源代码数据库。

MySQL 的主要优势如下。

（1）速度：运行速度快。

（2）价格：MySQL 对多数个人来说是免费的。

（3）容易使用：与其他大型数据库的设置和管理相比，其复杂程度较低，易于学习。

（4）可移植性：能够工作在众多不同的系统平台上，如 Windows、Linux、Unix、Mac OS 等。

（5）丰富的接口：提供了用于 C、C++、Eiffel、Java、Perl、PHP、Python、Ruby 和 Tcl 等语言的 API。

（6）支持查询语言：MySQL 可以利用标准 SQL 语法和支持 ODBC（开放式数据库连接）的应用程序。

（7）安全性和连接性：十分灵活和安全的权限和密码系统，允许基于主机的验证。连接到服务器时，所有的密码传输均采用加密形式，从而保证了密码安全。并且由于 MySQL 是网络化的，因此可以在因特网上的任何地方访问，提高了数据共享的效率。

14.2 登录 MySQL 服务器

由于 WampServer 集成环境已经安装好了 MySQL 数据库，所以读者不需要重复安装 MySQL。当启动 WampServer 时，MySQL 也随之默认启动。

登录 MySQL 服务器的具体操作步骤如下：

01 单击桌面右侧的 WampServer 服务按钮，在弹出的下拉菜单中选择 MySQL 命令，在弹出的子菜单中选择“MySQL 控制台”命令，如图 14-1 所示。

02 打开 MySQL 控制台窗口，如图 14-2 所示。WampServer 集成环境中的 MySQL 服务器默认已经设置了超级管理员和密码，这里的账户名称为 root，密码为空。

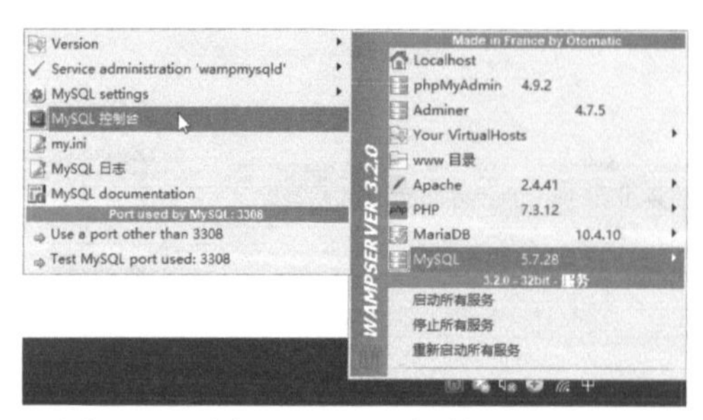

图 14-1 选择“MySQL 控制台”命令

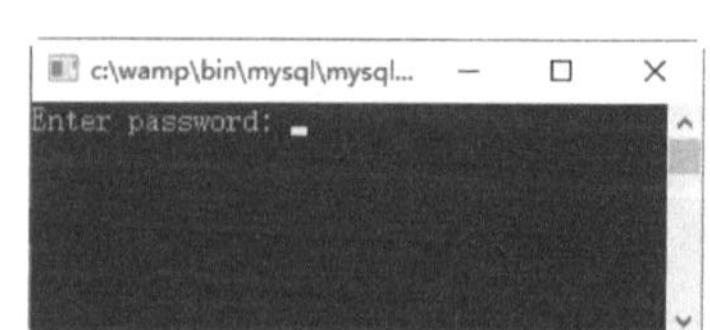

图 14-2 MySQL 控制台窗口

03 直接按 Enter 键即可登录 MySQL 服务器，如图 14-3 所示。命令提示符变为 mysql> 时，表明已经成功登录 MySQL 服务器了。

```
c:\wamp\bin\mysql\mysql5.7.28\bin\mysql.exe
Enter password:
Welcome to the MySQL monitor.  Commands end with ; or \g.
Your MySQL connection id is 2
Server version: 5.7.28 MySQL Community Server (GPL)

Copyright (c) 2000, 2019, Oracle and/or its affiliates. All rights reserved.

Oracle is a registered trademark of Oracle Corporation and/or its
affiliates. Other names may be trademarks of their respective
owners.

Type 'help;' or '\h' for help. Type '\c' to clear the current input statement.

mysql>
```

图 14-3　成功登录 MySQL 服务器

14.3　操作 MySQL数据库

本节将详细介绍 MySQL 数据库的基本操作。

14.3.1　创建数据库

创建数据库是在系统磁盘上划分一块区域用于数据的存储和管理，如果管理员在设置权限的时候为用户创建了数据库，则可以直接使用，否则，需要自己创建数据库。MySQL 中创建数据库的基本 SQL 语法格式如下：

```
CREATE DATABASE database_name;
```

database_name 为要创建的数据库的名称，该名称不能与已经存在的数据库重名。

例如需要创建一个数据库，名称为 mytest，在 MySQL 控制台中执行语句如下：

```
mysql> CREATE DATABASE mytest;
```

结果如图 14-4 所示，表示创建数据库 mytest 成功。

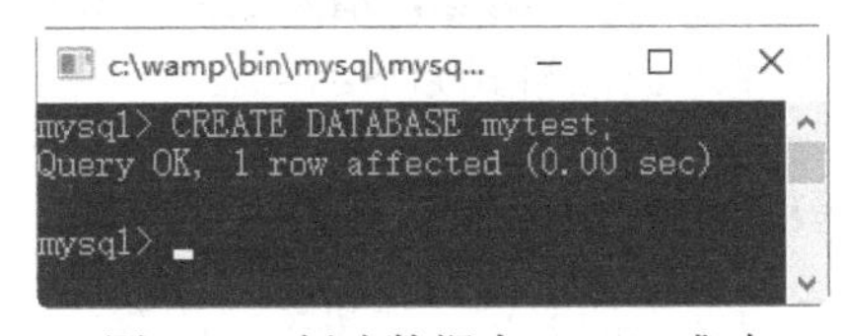

图 14-4　创建数据库 mytest 成功

14.3.2　查看数据库

创建好数据库之后，可以使用 SHOW CREATE DATABASE 声明查看数据库的定义。

查看创建好的数据库 mytest 的定义，在 MySQL 控制台中执行语句如下：

```
mysql> SHOW CREATE DATABASE mytest\G
*************************** 1. row ***************************
       Database: mytest
Create Database: CREATE DATABASE `mytest` /*!40100 DEFAULT CHARACTER SET latin1 */
1 row in set (0.01 sec)
```

可以看到，如果数据库创建成功，将显示数据库的创建信息。

再次使用 SHOW DATABASES; 语句来查看当前存在的所有数据库，在 MySQL 控制台中执行语句如下：

```
mysql> SHOW databases;
+--------------------+
| Database           |
+--------------------+
| information_schema |
| mysql              |
| mytest             |
| performance_schema |
| sys                |
+--------------------+
5 rows in set (0.03 sec)
```

可以看到，列表中包含了刚创建的数据库 mytest 和其他已经存在的数据库的名称。

14.3.3 选择数据库

用户创建了数据库后，并不能直接使用 SQL 语句操作该数据库，还需要使用 USE 语句选择该数据库。具体的语法如下：

```
USE 数据库名;
```

选择数据库 mytest，在 MySQL 控制台中执行语句如下：

```
mysql> USE mytest;
Database changed
```

14.3.4 删除数据库

删除数据库是将数据库从磁盘空间中清除，清除之后，数据库中的所有数据也将一同被删除。MySQL 中删除数据库的基本语法格式如下：

```
DROP DATABASE database_name;
```

database_name 为要删除的数据库的名称，如果指定的数据库不存在，则删除出错。

删除数据库 mytest，在 MySQL 控制台中执行语句如下：

```
DROP DATABASE mytest;
```

语句执行完毕之后，数据库 mytest 将被删除，再次使用 SHOW CREATE DATABASE 声明查看数据库的定义，结果如下：

```
mysql> SHOW CREATE DATABASE mytest\G
ERROR 1049 (42000): Unknown database 'mytest'
```

执行结果给出一条错误信息“ERROR 1049 <42000>：Unknown database 'mytest'”，即数据库 mytest 不存在，删除成功。

> **提示**：使用 DROP DATABASE 命令时要非常谨慎，在执行该命令时，MySQL 不会给出任何提醒确认信息，DROP DATABASE 声明删除数据库后，数据库中存储的所有数据表和数据也将一同被删除，而且不能恢复。

14.4 MySQL数据类型

MySQL支持多种数据类型，主要有数值类型、日期/时间类型和字符串类型。

（1）数值型数据类型：包括整数类型（TINYINT、SMALLINT、MEDIUMINT、INT、BIGINT）、浮点小数数据类型（FLOAT和DOUBLE）、定点小数类型（DECIMAL）。

（2）日期/时间类型：包括YEAR、TIME、DATE、DATETIME和TIMESTAMP。

（3）字符串类型：包括CHAR、VARCHAR、BINARY、VARBINARY、BLOB、TEXT、ENUM和SET等。字符串类型又分为文本字符串和二进制字符串。

14.4.1 整数类型

数值型数据类型主要用来存储数字，MySQL提供了多种数据类型，不同的数据类型提供不同的取值范围，可以存储的值范围越大，所需要的存储空间也会越大。MySQL主要提供的整数类型有：TINYINT、SMALLINT、MEDIUMINT、INT(INTEGER)、BIGINT。整数类型的属性字段可以添加AUTO_INCREMENT自增约束条件。表14-1列出了MySQL中的整数类型。

表14-1 MySQL中的整数型数据类型

数据类型	说 明	存储需求
TINYINT	很小的整数	1个字节
SMALLINT	小的整数	2个字节
MEDIUMINT	中等大小的整数	3个字节
INT(INTEGER)	普通大小的整数	4个字节
BIGINT	大整数	8个字节

从表中可以看到，不同类型的整数存储所需的字节数是不同的，占用字节数最少的是TINYINT类型，占用字节最多的是BIGINT类型，占用字节越多的类型所能表示的数值范围越大。根据占用的字节数可以求出每一种数据类型的取值范围，例如TINYINT需要1个字节（8 bits）来存储，那么TINYINT无符号数的最大值为2^8-1，即255；TINYINT有符号数的最大值为2^7-1，即127。其他类型的整数的取值范围计算方法相同，如表14-2所示。

表14-2 不同整数类型的取值范围

数据类型	有符号	无符号
TINYINT	-128~127	0~255
SMALLINT	-32768~32767	0~65535
MEDIUMINT	-8388608~8388607	0~16777215
INT(INTEGER)	-2147483648~2147483647	0~4294967295
BIGINT	-9223372036854775808~9223372036854775807	0~18446744073709551615

14.4.2 浮点数类型和定点数类型

MySQL中使用浮点数和定点数来表示小数。浮点类型有两种：单精度浮点类型（FLOAT）和双精度浮点类型（DOUBLE）。定点类型只有一种：DECIMAL。浮点类型和定点类型都可以用（M,N）来表示，其中 M 称为精度，表示总共的位数；N 称为标度，表示小数的位数。表 14-3 列出了 MySQL 中的小数类型和存储需求。

表 14-3　MySQL 中的小数类型

类型名称	说　明	存储需求
FLOAT	单精度浮点数	4 个字节
DOUBLE	双精度浮点数	8 个字节
DECIMAL（M,D），DEC	压缩的“严格”定点数	M+2 个字节

DECIMAL 类型不同于 FLOAT 和 DOUBLE，DECIMAL 实际是以串存放的，DECIMAL 可能的最大取值范围与 DOUBLE 一样，但是其有效的取值范围由 M 和 D 的值决定。如果改变 M 而固定 D，则其取值范围将随 M 的变大而变大。从表 14-3 可以看到，DECIMAL 的存储空间并不是固定的，而由其精度值 M 决定，占用 M+2 个字节。

FLOAT 类型的取值范围如下：

- 有符号的取值范围：-3.402823466E+38 ~ -1.175494351E-38。
- 无符号的取值范围：0 和 1.175494351E-38 ~ 3.402823466E+38。

DOUBLE 类型的取值范围如下：

- 有符号的取值范围：-1.7976931348623157E+308 ~ -2.2250738585072014E-308。
- 无符号的取值范围：0 和 2.2250738585072014E-308 ~ 1.7976931348623157E+308。

14.4.3　日期与时间类型

MySQL 中有多种表示日期的数据类型，主要有 DATETIME、DATE、TIMESTAMP、TIME 和 YEAR。例如，当只记录年信息的时候，可以只使用 YEAR 类型，而没有必要使用 DATE。每一个类型都有合法的取值范围，当指定确实不合法的值时，系统将“零”值插入数据库中。本节将介绍 MySQL 日期和时间类型的使用方法。表 14-4 列出了 MySQL 中的日期与时间类型。

表 14-4　日期与时间数据类型

类型名称	日期格式	日期范围	存储需求
YEAR	YYYY	1901 ～ 2155	1 字节
TIME	HH:MM:SS	-838:59:59 ～ 838:59:59	3 字节
DATE	YYYY-MM-DD	1000-01-01 ～ 9999-12-31	3 字节
DATETIME	YYYY-MM-DD HH:MM:SS	1000-01-01 00:00:00 ～ 9999-12-31 23:59:59	8 字节
TIMESTAMP	YYYY-MM-DD HH:MM:SS	1970-01-01 00:00:01 UTC ～ 2038-01-19 03:14:07 UTC	4 字节

1. YEAR

YEAR 类型是一个单字节类型，用于表示年，在存储时只需要 1 个字节。可以使用各种格式指定 YEAR 值，如下所示：

（1）以 4 位字符串或者 4 位数字格式表示的 YEAR，范围为 ‘1901’ ～ ‘2155’。输入格式为 ‘YYYY’ 或者 YYYY，例如，输入 ‘2010’ 或 2010，插入到数据库的值均为 2010。

（2）以 2 位字符串格式表示的 YEAR，范围为 ‘00’ 到 ‘99’。‘00’ ～ ‘69’ 和 ‘70’ ～ ‘99’ 范围的值分别被转换为 2000 ～ 2069 和 1970 ～ 1999 范围的 YEAR 值。‘0’ 与 ‘00’ 的作用相同。插入超过取值范围的值将被转换为 2000。

（3）以 2 位数字表示的 YEAR，范围为 1 ～ 99。1 ～ 69 和 70 ～ 99 范围的值分别被转换为 2001 ～ 2069 和 1970 ～ 1999 范围的 YEAR 值。注意：在这里 0 值将被转换为 0000，而不是 2000。

2. TIME

TIME 类型用于只需要时间信息的值，在存储时需要 3 个字节，格式为 ‘HH:MM:SS’ ，HH 表示小时，MM 表示分钟，SS 表示秒。TIME 类型的取值范围为 -838:59:59 ～ 838:59:59，小时部分会如此大的原因是 TIME 类型不仅可以用于表示一天的时间（必须小于 24 小时），还可能是某个事件过去的时间或两个事件之间的时间间隔（可以大于 24 小时，或者甚至为负值）。可以使用各种格式指定 TIME 值，如下所示：

（1）‘D HH:MM:SS’ 格式的字符串。还可以使用下面任何一种“非严格”的语法：‘HH:MM:SS’、‘HH:MM’、‘D HH:MM’、‘D HH’ 或 ‘SS’。这里的 D 表示日，可以取 0~34 之间的值。在插入数据库时，D 被转换为小时保存，格式为 “D*24 + HH”。

（2）‘HHMMSS’ 格式的、没有间隔符的字符串或者 HHMMSS 格式的数值，假定是有意义的时间。例如：‘101112’ 被理解为 ‘10:11:12’，但 ‘109712’ 是不合法的（它有一个没有意义的分钟部分），存储时将变为 00:00:00。

3. DATE 类型

DATE 类型用于仅需要日期值时，没有时间部分，在存储时需要 3 个字节。日期格式为 ‘YYYY-MM-DD’，其中 YYYY 表示年，MM 表示月，DD 表示日。在给 DATE 类型的字段赋值时，可以使用字符串类型或者数字类型的数据插入，只要符合 DATE 的日期格式即可，如下所示：

（1）以 ‘YYYY-MM-DD’ 或者 ‘YYYYMMDD’ 字符串格式表示的日期，取值范围为 ‘1000-01-01’ ～ ‘9999-12-31’。例如，输入 ‘2012-12-31’ 或者 ‘20121231’，插入数据库的日期都为 2012-12-31。

（2）以 ‘YY-MM-DD’ 或者 ‘YYMMDD’ 字符串格式表示的日期，在这里 YY 表示两位的年值。包含两位年值的日期会令人模糊，因为不知道世纪。MySQL 使用以下规则解释两位年值：‘00 ～ 69’ 范围的年值转换为 ‘2000 ～ 2069’；‘70 ～ 99’ 范围的年值转换为 ‘1970 ～ 1999’。例如，输入 ‘12-12-31’，插入数据库的日期为 2012-12-31；输入 ‘981231’，插入数据库的日期为 1998-12-31。

（3）以 YY-MM-DD 或者 YYMMDD 数字格式表示的日期，与前面相似，00 ～ 69 范围的年值转换为 2000 ～ 2069；70 ～ 99 范围的年值转换为 1970 ～ 1999。例如，输入 12-12-31，插入数据库的日期为 2012-12-31；输入 981231，插入数据库的日期为 1998-12-31。

（4）使用 CURRENT_DATE 或者 NOW()，插入当前系统日期。

4. DATETIME

DATETIME 类型用于需要同时包含日期和时间信息的值，在存储时需要 8 个字节。日期格式为 ‘YYYY-MM-DD HH:MM:SS’ ，其中 YYYY 表示年，MM 表示月，DD 表示日，HH 表示小时，MM 表示分钟，SS 表示秒。在给 DATETIME 类型的字段赋值时，可以使用字符串类型或者数字类型的数据插入，只要符合 DATETIME 的日期格式即可，如下所示：

（1）以‘YYYY-MM-DD HH:MM:SS’或者‘YYYYMMDDHHMMSS’字符串格式表示的值，取值范围为‘1000-01-01 00:00:00’～‘9999-12-31 23:59:59’。例如，输入‘2012-12-31 05: 05: 05’或者‘20121231050505’，插入数据库的 DATETIME 值都为 2012-12-31 05: 05: 05。

（2）以‘YY-MM-DD HH:MM:SS’或者‘YYMMDDHHMMSS’字符串格式表示的日期，在这里 YY 表示两位的年值。与前面相同，00～69 范围的年值转换为‘2000～2069’；70～99 范围的年值转换为‘1970～1999’。例如，输入‘12-12-31 05: 05: 05’，插入数据库的 DATETIME 为 2012-12-31 05: 05: 05；输入‘980505050505’，插入数据库的 DATETIME 为 1998-05-05 05: 05: 05。

（3）以 YYYYMMDDHHMMSS 或者 YYMMDDHHMMSS 数字格式表示的日期和时间。例如，输入 20121231050505，插入数据库的 DATETIME 为 2012-12-31 05:05:05；输入 981231050505，插入数据库的 DATETIME 为 1998-12-31 05: 05: 05。

5. TIMESTAMP

TIMESTAMP 的显示格式与 DATETIME 相同，显示宽度固定在 19 个字符，日期格式为 YYYY-MM-DD HH:MM:SS，在存储时需要 4 个字节。但是 TIMESTAMP 列的取值范围小于 DATETIME 的取值范围，为‘1970-01-01 00:00:01’UTC～‘2038-01-19 03:14:07’UTC，其中，UTC（Coordinated Universal Time）为世界标准时间，因此在插入数据时，要保证在合法的取值范围内。

14.4.4 文本字符串类型

字符串类型用来存储字符串数据，除了可以存储字符串数据之外，还可以存储其他数据，比如图片和声音的二进制数据。MySQL 支持两类字符串类型数据：文本字符串和二进制字符串。本小节主要讲解文本字符串类型，文本字符串可以进行区分或者不区分大小写的串比较，另外，还可以进行模式匹配查找。表 14-5 列出了 MySQL 中的文本字符串数据类型。

表 14-5 MySQL 中的文本字符串数据类型

类型名称	说　明	存储需求
CHAR(M)	固定长度非二进制字符串	M 字节，1 ≤ M ≤ 255
VARCHAR(M)	变长非二进制字符串	L+1 字节，在此 L ≤ M 和 1 ≤ M ≤ 255
TINYTEXT	非常小的非二进制字符串	L+1 字节，在此 $L< 2^8$
TEXT	小的非二进制字符串	L+2 字节，在此 $L< 2^{16}$
MEDIUMTEXT	中等大小的非二进制字符串	L+3 字节，在此 $L< 2^{24}$
LONGTEXT	大的非二进制字符串	L+4 字节，在此 $L< 2^{32}$
ENUM	枚举类型，只能有一个枚举字符串值	1 或 2 个字节，取决于枚举值的数目（最大值 65535）
SET	一个设置，字符串对象可以有零个或多个 SET 成员	1，2，3，4 或 8 个字节，取决于集合成员的数量（最多 64 个成员）

VARCHAR 和 TEXT 类型与下一小节讲到的 BLOB 都是变长类型，对于其存储需求取决于列值的实际长度（在表 14-5 中用 L 表示），而不是取决于类型的最大可能尺寸。例如，一个 VARCHAR(10) 列能保存最大长度为 10 个字符的一个字符串，实际的存储需要是字符

串的长度L，加上1个字节以记录字符串的长度。对于字符"abcd"，L是4而存储要求是5个字节。本章节介绍了这些数据类型的作用以及如何在查询中使用这些类型。

CHAR(M) 为固定长度字符串，在定义时指定字符串列长。当保存时在右侧填充空格以达到指定的长度。M表示列长度，M的范围是0~255个字符。例如，CHAR(4) 定义了一个固定长度的字符串列，其包含的字符个数最大为4。当检索到CHAR值时，尾部的空格将被删除。

VARCHAR(M) 是长度可变的字符串，M表示最大列长度，M的范围是0~65 535。VARCHAR的最大实际长度由最长的行的大小和使用的字符集确定，而其实际占用的空间为字符串的实际长度加1。例如，VARCHAR(50) 定义了一个最大长度为50的字符串，如果插入的字符串只有10个字符，则实际存储的字符串为10个字符和一个字符串结束字符。VARCHAR在值保存和检索时尾部的空格仍保留。

14.4.5 二进制字符串类型

前面讲解了存储文本的字符串类型，这一小节将讲解MySQL中存储二进制数据的字符串类型。本节将讲解各类二进制字符串类型的特点和使用方法。表14-6列出了MySQL中的二进制数据类型。

表14-6 MySQL中的二进制字符串类型

类型名称	说 明	存储需求
BIT(M)	位字段类型	大约 (M+7)/8 个字节
BINARY(M)	固定长度二进制字符串	M 个字节
VARBINARY(M)	可变长度二进制字符串	M+1 个字节
TINYBLOB(M)	非常小的 BLOB	L+1 字节，在此 $L<2^8$
BLOB(M)	小的 BLOB	L+2 字节，在此 $L<2^{16}$
MEDIUMBLOB(M)	中等大小的 BLOB	L+3 字节，在此 $L<2^{24}$
LONGBLOB(M)	非常大的 BLOB	L+4 字节，在此 $L<2^{32}$

1. BIT类型

BIT类型是位字段类型。M表示每个值的位数，范围为1~64。如果M被省略，默认为1。如果为BIT(M) 列分配的值的长度小于M位，在值的左边用0填充。例如，为BIT(6) 列分配一个值101，其效果与分配000101相同。BIT数据类型用来保存位字段值，例如：以二进制的形式保存数据13，13的二进制形式为1101，在这里需要位数至少为4位的BIT类型，即可以定义列类型为BIT(4)。大于二进制1111的数据是不能插入BIT(4) 类型的字段中的。

2. BINARY和VARBINARY类型

BINARY和VARBINARY类型类似于CHAR和VARCHAR，不同的是它们包含二进制字节字符串。其使用的语法格式如下：

```
列名称 BINARY(M)或者VARBINARY(M)
```

BINARY类型的长度是固定的，指定长度之后，不足最大长度的，将在它们的右边填充"\0"以达到指定长度。例如：指定列数据类型为BINARY(3)，当插入a时，存储的内容实际为“a\0\0”，当插入 ab 时，存储的内容实际为“ab\0”，不管存储的内容是否达到指定的长度，其存储空间均为指定的值 M。

VARBINARY 类型的长度是可变的，指定好长度之后，其长度可以在 0 到最大值之间。例如：指定列数据类型为 VARBINARY(20)，如果插入的值的长度只有 10，则实际存储空间为 10 加 1，即其实际占用的空间为字符串的实际长度加 1。

3. BLOB 类型

BLOB 是一个二进制大对象，用来存储可变数量的数据。BLOB 类型分为 4 种：TINYBLOB、BLOB、MEDIUMBLOB 和 LONGBLOB，它们可容纳值的最大长度不同，如表 14-7 所示。

表 14-7　BLOB 类型的存储范围

数据类型	存储范围
TINYBLOB	最大长度为 255(2^8–1)B
BLOB	最大长度为 65 535(2^{16}–1)B
MEDIUMBLOB	最大长度为 16 777 215(2^{24}–1)B
LONGBLOB	最大长度为 4 294 967 295B 或 4GB(2^{32}–1)B

BLOB 列存储的是二进制字符串（字节字符串），TEXT 列存储的是非二进制字符串（字符字符串）。BLOB 列没有字符集，并且排序和比较基于列值的数值；TEXT 列有一个字符集，并且根据字符集对值进行排序和比较。

14.5　操作数据表

本章将详细介绍数据表的基本操作，主要内容包括：创建数据表、查看数据表的结构、修改数据表的结构、删除数据表。

14.5.1　创建数据表

数据表属于数据库，在创建数据表之前，应该使用语句“USE <数据库名>”指定在哪个数据库中进行操作，如果没有选择数据库，会抛出 No database selected 错误。

创建数据表的语句为 CREATE TABLE，语法规则如下：

```
CREATE TABLE <表名>
(
    字段名1，数据类型 [列级别约束条件] [默认值]，
    字段名2，数据类型 [列级别约束条件] [默认值]，
    ...
    [表级别约束条件]
);
```

使用 CREATE TABLE 创建表时，必须指定以下信息：

（1）要创建的表的名称，不区分大小写，不能使用 SQL 语言中的关键字，如 DROP、ALTER、INSERT 等。

（2）数据表中每一个列 (字段) 的名称和数据类型，如果创建多个列，要用逗号隔开。

例如，在 MySQL 控制台中创建 mytest 数据库，然后选择该数据库，最后使用 CREATE

TABLE 命令创建一个员工信息表 personnel，该数据表包括 id、name、sex 和 salary 字段，实现过程如下：

首先创建数据库 mytest 并指定编码方式，在 MySQL 控制台中执行语句如下：

```
mysql> CREATE DATABASE mytest DEFAULT CHARACTER SET utf8 COLLATE utf8_general_ci;
```

注意，这里需要指定编码方式，因为有的 MySQL 版本默认的编码方式不是 utf8，如果不设定编码方式，后期在插入中文的时候会报错。

选择创建表的数据库 mytest，在 MySQL 控制台中执行语句如下：

```
mysql> USE mytest;
```

创建数据表 personnel，在 MySQL 控制台中执行语句如下：

```
mysql> CREATE TABLE personnel
(
   id      INT(11),
   name    VARCHAR(25),
   sex   CHAR(4),
   salary  FLOAT
);
```

14.5.2 查看数据表的结构

使用 SQL 语句创建好数据表之后，可以查看表结构的定义，以确认表的定义是否正确。在 MySQL 中，查看表结构可以使用 DESCRIBE 和 SHOW CREATE TABLE 语句。这里将针对这两个语句分别进行详细的讲解。

DESCRIBE/DESC 语句可以查看表的字段信息，其中包括字段名、字段数据类型、是否为主键、是否有默认值等。语法规则如下：

```
DESCRIBE 表名;
```

或者简写为

```
DESC 表名;
```

使用 DESCRIBE 查看表 personnel 的结构，SQL 语句如下：

```
mysql> DESC personnel;
+--------+-------------+------+-----+---------+-------+
| Field  | Type        | Null | Key | Default | Extra |
+--------+-------------+------+-----+---------+-------+
| id     | int(11)     | YES  |     | NULL    |       |
| name   | varchar(25) | YES  |     | NULL    |       |
| sex    | char(4)     | YES  |     | NULL    |       |
| salary | float       | YES  |     | NULL    |       |
+--------+-------------+------+-----+---------+-------+
4 rows in set (0.04 sec)
```

其中，各个字段的含义分别解释如下。

- Field：表示该列字段的名称。
- Type：表示该列字段的类型。
- NULL：表示该列是否可以存储 NULL 值。
- Key：表示该列是否已编制索引。
- Default：表示该列是否有默认值。
- Extra：表示可以获取的与给定列有关的附加信息。
- SHOW COLUMNS 语句的语法格式如下：

```
SHOW COLUMNS FROM 数据库名.数据表名;
```

使用 SHOW COLUMNS 查看表 personnel 的结构，SQL 语句如下：

```
mysql> SHOW COLUMNS FROM mytest.personnel;
+--------+-------------+------+-----+---------+-------+
| Field  | Type        | Null | Key | Default | Extra |
+--------+-------------+------+-----+---------+-------+
| id     | int(11)     | YES  |     | NULL    |       |
| name   | varchar(25) | YES  |     | NULL    |       |
| sex    | char(4)     | YES  |     | NULL    |       |
| salary | float       | YES  |     | NULL    |       |
+--------+-------------+------+-----+---------+-------+
4 rows in set (0.04 sec)
```

14.5.3 修改数据表的结构

MySQL 是通过 ALTER TABLE 语句来修改表结构的，具体的语法规则如下：

```
ALTER[IGNORE] TABLE 数据表名 alter_spec[, alter_spec]...
```

其中 alter_spec 定义要修改的内容，语法如下：

```
ADD [COLUMN] create_definition [FIRST|AFTER column_name]  //添加新字段
| ADD INDEX [index_name](index_col_name,...)              //添加索引名称
| ADD PRIMARY KEY (index_col_name,...)                    //添加主键名称
| ADD UNIQUE[index_name](index_col_name,...)              //添加唯一索引
| ALTER [COLUMN] col_name{SET DEFAULT literal |DROP DEFAULT}//修改字段名称
| CHANGE [COLUMN] old_col_name create_definition          //修改字段类型
| MODIFY [COLUMN] create_definition                       //添加子句定义类型
| DROP [COLUMN] col_name                                  //删除字段名称
| DROP  PRIMARY KEY                                       //删除主键名称
| DROP INDEX idex_name                                    //删除索引名称
| RENAME [AS] new_tbl_name                                //更改表名
| table_options
```

alter table 语句运行一次指定多个动作，动作间使用逗号分割，每个动作都表示对表的一个修改操作。

例如，向数据表 personnel 添加一个新的字段 position，类型为 VARCHAR(20)，并且不能为空值，将 name 字段的类型由 VARCHAR(25) 改成 VARCHAR(30)。SQL 语句如下：

```
mysql> ALTER TABLE personnel add position VARCHAR(20) not null,
MODIFY name VARCHAR(30);
```

再次使用DESCRIBE查看表personnel的结构，SQL语句如下：

```
mysql> DESC personnel;
+----------+-------------+------+-----+---------+-------+
| Field    | Type        | Null | Key | Default | Extra |
+----------+-------------+------+-----+---------+-------+
| id       | int(11)     | YES  |     | NULL    |       |
| name     | varchar(30) | YES  |     | NULL    |       |
| sex      | char(4)     | YES  |     | NULL    |       |
| salary   | float       | YES  |     | NULL    |       |
| position | varchar(20) | NO   |     | NULL    |       |
+----------+-------------+------+-----+---------+-------+
5 rows in set (0.00 sec)
```

14.5.4 删除数据表

删除数据表就是将数据库中的表从数据库中删除。注意，在删除表的同时，表的定义和表中所有的数据均会被删除。因此，在进行删除操作前，最好对表中的数据进行备份，以免产生无法挽回的后果。

在MySQL中，使用DROP TABLE可以一次删除一个或多个没有被其他表关联的数据表。语法格式如下：

```
DROP TABLE [IF EXISTS] 表1, 表2, ..., 表n;
```

其中，“表n”指要删除的表的名称，可以同时删除多个表，只需将要删除的表名依次写在后面，相互之间用逗号隔开即可。如果要删除的数据表不存在，则MySQL会提示一条错误信息“ERROR 1051 (42S02): Unknown table ‘表名’”。参数IF EXISTS用于在删除前判断要删除的表是否存在，加上该参数后，在删除表的时候，如果表不存在，SQL语句可以顺利执行，但是会发出警告(warning)。

删除数据表personnel，SQL语句如下：

```
DROP TABLE IF EXISTS personnel;
```

14.6 使用phpMyAdmin操作MySQL数据库

由于WampServer集成环境已经安装好了MySQL数据库，通过phpMyAdmin即可管理MySQL数据库，更重要的是，操作非常简单。

14.6.1 启动phpMyAdmin管理程序

phpMyAdmin是一套使用PHP程序语言开发的管理程序，它采用网页形式的管理界面。如果要正确执行这个管理程序，就必须在网站服务器上安装PHP与MySQL数据库。

01 如果要启动phpMyAdmin管理程序，只要单击桌面右下角的WampServer图标，在弹出的菜单中选择phpMyAdmin 4.9.2命令，如图14-5所示。

02 phpMyAdmin启动后进入登录页面。默认情况下，MySQL数据库的管理员用户名为root，密码为空，选择服务器为MySQL，单击“执行”按钮，如图14-6所示。

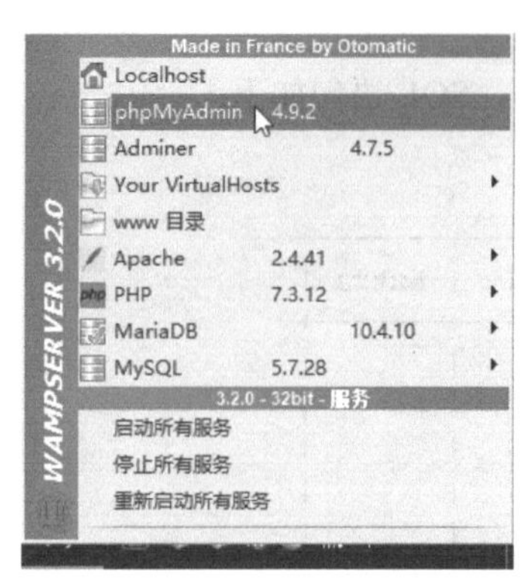

图 14-5　选择 phpMyAdmin4.9.2 命令

图 14-6　数据库登录页面

03 进入 phpMyAdmin 的主界面，如图 14-7 所示。

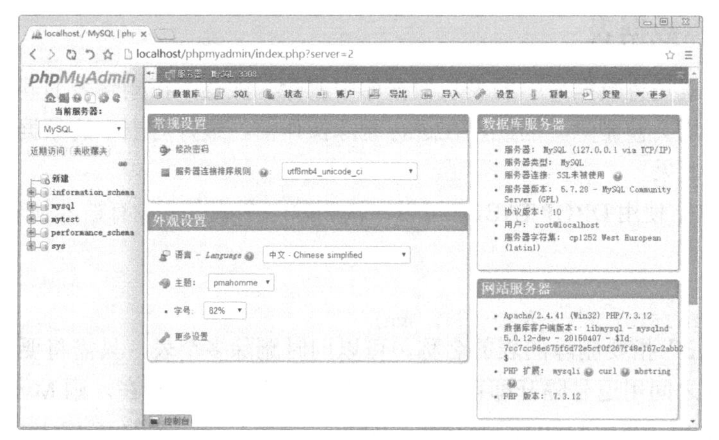

图 14-7　phpMyAdmin 的主界面

14.6.2　创建数据库和数据表

本节在 MySQL 中创建一个企业员工管理数据库 company，并添加一个员工信息表 employee。具体操作如下：

01 在 phpMyAdmin 的主界面的左侧单击“新建”选项，在右侧的文本框中输入要创建数据库的名称 company，选择排序规则为 utf8_general_ci，如图 14-8 所示。

02 单击“创建”按钮，即可创建新的数据库 company，如图 14-9 所示。

图 14-8　输入要创建数据库的名称

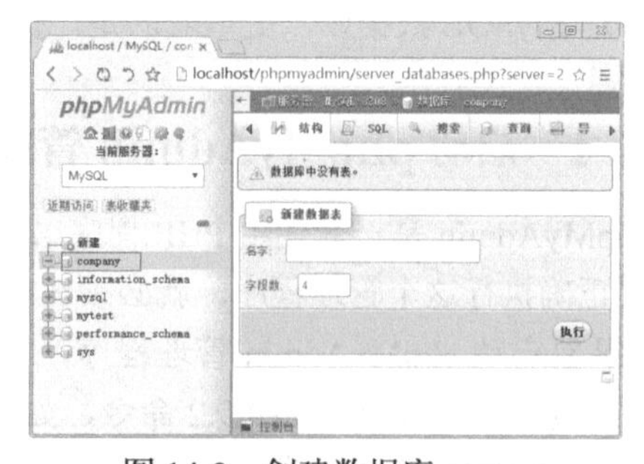

图 14-9　创建数据库 company

03 输入添加的数据表名称和字段数，然后单击“执行”按钮，如图 14-10 所示。

04 输入数据表中的各个字段和数据类型，如图 14-11 所示。

05 单击“保存”按钮，在打开的界面中可以查看完成的 employee 数据表，如图 14-12 所示。

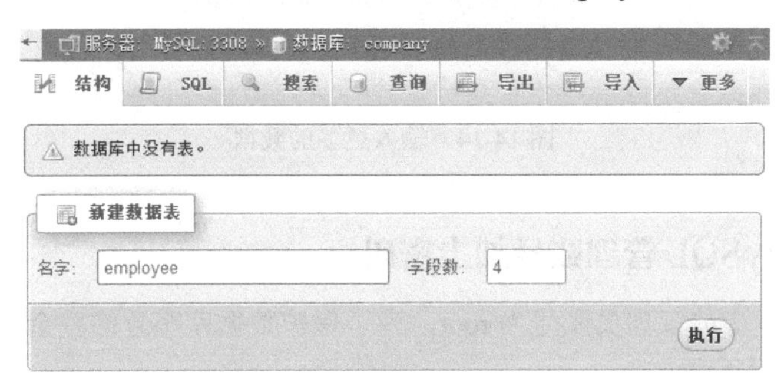

图 14-10　新建数据表 employee

图 14-11　添加数据表字段

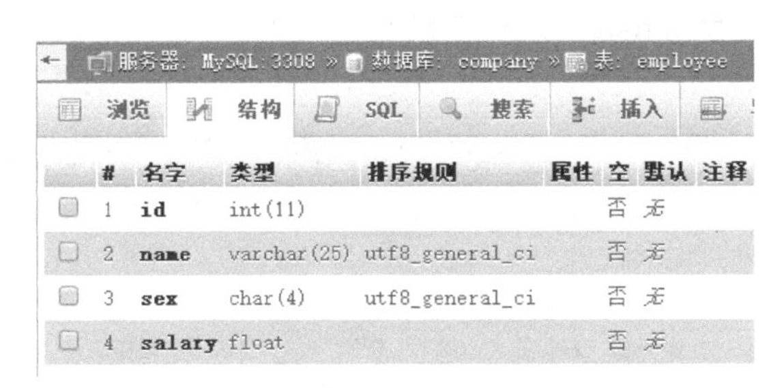

图 14-12　employee 数据表信息

14.6.3　添加数据

添加数据表后，还需要添加具体的数据，具体的操作步骤如下。

01 选择 employee 数据表，单击菜单上的“插入”标签。依照字段的顺序，将对应的数值依次输入，单击“执行”按钮，即可插入数据，如图 14-13 所示。

图 14-13　插入数据

02 重复执行上一步的操作，将数据输入数据表中，如图 14-14 所示。

id	name	sex	salary
100001	张三	男	4600
100002	刘莲	女	5900
100003	张锋	男	9800

图 14-14　输入更多的数据

14.6.4　为 MySQL 管理账号加上密码

MySQL 数据库中的管理员账号为 root，为了保护数据库账号的安全，可以为管理员账号加密。具体的操作步骤如下。

01 进入 phpMyAdmin 的主界面。单击“权限”标签，来设置管理员账号的权限，如图 14-15 所示。

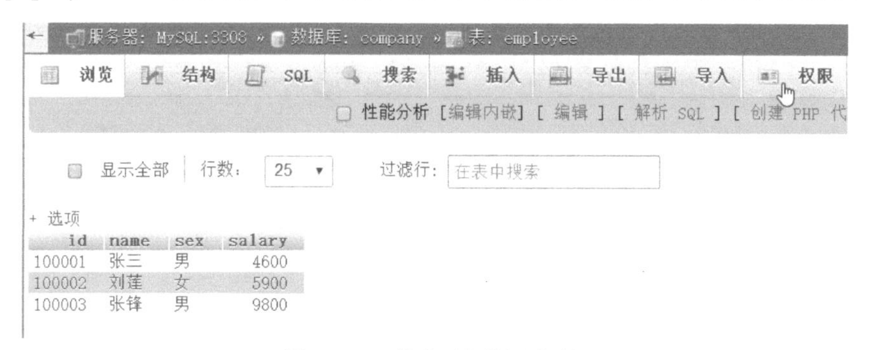

图 14-15　单击“权限”标签

02 在弹出的界面中可以看到 root 用户和本机 localhost，单击“修改权限”链接，如图 14-16 所示。

图 14-16　单击“修改权限”链接

03 进入账户界面，单击“修改密码”按钮，如图 14-17 所示。

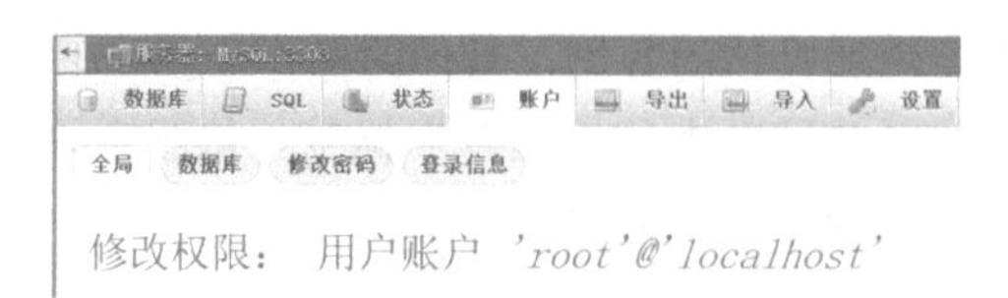

图 14-17　单击“修改密码”按钮

04 在打开的界面中的“密码”文本框中输入所要使用的密码，如图 14-18 所示。单击“执行”按钮，即可添加密码。

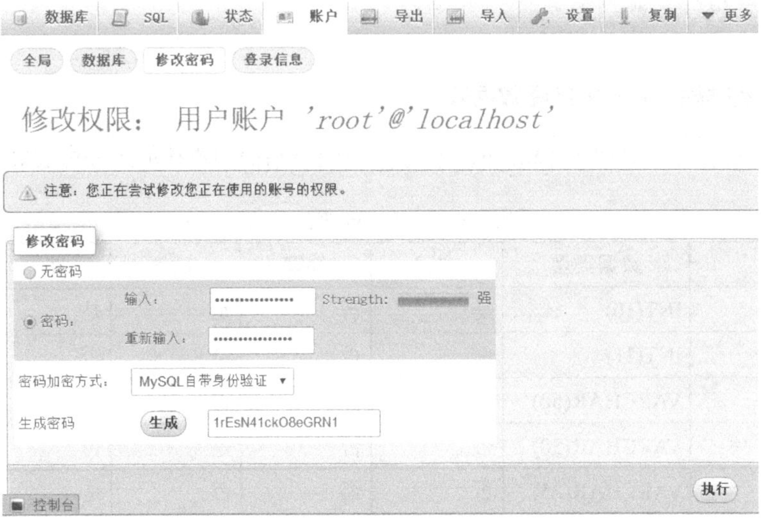

图 14-18　添加密码

14.7　新手疑难问题解答

疑问 1：向数据表插入中文时，报错信息如下，如何解决?

插入中文字符时的报错信息：

```
ERROR 1366 (HY000): Incorrect string value: '\xD5\xC5\xC8\xFD' for column 'name' at
row 1
```

出现上述问题的原因是编码使用错误，在创建数据库时指定编码为 utf8_general_ci，即可解决上述问题。

疑问 2：如何导出指定的数据表？

如果用户想导出指定的数据表，在 phpMyAdmin 的主界面单击“导出”标签，在选择导出方式时，选中“自定义 - 显示所有可用的选项”单选按钮，然后在“数据表”列表中选择需要导出的数据表即可，如图 14-19 所示。

图 14-19　设置导出方式

14.8 实战技能训练营

实战 1：在数据库 coms 中创建数据表

创建数据库 coms，按照表 14-8 和表 14-9 给出的表结构创建数据表 offices 和 employees。

表 14-8 offices 表的结构

字段名	数据类型	主键	外键	非空	唯一	自增
officeCode	INT(10)	是	否	是	是	否
city	INT(11)	否	否	是	否	否
address	VARCHAR(50)	否	否	否	否	否
country	VARCHAR(50)	否	否	是	否	否
postalCode	VARCHAR(25)	否	否	否	是	否

表 14-9 employees 表的结构

字段名	数据类型	主键	外键	非空	唯一	自增
employeeNumber	INT(11)	是	否	是	是	是
lastName	VARCHAR(50)	否	否	是	否	否
firstName	VARCHAR(50)	否	否	是	否	否
mobile	VARCHAR(25)	否	否	否	是	否
officeCode	VARCHAR(10)	否	是	是	否	否
jobTitle	VARCHAR(50)	否	否	是	否	否
birth	DATETIME	否	否	是	否	否
note	VARCHAR(255)	否	否	否	否	否
sex	VARCHAR(5)	否	否	否	否	否

（1）创建数据库 coms。

（2）在 coms 数据库中创建表时，必须先选择该数据库。

（3）创建表 offices，并为 officeCode 字段添加主键约束。

（4）使用“SHOW TABLES;”语句查看数据库中的表。

（5）创建表 employees，并为 officeCode 字段添加外键约束。

（6）使用“SHOW TABLES;”语句查看数据库中的表。

（7）检查表的结构是否按照要求创建，使用 DESC 分别查看 offices 表和 employees 表的结构。

实战 2：创建数据表 emp 和 dept

创建数据表 emp 和 dept，表结构以及表中的数据记录如表 14-10 和表 14-11 所示。

表 14-10　emp 表的结构

字段名	字段说明	数据类型	主键	外键	非空	唯一	自增
e_no	员工编号	INT(11)	是	否	是	是	否
e_name	员工姓名	VARCHAR(50)	否	否	是	否	否
e_gender	员工性别	CHAR(2)	否	否	否	否	否
dept_no	部门编号	INT(11)	否	否	是	否	否
e_job	职位	VARCHAR(50)	否	否	是	否	否
e_salary	薪水	INT(11)	否	否	是	否	否
hireDate	入职日期	DATE	否	否	是	否	否

表 14-11　dept 表的结构

字段名	字段说明	数据类型	主键	外键	非空	唯一	自增
d_no	部门编号	INT(11)	是	是	是	是	是
d_name	部门名称	VARCHAR(50)	否	否	是	否	否
d_location	部门地址	VARCHAR(100)	否	否	否	否	否

（1）创建数据表 dept，并为 d_no 字段添加主键约束。

（2）创建 emp 表，为 dept_no 字段添加外键约束，emp 表的 dept_no 字段依赖父表 dept 中的主键 d_no 字段。

第15章　插入、更新与删除数据记录

本章导读

存储在系统中的数据是数据库管理系统（DBMS）的核心，数据库被设计用来管理数据的存储、访问和维护数据的完整性。MySQL 中提供了功能丰富的数据库管理语句，包括插入数据的 INSERT 语句、更新数据的 UPDATE 语句以及当数据不再使用时删除数据的 DELETE 语句。本章就来介绍数据的插入、修改与删除操作。

知识导图

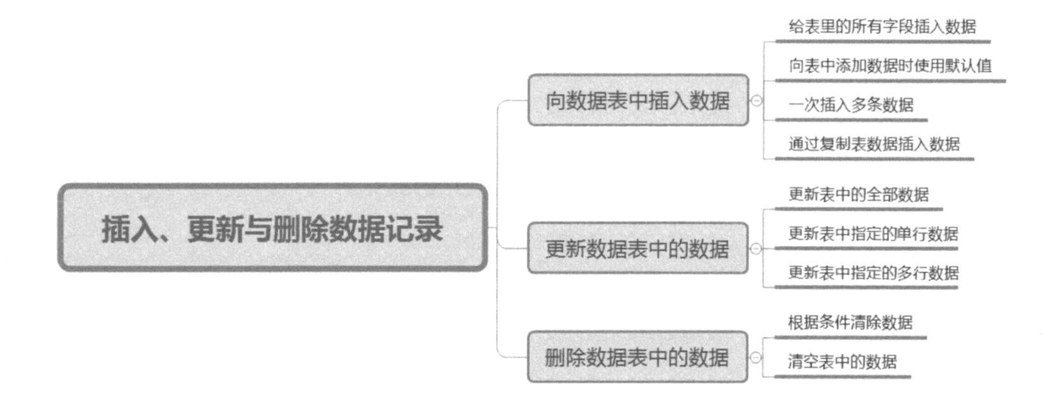

15.1 向数据表中插入数据

数据库与数据表创建完毕后，就可以向数据表中添加数据了，也只有数据表中有了数据，数据库才有意义，那么，如何向数据表中添加数据呢？在MySQL中，我们可以使用SQL语句向数据表中插入数据。

15.1.1 给表里的所有字段插入数据

使用SQL语句中的INSERT语句可以向数据表中添加数据，INSERT语句的基本语法格式如下：

```
INSERT INTO table_name (column_name1, column_name2,…)
VALUES (value1, value2,…);
```

主要参数介绍如下。

（1）table_name：指定要插入数据的表名。

（2）column_name：可选参数，列名。用来指定记录中插入的数据的字段，如果不指定字段列表，则VALUES中的每一个值都必须与表中对应位置处的值相匹配。

（3）value值。指定每个列对应插入的数据。字段列和数据值的数量必须相同，多个值之间用逗号隔开。

向表中所有的字段同时插入数据，是一个比较常见的应用，也是INSERT语句最简单的应用。在演示插入数据操作之前，需要准备一张数据表，这里创建一个person表，数据表的结构如表15-1所示。

表15-1 person表的结构

字段名称	数据类型	备 注
id	INT	编号
name	VARCHAR(50)	姓名
age	int	年龄
info	VARCHAR(50)	备注信息

根据表15-1的结构，创建数据库mydb，并在数据库中创建person数据表，执行语句如下：

```
CREATE DATABASE mydb DEFAULT CHARACTER SET utf8 COLLATE utf8_general_ci;
USE mydb;
CREATE TABLE person(
    id      INT,
    name    CHAR(40),
    age     INT,
    info    CHAR(50),
    PRIMARY KEY (id)
);
```

执行完成后，使用“DESC person;”语句可以查看数据表的结构。

```
mysql> DESC person;
+-------+----------+------+-----+---------+-------+
| Field | Type     | Null | Key | Default | Extra |
+-------+----------+------+-----+---------+-------+
| id    | int(11)  | NO   | PRI | NULL    |       |
| name  | char(40) | YES  |     | NULL    |       |
| age   | int(11)  | YES  |     | NULL    |       |
| info  | char(50) | YES  |     | NULL    |       |
+-------+----------+------+-----+---------+-------+
4 rows in set (0.01 sec)
```

实例 1：在 person 表中插入第 1 条记录

在 person 表中，插入一条新记录，id 值为 1，name 值为李天艺，age 值为 21，info 值为上海市。

执行插入操作之前，使用 SELECT 语句查看表中的数据，执行语句如下：

```
mysql> SELECT * FROM person;
Empty set (0.00 sec)
```

执行结果显示当前表为空，没有数据。接下来执行插入数据的操作，执行语句如下：

```
mysql> INSERT INTO person (id ,name, age, info)
VALUES (1,'李天艺', 21, '上海市');
Query OK, 1 row affected (0.00 sec)
```

语句执行完毕，查看插入数据的执行结果，执行语句如下：

```
mysql> SELECT * FROM person;
+----+--------+------+--------+
| id | name   | age  | info   |
+----+--------+------+--------+
|  1 | 李天艺 |   21 | 上海市 |
+----+--------+------+--------+
1 row in set (0.00 sec)
```

可以看到插入记录成功，在插入数据时，指定了 person 表的所有字段，因此将为每一个字段插入新的值。

实例 2：在 person 表中插入第 2 条记录

INSERT 语句后面的列名称可以不按照数据表定义时的顺序写，只需要保证值的顺序与列字段的顺序相同即可。在 person 表中，插入第 2 条新记录，执行语句如下。

```
mysql>INSERT INTO person (name, id, age , info)
VALUES ('赵子涵',2,19, '上海市');
```

查询 person 表中添加的数据，执行语句如下：

```
mysql> SELECT *FROM person;
+----+--------+------+--------+
| id | name   | age  | info   |
```

```
+----+--------+------+--------+
|  1 | 李天艺  |   21 | 上海市  |
|  2 | 赵子涵  |   19 | 上海市  |
+----+--------+------+--------+
2 rows in set (0.00 sec)
```

实例 3：在 person 表中插入第 3 条记录

使用 INSERT 语句插入数据时，允许插入的字段列表为空，此时，值列表中需要为表中的每一个字段指定值，并且值的顺序必须和数据表中字段定义时的顺序相同。在 person 表中，插入第 3 条新记录，执行语句如下。

```
mysql>INSERT INTO person VALUES (3,'郭怡辰',19, '上海市');
```

查询 person 表中添加的数据，执行语句如下：

```
mysql> SELECT *FROM person;
+----+--------+------+--------+
| id | name   | age  | info   |
+----+--------+------+--------+
|  1 | 李天艺  |   21 | 上海市  |
|  2 | 赵子涵  |   19 | 上海市  |
|  3 | 郭怡辰  |   19 | 上海市  |
+----+--------+------+--------+
3 rows in set (0.00 sec)
```

15.1.2 向表中添加数据时使用默认值

为表的指定字段插入数据，就是在 INSERT 语句中只向部分字段插入值，而其他字段的值为表定义时的默认值。

实例 4：在 person 表中添加数据时使用默认值

向 person 表中添加数据并使用默认值，执行语句如下：

```
mysql>INSERT INTO person (id,name,age)VALUES (4,'张龙轩',20);
```

查询 person 表中添加的数据，执行语句如下：

```
mysql> SELECT *FROM person;
+----+--------+------+--------+
| id | name   | age  | info   |
+----+--------+------+--------+
|  1 | 李天艺  |   21 | 上海市  |
|  2 | 赵子涵  |   19 | 上海市  |
|  3 | 郭怡辰  |   19 | 上海市  |
|  4 | 张龙轩  |   20 | NULL   |
+----+--------+------+--------+
4 rows in set (0.01 sec)
```

从执行结果中可以看到，虽然没有指定插入的字段和字段值，INSERT 语句仍可以正常执行，MySQL 自动向相应字段插入了默认值，这里的默认值为 NULL。

15.1.3 一次插入多条数据

使用 INSERT 语句可以同时向数据表中插入多条记录，插入时指定多个值列表，每个值列表之间用逗号分隔。具体的语法格式如下：

```
INSERT INTO table_name (column_name1, column_name2,…)
VALUES (value1, value2,…),
(value1, value2,…),
…
```

实例 5：在 person 表中一次插入多条数据

向 person 表中添加多条数据记录，执行语句如下：

```
INSERT INTO person VALUES (5,'中宇',19, '北京市'),
(6,'明玉',18, '北京市'),
(7,'张欣',19, '北京市');
```

查询 person 表中添加的数据，执行语句如下：

```
mysql> SELECT *FROM person;
+----+--------+------+--------+
| id | name   | age  | info   |
+----+--------+------+--------+
|  1 | 李天艺 |   21 | 上海市 |
|  2 | 赵子涵 |   19 | 上海市 |
|  3 | 郭怡辰 |   19 | 上海市 |
|  4 | 张龙轩 |   20 | NULL   |
|  5 | 中宇   |   19 | 北京市 |
|  6 | 明玉   |   18 | 北京市 |
|  7 | 张欣   |   19 | 北京市 |
+----+--------+------+--------+
7 rows in set (0.00 sec)
```

从结果可以看出，INSERT 语句一次成功地插入了 3 条记录。

15.1.4 通过复制表数据插入数据

INSERT 还可以将 SELECT 语句查询的结果插入表中，而不需要把多条记录的值一个一个地输入，只需要使用一条 INSERT 语句和一条 SELECT 语句组成的组合语句即可快速地从一个或多个表中向另一个表中插入多条记录。

具体的语法格式如下：

```
INSERT INTO table_name1(column_name1, column_name2,…)
SELECT column_name_1, column_name_2,…
FROM table_name2
```

主要参数介绍如下。

- table_name1：插入数据的表。
- column_name1：表中要插入值的列名。
- column_name_1：table_name2 中的列名。

- table_name2：获取数据的表。

实例 6：通过复制表数据插入数据

从 person_old 表中查询所有的记录，并将其插入 person 表中。

首先，创建一个名为 person_old 的数据表，其表结构与 person 表结构相同，执行语句如下：

```
CREATE TABLE person_old
(
id      INT,
name    CHAR(40),
age     INT,
info    CHAR(50),
PRIMARY KEY (id)
);
```

接着向 person_old 表中添加两条数据记录，执行语句如下：

```
INSERT INTO person_old VALUES(8,'马尚宇',21,'广州市'),
(9,'刘玉倩',20,'广州市');
```

查询数据表 person_old 中添加的数据，执行语句如下：

```
mysql> SELECT *FROM person_old;
+----+--------+------+--------+
| id | name   | age  | info   |
+----+--------+------+--------+
|  8 | 马尚宇 |   21 | 广州市 |
|  9 | 刘玉倩 |   20 | 广州市 |
+----+--------+------+--------+
2 rows in set (0.00 sec)
```

person_old 表中现在有两条记录。接下来将 person_old 表中所有的记录都插入 person 表中，执行语句如下：

```
INSERT INTO person(id,name, age, info) SELECT id,name, age, info FROM person_old;
```

查询 person 表中添加的数据，执行语句如下：

```
mysql> SELECT *FROM person;
+----+--------+------+--------+
| id | name   | age  | info   |
+----+--------+------+--------+
|  1 | 李天艺 |   21 | 上海市 |
|  2 | 赵子涵 |   19 | 上海市 |
|  3 | 郭怡辰 |   19 | 上海市 |
|  4 | 张龙轩 |   20 | NULL   |
|  5 | 中宇   |   19 | 北京市 |
|  6 | 明玉   |   18 | 北京市 |
|  7 | 张欣   |   19 | 北京市 |
|  8 | 马尚宇 |   21 | 广州市 |
|  9 | 刘玉倩 |   20 | 广州市 |
+----+--------+------+--------+
9 rows in set (0.00 sec)
```

由结果可以看到，INSERT 语句执行后，课程信息表中多了两条记录，这两条记录和 person_old 表中的记录完全相同，数据转移成功。

15.2 更新数据表中的数据

如果发现数据表中的数据不符合要求，用户可以对其进行更新。更新数据的方法有多种，比较常用的是使用 UPDATA 语句进行更新，该语句可以更新特定的数据，也可以同时更新所有的数据。UPDATE 语句的基本语法格式如下：

```
UPDATE table_name
SET column_name1 = value1,column_name2=value2,…,column_nameN=valueN
WHERE search_condition
```

主要参数介绍如下。

- table_name：要更新的数据表名称。
- SET 子句：指定要更新的字段名和字段值，可以是常量或者表达式。
- column_name1,column_name2,…,column_nameN：需要更新的字段的名称。
- value1,value2,…,valueN：指定字段相对应的更新值，更新多个列时，每个“列 = 值”对之间用逗号隔开，最后一列不需要逗号。
- WHERE 子句：指定待更新的记录需要满足的条件，具体的条件在 search_condition 中指定。如果不指定 WHERE 子句，则对表中所有的数据行进行更新。

15.2.1 更新表中的全部数据

更新表中某列所有数据记录的操作比较简单，只要在 SET 关键字后设置更新条件即可。

实例 7：一次性更新 person 表中的全部数据行

在 person 表中，将 info 的值全部更新为“上海市”，执行语句如下：

```
UPDATE person SET info='上海市';
```

查询 person 表中更新的数据，执行语句如下：

```
mysql> SELECT *FROM person;
+----+--------+------+--------+
| id | name   | age  | info   |
+----+--------+------+--------+
|  1 | 李天艺 |   21 | 上海市 |
|  2 | 赵子涵 |   19 | 上海市 |
|  3 | 郭怡辰 |   19 | 上海市 |
|  4 | 张龙轩 |   20 | 上海市 |
|  5 | 中宇   |   19 | 上海市 |
|  6 | 明玉   |   18 | 上海市 |
|  7 | 张欣   |   19 | 上海市 |
|  8 | 马尚宇 |   21 | 上海市 |
|  9 | 刘玉倩 |   20 | 上海市 |
+----+--------+------+--------+
9 rows in set (0.00 sec)
```

由结果可以看到，update 语句执行后，person 表中 info 列的数据全部更新为“上海市”。

15.2.2 更新表中指定的单行数据

通过设置条件，可以更新表中指定的单行数据记录。

实例 8：更新 person 表中的单行数据

在 person 表中，更新 id 值为 4 的记录，将 info 字段值改为“北京市”，将“年龄”字段值改为“22”，执行语句如下：

```
UPDATE person SET info='北京市',age='22' WHERE id=4;
```

查询 person 表中更新的数据，执行语句如下：

```
mysql> SELECT *FROM person WHERE id=4;
+----+--------+------+--------+
| id | name   | age  | info   |
+----+--------+------+--------+
|  4 | 张龙轩 |   22 | 北京市 |
+----+--------+------+--------+
1 row in set (0.00 sec)
```

15.2.3 更新表中指定的多行数据

通过指定条件，可以同时更新表中指定的多行数据记录。

实例 9：更新 person 表中指定的多行数据

在 person 表中，更新编号字段值为 2 到 6 的记录，将 info 字段值都更新为“北京市”，执行语句如下：

```
UPDATE person SET info=''北京市' WHERE id BETWEEN 2 AND 6;
```

查询 person 表中更新的数据，执行语句如下：

```
mysql> SELECT *FROM person WHERE id BETWEEN 2 AND 6;
+----+--------+------+--------+
| id | name   | age  | info   |
+----+--------+------+--------+
|  2 | 赵子涵 |   19 | 北京市 |
|  3 | 郭怡辰 |   19 | 北京市 |
|  4 | 张龙轩 |   22 | 北京市 |
|  5 | 中宇   |   19 | 北京市 |
|  6 | 明玉   |   18 | 北京市 |
+----+--------+------+--------+
5 rows in set (0.00 sec)
```

由结果可以看到，update 语句执行后，person 表中符合条件的数据记录已全部被更新。

15.3 删除数据表中的数据

如果数据表中的数据无用了，用户可以将其删除，需要注意的是，删除的数据不容易恢复，因此需要谨慎操作。在删除数据表中的数据之前，如果不能

确定这些数据以后是否还会有用，最好对其进行备份处理。

删除数据表中的数据使用 DELETE 语句，可以用 WHERE 子句指定删除条件。具体的语法格式如下：

```
DELETE FROM table_name WHERE <condition>;
```

主要参数介绍如下。

（1）table_name：指定要执行删除操作的表。

（2）WHERE <condition>：为可选参数，指定删除条件。如果没有 WHERE 子句，DELETE 语句将删除表中的所有记录。

15.3.1 根据条件清除数据

当要删除数据表中的部分数据时，需要指定删除记录的满足条件，即在 WHERE 子句后设置删除条件，下面给出一个实例。

实例 10：删除 person 表中指定的数据记录

在 person 表中，删除 info 字段值为“上海市”的记录。

删除之前首先查询 info 字段值为“上海市”的记录，执行语句如下：

```
mysql> SELECT * FROM person WHERE info='上海市';
+----+--------+------+--------+
| id | name   | age  | info   |
+----+--------+------+--------+
|  1 | 李天艺 |   21 | 上海市 |
|  7 | 张欣   |   19 | 上海市 |
|  8 | 马尚宇 |   21 | 上海市 |
|  9 | 刘玉倩 |   20 | 上海市 |
+----+--------+------+--------+
4 rows in set (0.00 sec)
```

下面执行删除操作，输入如下 SQL 语句：

```
DELETE FROM person WHERE info='上海市';
```

再次查询 info 字段值为“上海市”的记录，执行语句如下：

```
mysql> SELECT * FROM person WHERE info='上海市';
Empty set (0.00 sec)
```

该结果表示为空记录，说明数据已经被删除。

15.3.2 清空表中的数据

删除表中的所有数据记录也就是清空表中的所有数据，该操作非常简单，只需要去掉 WHERE 子句就可以了。

实例 11：清空 person 表中的所有记录

删除之前，首先查询数据记录，执行语句如下：

```
mysql> SELECT * FROM person;
+----+--------+------+--------+
| id | name   | age  | info   |
+----+--------+------+--------+
|  2 | 赵子涵 |   19 | 北京市 |
|  3 | 郭怡辰 |   19 | 北京市 |
|  4 | 张龙轩 |   22 | 北京市 |
|  5 | 中宇   |   19 | 北京市 |
|  6 | 明玉   |   18 | 北京市 |
+----+--------+------+--------+
5 rows in set (0.00 sec)
```

下面执行删除操作，执行语句如下：

```
DELETE FROM person;
```

再次查询数据记录，执行语句如下：

```
mysql> SELECT * FROM person;
Empty set (0.00 sec)
```

通过对比两次查询结果，可以得知数据表已经清空，删除表中所有记录成功，现在person表中已经没有任何数据记录了。

15.4 新手疑难问题解答

疑问1：插入记录时可以不指定字段名称吗？

可以，但是不管使用哪种INSERT语法，都必须给出VALUES的正确数目。如果不提供字段名，则必须给每个字段提供一个值，否则将产生一条错误消息。如果要在INSERT操作中省略某些字段，这些字段需要满足一定条件：该列定义为允许空值；或者定义表时给出了默认值，如果不给出值，将使用默认值。

疑问2：更新或者删除表时一定要指定WHERE子句吗？

不一定。一般情况下，所有的UPDATE和DELETE语句全都用WHERE子句指定了条件。如果省略WHERE子句，则UPDATE或DELETE将被应用到表中所有的行。因此，除非确实打算更新或者删除所有记录，否则绝对要注意使用不带WHERE子句的UPDATE或DELETE语句。建议在对表进行更新和删除操作之前，使用SELECT语句确认需要删除的记录，以免造成无法挽回的结果。

15.5 实战技能训练营

实战1：创建数据表并在数据表中插入数据

（1）创建表books，books表的结构如表15-2所示。

表 15-2　books 表的结构

字段名	字段说明	数据类型	主键	外键	非空	唯一	自增
b_id	书编号	INT(11)	是	否	是	是	否
b_name	书名	VARCHAR(50)	否	否	是	否	否
authors	作者	VARCHAR(100)	否	否	是	否	否
price	价格	FLOAT	否	否	是	否	否
pubdate	出版日期	YEAR	否	否	是	否	否
note	说明	VARCHAR(100)	否	否	否	否	否
num	库存	INT(11)	否	否	是	否	否

（2）books 表创建好之后，使用 SELECT 语句查看表中的数据。

（3）将表 15-3 中的数据记录插入 books 表中，分别使用以下不同的方法插入记录。

表 15-3　数据记录

b_id	b_name	authors	price	pubdate	discount	note	num
1	Tale of AAA	Dickes	23	1995	0.85	novel	11
2	EmmaT	Jane lura	35	1993	0.70	joke	22
3	Story of Jane	Jane Tim	40	2001	0.80	novel	0
4	Lovey Day	George Byron	20	2005	0.85	novel	30
5	Old Land	Honore Blade	30	2010	0.60	law	0
6	The Battle	Upton Sara	30	1999	0.65	medicine	40
7	Rose Hood	Richard Haggard	28	2008	0.90	cartoon	28

①指定所有字段名称插入记录。

②不指定字段名称插入记录。

③使用 SELECT 语句查看当前表中的数据。

④同时插入多条记录，使用 INSERT 语句将剩下的多条记录插入表中。

⑤使用 SELECT 语句查看表中所有的记录。

实战 2：对数据表中的数据记录进行管理

（1）将 books 表中小说类型（novel）的书的价格都增加 5。

（2）将 books 表中名称为 EmmaT 的书的价格改为 40，并将说明改为 drama。

（3）删除 books 表中库存为 0 的记录。

第16章　数据查询

本章导读

将数据录入数据库的目的是为了查询方便，在 MySQL 中，查询数据可以通过 SELECT 语句来实现，通过设置不同的查询条件，可以根据需要对查询数据进行筛选，从而返回需要的数据信息。本章就来介绍数据的简单查询，主要内容包括简单查询、使用 WHERE 子句进行条件查询、使用聚合函数进行统计查询、嵌套查询、使用排序函数查询等。

知识导图

16.1 认识 SELECT 语句

MySQL 从数据表中查询数据的基本语句为 SELECT。SELECT 语句的基本格式如下：

```
SELECT 属性列表
FROM 表名和视图列表
{WHERE 条件表达式1}
{GROUP BY 属性名1}
{HAVING 条件表达式2}
{ORDER BY 属性名2 ASC|DESC }
```

主要参数介绍如下。

（1）属性列表：表示需要查询的字段名。

（2）表名和视图列表：表示从此处指定的表或视图中查询数据，表和视图可以有多个。

（3）条件表达式 1：表示指定查询条件。

（4）属性名 1：指按该字段中的数据进行分组。

（5）条件表达式 2：表示满足该表达式的数据才能输出。

（6）属性名 2：指按该字段中的数据进行排序，排序方式由 ASC 和 DESC 两个参数指出。其中，ASC 参数表示按升序的顺序进行排序，这是默认参数；DESC 参数表示按降序的顺序进行排序。

（7）WHERE 子句：如果有 WHERE 子句，就按照“条件表达式 1”执行的条件进行查询；如果没有 WHERE 子句，就查询所有记录。

（8）GROUP BY 子句：如果有 GROUP BY 子句就按照“属性名 1”指定的字段进行分组，如果 GROUP BY 子句后存在 HAVING 关键字，那么只有满足“条件表达式 2”中指定的条件才能够输出。通常情况下，GROUP BY 子句会与 COUNT()、SUM() 等聚合函数一起使用。

（9）ORDER BY 子句：如果有 ORDER BY 子句，就按照“属性名 2”指定的字段进行排序。排序方式有升序（ASC）和降序（DESC）两种方式，默认情况下是升序（ASC）。

16.2 数据的简单查询

一般来讲，简单查询是指对一张表的查询操作，使用的关键字是 SELECT。相信读者对该关键字并不陌生，但是要想真正使用好查询语句，并不是一件很容易的事情。本节就来介绍简单查询数据的方法。

16.2.1 查询表中的所有数据

SELECT 查询记录最简单的形式是从一个表中检索所有记录，查询表中所有数据的方法有两种，一种是列出表中的所有字段，一种是使用“*”号查询所有字段。

1. 列出所有字段

在 MySQL 中，可以在 SELECT 语句的“属性列表”中列出所有查询的表中的所有字段，从而查询表中的所有数据。

为演示数据的查询操作，下面创建数据库school，并在该数据库中创建学生信息表（students表）。SQL语句如下：

```
CREATE DATABASE school DEFAULT CHARACTER SET utf8 COLLATE utf8_general_ci;
USE school;
CREATE TABLE students
(
id  INT  PRIMARY KEY,
name VARCHAR(20),
age    INT,
birthplace  VARCHAR(20),
tel  VARCHAR(20),
remark VARCHAR(200)
);
```

创建好数据表后，向students表中输入数据，SQL语句如下：

```
INSERT INTO students(id,name,age,birthplace,tel,remark)VALUES
(101,'王向阳',18,'山东','123456','山东济南'),
(102,'李玉',19, '河南','123457','河南郑州'),
(103,'张棵',20,'河南','123458','河南洛阳'),
(104,'王旭',18,'湖南',null,null),
(105,'李夏',17,'河南','123459','河南开封'),
(106,'刘建立',19,'福建','123455','福建福州'),
(107,'张丽莉',18,'湖北','123454','湖北武汉');
```

实例1：查询数据表students中的全部数据

使用SELECT语句查询students表中所有字段的数据，执行语句如下：

```
mysql> SELECT id, name,age, birthplace,tel,remark FROM students;
+-----+--------+------+------------+--------+----------+
| id  | name   | age  | birthplace | tel    | remark   |
+-----+--------+------+------------+--------+----------+
| 101 | 王向阳 |   18 | 山东       | 123456 | 山东济南 |
| 102 | 李玉   |   19 | 河南       | 123457 | 河南郑州 |
| 103 | 张棵   |   20 | 河南       | 123458 | 河南洛阳 |
| 104 | 王旭   |   18 | 湖南       | NULL   | NULL     |
| 105 | 李夏   |   17 | 河南       | 123459 | 河南开封 |
| 106 | 刘建立 |   19 | 福建       | 123455 | 福建福州 |
| 107 | 张丽莉 |   18 | 湖北       | 123454 | 湖北武汉 |
+-----+--------+------+------------+--------+----------+
7 rows in set (0.00 sec)
```

2. 使用*查询所有字段

在MySQL中，SELECT语句的“属性列表”中可以为“*”。语法格式如下：

```
SELECT * FROM 表名;
```

实例2：使用*查询students表中的全部数据

从students表中查询所有字段数据记录，执行语句如下：

```
mysql> SELECT * FROM students;
```

```
+-----+--------+------+------------+--------+----------+
| id  | name   | age  | birthplace | tel    | remark   |
+-----+--------+------+------------+--------+----------+
| 101 | 王向阳 |   18 | 山东       | 123456 | 山东济南 |
| 102 | 李玉   |   19 | 河南       | 123457 | 河南郑州 |
| 103 | 张棵   |   20 | 河南       | 123458 | 河南洛阳 |
| 104 | 王旭   |   18 | 湖南       | NULL   | NULL     |
| 105 | 李夏   |   17 | 河南       | 123459 | 河南开封 |
| 106 | 刘建立 |   19 | 福建       | 123455 | 福建福州 |
| 107 | 张丽莉 |   18 | 湖北       | 123454 | 湖北武汉 |
+-----+--------+------+------------+--------+----------+
7 rows in set (0.00 sec)
```

从结果中可以看到，使用星号（*）通配符时，将返回所有数据记录，数据记录按照定义表时的顺序显示。

16.2.2 查询表中想要的数据

使用 SELECT 语句，可以获取多个字段中的数据，只需要在关键字 SELECT 后面指定要查找的字段的名称，不同字段名称之间用逗号（,）隔开，最后一个字段后面不需要加逗号，使用这种查询方式可以获得有针对性的查询结果，语法格式如下：

```
SELECT 字段名1,字段名2,…,字段名n  FROM 表名;
```

实例 3：查询数据表 students 中的学生的学号、姓名与年龄

从 students 表中获取学号、姓名和年龄，执行语句如下：

```
mysql> SELECT id,name, age FROM students;
+-----+--------+------+
| id  | name   | age  |
+-----+--------+------+
| 101 | 王向阳 |   18 |
| 102 | 李玉   |   19 |
| 103 | 张棵   |   20 |
| 104 | 王旭   |   18 |
| 105 | 李夏   |   17 |
| 106 | 刘建立 |   19 |
| 107 | 张丽莉 |   18 |
+-----+--------+------+
7 rows in set (0.00 sec)
```

提示： MySQL 中的 SQL 语句是不区分大小写的，因此 SELECT 和 select 的作用相同。但是，许多开发人员习惯将关键字大写，而将数据列和表名小写，读者也应该养成一个良好的编程习惯，这样写出来的语句更容易阅读和维护。

16.2.3 对查询结果进行计算

在 SELECT 查询结果中，可以根据需要使用算术运算符或者逻辑运算符对查询的结果进行处理。

实例 4：设置查询列的表达式，从而返回查询结果

查询 students 表中所有学生的名称和年龄，并对年龄加 1 之后输出查询结果。执行语句如下：

```
mysql> SELECT name, age 原来的年龄,age+1 加1后的年龄值 FROM students;
+--------+-----------+---------------+
| name   | 原来的年龄 | 加1后的年龄值  |
+--------+-----------+---------------+
| 王向阳 |        18 |            19 |
| 李玉   |        19 |            20 |
| 张棵   |        20 |            21 |
| 王旭   |        18 |            19 |
| 李夏   |        17 |            18 |
| 刘建立 |        19 |            20 |
| 张丽莉 |        18 |            19 |
+--------+-----------+---------------+
7 rows in set (0.00 sec)
```

16.2.4 为结果列使用别名

当显示查询结果时，选择的列通常是以原表中的列名作为标题，这些列名在建表时，出于节省空间的考虑，通常比较短，含义也模糊。为了改变查询结果中显示的列表，可以在 SELECT 语句的列名后使用“AS 别名”，这样，在显示时便以该别名来显示新的列名。

MySQL 中为字段取别名的语法格式如下：

```
属性名 [AS] 别名
```

主要参数介绍如下。

（1）属性名：为字段原来的名称。

（2）别名：为字段新的名称。

（3）AS：关键字可有可无，实现的作用是一样的。通过这种方式，显示结果中就用“别名”代替了“属性名”。

实例 5：使用 AS 关键字给列取别名

查询 students 表中所有的记录，并重命名列名，执行语句如下。

```
mysql> SELECT id AS 学号, name AS 姓名, age AS 年龄 FROM students;
+------+--------+------+
| 学号 | 姓名   | 年龄 |
+------+--------+------+
|  101 | 王向阳 |   18 |
|  102 | 李玉   |   19 |
|  103 | 张棵   |   20 |
|  104 | 王旭   |   18 |
|  105 | 李夏   |   17 |
|  106 | 刘建立 |   19 |
|  107 | 张丽莉 |   18 |
+------+--------+------+
7 rows in set (0.00 sec)
```

16.2.5 在查询时去除重复项

使用 DISTINCT 选项可以在查询结果中避免重复项。

实例 6：使用 DISTINCT 避免重复项

查询 students 表中学生的出生地信息，并去除重复项，执行语句如下：

```
mysql> SELECT DISTINCT birthplace FROM students;
+------------+
| birthplace |
+------------+
| 山东       |
| 河南       |
| 湖南       |
| 福建       |
| 湖北       |
+------------+
5 rows in set (0.00 sec)
```

16.2.6 在查询结果中给表取别名

如果要查询的数据表名称比较长，在查询中直接使用表名很不方便，这时可以为表取一个别名，来代替数据表的名称。MySQL 中为表取别名的基本形式如下：

```
表名  表的别名
```

通过这种方式，“表的别名”就能在此次查询中代替“表名”了。

实例 7：为表取别名

查询 students 表中所有的记录，并为 students 表取别名为“学生表”，执行语句如下：

```
mysql> SELECT * FROM students 学生表;
+-----+--------+-----+------------+--------+----------+
| id  | name   | age | birthplace | tel    | remark   |
+-----+--------+-----+------------+--------+----------+
| 101 | 王向阳 |  18 | 山东       | 123456 | 山东济南 |
| 102 | 李玉   |  19 | 河南       | 123457 | 河南郑州 |
| 103 | 张棵   |  20 | 河南       | 123458 | 河南洛阳 |
| 104 | 王旭   |  18 | 湖南       | NULL   | NULL     |
| 105 | 李夏   |  17 | 河南       | 123459 | 河南开封 |
| 106 | 刘建立 |  19 | 福建       | 123455 | 福建福州 |
| 107 | 张丽莉 |  18 | 湖北       | 123454 | 湖北武汉 |
+-----+--------+-----+------------+--------+----------+
7 rows in set (0.00 sec)
```

16.2.7 使用 LIMIT 限制查询数据

当数据表中包含大量的数据时，可以通过指定显示记录数限制返回的结果集中的行数。LIMIT 是 MySQL 中的一个特殊关键字，可以用来指定查询结果从哪条记录开始显示，还可以指定一共显示多少条记录。LIMIT 关键字有两种使用方式，分别是不指定初始位置和指定初始位置。

1. 不指定初始位置

LIMIT 关键字不指定初始位置时，从第一条记录开始显示，显示记录的条数由 LIMIT 关键字指定。其语法规则如下：

```
LIMIT 记录数
```

其中，“记录数”参数表示显示记录的条数。如果“记录数”的值小于查询结果的总记录数，将会从第一条记录开始显示指定条数的记录。如果“记录数”的值大于查询结果的总记录数，数据库系统会直接显示查询出来的所有记录。

实例 8：使用 LIMIT 关键字限制查询数据

查询 students 表中所有的数据记录，但只显示前 3 条，执行语句如下：

```
mysql> SELECT * FROM students LIMIT 3;
+-----+--------+------+------------+--------+----------+
| id  | name   | age  | birthplace | tel    | remark   |
+-----+--------+------+------------+--------+----------+
| 101 | 王向阳 |   18 | 山东       | 123456 | 山东济南 |
| 102 | 李玉   |   19 | 河南       | 123457 | 河南郑州 |
| 103 | 张棵   |   20 | 河南       | 123458 | 河南洛阳 |
+-----+--------+------+------------+--------+----------+
3 rows in set (0.00 sec)
```

结果中只显示了三条记录，该实例说明 LIMIT 3 限制了显示条数为 3。

2. 指定初始位置

LIMIT 关键字可以指定从哪条记录开始显示，并且可以指定显示多少条记录。其语法规则如下：

```
LIMIT 初始位置,记录数
```

其中，“初始位置”参数指定从哪条记录开始显示，“记录数”参数表示显示记录的条数。第一条记录的位置是 0，第二条记录的位置是 1，后面的记录依次类推。

实例 9：通过指定初始位置来限制查询数据

查询 students 表中所有的数据记录，从第二条记录开始显示，共显示三条数据记录，执行语句如下。

```
mysql> SELECT * FROM students LIMIT 1,3;
+-----+------+------+------------+--------+----------+
| id  | name | age  | birthplace | tel    | remark   |
+-----+------+------+------------+--------+----------+
| 102 | 李玉 |   19 | 河南       | 123457 | 河南郑州 |
| 103 | 张棵 |   20 | 河南       | 123458 | 河南洛阳 |
| 104 | 王旭 |   18 | 湖南       | NULL   | NULL     |
+-----+------+------+------------+--------+----------+
3 rows in set (0.00 sec)
```

结果中只显示了第 2、第 3 和第 4 条数据记录。从结果中可以看出 LIMIT 关键字可以指定从哪条记录开始显示，也可以指定显示多少条记录。

> **提示：**LIMIT 关键字是 MySQL 中所特有的。LIMIT 关键字可以指定需要显示的记录的初始位置，0 表示第一条记录。例如，如果需要查询成绩表中前 10 名的学生信息，可以使用 ORDER BY 关键字将记录按照分数降序排序，然后使用 LIMIT 关键字指定只查询前 10 条记录。

16.3 使用 WHERE 子句进行条件查询

WHERE 子句用于给定源表和视图中记录的筛选条件，只有符合筛选条件的记录才能为结果集提供数据，否则将不入选结果集。WHERE 子句中的筛选条件由一个或多个条件表达式组成。WHERE 子句常用的查询条件有多种，如表 16-1 所示。

表 16-1　查询条件

查询条件	符号或关键字
比较	=、<、<=、>、>=、!=、<>、!>、!<
指定范围	BETWEEN AND、NOT BETWEEN AND
指定集合	IN、NOT IN
匹配字符	LIKE、NOT LIKE
是否为空值	IS NULL、IS NOT NULL
多个查询条件	AND、OR

16.3.1 比较查询条件的数据查询

MySQL 中的比较查询条件所用的关键字或符号如表 16-2 所示。比较字符串数据时，字符的逻辑顺序由字符数据的排序规则来定义。系统将从两个字符串的第一个字符开始自左至右进行对比，直到对比出两个字符串的大小。

表 16-2　比较运算符表

操作符	说　明	操作符	说　明
=	相等	>=	大于或者等于
<>	不相等	!=	不等于，与 <> 作用相等
<	小于	!>	不大于
<=	小于或者等于	!<	不小于
>	大于		

实例 10：使用关系表达式查询数据记录

在 students 数据表中查询年龄为 18 的学生信息，使用“=”操作符，执行语句如下：

```
mysql> SELECT id,name, age,birthplace FROM students WHERE age =18;
+-----+--------+------+------------+
| id  | name   | age  | birthplace |
+-----+--------+------+------------+
```

```
| 101 | 王向阳  |   18 | 山东        |
| 104 | 王旭    |   18 | 湖南        |
| 107 | 张丽莉  |   18 | 湖北        |
+-----+--------+------+------------+
3 rows in set (0.00 sec)
```

该实例采用了简单的相等过滤，查询一个指定列 age 的值为 18 的记录。另外，相等判断还可以用来比较字符串。

查找名称为“李夏”的学生信息，执行语句如下：

```
mysql> SELECT id,name, age,birthplace FROM students WHERE name = '李夏';
+-----+------+------+------------+
| id  | name | age  | birthplace |
+-----+------+------+------------+
| 105 | 李夏 |   17 | 河南        |
+-----+------+------+------------+
1 row in set (0.00 sec)
```

查询年龄小于 19 的学生信息，使用“<”操作符，执行语句如下。

```
mysql> SELECT id,name, age,birthplace FROM students WHERE age < 19;
+-----+--------+------+------------+
| id  | name   | age  | birthplace |
+-----+--------+------+------------+
| 101 | 王向阳  |   18 | 山东        |
| 104 | 王旭    |   18 | 湖南        |
| 105 | 李夏    |   17 | 河南        |
| 107 | 张丽莉  |   18 | 湖北        |
+-----+--------+------+------------+
4 rows in set (0.02 sec)
```

可以看到在查询结果中，所有记录的 age 字段的值均小于 19，而大于或等于 19 的记录没有被返回。

16.3.2 带 BETWEEN AND 的范围查询

使用 BETWEEN AND 可以进行范围查询，该运算符需要两个参数，即范围的开始值和结束值，如果记录的字段值满足指定的范围查询条件，则这些记录被返回。

实例 11：使用 BETWEEN AND 查询数据记录

查询学生年龄在 17 到 19 的学生信息，执行语句如下：

```
mysql> SELECT id,name, age,birthplace FROM students WHERE age BETWEEN 17 AND 19;
+-----+--------+------+------------+
| id  | name   | age  | birthplace |
+-----+--------+------+------------+
| 101 | 王向阳  |   18 | 山东        |
| 102 | 李玉    |   19 | 河南        |
| 104 | 王旭    |   18 | 湖南        |
| 105 | 李夏    |   17 | 河南        |
| 106 | 刘建立  |   19 | 福建        |
| 107 | 张丽莉  |   18 | 湖北        |
+-----+--------+------+------------+
6 rows in set (0.00 sec)
```

可以看到，返回结果包含了年龄从 17 到 19 的字段值，并且端点值 17 和 19 也包括在返回结果中，即 BETWEEN 匹配范围中的所有值，包括开始值和结束值。

如果在 BETWEEN AND 运算符前加关键字 NOT，则表示查询指定范围之外的值，即字段值不在指定范围内的值，则这些记录被返回。

例如，查询年龄在 18 到 19 范围之外的学生信息，执行语句如下：

```
mysql> SELECT id,name, age,birthplace FROM students WHERE age NOT BETWEEN 18 AND
19;
+-----+------+------+------------+
| id  | name | age  | birthplace |
+-----+------+------+------------+
| 103 | 张棵 |   20 | 河南       |
| 105 | 李夏 |   17 | 河南       |
+-----+------+------+------------+
2 rows in set (0.00 sec)
```

由结果可以看到，返回了 age 字段值大于 19 和 age 字段值小于 18 的记录，但不包括开始值和结束值。

16.3.3 带 IN 关键字的查询

IN 关键字用来查询满足指定条件范围的记录，使用 IN 关键字时，将所有检索条件用括号括起来，检索条件用逗号隔开，只要满足条件范围的值即为匹配项。

实例 12：使用 IN 关键字查询数据记录

查询 id 为 101 和 102 的学生数据记录，执行语句如下：

```
mysql> SELECT id,name, age,birthplace FROM students WHERE id IN (101,102);
+-----+--------+------+------------+
| id  | name   | age  | birthplace |
+-----+--------+------+------------+
| 101 | 王向阳 |   18 | 山东       |
| 102 | 李玉   |   19 | 河南       |
+-----+--------+------+------------+
2 rows in set (0.00 sec)
```

相反的，可以使用关键字 NOT 来检索不在条件范围内的记录。

例如，查询所有 id 不等于 101 也不等于 102 的学生数据记录，执行语句如下：

```
mysql> SELECT id,name, age,birthplace FROM students WHERE id NOT IN (101,102);
+-----+--------+------+------------+
| id  | name   | age  | birthplace |
+-----+--------+------+------------+
| 103 | 张棵   |   20 | 河南       |
| 104 | 王旭   |   18 | 湖南       |
| 105 | 李夏   |   17 | 河南       |
| 106 | 刘建立 |   19 | 福建       |
| 107 | 张丽莉 |   18 | 湖北       |
+-----+--------+------+------------+
5 rows in set (0.00 sec)
```

从查询结果可以看到，该语句在IN关键字的前面添加了NOT关键字，这使得查询的结果与上述实例的结果正好相反，前面检索了id等于101和102的记录，而这里所要求查询的记录的id字段值不等于这两个值中的任一个。

16.3.4 带LIKE的字符匹配查询

LIKE关键字可以匹配字符串是否相等。如果字段的值与指定的字符串相匹配，则满足查询条件，该记录将被查询出来。如果与指定的字符串不匹配，则不满足查询条件。语法格式如下：

```
[NOT] LIKE '字符串'
```

主要参数介绍如下：

（1）NOT：是可选参数，表示与指定的字符串不匹配时满足条件。

（2）字符串：表示用来匹配的字符串，该字符串必须加上单引号或双引号。字符串参数的值可以是一个完整的字符串，也可以是包含百分号（%）或者下画线（_）的通配符。

百分号（%）和下画线（_）在应用时有很大的区别，具体如下：

（1）百分号（%）：可以代表任意长度的字符串，长度可以是0。例如，b%k表示以字母b开头，以字母k结尾的任意长度的字符串，该字符串可以是bk、book、break等字符串。

（2）下画线（_）：只能表示单个字符。例如，b_k表示以字母b开头，以字母k结尾的3个字符。中间的下画线（_）可以代表任意一个字符。该字符串可以是bok、buk和bak等字符串。

实例13：使用LIKE关键字查询数据记录

1. 百分号通配符“%”，匹配任意长度的字符，甚至包括零字符

例如，查找所有籍贯以“河”开头的学生信息，执行语句如下：

```
mysql> SELECT id,name, age,birthplace FROM students WHERE birthplace LIKE '河%';
+-----+------+------+------------+
| id  | name | age  | birthplace |
+-----+------+------+------------+
| 102 | 李玉 |   19 | 河南       |
| 103 | 张棵 |   20 | 河南       |
| 105 | 李夏 |   17 | 河南       |
+-----+------+------+------------+
3 rows in set (0.00 sec)
```

该语句查询的结果返回所有以“河”开头的学生信息，“%”告诉SQL Server，返回所有birthplace字段中以“河”开头的记录，不管“河”后面有多少个字符。

另外，在搜索匹配时，通配符“%”可以放在不同的位置。

例如，在students表中，查询学生描述信息中包含字符“南”的记录，执行语句如下：

```
mysql> SELECT name, age,remark FROM students WHERE remark LIKE '%南%';
+--------+------+----------+
| name   | age  | remark   |
+--------+------+----------+
| 王向阳 |   18 | 山东济南 |
| 李玉   |   19 | 河南郑州 |
```

```
| 张棵     |     20 | 河南洛阳   |
| 李夏     |     17 | 河南开封   |
+--------+------+----------+
4 rows in set (0.00 sec)
```

该语句查询 remark 字段描述中包含“南”的学生信息，只要描述中有字符“南”，则前面或后面不管有多少个字符，都满足查询的条件。

2. 下画线通配符“_”，一次只能匹配任意一个字符

下画线通配符“_”，一次只能匹配任意一个字符，该通配符的用法和“%”相同，区别是“%”匹配多个字符，而“_”只匹配任意单个字符，如果要匹配多个字符，则需要使用相同个数的“_”。

例如，在 students 表中，查询学生籍贯以字符“南”结尾，且“南”前面只有 1 个字符的记录，执行语句如下：

```
mysql> SELECT name, age,birthplace FROM students WHERE birthplace LIKE '_南';
+------+------+------------+
| name | age  | birthplace |
+------+------+------------+
| 李玉  |   19 | 河南        |
| 张棵  |   20 | 河南        |
| 王旭  |   18 | 湖南        |
| 李夏  |   17 | 河南        |
+------+------+------------+
4 rows in set (0.00 sec)
```

从结果可以看到，以“南”结尾且前面只有 1 个字符的记录有 4 条。

3. NOT LIKE 关键字

NOT LIKE 关键字表示字符串不匹配的情况下满足条件。

查找 student 表中所有非李姓的学生信息，执行语句如下：

```
mysql> SELECT *FROM students WHERE name NOT LIKE '李%';
+-----+--------+------+------------+--------+----------+
| id  | name   | age  | birthplace | tel    | remark   |
+-----+--------+------+------------+--------+----------+
| 101 | 王向阳  |   18 | 山东        | 123456 | 山东济南  |
| 103 | 张棵    |   20 | 河南        | 123458 | 河南洛阳  |
| 104 | 王旭    |   18 | 湖南        | NULL   | NULL     |
| 106 | 刘建立  |   19 | 福建        | 123455 | 福建福州  |
| 107 | 张丽莉  |   18 | 湖北        | 123454 | 湖北武汉  |
+-----+--------+------+------------+--------+----------+
5 rows in set (0.00 sec)
```

该语句查询的结果返回非李姓的学生信息。

16.3.5　未知空数据的查询

创建数据表的时候，设计者可以指定某列是否可以包含空值（NULL）。空值不同于 0，也不同于空字符串，空值一般表示数据未知、不适用或将在以后添加。在 SELECT 语句中使用 IS NULL 子句，可以查询某字段内容为空记录。

实例 14：使用 IS NULL 查询空值

查询学生表中 tel 字段为空的数据记录，执行语句如下：

```
mysql> SELECT * FROM students WHERE tel IS NULL;
+-----+------+------+------------+------+--------+
| id  | name | age  | birthplace | tel  | remark |
+-----+------+------+------------+------+--------+
| 104 | 王旭  |   18 | 湖南        | NULL | NULL   |
+-----+------+------+------------+------+--------+
1 row in set (0.00 sec)
```

与 IS NULL 相反的是 IS NOT NULL，该子句查找字段不为空的记录。

例如，查询学生表中 tel 不为空的数据记录，执行语句如下：

```
mysql> SELECT * FROM students WHERE tel IS NOT NULL;
+-----+--------+------+------------+--------+----------+
| id  | name   | age  | birthplace | tel    | remark   |
+-----+--------+------+------------+--------+----------+
| 101 | 王向阳  |   18 | 山东        | 123456 | 山东济南  |
| 102 | 李玉    |   19 | 河南        | 123457 | 河南郑州  |
| 103 | 张棵    |   20 | 河南        | 123458 | 河南洛阳  |
| 105 | 李夏    |   17 | 河南        | 123459 | 河南开封  |
| 106 | 刘建立  |   19 | 福建        | 123455 | 福建福州  |
| 107 | 张丽莉  |   18 | 湖北        | 123454 | 湖北武汉  |
+-----+--------+------+------------+--------+----------+
6 rows in set (0.00 sec)
```

可以看到，查询出来的记录的 tel 字段都不为空值。

16.3.6 带 AND 的多条件查询

AND 关键字可以用来联合多个条件进行查询，使用 AND 关键字时，只有同时满足所有查询条件的记录才会被查询出来。如果不满足这些查询条件中的任意一个，这样的记录将被排除。AND 关键字的语法规则如下：

```
条件表达式1 AND 条件表达式2 [⋯AND 条件表达式n]
```

主要参数介绍如下。

（1）AND：用于连接两个条件表达式。而且，可以同时使用多个 AND 关键字，这样可以连接更多的条件表达式。

（2）条件表达式 n：用于查询的条件。

实例 15：使用 AND 关键字查询数据

使用 AND 关键字查询 students 表中学号为 101，而且 birthplace 为“山东”的记录。执行语句如下：

```
mysql> SELECT *FROM students WHERE id=101 AND birthplace LIKE '山东';
+-----+--------+------+------------+--------+----------+
| id  | name   | age  | birthplace | tel    | remark   |
+-----+--------+------+------------+--------+----------+
| 101 | 王向阳  |   18 | 山东        | 123456 | 山东济南  |
+-----+--------+------+------------+--------+----------+
1 row in set (0.00 sec)
```

可以看到，查询出来的记录其学号为'101'，且 birthplace 为“山东”。

使用 AND 关键字来查询 students 表中学号为'103'，'birthplace' 为“河南”，而且年龄小于 25 的记录。执行语句如下：

```
mysql> SELECT *FROM students WHERE id=103 AND birthplace='河南' AND age<25;
+-----+------+------+------------+--------+----------+
| id  | name | age  | birthplace | tel    | remark   |
+-----+------+------+------------+--------+----------+
| 103 | 张棵 |   20 | 河南       | 123458 | 河南洛阳 |
+-----+------+------+------------+--------+----------+
1 row in set (0.00 sec)
```

可以看到，查询出来的记录满足 3 个条件。本实例中使用了“<”和“=”两个运算符，其中，“=”可以用 LIKE 替换。

使用 AND 关键字来查询 student 表，查询条件为学号取值在 {101,102,103} 这个集合之中，年龄范围从 17~21，而且 birthplace 为“河南”。执行语句如下：

```
mysql> SELECT *FROM students WHERE id IN (101,102,103) AND age BETWEEN 17 AND 21
AND birthplace LIKE '河南';
+-----+------+------+-----------+--------+----------+
| id  | name | age  | birthplace| tel    | remark   |
+-----+------+------+-----------+--------+----------+
| 102 | 李玉 |   19 | 河南      | 123457 | 河南郑州 |
| 103 | 张棵 |   20 | 河南      | 123458 | 河南洛阳 |
+-----+------+------+-----------+--------+----------+
2 rows in set (0.00 sec)
```

本实例中使用了 IN、BETWEEN AND 和 LIKE 关键字，因此，结果中显示的记录同时满足这 3 个条件表达式。

16.3.7 带 OR 的多条件查询

OR 关键字也可以用来联合多个条件进行查询，但是与 AND 关键字不同，使用 OR 关键字时，只要满足这几个查询条件中的一个，记录就会被查询出来。如果不满足这些查询条件中的任何一个，记录将被排除。OR 关键字的语法规则如下：

```
条件表达式1 OR 条件表达式2 [⋯OR 条件表达式n]
```

主要参数介绍如下。

（1）OR：用于连接两个条件表达式。可以同时使用多个 OR 关键字，这样可以连接更多的条件表达式。

（2）条件表达式 n：用于查询的条件。

实例 16：使用 OR 关键字查询数据

使用 OR 关键字查询 students 表中学号为 101，或者 birthplace 为“河南”的记录。执行语句如下：

```
mysql> SELECT *FROM students WHERE id=101 OR birthplace LIKE '河南';
+-----+--------+------+------------+--------+----------+
| id  | name   | age  | birthplace | tel    | remark   |
```

```
+-----+--------+------+------------+--------+----------+
| 101 | 王向阳  |   18 | 山东        | 123456 | 山东济南  |
| 102 | 李玉    |   19 | 河南        | 123457 | 河南郑州  |
| 103 | 张棵    |   20 | 河南        | 123458 | 河南洛阳  |
| 105 | 李夏    |   17 | 河南        | 123459 | 河南开封  |
+-----+--------+------+------------+--------+----------+
4 rows in set (0.00 sec)
```

从执行结果可以看到，使用 OR 关键字时，只要记录满足多个条件中的一个，就可以被查询出来。

使用 OR 关键字来查询 student 表，查询条件为学号取值在 {101,102,103} 这个集合之中，或者年龄范围从 17~21，或者 birthplace 为“河南”。执行语句如下：

```
mysql> SELECT *FROM students WHERE id IN (101,102,103)   OR age BETWEEN 17 AND 21
OR birthplace LIKE '河南';
+-----+--------+------+------------+--------+----------+
| id  | name   | age  | birthplace | tel    | remark   |
+-----+--------+------+------------+--------+----------+
| 101 | 王向阳  |   18 | 山东        | 123456 | 山东济南  |
| 102 | 李玉    |   19 | 河南        | 123457 | 河南郑州  |
| 103 | 张棵    |   20 | 河南        | 123458 | 河南洛阳  |
| 104 | 王旭    |   18 | 湖南        | NULL   | NULL     |
| 105 | 李夏    |   17 | 河南        | 123459 | 河南开封  |
| 106 | 刘建立  |   19 | 福建        | 123455 | 福建福州  |
| 107 | 张丽莉  |   18 | 湖北        | 123454 | 湖北武汉  |
+-----+--------+------+------------+--------+----------+
7 rows in set (0.00 sec)
```

本实例中使用了 IN、BETWEEN AND 和 LIKE 关键字。因此，只要记录满足这三个条件表达式中的任何一个，就会被查询出来。

另外，OR 关键字还可以与 AND 关键字一起使用，当两者一起使用时，AND 的优先级要比 OR 高。例如，同时使用 OR 关键字和 AND 关键字来查询 students 表，执行语句如下：

```
mysql> SELECT *FROM students WHERE id IN (101,102,103) AND age=18 OR birthplace
LIKE '河南';
+-----+--------+------+------------+--------+----------+
| id  | name   | age  | birthplace | tel    | remark   |
+-----+--------+------+------------+--------+----------+
| 101 | 王向阳  |   18 | 山东        | 123456 | 山东济南  |
| 102 | 李玉    |   19 | 河南        | 123457 | 河南郑州  |
| 103 | 张棵    |   20 | 河南        | 123458 | 河南洛阳  |
| 105 | 李夏    |   17 | 河南        | 123459 | 河南开封  |
+-----+--------+------+------------+--------+----------+
4 rows in set (0.00 sec)
```

从查询结果中可以得出，条件“id IN (101,102,103) AND age=18”确定了学号为 101 的记录。条件“birthplace LIKE '河南'”确定了学号为 102、103 和 104 的记录。

如果将条件“id IN (101,102,103) AND age=18”与“birthplace LIKE '河南'”的顺序调换一下，我们再来看看执行结果。执行语句如下：

```
mysql> SELECT *FROM students WHERE birthplace LIKE '河南' OR id IN (101,102,103) AND
age=18;
+-----+--------+------+------------+--------+----------+
| id  | name   | age  | birthplace | tel    | remark   |
```

```
+-----+--------+------+------------+--------+----------+
| 101 | 王向阳 |   18 | 山东       | 123456 | 山东济南 |
| 102 | 李玉   |   19 | 河南       | 123457 | 河南郑州 |
| 103 | 张棵   |   20 | 河南       | 123458 | 河南洛阳 |
| 105 | 李夏   |   17 | 河南       | 123459 | 河南开封 |
+-----+--------+------+------------+--------+----------+
4 rows in set (0.00 sec)
```

从结果可以看出是一样的。这就说明 AND 关键字前后的条件先结合，然后再与 OR 关键字的条件结合。这就说明 AND 要比 OR 优先计算。

AND 和 OR 关键字可以连接条件表达式，这些条件表达式中可以使用“=”、“>”等操作符，也可以使用 IN、BETWEEN AND 和 LIKE 等关键字，而且，LIKE 关键字匹配字符串时可以使用“%”和“_”等通配符。

16.4 操作查询的结果

从表中查询出来的数据可能是无序的，或者其排列顺序不是用户所期望的顺序。这时，我们可以对查询结果进行排序，还可以对查询结果分组显示或分组过滤显示。

16.4.1 对查询结果进行排序

为了使查询结果的顺序满足用户的要求，我们可以使用 ORDER BY 关键字对记录进行排序，语法格式如下：

```
ORDER BY 属性名[ASC|DESC]
```

主要参数介绍如下。

（1）属性名：表示按照该字段进行排序。

（2）ASC：表示按升序的顺序进行排序。

（3）DESC：表示按降序的顺序进行排序。默认的情况下，按照 ASC 方式进行排序。

实例 17：使用默认排序方式

查询学生表 students 中的所有记录，按照 age 字段进行排序，执行语句如下。

```
mysql> SELECT * FROM students ORDER BY age;
+-----+--------+------+------------+--------+----------+
| id  | name   | age  | birthplace | tel    | remark   |
+-----+--------+------+------------+--------+----------+
| 105 | 李夏   |   17 | 河南       | 123459 | 河南开封 |
| 101 | 王向阳 |   18 | 山东       | 123456 | 山东济南 |
| 104 | 王旭   |   18 | 湖南       | NULL   | NULL     |
| 107 | 张丽莉 |   18 | 湖北       | 123454 | 湖北武汉 |
| 102 | 李玉   |   19 | 河南       | 123457 | 河南郑州 |
| 106 | 刘建立 |   19 | 福建       | 123455 | 福建福州 |
| 103 | 张棵   |   20 | 河南       | 123458 | 河南洛阳 |
+-----+--------+------+------------+--------+----------+
7 rows in set (0.00 sec)
```

从查询结果可以看出，students 表中的记录是按照 age 字段的值进行升序排序的。这就说明 ORDER BY 关键字可以设置查询结果按某个字段进行排序，而且默认情况下，是按升序进行排序。

实例 18：使用升序排序方式

查询学生表 students 中的所有记录，按照 age 字段的升序方式进行排序，执行语句如下：

```
mysql> SELECT * FROM students ORDER BY age ASC;
+-----+--------+------+------------+--------+----------+
| id  | name   | age  | birthplace | tel    | remark   |
+-----+--------+------+------------+--------+----------+
| 105 | 李夏   |   17 | 河南       | 123459 | 河南开封 |
| 101 | 王向阳 |   18 | 山东       | 123456 | 山东济南 |
| 104 | 王旭   |   18 | 湖南       | NULL   | NULL     |
| 107 | 张丽莉 |   18 | 湖北       | 123454 | 湖北武汉 |
| 102 | 李玉   |   19 | 河南       | 123457 | 河南郑州 |
| 106 | 刘建立 |   19 | 福建       | 123455 | 福建福州 |
| 103 | 张棵   |   20 | 河南       | 123458 | 河南洛阳 |
+-----+--------+------+------------+--------+----------+
7 rows in set (0.00 sec)
```

从查询结果可以看出，students 表中的记录是按照 age 字段的值进行升序排序的。这就说明，加上 ASC 参数，记录按照升序进行排序，这与不加 ASC 参数返回的结果一样。

实例 19：使用降序排序方式

查询学生表 students 中的所有记录，按照 age 字段的降序方式进行排序，执行语句如下。

```
SELECT * FROM students ORDER BY age DESC;
```

执行结果如图 16-1 所示，即可完成数据的排序查询，并显示查询结果。从查询结果可以看出，student 表中的记录是按照 age 字段的值进行降序排序的。这就说明，加上 DESC 参数，记录按照降序进行排序。

> **注意：** 在查询时，如果数据表中要排序的字段值为空值（NULL），则这条记录将显示为第一条记录。因此，按升序排序时，含空值的记录将最先显示。可以理解为空值是该字段的最小值，而按降序排序时，该字段为空值的记录将最后显示。

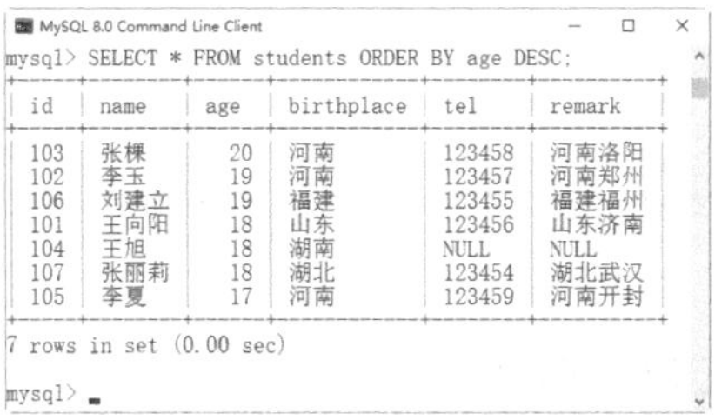

```
MySQL 8.0 Command Line Client
mysql> SELECT * FROM students ORDER BY age DESC;
+-----+--------+------+------------+--------+----------+
| id  | name   | age  | birthplace | tel    | remark   |
+-----+--------+------+------------+--------+----------+
| 103 | 张棵   |   20 | 河南       | 123458 | 河南洛阳 |
| 102 | 李玉   |   19 | 河南       | 123457 | 河南郑州 |
| 106 | 刘建立 |   19 | 福建       | 123455 | 福建福州 |
| 101 | 王向阳 |   18 | 山东       | 123456 | 山东济南 |
| 104 | 王旭   |   18 | 湖南       | NULL   | NULL     |
| 107 | 张丽莉 |   18 | 湖北       | 123454 | 湖北武汉 |
| 105 | 李夏   |   17 | 河南       | 123459 | 河南开封 |
+-----+--------+------+------------+--------+----------+
7 rows in set (0.00 sec)

mysql>
```

图 16-1　对查询结果降序排序

16.4.2　对查询结果进行分组

分组查询是对数据按照某个或多个字段进行分组，MySQL 中使用 GROUP BY 子句对数据进行分组，基本语法形式如下：

```
[GROUP BY  字段] [HAVING <条件表达式>]
```

主要参数介绍如下。

（1）“字段”：表示进行分组时所依据的列名称。

（2）“HAVING <条件表达式>”：指定 GROUP BY 分组显示时需要满足的限定条件。

GROUP BY 子句通常和集合函数一起使用，例如 MAX()、MIN()、COUNT()、SUM()、AVG()。

实例 20：对查询结果进行分组显示

根据学生籍贯对 students 表中的数据进行分组，执行语句如下：

```
SELECT birthplace, COUNT(*) AS Total FROM students
GROUP BY birthplace;
```

执行结果如图 16-2 所示。从查询结果显示，birthplace 表示学生籍贯，Total 字段使用 COUNT() 函数计算得出，GROUP BY 子句按照籍贯 birthplace 字段分组数据。

另外使用 GROUP BY 可以对多个字段进行分组，GROUP BY 子句后面跟需要分组的字段。SQL Server 根据多字段的值进行层次分组，分组层次从左到右，即先按第 1 个字段分组，然后在第 1 个字段值相同的记录中再根据第 2 个字段的值进行分组，以此类推。

根据学生籍贯 birthplace 和学生名称 name 字段对 students 表中的数据进行分组，执行语句如下：

```
SELECT birthplace,name FROM students
GROUP BY birthplace,name;
```

执行结果如图 16-3 所示。由结果可以看到，查询记录先按照籍贯 birthplace 进行分组，再对学生名称 name 字段按不同的取值进行分组。

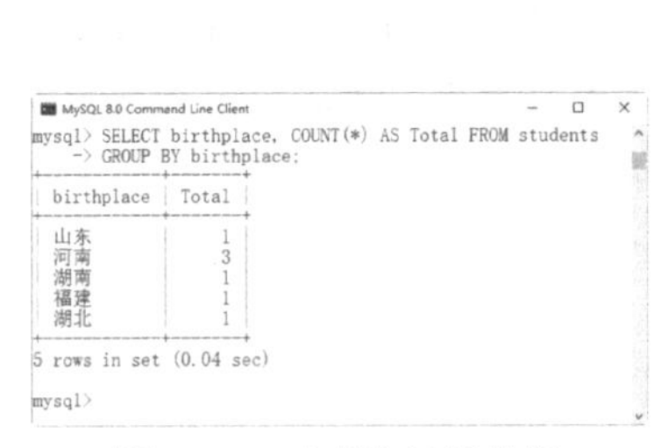

图 16-2　对查询结果分组

图 16-3　根据多字段对查询结果排序

16.4.3　对分组结果过滤查询

GROUP BY 可以和 HAVING 一起限定显示记录所需满足的条件，只有满足条件的分组才会被显示。

实例 21：对查询结果进行分组并过滤显示

根据学生籍贯 birthplace 字段对 students 表中的数据进行分组，并显示学生数量大于 1 的分组信息，执行语句如下：

```
mysql> SELECT birthplace, COUNT(*) AS Total FROM students GROUP BY birthplace
HAVING COUNT(*) > 1;
+------------+-------+
| birthplace | Total |
+------------+-------+
| 河南        |     3 |
+------------+-------+
1 row in set (0.00 sec)
```

由结果可以看到，birthplace 为河南的学生数量大于 1，满足 HAVING 子句条件，因此出现在返回结果中；而其他籍贯的学生数量等于 1，不满足这里的限定条件，因此不在返回结果中。

16.5 使用集合函数进行统计查询

有时候并不需要返回实际表中的数据，而只是对数据进行总结，MySQL 提供了一些查询功能，可以对获取的数据进行分析和报告，这就是聚合函数，具体的名称和作用如表 16-3 所示。

表 16-3 聚合函数

函 数	作 用	函 数	作 用
AVG()	返回某列的平均值	MIN()	返回某列的最小值
COUNT()	返回某列的行数	SUM()	返回某列值的和
MAX()	返回某列的最大值		

16.5.1 使用 COUNT () 求列的和

COUNT() 是一个求总和的函数，返回指定列值的总和。例如，如果要统计 student 表中有多少条记录，可以使用 COUNT() 函数。如果要统计 student 表中不同班级的人数，也可以使用 COUNT() 函数。

实例 22：使用 COUNT() 函数统计列的和

使用 COUNT() 函数统计 students 表中的记录数，执行语句如下：

```
mysql> SELECT COUNT(*) FROM students;
+----------+
| COUNT(*) |
+----------+
|        7 |
+----------+
1 row in set (0.00 sec)
```

由查询结果可以看到，students 表中总共有 7 条记录。本实例说明，COUNT() 函数计算出 students 表中所有记录的总数。

另外，COUNT() 可以与 GROUP BY 一起使用，来计算每个分组的总和。例如，使用 COUNT() 函数统计 students 表中不同籍贯的记录数，COUNT 函数与 GROUP BY 关键字一起使用，输入 SQL 语句如下：

```
mysql> SELECT birthplace,COUNT(*) FROM students GROUP BY birthplace;
+------------+----------+
| birthplace | COUNT(*) |
+------------+----------+
| 山东       |        1 |
| 河南       |        3 |
| 湖北       |        1 |
| 湖南       |        1 |
| 福建       |        1 |
+------------+----------+
5 rows in set (0.00 sec
```

由查询结果可以看到，表中的记录先通过 GROUP BY 关键字进行分组，然后，再计算每个分组的记录数。

> **注意：** COUNT() 函数在计算时，忽略列值为 NULL 的行。

16.5.2 使用 AVG() 求列平均值

AVG() 函数通过计算返回的行数和各行数据的和，求得指定列数据的平均值。

实例 23：使用 AVG() 函数统计列的平均值

在 students 表中，查询籍贯为“河南”的学生年龄的平均值，执行语句如下：

```
mysql> SELECT AVG(age) AS avg_age FROM students WHERE birthplace='河南';
+---------+
| avg_age |
+---------+
| 18.6667 |
+---------+
1 row in set (0.00 sec
```

该例通过添加查询过滤条件，计算出指定籍贯学生的年龄平均值，而不是所有学生的年龄平均值。

另外，AVG() 可以与 GROUP BY 一起使用，来计算每个分组的平均值。

在 students 表中，分别查询每个籍贯的学生年龄的平均值，执行语句如下：

```
mysql> SELECT birthplace,AVG(age) AS avg_age FROM students GROUP BY birthplace;
+------------+---------+
| birthplace | avg_age |
+------------+---------+
| 山东       | 18.0000 |
| 河南       | 18.6667 |
| 湖北       | 18.0000 |
| 湖南       | 18.0000 |
| 福建       | 19.0000 |
+------------+---------+
5 rows in set (0.00 sec)
```

GROUP BY 子句根据籍贯字段对记录进行分组，然后计算每个分组的平均值，这种分组求平均值的方法非常有用，例如，求不同班级学生成绩的平均值，求不同部门工人的平均工资，求各地的年平均气温等。

16.5.3　使用 MAX () 求列最大值

MAX() 返回指定列中的最大值。

实例 24：使用 MAX() 函数查找列中的最大值

在 students 表中查找年龄最大值，执行语句如下：

```
mysql> SELECT MAX(age) AS max_age FROM students;
+---------+
| max_age |
+---------+
|      20 |
+---------+
1 row in set (0.00 sec)
```

由结果可以看到，MAX() 函数查询出了 age 字段的最大值 20。

MAX() 也可以和 GROUP BY 子句一起使用，求每个分组中的最大值。

例如，在 students 表中查找不同籍贯中年龄最大的学生，执行语句如下：

```
mysql> SELECT birthplace, MAX(age) AS max_age FROM students GROUP BY birthplace;
+------------+---------+
| birthplace | max_age |
+------------+---------+
| 山东       |      18 |
| 河南       |      20 |
| 湖北       |      18 |
| 湖南       |      18 |
| 福建       |      19 |
+------------+---------+
5 rows in set (0.00 sec)
```

由结果可以看到，GROUP BY 子句根据 birthplace 字段对记录进行分组，然后计算出每个分组中的最大值。

16.5.4　使用 MIN () 求列最小值

MIN() 返回查询列中的最小值。

实例 25：使用 MAX() 函数查找列中的最小值

在 students 表中查找学生的最小年龄值，执行语句如下。

```
mysql> SELECT MIN(age) AS min_age FROM students;
+---------+
| min_age |
+---------+
|      17 |
+---------+
1 row in set (0.00 sec)
```

由结果可以看到，MIN () 函数查询出了 age 字段的最小值 17。

另外，MIN() 也可以和 GROUP BY 子句一起使用，求每个分组中的最小值。

在 students 表中查找不同籍贯中的年龄最小值，执行语句如下：

```
mysql> SELECT birthplace, MIN(age) AS min_age FROM students GROUP BY birthplace;
+------------+---------+
| birthplace | min_age |
+------------+---------+
| 山东        |      18 |
| 河南        |      17 |
| 湖北        |      18 |
| 湖南        |      18 |
| 福建        |      19 |
+------------+---------+
5 rows in set (0.01 sec)
```

由结果可以看到，GROUP BY 子句根据 birthplace 字段对记录进行分组，然后计算出每个分组中的最小值。

提示： MIN() 函数与 MAX() 函数类似，不仅适用于查找数值类型，也可用于查找字符类型。

16.5.5 使用 COUNT() 统计

COUNT() 函数统计数据表中包含的记录行的总数，或者根据查询结果返回列中包含的数据行数。其使用方法有两种：

（1）COUNT(*)：计算表中总的行数，不管某列有数值或者为空值。

（2）COUNT(字段名)：计算指定列下总的行数，计算时将忽略字段值为空值的行。

实例 26：使用 COUNT() 统计数据表的行数

查询学生表 students 中总的行数，执行语句如下：

```
mysql> SELECT COUNT(*) AS 学生总数 FROM students;
+----------+
| 学生总数  |
+----------+
|        7 |
+----------+
1 row in set (0.00 sec)
```

由查询结果可以看到，COUNT(*) 返回 students 表中记录的总行数，不管其值是什么，返回的总数的名称为学生总数。

当要查询的信息为空值 NULL 时，COUNT() 函数不计算该行记录。

查询学生表 students 中有联系电话信息的学生记录总数，执行语句如下：

```
mysql> SELECT COUNT(tel) AS tel_num FROM students;
+---------+
| tel_num |
+---------+
|       6 |
+---------+
1 row in set (0.00 sec)
```

由查询结果可以看到，表中 7 个学生记录只有 1 个没有电话信息，因此返回数值为 6。

> **注意**：实例 26 中的两个小例返回不同的数值，说明两种方式在计算总数的时候对待NULL 值的方式不同：指定列中值为空的行被 COUNT() 函数忽略；如果不指定列，而是在 COUNT() 函数中使用星号“*”，则所有记录都不会被忽略。

另外，COUNT() 函数与 GROUP BY 子句可以一起使用，用来计算不同分组中的记录总数。

在 students 表中，使用 COUNT() 函数统计不同籍贯的学生数量，执行语句如下：

```
mysql> SELECT birthplace  '籍贯', COUNT(name)  '学生数量' FROM students GROUP BY
birthplace;
+------+----------+
| 籍贯 | 学生数量 |
+------+----------+
| 山东 |        1 |
| 河南 |        3 |
| 湖北 |        1 |
| 湖南 |        1 |
| 福建 |        1 |
+------+----------+
5 rows in set (0.00 sec)
```

由查询结果可以看到，GROUP BY 子句先按照籍贯进行分组，然后计算每个分组中的总记录数。

16.6 多表嵌套查询

多表嵌套查询又称为子查询，在 SELECT 子句中先计算子查询，子查询的结果作为外层另一个查询的过滤条件，查询可以基于一个表或者多个表。子查询中可以使用比较运算符，如“<”“<=”“>”“>=”和“!=”等，子查询中常用的操作符有 ANY、SOME、ALL、IN、EXISTS 等。

16.6.1 使用比较运算符的嵌套查询

嵌套查询中可以使用的比较运算符有“<”“<=”“=”“>=”和“!=”等。为演示多表之间的嵌套查询操作，在数据库 mydb 中，创建水果表（fruits 表）和水果供应商表（suppliers 表），执行语句如下：

```
USE mydb
CREATE TABLE fruits(
    f_id      char(10),
    s_id      INT,
    f_name    VARCHAR(255),
    f_price    decimal(8,2)
);
CREATE TABLE suppliers(
    s_id     char(10),
    s_name   varchar(50),
    s_city    varchar(50)
);
```

执行上述语句，即可完成数据表的创建。

创建好数据表后，下面分别向这两张数据表添加数据记录，执行语句如下：

```
INSERT INTO fruits (f_id, s_id, f_name, f_price)
VALUES('a1', 101,'苹果',5.2),
  ('b1',101,'黑莓', 10.2),
  ('bs1',102,'橘子', 11.2),
  ('bs2',105,'甜瓜',8.2),
  ('t1',102,'香蕉', 10.3),
  ('t2',102,'葡萄', 5.3),
  ('o2',103,'椰子', 10.2),
  ('c0',101,'樱桃', 3.2),
  ('a2',103, '杏子',2.2),
  ('l2',104,'柠檬', 6.4),
  ('b2',104,'浆果', 7.6),
  ('m1',106,'芒果', 15.6);

INSERT INTO suppliers (s_id, s_name, s_city)
VALUES('101','润绿果蔬', '天津'),
  ('102','绿色果蔬', '上海'),
  ('103','阳光果蔬', '北京'),
  ('104','生鲜果蔬', '郑州'),
  ('105','天天果蔬', '上海'),
  ('106','新鲜果蔬', '云南'),
  ('107','老高果蔬', '广东');
```

实例 27：使用比较运算符进行嵌套查询

在 suppliers 表中查询供应商所在城市等于“北京”的供应商编号 s_id，然后在水果表 fruits 中查询所有该供应商编号的水果信息，执行语句如下：

```
mysql> SELECT f_id, f_name FROM fruits WHERE s_id=(SELECT s_id FROM suppliers WHERE
s_city = '北京');
+------+--------+
| f_id | f_name |
+------+--------+
| o2   | 椰子    |
| a2   | 杏子    |
+------+--------+
2 rows in set (0.00 sec)
```

该子查询首先在 suppliers 表中查找 s_city 等于北京的供应商编号 s_id，然后在外层查询时，在 fruits 表中查找 s_id 等于内层查询返回值的记录。

结果表明，“北京”的水果供应商总共供应两种水果类型，分别为“杏子”“椰子”。

在 suppliers 表中查询 s_city 等于“北京”的供应商编号 s_id，然后在 fruits 表中查询所有非该供应商的水果信息，执行语句如下：

```
mysql> SELECT f_id, f_name FROM fruits WHERE s_id<>(SELECT s_id FROM suppliers
WHERE s_city = '北京');
+------+--------+
| f_id | f_name |
+------+--------+
| a1   | 苹果    |
| b1   | 黑莓    |
| bs1  | 橘子    |
| bs2  | 甜瓜    |
| t1   | 香蕉    |
```

```
| t2    | 葡萄    |
| c0    | 樱桃    |
| l2    | 柠檬    |
| b2    | 浆果    |
| m1    | 芒果    |
+------+--------+
10 rows in set (0.00 sec)
```

该子查询的执行过程与前面相同，在这里使用了不等于“<>”运算符，因此返回的结果和前面正好相反。

16.6.2 使用 IN 的嵌套查询

使用 IN 关键字进行嵌套查询时，内层查询语句仅仅返回一个数据列，这个数据列里的值将提供给外层查询语句进行比较操作。

实例 28：使用 IN 关键字进行嵌套查询

在 fruits 表中查询水果编号为“a1”的水果供应商编号，然后根据供应商编号 s_id 查询其供应商名称 s_name，执行语句如下：

```
mysql> SELECT s_name FROM suppliers WHERE s_id IN (SELECT s_id FROM fruits WHERE f_
id = 'a1');
+----------+
| s_name   |
+----------+
| 润绿果蔬  |
+----------+
1 row in set (0.00 sec)
```

这个查询过程可以分步执行，首先内层子查询查出 fruits 表中符合条件的供应商编号的 s_id，查询结果为 101。然后执行外层查询，在 suppliers 表中查询供应商编号 s_id 等于 101 的供应商名称。

另外，上述查询过程可以分开执行这两条 SELECT 语句，对比其返回值。子查询语句可以写为如下形式，以实现相同的效果：

```
SELECT s_name FROM suppliers WHERE s_id IN(101);
```

这个例子说明在处理 SELECT 语句的时候，SQL Server 实际上执行了两个操作过程，即先执行内层子查询，再执行外层查询，内层子查询的结果作为外部查询的比较条件。

SELECT 语句中可以使用 NOT IN 运算符，其作用与 IN 正好相反。

与前一个例子语句类似，但是在 SELECT 语句中使用 NOT IN 运算符，执行语句如下：

```
mysql> SELECT s_name FROM suppliers WHERE s_id NOT IN(SELECT s_id FROM fruits WHERE
f_id = 'a1');
+----------+
| s_name   |
+----------+
| 绿色果蔬  |
| 阳光果蔬  |
| 生鲜果蔬  |
| 天天果蔬  |
```

```
| 新鲜果蔬   |
| 老高果蔬   |
+----------+
6 rows in set (0.00 sec)
```

16.6.3 使用 ANY 的嵌套查询

ANY 关键字也是在嵌套查询中经常使用的。通常都会使用比较运算符来连接 ANY 得到的结果，用于比较某一列的值是否全部大于 ANY 后面子查询中查询出的最小值或者小于 ANY 后面子查询中查询出的最大值。

实例 29：使用 ANY 关键字进行嵌套查询

使用嵌套查询来查询供应商“润绿果蔬”提供的水果价格大于供应商“阳光果蔬”提供的水果价格信息，执行语句如下：

```
mysql> SELECT * FROM fruits WHERE f_price>ANY (SELECT f_price FROM fruits WHERE s_
id=(SELECT s_id FROM suppliers WHERE s_name='阳光果蔬'))AND s_id=101;
+------+------+--------+---------+
| f_id | s_id | f_name | f_price |
+------+------+--------+---------+
| a1   |  101 | 苹果   |    5.20 |
| b1   |  101 | 黑莓   |   10.20 |
| c0   |  101 | 樱桃   |    3.20 |
+------+------+--------+---------+
3 rows in set (0.00 sec)
```

从查询结果中可以看出，ANY 前面的运算符“>”表示对 ANY 后面嵌套查询的结果中的任意值进行是否大于的判断，如果要判断小于可以使用“<”，判断不等于可以使用“ != ”运算符。

16.6.4 使用 ALL 的嵌套查询

ALL 关键字与 ANY 不同，使用 ALL 时需要同时满足所有内层查询的条件。

实例 30：使用 ALL 关键字进行嵌套查询

使用嵌套查询来查询供应商“润绿果蔬”提供的水果价格大于供应商“天天果蔬”提供的水果价格信息，执行语句如下：

```
mysql> SELECT * FROM fruits WHERE f_price>ALL(SELECT f_price FROM fruits
WHERE s_id=(SELECT s_id FROM suppliers WHERE s_name='天天果蔬'))AND s_id=101;
+------+------+--------+---------+
| f_id | s_id | f_name | f_price |
+------+------+--------+---------+
| b1   |  101 | 黑莓   |   10.20 |
+------+------+--------+---------+
1 row in set (0.00 sec)
```

从结果中可以看出，“润绿果蔬”提供的水果信息只返回水果价格大于“天天果蔬”提供的水果价格最大值的水果信息。

16.6.5 使用 SOME 的子查询

SOME 关键字的用法与 ANY 关键字的用法相似，但是意义不同。SOME 通常用于比较满足查询结果中的任意一个值，而 ANY 要满足所有值才可以。因此，在实际应用中，需要特别注意查询条件。

实例 31：使用 SOME 关键字进行嵌套查询

查询水果信息表，并使用 SOME 关键字选出“天天果蔬”与“生鲜果蔬”的水果信息。执行语句如下：

```
mysql> SELECT * FROM fruits WHERE s_id=SOME(SELECT s_id FROM suppliers WHERE s_
name='天天果蔬' OR s_name='生鲜果蔬');
+------+------+--------+---------+
| f_id | s_id | f_name | f_price |
+------+------+--------+---------+
| bs2  |  105 | 甜瓜   |    8.20 |
| l2   |  104 | 柠檬   |    6.40 |
| b2   |  104 | 浆果   |    7.60 |
+------+------+--------+---------+
3 rows in set (0.00 sec)
```

从结果中可以看出，所有“天天果蔬”与“生鲜果蔬”的水果信息都查询出来了，这个关键字与 IN 关键字可以完成相同的功能。也就是说，当在 SOME 运算符前面使用“=”时，就代表了 IN 关键字的用途。

16.6.6 使用 EXISTS 的嵌套查询

EXISTS 关键字代表“存在”的意思，应用于嵌套查询中，只要嵌套查询返回的结果为空，返回结果就是 TRUE，此时外层查询语句将进行查询；否则就是 FALSE，外层语句将不进行查询。通常情况下，EXISTS 关键字用在 WHERE 子句中。

实例 32：使用 EXISTS 关键字进行嵌套查询

查询 suppliers 表中是否存在 s_id=106 的供应商，如果存在就查询 fruits 表中的水果信息，执行语句如下：

```
mysql> SELECT * FROM fruits WHERE EXISTS (SELECT s_name FROM suppliers WHERE s_id
=106);
+------+------+--------+---------+
| f_id | s_id | f_name | f_price |
+------+------+--------+---------+
| a1   |  101 | 苹果   |    5.20 |
| b1   |  101 | 黑莓   |   10.20 |
| bs1  |  102 | 橘子   |   11.20 |
| bs2  |  105 | 甜瓜   |    8.20 |
| t1   |  102 | 香蕉   |   10.30 |
| t2   |  102 | 葡萄   |    5.30 |
| o2   |  103 | 椰子   |   10.20 |
| c0   |  101 | 樱桃   |    3.20 |
| a2   |  103 | 杏子   |    2.20 |
| l2   |  104 | 柠檬   |    6.40 |
```

```
| b2   |  104 | 浆果    |    7.60 |
| m1   |  106 | 芒果    |   15.60 |
+------+------+--------+---------+
12 rows in set (0.00 sec)
```

由结果可以看到，内层查询结果表明 suppliers 表中存在 s_id=106 的记录，因此 EXISTS 表达式返回 TRUE；外层查询语句接收 TRUE 之后对表 fruits 进行查询，返回所有的记录。

EXISTS 关键字还可以和条件表达式一起使用。

查询 suppliers 表中是否存在 s_id=106 的供应商，如果存在就查询 fruits 表中 f_price 大于 5 的记录，执行语句如下：

```
mysql> SELECT * FROM fruits WHERE f_price >5 AND EXISTS(SELECT s_name FROM
suppliers WHERE s_id = 106);
+------+------+--------+---------+
| f_id | s_id | f_name | f_price |
+------+------+--------+---------+
| a1   |  101 | 苹果    |    5.20 |
| b1   |  101 | 黑莓    |   10.20 |
| bs1  |  102 | 橘子    |   11.20 |
| bs2  |  105 | 甜瓜    |    8.20 |
| t1   |  102 | 香蕉    |   10.30 |
| t2   |  102 | 葡萄    |    5.30 |
| o2   |  103 | 椰子    |   10.20 |
| l2   |  104 | 柠檬    |    6.40 |
| b2   |  104 | 浆果    |    7.60 |
| m1   |  106 | 芒果    |   15.60 |
+------+------+--------+---------+
10 rows in set (0.00 sec)
```

由结果可以看到，内层查询结果表明 suppliers 表中存在 s_id=106 的记录，因此 EXISTS 表达式返回 TRUE；外层查询语句接收 TRUE 之后根据查询条件 f_price>5 对 fruits 表进行查询，返回结果为 f_price 大于 5 的记录。

NOT EXISTS 与 EXISTS 的使用方法相同，返回的结果相反。子查询如果至少返回一行，那么 NOT EXISTS 的结果为 FALSE，此时外层查询语句将不进行查询；如果子查询没有返回任何行，那么 NOT EXISTS 返回的结果是 TRUE，此时外层语句将进行查询。

查询表 suppliers 中是否存在 s_id=106 的供应商，如果不存在就查询 fruits 表中的记录，执行语句如下：

```
mysql> SELECT * FROM fruits WHERE NOT EXISTS(SELECT s_name FROM suppliers WHERE s_
id = 106);
Empty set (0.00 sec)
```

该条语句的查询结果将为空值，因为查询语句 SELECT d_name FROM suppliers WHERE s_id=106 对 suppliers 表查询返回了一条记录，NOT EXISTS 表达式返回 FALSE，外层表达式接收 FALSE，将不再查询 fruits 表中的记录。

> **注意：** EXISTS 和 NOT EXISTS 的结果只取决于是否会返回行，而不取决于这些行的内容，所以这个子查询输入列表通常是无关紧要的。

16.7 新手疑难问题解答

疑问1：在 MySQL 数据库中查询出的中文数据是乱码，怎么解决?

安装好数据库后，导入数据，由于之前数据采用 gbk 编码，而安装 MySQL 过程中使用 utf8 编码，所以查询出来数据是乱码。解决方法：登录 MySQL，使用 set names gbk 命令后，再次查询，中文显示正常。

疑问2：在 SELECT 语句中，何时使用分组子句，何时不必使用分组子句?

SELECT 语句中使用分组子句的先决条件是要有聚合函数，当聚合函数值与其他属性的值无关时，不必使用分组子句。当聚合函数值与其他属性的值有关时，必须使用分组子句。

16.8 实战技能训练营

实战1：创建数据表并在数据表中插入数据。

创建数据表 employee 和 dept，表结构以及表中的数据记录如表 16-4~ 表 16-7 所示。

表 16-4　employee 表的结构

字段名	字段说明	数据类型	主键	外键	非空	唯一	自增
e_no	员工编号	INT(11)	是	否	是	是	否
e_name	员工姓名	VARCHAR(50)	否	否	是	否	否
e_gender	员工性别	CHAR(2)	否	否	否	否	否
dept_no	部门编号	INT(11)	否	否	是	否	否
e_job	职位	VARCHAR(50)	否	否	是	否	否
e_salary	薪水	INT(11)	否	否	是	否	否
hireDate	入职日期	DATE	否	否	是	否	否

表 16-5　dept 表的结构

字段名	字段说明	数据类型	主键	外键	非空	唯一	自增
d_no	部门编号	INT(11)	是	是	是	是	是
d_name	部门名称	VARCHAR(50)	否	否	是	否	否
d_location	部门地址	VARCHAR(100)	否	否	否	否	否

表 16-6　employee 表中的记录

e_no	e_name	e_gender	dept_no	e_job	e_salary	hireDate
1001	SMITH	m	20	CLERK	800	2005-11-12
1002	ALLEN	f	30	SALESMAN	1600	2003-05-12
1003	WARD	f	30	SALESMAN	1250	2003-05-12
1004	JONES	m	20	MANAGER	2975	1998-05-18
1005	MARTIN	m	30	SALESMAN	1250	2001-06-12

续表

e_no	e_name	e_gender	dept_no	e_job	e_salary	hireDate
1006	BLAKE	f	30	MANAGER	2850	1997-02-15
1007	CLARK	m	10	MANAGER	2450	2002-09-12
1008	SCOTT	m	20	ANALYST	3000	2003-05-12
1009	KING	f	10	PRESIDENT	5000	1995-01-01
1010	TURNER	f	30	SALESMAN	1500	1997-10-12
1011	ADAMS	m	20	CLERK	1100	1999-10-05
1012	JAMES	f	30	CLERK	950	2008-06-15

表 16-7　dept 表中的记录

d_no	d_name	d_location
10	ACCOUNTING	ShangHai
20	RESEARCH	BeiJing
30	SALES	ShenZhen
40	OPERATIONS	FuJian

（1）创建数据表 dept，并为 d_no 字段添加主键约束。

（2）创建 employee 表，为 dept_no 字段添加外键约束，employee 表中的 dept_no 依赖于父表 dept 中的主键 d_no 字段。

（3）向 dept 表中插入数据。

（4）向 employee 表中插入数据。

实战 2：查询数据表中满足条件的数据记录。

（1）在 employee 表中，查询所有记录的 e_no、e_name 和 e_salary 字段值。

（2）在 employee 表中，查询 dept_no 等于 10 和 20 的所有记录。

（3）在 employee 表中，查询工资范围在 800~2500 的员工信息。

（4）在 employee 表中，查询部门编号为 20 的部门中的员工信息。

（5）在 employee 表中，查询每个部门最高工资的员工信息。

（6）查询员工 BLAKE 所在部门和部门所在地。

（7）查询所有员工的部门和部门信息。

（8）在 employee 表中，计算每个部门各有多少名员工。

（9）在 employee 表中，计算不同类型职工的总工资数。

（10）在 employee 表中，计算不同部门的平均工资。

（11）在 employee 表中，查询工资低于 1500 的员工信息。

（12）在 employee 表中，将查询记录先按部门编号由高到低排列，再按员工工资由高到低排列。

（13）在 employee 表中，查询员工姓名以字母“A”或“S”开头的员工的信息。

（14）在 employee 表中，查询到目前为止，工龄大于等于 10 年的员工信息。

第17章　PHP与MySQL的组合应用

本章导读

PHP 和 MySQL 的结合是目前 Web 开发中的黄金组合。那么 PHP 是如何操作 MySQL 数据库的呢？PHP 操作 MySQL 数据库是通过 mysqli 扩展库来完成的，包括选择数据库，创建数据库和数据表，添加数据，修改数据、读取数据和删除数据等操作。本章将学习 PHP 操作 MySQL 数据库的各种函数和技巧。

知识导图

PHP与MySQL的组合应用
- PHP访问MySQL数据库的步骤
- 连接数据库前的准备工作
- PHP操作MySQL数据库
  - 连接MySQL服务器
  - 选择数据库
  - 创建数据库
  - 创建数据表
  - 添加一条数据记录
  - 一次插入多条数据
  - 读取数据
  - 释放资源
  - 关闭连接
- 管理MySQL数据库中的数据
  - 添加商品信息
  - 查询商品信息

17.1 PHP 访问 MySQL 数据库的步骤

通过 Web 访问数据库的工作过程一般分为如下几个步骤。

（1）用户使用浏览器对某个页面发出 HTTP 请求。

（2）服务器端接收到请求，发送给 PHP 程序进行处理。

（3）PHP 解析代码。在代码中有连接 MySQL 数据库的命令和请求特定数据库的某些特定数据的 SQL 命令。根据这些代码，PHP 打开一个与 MySQL 的连接，并且发送 SQL 命令到 MySQL 数据库。

（4）MySQL 接收到 SQL 语句之后，加以执行。执行完毕后返回执行结果到 PHP 程序。

（5）PHP 执行代码，并根据 MySQL 返回的请求结果数据，生成特定格式的 HTML 文件，且传递给浏览器。HTML 经过浏览器渲染，就得到用户请求的展示结果。

17.2 连接数据库前的准备工作

从 PHP 5 版本开始，PHP 连接数据库的方法有两种：MySQLi 和 PDO。本章节重点学习 MySQLi 的使用方法和技巧。

用户需要检测 MySQLi 函数库的支持情况。开启对 MySQLi 支持的具体操作步骤如下：

01 单击桌面右侧的 WampServer 服务按钮，在弹出的下拉菜单中选择 PHP 7.3.12 命令，在弹出的子菜单中选择 php.ini 命令，如图 17-1 所示。

02 打开 php.ini 文件，找到“;extension=php_mysqli.dll”，去掉该语句前面的分号“;”，如图 17-2 所示，保存 php.ini 文件，重启 WampServer 服务器即可。

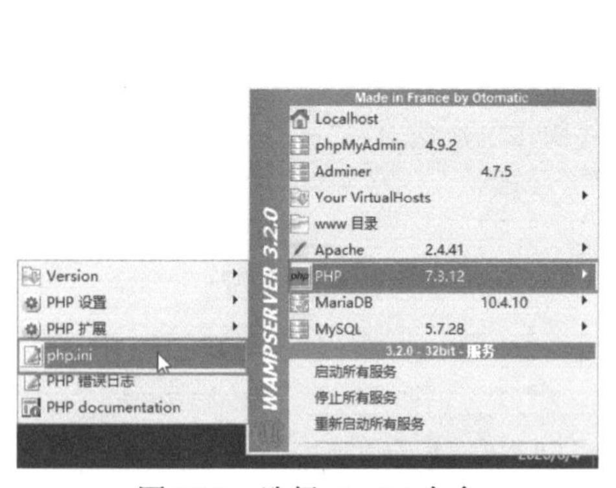

图 17-1 选择 php.ini 命令

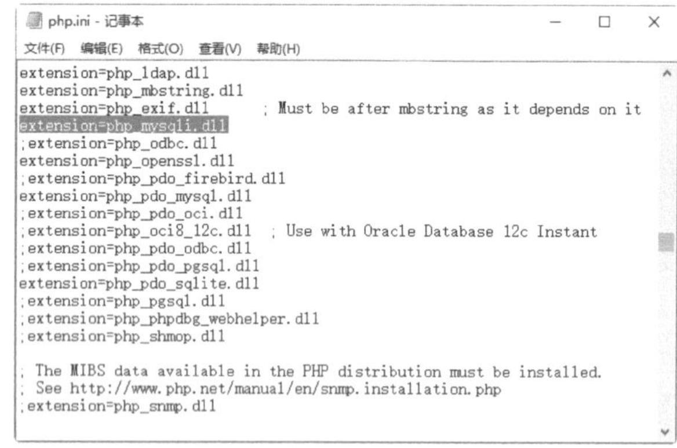

图 17-2 修改 php.ini 文件

03 配置文件设置完成后，可以通过 phpinfo() 函数检查是否配置成功，如果显示出的 PHP 的环境配置信息中有 mysqli 的项目，就表示已经开启了对 MySQL 数据库的支持，如图 17-3 所示。

PHP 7.3.12 - phpinfo()

localhost/phpProject/ch10/10.1.php

mysqli

MysqlI Support	enabled
Client API library version	mysqlnd 5.0.12-dev - 20150407 - $Id: 7cc7cc96e675f6d72e5cf0f267f48e167c2abb2
Active Persistent Links	0
Inactive Persistent Links	0
Active Links	0

Directive	Local Value	Master
mysqli.allow_local_infile	Off	Off
mysqli.allow_persistent	On	On
mysqli.default_host	no value	no value
mysqli.default_port	3306	3306
mysqli.default_pw	no value	no value
mysqli.default_socket	no value	no value
mysqli.default_user	no value	no value
mysqli.max_links	Unlimited	Unlimited
mysqli.max_persistent	Unlimited	Unlimited
mysqli.reconnect	Off	Off
mysqli.rollback_on_cached_plink	Off	Off

图 17-3　检测 PHP 对 mysqli 函数库的支持情况

17.3　PHP 操作 MySQL 数据库

下面介绍 PHP 操作 MySQL 数据库所使用的各个函数的含义和使用方法。

17.3.1　连接 MySQL 服务器

PHP 使用 mysqli_connect() 函数连接 mysql 数据库。

mysqli_connect() 函数的语法格式如下：

```
mysqli_connect('MYSQL服务器地址', '用户名', '用户密码', '要连接的数据库名');
```

该函数用于打开一个到 MySQL 服务器的连接，如果成功则返回一个 MySQL 连接标识，失败则返回 false。

实例 1：连接服务器 localhost

```
<?php
    $servername = "localhost:3308";      // MYSQL服务器地址和端口号
    $username = "root";                  // MYSQL用户名
    $password = "a123456";               // 用户密码
    // 创建连接
    $link = mysqli_connect($servername, $username, $password);
    // 检测连接
    if (!$link) {
       die("数据库连接失败!  " . mysqli_connect_error());
    }else{
        echo  "数据库连接成功! ";
    }
?>
```

运行结果如图 17-4 所示。

图 17-4　连接服务器 localhost

> **注意：** 在 WampServer 3.2 集成环境中，有两个数据库 MariaDB 和 mysql。如果采用默认的端口号 3306，也就是不指定端口号，会连接到 MariaDB 数据库。如果想连接到 MySQL 数据库，则需要指定端口 3308，也就是上述代码中的 localhost:3308。其中 localhost 换成本地地址或者 127.0.0.1，都能实现同样的效果。

如果用户在连接服务器时，也要连接默认的数据库 test，可以将下面代码：

```
$link  = mysqli_connect($servername, $username, $password);
```

修改如下：

```
$link  = mysqli_connect($servername, $username, $password,test);
```

由于 PHP 是面向对象的语言，所以也可以用面向对象的方式连接 MySQL 数据库，代码如下：

```
<?php
    $servername =  "localhost:3308";
    $username =  "root";
    $password =  "a123456";
    // 创建连接
    $link  = new mysqli($servername, $username, $password);
    // 检测连接
    if ($link ->connect_error) {
        die( "数据库连接失败! " . $link ->connect_error);
    }
    echo  "数据库连接成功! ";
?>
```

17.3.2　选择数据库

连接到服务器以后，就需要选择数据库，只有选择了数据库，才能对数据表进行相关的操作。使用函数 mysqli_select_db() 可以选择数据库。该函数的语法格式如下：

```
mysqli_select_db(数据库服务器连接对象, 目标数据库名)
```

实例 2：选择数据库 mytest

```
<?php
    $servername =  "localhost:3308";
    $username =  "root";
    $password =  "a123456";
    // 创建连接
```

```
    $link = mysqli_connect($servername, $username, $password);
    // 检测连接
    if (mysqli_select_db($link,'mytest')) {
echo( "数据库选择成功!");
}else{
echo "数据库选择失败!";
}
?>
```

数据库选择成功！

图 17-5 连接数据库 test

运行结果如图 17-5 所示。

在提前不知道应该连接哪个数据库或者要修改已经连接的默认数据库时经常使用 mysqli_select_db() 函数。

17.3.3 创建数据库

连接到 MySQL 服务器后，用户也可以自己创建数据库。使用 mysqli_query() 函数可以执行 SQL 语句。语法格式如下：

```
mysqli_query(dbection,query);
```

其中，参数 dbection 为数据库连接；参数 query 为 SQL 语句。

在创建 mytest 数据库之前，先删除服务器中现有的数据库 mytest，在 MySQL 控制台中执行语句如下：

```
DROP DATABASE mytest;
```

实例 3：创建数据库 mytest

```
<?php
    $servername = "localhost:3308";  // MYSQL服务器地址
    $username = "root";              // MYSQL用户名
    $password = "a123456";           // 用户密码
    // 创建连接
    $link = mysqli_connect($servername, $username, $password);
    // 检测连接
    if (!$link) {
        die( "数据库连接失败!  " . mysqli_connect_error());
    }else{
        echo "数据库连接成功! ";
    }
    // 创建数据库的SQL语句
      $sql = "CREATE DATABASE mytest DEFAULT CHARACTER SET utf8 COLLATE utf8_
general_ci ";
    if(mysqli_query($link, $sql)) {
        echo "数据库创建成功! ";
    } else {
        echo "数据库创建失败!  " . mysqli_error($link);
    }
    //关闭数据库的连接
    mysqli_close($link);
?>
```

数据库连接成功！数据库创建成功！

图 17-6 创建数据库 mytest

运行结果如图 17-6 所示。

由于 PHP 是面向对象的语言，所以也可以用面向对象的方式创建 MySQL 数据库，上面的案例代码修改如下：

```
<?php
    $servername = "localhost:3308";
    $username = "root";
    $password = "a123456";

    // 创建连接
    $link = new mysqli($servername, $username, $password);
    // 检测连接
    if ($link->dbect_error) {
    die("连接失败: " . $link->dbect_error);
}

// 创建数据库
$sql = " CREATE DATABASE mytest DEFAULT CHARACTER SET utf8 COLLATE utf8_general_ci
";
if ($link->query($sql) === TRUE) {
    echo "数据库创建成功";
} else {
    echo "数据库创建失败: " . $link->error;
}

$link->close();
?>
```

17.3.4 创建数据表

数据库创建完成后，即可在其中创建数据表。下面讲述如何使用 PHP 创建数据表。

例如，在 mytest 数据库中创建数据表 goods，包含 5 个字段，SQL 语句如下：

```
CREATE TABLE goods
(
     id         INT(11),
     name       VARCHAR(25),
     city       VARCHAR(10),
     price     FLOAT,
     gtime      date
);
```

实例 4：创建数据表 goods

```
<?php
    $servername = "localhost:3308";    // MYSQL服务器地址
    $username = "root";               // MYSQL用户名
    $password = "a123456";            // 用户密码
    $linkname ="mytest";             //需要连接的数据库
    // 创建连接
    $link = mysqli_connect($servername, $username, $password,$linkname);
    // 检测连接
    if (!$link) {
       die("数据库连接失败!  " . mysqli_connect_error());
    }
    // 创建数据库的SQL语句
```

```
    $sql = “
    CREATE TABLE goods
    (
        id          INT(11),
        name        VARCHAR(25),
        city        VARCHAR(10),
        price       FLOAT,
        gtime       date
    );";
    if(mysqli_query($link, $sql)) {
        echo "数据表goods创建成功！";
    } else {
        echo "数据表goods创建失败！ " . mysqli_error($link);
}
//关闭数据库的连接
mysqli_close($link);
?>
```

运行结果如图 17-7 所示。

图 17-7 创建数据表 goods

由于 PHP 是面向对象的语言，所以也可以用面向对象的方式创建 MySQL 数据表，上面的案例代码修改如下：

```
<?php
   $servername = "localhost:3308";
   $username = "root";
   $password = "a123456";
   $linkname = "mytest";
   // 创建连接
   $link = new mysqli($servername, $username, $password, $linkname);
   // 检测连接
   if ($link->connect_error) {
       die( "连接失败： " . $link->connect_error);
   }
   // 使用sql创建数据表
       $sql = “
       CREATE TABLE goods
       (
           id          INT(11),
           name        VARCHAR(25),
           city        VARCHAR(10),
           price       FLOAT,
           gtime       date
       );";
   if ($link->query($sql) === TRUE) {
       echo "数据表 goods创建成功";
   } else {
       echo "创建数据表错误： " . $link->error;
   }
   $link->close();
?>
```

17.3.5 添加一条数据记录

数据表创建完成后，可以向表中添加数据。

实例 5：添加一条数据记录

本实例是往数据表 goods 中插入第一条记录：id 为 100001，name 为洗衣机，city 为上海，price 为 4998，gtime 为 2020-10-1。

```
<?php
    $servername = "localhost:3308";                  // MYSQL服务器地址
    $username = "root";                              // MYSQL用户名
    $password = "a123456";                           // 用户密码
    $linkname ="mytest";                             //需要连接的数据库
    // 创建连接
    $link = mysqli_connect($servername, $username, $password,$linkname);
    // 检测连接
    if (!$link) {
       die("数据库连接失败!  " . mysqli_connect_error());
    }
    // 创建数据库的SQL语句
    $sql = "INSERT INTO goods()VALUES (100001, '洗衣机', '上海',
    4998, '2020-10-1')";
    if (mysqli_query($link, $sql)) {
       echo "一条记录插入成功! ";
    } else {
         echo "插入数据错误: ".$sql . "<br />" .
mysqli_error($link);
    }
    //关闭数据库的连接
    mysqli_close($link);
?>
```

一条记录插入成功!

图 17-8　插入单条数据

运行结果如图 17-8 所示。

由于 PHP 是面向对象的语言，所以也可以用面向对象的方式插入数据，上面的案例代码修改如下：

```
<?php
    $servername = "localhost:3308";
    $username = "root";
    $password = "a123456";
    $linkname = "mytest";

    // 创建连接
    $link = new mysqli($servername, $username, $password, $linkname);
    // 检测连接
    if ($link->connect_error) {
       die("连接失败: " . $link->connect_error);
    }

    $sql = "INSERT INTO goods()VALUES (100001, '洗衣机', '上海',
4998, '2020-10-1')";
    if ($link->query($sql) === TRUE) {
       echo "新记录插入成功";
    } else {
       echo "插入数据错误: " . $sql . "<br/>" . $link->error;
    }
    $link->close();
?>
```

17.3.6 一次插入多条数据

如果一次性想插入多条数据，需要使用 mysqli_multi_query() 函数，语法格式如下：

```
mysqli_multi_query(dbection,query);
```

其中，参数 dbection 为数据库连接；参数 query 为 SQL 语句，多个语句之间必须用分号隔开。

实例 6：一次插入多条数据记录

```
<?php
    $servername = “localhost:3308";              // MYSQL服务器地址
    $username = “root";                          // MYSQL用户名
    $password = “a123456";                       // 用户密码
    $linkname ="mytest";                         //需要连接的数据库
    // 创建连接
    $link = mysqli_connect($servername, $username, $password,$linkname);
    // 检测连接
    if (!$link) {
       die(“数据库连接失败!  “ . mysqli_connect_error());
    }
    // 创建数据库的SQL语句
      $sql  =  “INSERT INTO goods()VALUES (100002, '空调', '北京', 6998, '2020-10-
10');";
     $sql  .=  “INSERT INTO goods()VALUES (100003, '电视机', '上海', 3998, '2019-10-
1');";
     $sql  .=  “INSERT INTO goods()VALUES (100004, '热水器', '深圳', 7998, '2020-5-
1')";
    if (mysqli_multi_query($link, $sql)) {
       echo  “三条记录插入成功! ";
    } else {
echo  “插入数据错误:  “.$sql  .  “<br />" . mysqli_
error($link);
}
//关闭数据库的连接
mysqli_close($link);
?>
```

三条记录插入成功!

图 17-9 一次插入三条数据

运行结果如图 17-9 所示。

由于 PHP 是面向对象的语言，所以也可以用面向对象的方式一次插入多条数据，上面的案例代码修改如下：

```
<?php
    $servername = “localhost:3308";
    $username = “root";
    $password = “a123456";
    $linkname = “mytest";

    // 创建连接
    $link = new mysqli($servername, $username, $password, $linkname);
    // 检测连接
    if ($link->connect_error) {
       die(“连接失败: “ . $link->connect_error);
    }
      $sql  =  “INSERT INTO goods()VALUES (100002, '空调', '北京', 6998, '2020-10-
10');";
```

```
    $sql  .=  "INSERT INTO goods()VALUES (100003, '电视机', '上海', 3998, '2019-10-1');";
    $sql  .=  "INSERT INTO goods()VALUES (100004, '热水器', '深圳', 7998, '2020-5-1')";
    if ($link-> multi_query ($sql) === TRUE) {
       echo  "三条记录插入成功";
    } else {
       echo  "插入数据错误： " . $sql .  "<br/>" . $link->error;
    }
    $link->close();
?>
```

17.3.7 读取数据

插入完数据后，可以读取数据表中的数据。下面的案例主要学习如何读取 goods 数据表中的记录。

实例 7：读取数据记录

```
<?php
    $servername =  "localhost:3308";          // MYSQL服务器地址
    $username =  "root";                      // MYSQL用户名
    $password =  "a123456";                   // 用户密码
    $linkname ="mytest";                      //需要连接的数据库
    // 创建连接
    $link = mysqli_connect($servername, $username, $password,$linkname);
    // 检测连接
    if (!$link) {
       die( "数据库连接失败!  " . mysqli_connect_error());
    }
    // 创建数据库的SQL语句
    $sql =  "SELECT id,name,city,price,gtime FROM goods";
    $result = mysqli_query($link, $sql);
    if (mysqli_num_rows($result) > 0) {
       // 输出数据
       while($row = mysqli_fetch_assoc($result)) {  //将结果集放入关联数组
           echo  "编号： " . $row[ "id"].  " ** 名称： " . $row[ "name"]." **产地： " .
$row[ "city"]." **价格： " . $row[ "price"]." **价格： " . $row[ "gtime"].  "<br />";
       }
    } else {
       echo  "没有输出结果";
    }
mysqli_free_result($result);
    mysqli_close($link);
?>
```

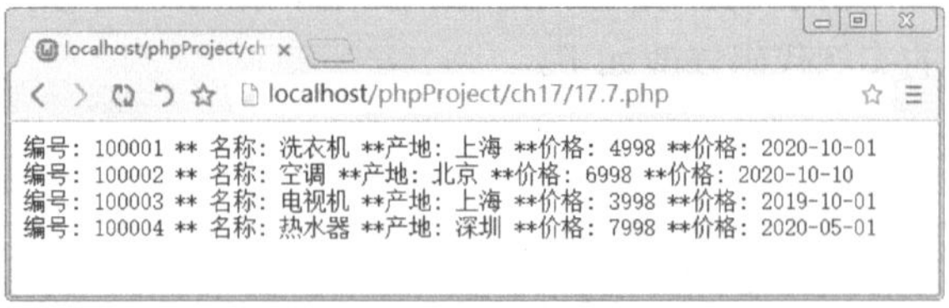

localhost/phpProject/ch17/17.7.php

编号：100001 ** 名称：洗衣机 **产地：上海 **价格：4998 **价格：2020-10-01
编号：100002 ** 名称：空调 **产地：北京 **价格：6998 **价格：2020-10-10
编号：100003 ** 名称：电视机 **产地：上海 **价格：3998 **价格：2019-10-01
编号：100004 ** 名称：热水器 **产地：深圳 **价格：7998 **价格：2020-05-01

图 17-10　读取数据

运行结果如图 17-10 所示。

由于 PHP 是面向对象的语言，所以也可以用面向对象的方式读取数据表中的数据，上面的案例代码修改如下：

```
<?php
    $servername =  "localhost:3308";
    $username =  "root";
    $password =  "a123456";
    $linkname =  "mytest";
```

```
    // 创建连接
    $link = new mysqli($servername, $username, $password, $linkname);
    // 检测连接
    if ($link->connect_error) {
        die( "连接失败: " . $link->connect_error);
    }
    $sql = " SELECT id,name,city,price,gtime FROM goods ";
    $result = mysqli_query($link, $sql);
    if (mysqli_num_rows($result) > 0) {
        // 输出数据
        while($row = mysqli_fetch_assoc($result)) {
                echo "编号: " . $row[ "id"]. " ** 名称: " . $row[ "name"]." **产地:
" . $row[ "city"]." **价格: " . $row[ "price"]." **价格: " . $row[ "gtime"]. "<br
/>";
        }
    } else {
        echo "没有输出结果";
    }

    $link->close();
?>
```

17.3.8 释放资源

释放资源的函数为 mysqli_free_result()，语法格式如下：

```
mysqli_free_result(resource $result)
```

mysqli_free_result() 函数将释放所有与结果标识符 $result 相关联的内存。该函数仅需要在考虑到返回很大的结果集会占用较多内存时调用。执行结束后所有关联的内存都会被自动释放。该函数释放对象 $result 所占用的资源。

17.3.9 关闭连接

在连接数据库时，可以使用 mysqli_connect() 函数。与之相对应，在完成一次对服务器的使用时，需要关闭此连接，以免出现对 MySQL 服务器中数据的误操作。关闭连接的函数是 mysqli_close()，其语法格式如下：

```
mysqli_close ($link)
```

mysqli_close($link) 语句关闭 $link 连接。

17.4 管理 MySQL 数据库中的数据

在开发网站的后台管理系统中，对数据库的操作包括对数据的添加、修改和删除等。

17.4.1 添加商品信息

本节通过表单页面 add.html 添加商品信息，表单中包括 id（编号）、name（名称）、city（产地）、price（价格）、gtime（上市时间）5 个字段，当单击“上传数据”按钮时，将表单提交到 17.8.php 文件。

实例 8：添加数据

add.html 文件的具体代码如下：

```
<!DOCTYPE html>
<html>
<head>
    <meta charset="UTF-8">
    <title>添加商品信息</title>
</head>
<body>
<h2>添加商品信息</h2>
<form action="17.8.php" method="post">
    商品编号：
    <input name="id" type="text" size="20"/> <br />
    商品名称：
    <input name="name" type="text" size="20"/> <br />
    商品产地：
    <input name="city" type="text" size="20"/> <br />
    商品价格：
    <input name="price" type="text" size="20"/> <br />
    上市时间：
    <input name="gtime" type="date" /> <br />
    <input name="reset" type="reset" value="重置数据"/>
    <input name="submit" type="submit" value="上传数据"/>
</form>
</body>
</html>
```

17.8.php 文件的代码如下：

```
<?php
    $id = $_POST['id'];
    $name = $_POST['name'];
    $city = $_POST['city'];
    $price = $_POST['price'];
    $gtime = $_POST['gtime'];

    $servername = “localhost:3308";
    $username = “root";
    $password = “a123456";
    $linkname = “mytest";

    // 创建连接
    $link = mysqli_connect($servername, $username, $password, $linkname);
    // 检测连接
    if (!$link) {
        die(“数据库连接失败： “ . mysqli_connect_error());
    }
    $id = addslashes($id);
    $name = addslashes($name);
    $city = addslashes($city);
    $price = addslashes($price);
    $gtime = addslashes($gtime);
   $sql = “INSERT INTO goods( id,name,city,price,gtime) VALUES ('{$id}','{$name}',
```

```
'{$city}','{$price}','{$gtime}')";
    if(mysqli_query($link,$sql)){
    echo "商品信息添加成功! ";
    }else{
        echo "商品信息添加失败! ";
    };
    mysqli_close($link);
?>
```

运行 add.html 文件，输入商品的信息，如图 17-11 所示。单击“上传数据”按钮，页面跳转至 17.8.php，并返回添加信息的情况，如图 17-12 所示。

图 17-11 输入商品的信息

图 17-12 商品信息添加成功

17.4.2 查询商品信息

本节讲述如何使用 SELECT 语句查询数据信息。

实例 9：查询所有商品信息

```
<!DOCTYPE HTML>
<html>
<head>
    <meta charset=utf-8">
    <title>浏览数据</title>
</head>
<body>
<h2 align="center">商品浏览页面</h2>
<table width="90%"  border="1" cellpadding="0" cellspacing="0">
    <tr>
        <td align="center" valign="middle" >商品编号</td>
        <td align="center" valign="middle">商品名称</td>
        <td align="center" valign="middle">商品产地</td>
        <td align="center" valign="middle">商品价格</td>
        <td align="center" valign="middle">上市时间</td>
    </tr>
<?php
$servername = "localhost:3308";                    // MYSQL服务器地址
$username = "root";                              // MYSQL用户名
$password = "a123456";                          // 用户密码
$linkname ="mytest";                           //需要连接的数据库

// 创建连接
```

```
$link = mysqli_connect($servername, $username, $password,$linkname);
// 检测连接
if (!$link) {
    die( “数据库连接失败！ “ . mysqli_connect_error());
}
// 创建数据库的SQL语句
$sql =  “SELECT id,name,city,price,gtime FROM goods";
$result = mysqli_query($link, $sql);
while($rows = mysqli_fetch_row($result)) {
        echo  “<tr>";
        for($i = 0; $i < count($rows); $i++){
          echo  “<td height='25' align='center' class='m_td'>".$rows[$i]."</td>";
       }
       echo  “</tr>";
}
?>
</table>
</body>
</html>
```

运行结果如图 17-13 所示。

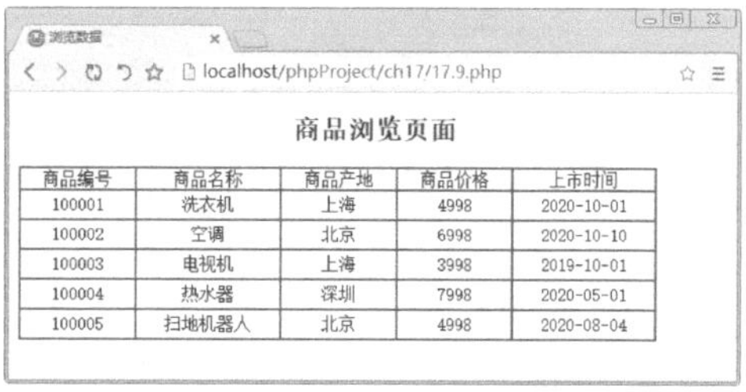
浏览数据
localhost/phpProject/ch17/17.9.php
商品浏览页面
商品编号 商品名称 商品产地 商品价格 上市时间
100001 洗衣机 上海 4998 2020-10-01
100002 空调 北京 6998 2020-10-10
100003 电视机 上海 3998 2019-10-01
100004 热水器 深圳 7998 2020-05-01
100005 扫地机器人 北京 4998 2020-08-04

图 17-13　查询商品信息

实例 10：查询指定条件的商品信息

这里先选择商品的产地，然后查询指定产地的商品信息。

select.html 的代码如下：

```
<!DOCTYPE html>
<html>
<head>
    <meta charset="UTF-8">
    <title>查询商品信息</title>
</head>
<body>
<h2>查询商品信息</h2>
<form action="17.10.php" method="post">
选择商品产地：
<select name="city">
<option value="北京">北京</option>
<option value="上海">上海</option>
<option value="深圳">深圳</option>
</select><br />
<input name="submit" type="submit" value="查询商品信息"/>
</form>
</body>
</html>
```

17.10.php 文件的代码如下：

```
<!DOCTYPE HTML>
<html>
<head>
    <meta charset="UTF-8">
    <title>商品查询页面</title>
</head>
<body>
<h2 align="center">商品查询页面</h2>
<table width="90%"  border="1" cellpadding="0" cellspacing="0">
```

```
    <tr>
        <td align="center" valign="middle" >商品编号</td>
        <td align="center" valign="middle">商品名称</td>
        <td align="center" valign="middle">商品产地</td>
        <td align="center" valign="middle">商品价格</td>
        <td align="center" valign="middle">上市时间</td>
    </tr>
<?php
$servername = “localhost:3308";        // MYSQL服务器地址
$username = “root";                    // MYSQL用户名
$password = “a123456";                 // 用户密码
$linkname ="mytest";                   //需要连接的数据库
$city = $_POST['city'];
// 创建连接
$link = mysqli_connect($servername, $username, $password,$linkname);
// 检测连接
if (!$link) {
    die( “数据库连接失败!  “ . mysqli_connect_error());
}
// 创建数据库的SQL语句
$sql = “SELECT id,name,city,price,gtime FROM goods WHERE city = '".$city."'";
$result = mysqli_query($link, $sql);
while($rows = mysqli_fetch_row($result)) {
    echo “<tr>";
    for($i = 0; $i < count($rows); $i++){
        echo “<td height='25' align='center' class='m_td'>".$rows[$i]."</td>";
    }
    echo “</tr>";
}
?>
</table>
</body>
</html>
```

运行 select.html，选择商品的产地，例如这里选择上海，如图 17-14 所示。单击“查询商品信息”按钮，页面跳转至 17.9.php，如图 17-15 所示，查询出所有产地为上海的商品信息。

图 17-14　选择商品的产地

图 17-15　查询商品信息

17.5　新手疑难问题解答

疑问 1：如何防止 SQL 注入的攻击?

所谓 SQL 注入，就是通过把 SQL 命令插入 Web 表单提交或输入域名或页面请求的查询字符串，最终达到欺骗服务器执行恶意的 SQL 命令。

PHP 7 中的预处理语句对于防止 MySQL 注入是非常有用的。预处理语句用于执行多个相同的 SQL 语句，并且执行效率更高。

预处理语句的工作原理如下：

（1）创建 SQL 语句模板并发送到数据库。预留的值使用参数“?”标记 。例如：

```
INSERT INTO employee(id,name,age,salary)VALUES (VALUES(?, ?, ? , ?)
```

（2）数据库解析，编译，对 SQL 语句模板执行查询优化，并存储结果而不输出。

（3）最后，将应用绑定的值传递给参数（? 标记），数据库执行语句。

相比于直接执行 SQL 语句，预处理语句有两个主要优点：

（1）预处理语句大大减少了分析时间，只做了一次查询。

（2）绑定参数减少了服务器带宽，只需要发送查询的参数，而不是整个语句。

预处理语句针对 SQL 注入是非常有用的，因为参数值发送后使用不同的协议，保证了数据的合法性。

疑问 2：为什么应尽量省略 MySQL 语句中的分号？

在 MySQL 语句中，每一行的命令都是用分号 (;) 来结束的，但是，当一行 MySQL 被插入 PHP 代码中时，最好把后面的分号省略。这主要是因为 PHP 也是用号来结束的，额外的分号有时会让 PHP 的语法分析器搞不明白，所以还是省略为好。在这种情况下，虽然省略了分号，但是 PHP 在执行 MySQL 命令时会自动加上去。

另外，还有一个不需要加分号的情况。当用户想把字段竖向排列显示，而不是像通常的那样横着排列时，可以用 G 来结束一行 SQL 语句，这时就用不上分号了，例如：

```
SELECT * FROM paper WHERE USER_ID =1G
```

疑问 3：如何对数据表中的信息进行排序操作？

使用 ORDER BY 语句可以对数据表中的信息进行排序。例如，将数据表 employee 中的记录按年龄从小到大排序。SQL 语句如下：

```
SELECT id,name,age,salary FROM employee ORDER BY age ASC
```

其中，ASC 为默认关键词，表示按升序排列。如果想按降序排列，可以使用 DESC 关键字。

17.6 实战技能训练营

实战 1：使用 PHP 创建数据库和数据表

使用 mysqli_query() 函数创建数据库 mydb，然后在 mydb 数据库中创建数据表 student，该表包含 4 个字段，即 id、name、sex、age 字段。

实战 2：插入并读取数据

使用 mysqli_multi_query() 函数插入 3 条演示数据，然后根据年龄，读取指定的数据并显示出来。

第18章　PDO数据库抽象层

本章导读

由于 PHP 支持各个平台不同的数据库，所以在早期版本中维护起来非常困难，可移植性也比较差。为了解决这个问题，PHP 开发了数据库抽象类，为 PHP 访问数据库定义了一个轻量级的、一致性的接口，它提供了一个数据访问抽象层，这样，无论使用什么数据库，都可以通过一致的函数执行查询和获取数据。本章主要讲述PDO数据库抽象类库的使用方法。

知识导图

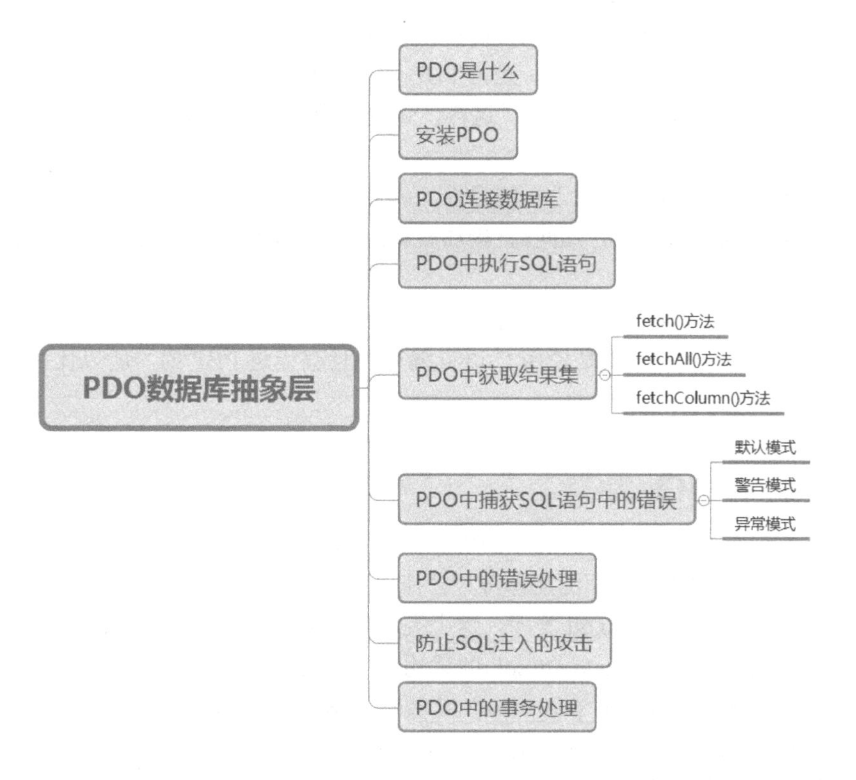

18.1 PDO 是什么

随着 PHP 应用的快速增长和通过 PHP 开发跨平台应用的普及，使用不同的数据库是十分常见的。PHP 需要支持 MySQL、SQL Server 和 Oracle 等多种数据库。

如果只是通过单一的接口针对单一的数据库编写程序，比如用 MySQL 函数处理 MySQL 数据库，用其他函数处理 Oracle 数据库，这在很大程度上增加了 PHP 程序在数据库方面的灵活性并提高了编程的复杂性和工程量。

如果通过 PHP 开发一个跨数据库平台的应用，比如对于一类数据需要到两个不同的数据库中提取的情况，使用传统方法要写两个不同的数据库连接程序，并且要对两个数据库连接的工作过程进行协调。

为了解决这个问题，程序员们开发出了“数据库抽象层”。通过这个抽象层，可以把数据处理业务逻辑和数据库连接区分开。也就是说，不管 PHP 连接的是什么数据库，都不影响 PHP 程序的业务逻辑。这样对于一个应用来说，就可以采用若干个不同的数据库支持方案。

PDO 就是 PHP 中最为主流的实现“数据库抽象层”的数据库抽象类。PDO 类是 PHP 中最为突出的功能之一。在 PHP 5 版本以前，PHP 只能通过针对 MySQL 的类库、针对 Oracle 的类库、针对 SQL Server 的类库等实现有针对性的数据库连接。

PDO 是 PHP Data Objects 的简称，是为 PHP 访问数据库定义的一个轻量级的、一致性的接口，它提供了一个数据访问抽象层，这样，无论使用什么数据库，都可以通过一致的函数执行查询和获取数据。

PDO 通过数据库抽象层实现以下一些特性。

（1）灵活性：可以在 PHP 运行期间，直接加载新的数据库，而不需要在新的数据库使用时，重新设置和编译。

（2）面向对象：这个特性完全配合了 PHP，通过对象来控制数据库的使用。

（3）速度极快：由于 PDO 是使用 C 语言编写并且编译进 PHP 的，所以比那些用 PHP 编写的抽象类要快很多。

18.2 安装 PDO

由于 PDO 类库是 PHP 7 自带的类库，所以要使用 PDO 类库，只须在 php.ini 中把关于 PDO 类库的语句前面的注释符号去掉。

首先启用 extension=php_pdo.dll 类库，这个类库是 PDO 类库本身。然后是不同的数据库驱动类库选项。extension=php_pdo_mysql.dll 适用于 MySQL 数据库的连接。如果使用 SQL Server，可以启用 extension=php_pdo_mssql.dll 类库。如果使用 Oracle 数据库，可以启用 extension=php_pdo_oci.dll。除了这些，还有支持 PgSQL 和 SQLite 等的类库。

本机环境下启用的类库为 extension=php_pdo.dll 和 extension=php_pdo_mysql.dll，如图 18-1 所示。

```
php.ini - 记事本
文件(F) 编辑(E) 格式(O) 查看(V) 帮助(H)
extension=php_ldap.dll
extension=php_mbstring.dll
extension=php_exif.dll      ; Must be after mbstring as it depends on it
extension=php_mysqli.dll
;extension=php_odbc.dll
extension=php_openssl.dll
;extension=php_pdo_firebird.dll
extension=php_pdo_mysql.dll
;extension=php_pdo_oci.dll
;extension=php_oci8_12c.dll  ; Use with Oracle Database 12c Instant
Client
;extension=php_pdo_odbc.dll
;extension=php_pdo_pgsql.dll
extension=php_pdo_sqlite.dll
;extension=php_pgsql.dll
;extension=php_phpdbg_webhelper.dll
;extension=php_shmop.dll

; The MIBS data available in the PHP distribution must be installed.
; See http://www.php.net/manual/en/snmp.installation.php
;extension=php_snmp.dll

extension=php_soap.dll
extension=php_sockets.dll
extension=php_sqlite3.dll
```

图 18-1 安装 PDO

可以通过 phpinfo() 函数查看 PDO 是否安装成功，如图 18-2 所示。

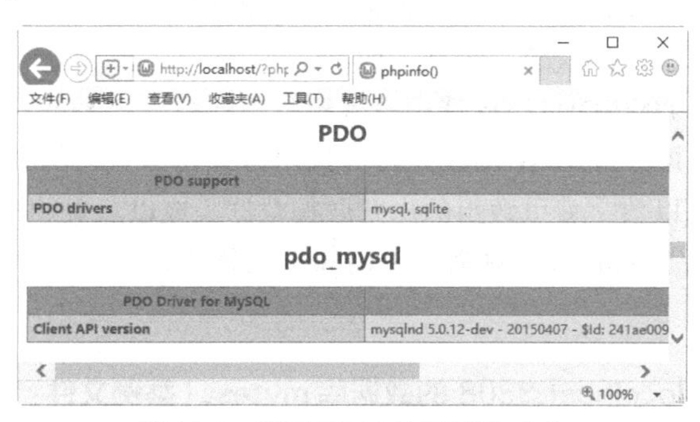

图 18-2 查看 PDO 是否安装成功

18.3 PDO 连接数据库

在本开发环境下使用的数据库是 MySQL，所以在使用 PDO 操作数据库之前，需要首先连接到 MySQL 服务器和特定的 MySQL 数据库。

在 PDO 中，要建立与数据库的连接需要实例化 PDO 的构造函数，语法格式如下：

```
__constuct(string $dsn[,string $username[,string $password[,array $driver_
options]]])
```

构造函数的参数含义如下。

（1）dsn：数据源名称，包括主机名端口号和数据库名称。dsn 是一个字符串，由“数据库服务器类型”“数据库服务器地址”和“数据库名称”组成。它们组合的格式如下：

```
'数据库服务器类型:host=数据库服务器地址;dbname=数据库名称'
```

（2）username：连接数据库的用户名。

（3）password：连接数据库的密码。

（4）driver_options：连接数据库的其他选项。

driver_options 是一个数组，它有很多选项。

（1）PDO::ATTR_AUTOCOMMIT：此选项定义 PDO 在执行时是否注释每条请求。

（2）PDO::ATTR_CASE：通过此选项，可以控制在数据库中取得的数据中字母的大小写。具体说来就是，可以通过 PDO::CASE_UPPER 使所有读取的数据字母变为大写，可以通过 PDO::CASE_LOWER 使所有读取的数据字母变为小写，可以通过 PDO::CASE_NATURL 使用特定的在数据库中发现的字段。

（3）PDO::ATTR_EMULATE_PREPARES：此选项可以利用 MySQL 的请求缓存功能。

（4）PDO::ATTR_ERRMODE：使用此选项定义 PDO 的错误报告模型式。具体的三种模式分别为 PDO::ERRMODE_EXCEPTION 异常模式、PDO::ERRMODE_SILENT 沉默模式和 PDO::ERRMODE_WARNING 警报模式。

（5）PDO::ATTR_ORACLE_NULLS：此选项在使用 Oracle 数据库时会把空字符串转换为 NULL 值。一般情况下，此选项默认为关闭。

（6）PDO::ATTR_PERSISTENT：使用此选项来确定此数据库连接是否可持续。但是其默认值为 false，不启用。

（7）PDO::ATTR_PREFETCH：此选项确定是否要使用数据库的 prefetch 功能。此功能是在用户取得一条记录操作之前就取得多条记录，以准备给其下一次请求数据操作提供数据，并且减少了执行数据库请求的次数，提高了效率。

（8）PDO::ATTR_TIMEOUT：此选项设置超时的秒数。MySQL 不支持此功能。

（9）PDO::DEFAULT_FETCH_MODE：此选项可以设定默认的 fetch 模式，是以联合数据的形式取得数据，或以数字索引数组的形式取得数据，或以对象的形式取得数据。

当建立一个连接对象的时候，只需要使用 new 关键字，生成一个 PDO 的数据库连接实例即可。

实例 1：连接服务器 localhost:3308 的数据库 mytest（案例文件：ch18\18.1.php）

```
<?php
    header( "Content-Type:text/html;charset=utf-8");          //设置页面的编码格式
    $dbms='mysql';                                             // 数据库类型
    $dbName='mytest';                                          // 数据库名称
    $servername =  "localhost:3308";                           // MYSQL服务器地址
    $username =  "root";                                       // MYSQL用户名
    $password =  "a123456";                                    // 用户密码
    $dsn =  "$dbms:host=$servername;dbname=$dbName";
    try {
       $dbconnect = new PDO($dsn,$username,$password); //实例化对象
       echo  "PDO连接MySQL数据库成功! ";
    } catch(PDOException $exception) {
       echo  "数据库连接错误: " . $exception->getMessage();
    }
?>
```

运行结果如图 18-3 所示。

图 18-3　连接服务器 localhost:3308 的数据库 mytest

18.4 PDO 中执行 SQL 语句

在 PDO 中，可以使用 3 种方法来执行 SQL 语句，主要包括 exec() 方法、query() 方法和预处理语句。

1. exec() 方法

exec() 方法返回 SQL 语句执行后受影响的行数，语法格式如下：

```
int PDO::exec(string $sql)
```

参数 $sql 为需要执行的 SQL 语句。该方法返回执行查询时受影响的行数，通常用于 INSERT、UPDATE 和 DELETE 语句。

例如，更新 goods 表中 id 为 100001 的商品价格为 7600。代码如下：

```
<?php
    //连接数据库
    $link = new PDO( "mysql:host=localhost:3308;dbname=mytest","root","a123456");
    //执行SQL语句
    $count = $link->exec( "UPDATE goods SET price=7600 WHERE id=100001");
?>
```

2. query() 方法

query() 方法返回执行查询后的结果集，语法格式如下：

```
PDOStatement PDO::query(string $sql)
```

参数 $sql 为需要执行的 SQL 语句。该方法返回一个 PDOStatement，通常用于 SELECT 语句。

例如，查询 goods 表中商品价格大于 6000 的记录，代码如下：

```
<?php
    //连接数据库
    $link = new PDO("mysql:host=localhost:3308;dbname=mytest","root","a123456");
    $sql =  "SELECT * FROM goods WHERE price>6000";          //定义SQL语句
    foreach($link->query($sql) as $row){                      //执行SQL语句，遍历数据
        print $row['id']."\t";
        print $row['name']."\t";
        print $row['price']."\n<br \>";
    }
?>
```

3. 预处理语句

预处理语句包括 prepare() 和 execute() 两个方法。首先通过 prepare() 方法做查询的准备工作，语法格式如下：

```
PDOStatement PDO::prepare(string $sql [,array $driver_options])
```

参数 $sql 为需要执行的 SQL 语句。然后通过 execute() 方法执行查询。execute() 方法的语法格式如下：

```
bool PDOStatement::execute([array $input_parameters])
```

例如，查询 goods 表中商品价格小于 7000 且产地为上海的所有记录。代码如下：

```
<?php
    //连接数据库
    $link = new PDO( "mysql:host=localhost:3308;dbname=mytest","root","a123456");
    //定义SQL语句
    //prepare预处理
    $spr = $link->prepare('SELECT * FROM goods WHERE price<? AND city=?');
    $spr->execute(array(7000, '上海'));//execute()方法执行SQL语句，并替换参数
    $result= $spr->fetchAll();            //获取执行结果
    var_dump($result);
?>
```

18.5 PDO 中获取结果集

使用 PDO 查询完数据记录后，可以通过三种方法获取结果集，包括 fetch() 方法、fetchAll() 方法和 fetchColumn() 方法。

18.5.1 fetch () 方法

fetch() 方法可以获取结果集中的下一行记录，语法格式如下：

```
mixed PDOStatement::fetch ([ int $fetch_style [, int $cursor_orientation [, int
$cursor_offset = 0 ]]] )
```

fetch_style 参数决定 POD 如何返回行。此方法成功时返回的值依赖于提取类型。在所有情况下，失败都返回 FALSE 。

各个参数的含义如下。

1. fetch_style

控制结果集的返回方式，其可选方式如下。

（1）PDO::FETCH_ASSOC：返回一个索引为结果集列名的数组。

（2）PDO::FETCH_BOTH（默认方式）：返回一个索引为结果集列名和以 0开始的列号的数组。

（3）PDO::FETCH_NUM：返回一个索引为以 0 开始的结果集列号的数组。

（4）PDO::FETCH_OBJ：返回一个属性名对应结果集列名的匿名对象。

（5）PDO::FETCH_BOUND：以布尔值的形式返回结果，同时将获取的列值赋给 bindColumn() 方法中指定的变量。

（6）PDO::FETCH_LAZY：以关联数组、数组索引数组和对象 3 种形式返回结果。

2. cursor_orientation

PDOStatement 对象的一个滚动游标，可用于获取指定的一行。

3. cursor_offset

cursor_offset 用于设置游标的偏移量。

实例 2：使用 fetch() 方法获取结果集

```
<?php
    // 将数据库访问信息设置为常量：
```

```
    header( 'Content-Type:text/html;charset=utf-8 ');
    DEFINE ('DB_USER', 'root');
    DEFINE ('DB_PASSWORD', 'a123456');
    DEFINE ('DB_HOST', 'localhost:3308');
    DEFINE ('DB_NAME', 'mytest');
    date_default_timezone_set('PRC');  //设置时区

    try {
        $dsn = 'mysql:host='.DB_HOST.';dbname='.DB_NAME.'';
        $dbc = new PDO($dsn, DB_USER, DB_PASSWORD);
        $dbc->exec('set name utf8');
        if (!$dbc) {
            echo “无法连接数据库！";
            exit;
        }

        $q = “select * from goods;";
        $res = $dbc->prepare($q);//准备查询语句
        $res->execute();
        $result = $res->fetch(PDO::FETCH_NUM);
        echo “返回首行列数" . count($result) . “<br>";
        // 在不知道列的情况下，实现循环输出首行内容
        for ($i = 0; $i <= count($result)-1; $i++) {
            echo $result[$i] . “ “;
}

}
catch (PDOException $e) {
echo '不能连接 MySQL: ' . $e->getMessage();
    }
```

运行结果如图18-4所示。

图18-4 使用fetch()方法获取结果集

18.5.2 fetchAll()方法

fetchAll()方法与fetch()方法类似，但是该方法只需要调用一次就可以获取结果集中的所有行，并赋给返回的二维数组。其语法格式如下：

```
array PDOStatement::fetchAll ([ int $fetch_style [,int $column_index]] )
```

该方法的返回值是一个包含结果集中所有数据的二维数组。其中，参数$fetch_style用于设置结果集中数据的显示方法；参数column_index为字段的索引。

实例3：使用fetchAll()方法获取结果集

```
<?php
try {
    $dbh = new PDO('mysql:dbname=mytest;host=localhost:3308', “root","a123456");
}catch (PDOException $e){
    echo '数据库连接失败：'.$e->getMessage();
    exit;
}

echo '<table border="1" align="center" width=90%>';
```

```
echo '<caption><h1>商品信息表</h1></caption>';
echo '<tr bgcolor="#cccccc">';
echo '<th>编号</th><th>名称</th><th>产地</th><th>价格</th><th>上市日期</th></tr>';
//使用query方式执行SELECT语句，建议使用prepare()和execute()形式执行语句
$stmt = $dbh->prepare( "select id,name,city,price,gtime FROM goods");
$stmt->execute();
$allrows = $stmt->fetchAll(PDO::FETCH_ASSOC);     //以关联下标从结果集中获取所有数据
//以PDO::FETCH_NUM形式获取索引并遍历
foreach($allrows as $row) {
    echo '<tr>';
    echo '<td>' . $row['id'] . '</td>';
    echo '<td>' . $row['name'] . '</td>';
    echo '<td>' . $row['city'] . '</td>';
    echo '<td>' . $row['price'] . '</td>';
    echo '<td>' . $row['gtime'] . '</td>';
    echo '</tr>';
}
echo '</table>';
$stmt->execute();
$row = $stmt->fetchAll(PDO::FETCH_COLUMN,1);    //从结果集中获取第二列的所有值
?>
```

运行结果如图 18-5 所示。

图 18-5 使用 fetchAll() 方法获取结果集

18.5.3 fetchColumn () 方法

fetchColumn() 方法可以获取结果集中下一行指定的列。其语法格式如下：

```
string PDOStatement::fetchColumn([int $column_number])
```

column_number 为可选参数，用于设置行中列的索引值，该值都以 0 开始。如果省略该参数则从 1 开始取值。

实例 4：使用 fetchColumn() 方法获取结果集中第 1 列中的数据

```
<?php
    header( 'Content-Type:text/html;charset=utf-8 ');
    $dbms='mysql';
    $dbname='mytest';
    $user='root';
    $pwd='a123456';
    $host='localhost:3308';
```

```
    $dsn="$dbms:host=$host;dbname=$dbname";
    try{
        $pdo=new PDO($dsn,$user,$pwd);
        $pdo->query( "SET NAMES utf8");
        $query="select id,name,city,price,gtime FROM goods";
        $result=$pdo->prepare($query);
        $result->execute();
        /*
            下面输出结果集中第一列中的数据
         */
         echo $result->fetchColumn(0).'<br />';
         echo $result->fetchColumn(0).'<br />';
         echo $result->fetchColumn(0).'<br />';
         echo $result->fetchColumn(0).'<br />';
         echo $result->fetchColumn(0).'<br />';
}catch(PDOException $e){
         die( "Error!".$e->getMessage()."<br />") ;
}
?>
```

运行结果如图 18-6 所示。

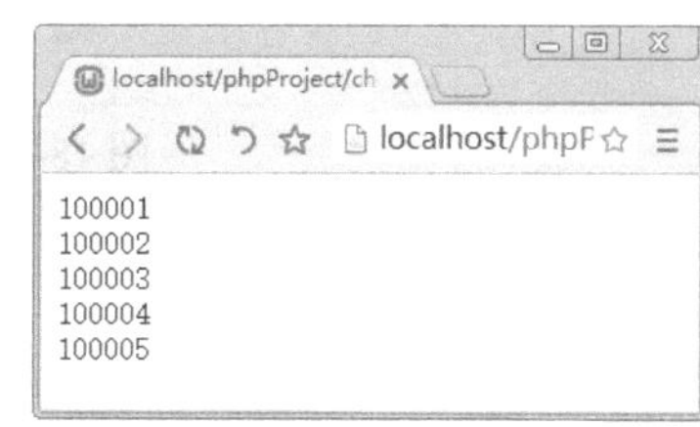

图 18-6 使用 fetchColumn() 方法获取结果集中第 1 列中的数据

18.6 在 PDO 中捕获 SQL 语句中的错误

在 PDO 中捕获 SQL 语句中的错误的方法有 3 种，包括默认模式、警告模式和异常模式。

18.6.1 默认模式

在默认模式中设置 PDOStatement 对象的 errorCode 属性，但不会进行其他操作。

例如，下面查询数据库的信息，其中 SQL 语句中数据表的名称错写为 good，通过默认模式捕获此错误。

实例 5：通过默认模式捕获 SQL 语句中的错误

```
<?php
    //连接数据库
    $link = new PDO( "mysql:host=localhost:3308;dbname=mytest","root","a123456");
    $spr = $link->prepare('SELECT * FROM good WHERE price<? AND city=?');
    $spr->execute(array(7000, '上海'));//execute()方法执行SQL语句，并替换参数
    if(!$spr->errorCode()){
        echo "数据查询成功! ";
    }else{
        echo "错误信息为: ";
        echo "SQL Query:".$query;
        echo "<pre>";
        print_r($spr->errorInfo());
    }
?>
```

运行结果如图 18-7 所示。

```
localhost/phpProject/ch18/18.5.php
错误信息为：
( ! ) Notice: Undefined variable: query in C:\wamp\www\phpProject\ch11\11.5.php on line 12
Call Stack
# Time    Memory  Function  Location
1 0.0023  389072  {main}( ) ...\11.5.php:0
SQL Query:

Array
(
    [0] => 42S02
    [1] => 1146
    [2] => Table 'mytest.good' doesn't exist
)
```

图 18-7　通过默认模式捕获 SQL 语句中的错误

18.6.2　警告模式

警告模式会生成一个 PHP 警告信息，并设置 errorCode 属性。

例如，下面查询数据库的信息，其中 SQL 语句中数据表的名称错写为 good，通过警告模式捕获此错误。

实例 6：通过警告模式捕获 SQL 语句中的错误

```
<?php
    //连接数据库
    $link = new PDO( "mysql:host=localhost:3308;dbname=mytest","root","a123456");
    //设置为警告模式
    $link->setAttribute(PDO::ATTR_ERRMODE,PDO::ERRMODE_WARNING);
    //prepare预处理
    $spr = $link->prepare('SELECT * FROM good WHERE price<? AND city=?');
    $spr->execute(array(7000, '上海'));//execute()方法执行SQL语句，并替换参数
?>
```

运行结果如图 18-8 所示。

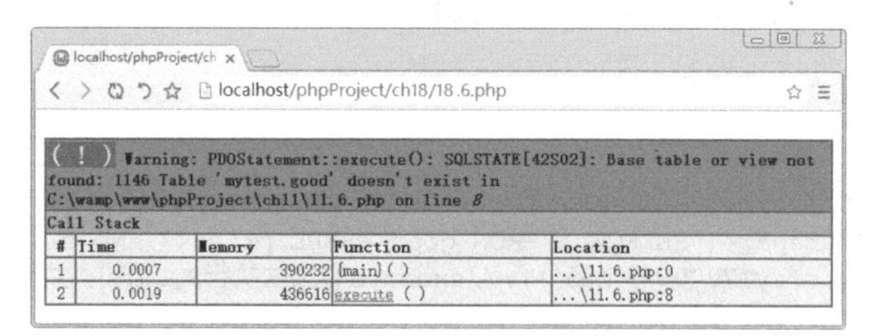

图 18-8　通过警告模式捕获 SQL 语句中的错误

18.6.3　异常模式

异常模式会创建一个 PDOException，并设置 errorCode 属性。它可以将执行的代码封装到 try...catch... 语句中。

例如，下面查询数据库的信息，其中 SQL 语句中数据表的名称错写为 good，通过异常模式捕获此错误。

实例 7：通过异常模式捕获 SQL 语句中的错误

```
<?php
    //连接数据库
    $link = new PDO( “mysql:host=localhost:3308;dbname=mytest","root","a123456");
    $spr = $link->prepare('SELECT * FROM good WHERE price<? AND city=?');
    $spr->execute(array(7000, '上海'));//execute()方法执行SQL语句，并替换参数
    if(!$spr->errorCode()){
        echo “数据查询成功! ";
    }else{
        echo “PDO异常捕获: ";
        echo “SQL Query:".$query;
        echo “<pre>";
        print_r($spr->errorInfo());
    }
?>
```

运行结果如图 18-9 所示。

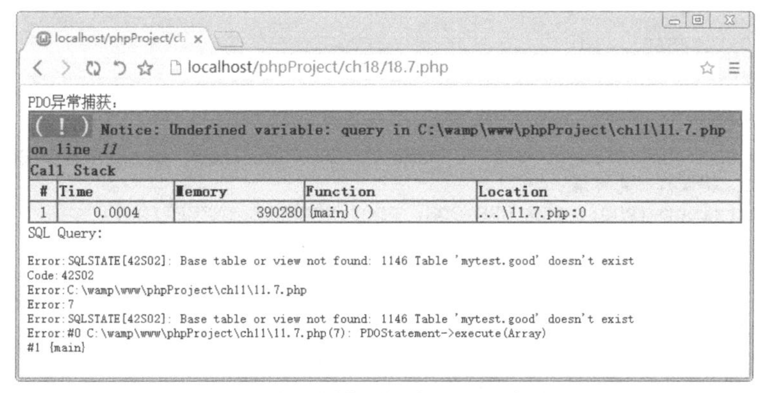

图 18-9　通过异常模式捕获 SQL 语句中的错误

18.7　PDO 中的错误处理

如果想获取 PHP 程序中的错误，可以通过 PDO 提供的 errorCode() 方法和 errorInfo() 方法来处理。

1. errorCode() 方法

errorCode() 方法用于获取在操作数据库句柄时所产生的错误代码，这些错误代码被称为 SQLSTATE 代码。其语法格式如下：

```
int PDOStatement::errorCode(void)
```

该方法将返回一个 SQLSTATE，SQLSTATE 是由 5 个数字和字母组成的代码。例如 18.6.1 章节中的实例 5 中，就是通过 errorCode() 方法返回错误代码。

2. errorInfo() 方法

errorInfo() 方法用于获取在操作数据库句柄时所产生的错误代码。其语法格式如下：

```
array PDOStatement::errorInfo (void)
```

该方法将返回一个数组，该数组包含最后一次操作数据库的错误信息。

18.8 防止 SQL 注入的攻击

PHP 7 中的预处理语句对于防止 MySQL 注入是非常有用的。当执行一个SQL 语句时，需要用到 PDO。正常情况下可以逐句执行。而每执行一句，都需要 PDO 首先对语句进行解析，然后传递给 MySQL 来执行。如果是不同的SQL 语句，则这是必要过程。但如果是 INSERT 这样的语句，语句结构都一样，只是每一项具体的数值不同，在这种情况下 PDO 的 prepare 表述就可以只提供改变的变量值，而不改变SQL 语句，起到减少解析过程、节省资源、提高效率和防止 SQL 注入的作用。

实例 8：防止 SQL 注入的攻击

```
<?php
$servername = “localhost:3308";
$username = “root";
$password = “a123456";
$dbname = “mytest";

try {
    $db = new PDO( “mysql:host=$servername;dbname=$dbname", $username, $password);
    // 设置 PDO 错误模式为异常
    $db->setAttribute(PDO::ATTR_ERRMODE, PDO::ERRMODE_EXCEPTION);

    // 预处理 SQL 并绑定参数
     $stmt = $db->prepare( “INSERT INTO goods (id,name, city, price,gtime) VALUES
(:id, :name ,:city, :price,:gtime)");
    $stmt->bindParam(':id', $id, PDO::PARAM_INT);
    $stmt->bindParam(':name', $name);
    $stmt->bindParam(':city', $city);
    $stmt->bindParam(':price', $amount, PDO::PARAM_STR);
    $stmt->bindParam(':gtime', $gtime);good
    // 插入第一行
    $id = 100006;
    $name ="壁挂炉";
    $city = “北京";
    $price = 9800;
    $gtime = “2020-10-15";
    $stmt->execute();

    // 插入第二行
    $id = 100007;
    $name ="笔记本";
    $city = “北京";
    $price = 3900;
    $gtime = “2020-10-12";
    $stmt->execute();

    // 插入第三行
    $id = 100008;
    $name ="手机";
    $city = “北京";
    $price = 2999;
    $gtime = “2020-10-18";
```

```
    $stmt->execute();

    echo "三行记录插入成功";
}
catch(PDOException $e)
{
echo "插入数据错误: " . $e->getMessage();
}
$db = null;
?>
```

运行结果如图 18-10 所示。

图 18-10 防止 SQL 注入的攻击

18.9 PDO 中的事务处理

事务由查询和更新语句的序列组成，用 begin Transaction 开始事务，rollback 回滚事务，commit 提交事务。在开始一个事务后，可以有若干 SQL 查询或更新语句，每个 SQL 递交执行后，还应该有判断是否正确的语句，从而确定下一步是否回滚，如果全部正确最后才会提交事务。

事务处理中需要用到 3 个方法，分别介绍如下。

（1）beginTransaction() 方法：开启事务，此方法将关闭自动提交模式，直到事务提交或者回滚以后才恢复。

（2）commit() 方法：提交事务，如果成功则返回 TRUE，否则返回 FALSE。

（3）rollback() 方法：回滚事务操作。

例如，下面一次性插入 2 条记录，如果全部插入成功，则提交事务，否则将回滚。

实例 9：PDO 中的事务处理

```
<?php
$servername = "localhost:3308";
$username = "root";
$password = "a123456";
$dbname = "mytest";

try {
    $db = new PDO("mysql:host=$servername;dbname=$dbname", $username, $password);
    // 设置 PDO 错误模式，用于抛出异常
$db->setAttribute(PDO::ATTR_ERRMODE, PDO::ERRMODE_EXCEPTION);
    // 开始事务
    $db->beginTransaction();
    // SQL 语句
    $db->exec("INSERT INTO goods (id,name, city,price, gtime)
    VALUES (100009, '照相机', '北京', 6998, '2020-10-1')");
    $db->exec("INSERT INTO goods (id,name, city,price, gtime)
    VALUES (100010, '平板', '上海', 2998, '2020-10-1')");
    // 提交事务
    $db->commit();
    echo "2条记录全部插入成功了！";
}
catch(PDOException $e)
{
    // 如果执行失败回滚
    $db->rollback();
```

```
    echo $sql . "<br/>" . $e->getMessage();
}

$db = null;
?>
```

运行结果如图 18-11 所示。

图 18-11　PDO 中的事务处理

18.10　新手疑难问题解答

疑问 1：在操作 MySQL 数据库时，PDO 和 MySQLi 到底哪个好？

PDO 和 MySQLi 各有优势，主要区别如下：

（1）PDO 可应用于 12 种不同的数据库，MySQLi 只针对 MySQL 数据库。

（2）两者都是面向对象，但 MySQLi 还提供了 API 接口。

（3）两者都支持预处理语句。预处理语句可以防止 SQL 注入，对于 Web 项目的安全性是非常重要的。

可见，如果项目需要在多种数据库中切换，建议使用 PDO，因为只需要修改连接字符串和部分查询语句即可。使用 MySQLi，如果是不同的数据库，需要重新编写所有代码，包括查询语句。

疑问 2：PDO 中的事务如何处理？

在 PDO 中同样可以实现事务处理的功能，具体使用方法如下。

（1）开启事务：使用 beginTransaction() 方法将关闭自动提交模式，直到事务提交或者回滚以后才恢复。

（2）提交事务：使用 commit() 方法完成事务的提交操作，成功则返回 TRUE，否则返回 FALSE。

（3）事务回滚：使用 rollBack() 方法执行事务的回滚操作。

18.11　实战技能训练营

实战 1：使用 PDO 创建数据库和数据表

使用 mysqli_query() 函数创建数据库 mydbs，然后在 mydbs 数据库中创建数据表 fruits，该表包含 4 个字段，即 id、name、amount、salary 字段。

实战 2：使用 PDO 插入并读取数据

使用 PDO 中的事务一次性向数据表 fruits 插入 3 条数据，然后再使用 fetchColumn() 方法查询所有数据。

第19章　PHP与Ajax技术

本章导读

Ajax 技术是 JavaScript、XML、CSS 和 DOM 等多种技术的组合，它可以实现客户端的异步请求操作，也就是在不需要刷新页面的情况下和服务器进行通信，从而减少用户等待时间。Ajax 技术是一种用于创建更好、更快以及交互性更强的 Web 应用程序的技术。它能使浏览器为用户提供更为自然的浏览体验，就像在使用桌面应用程序一样。本章主要讲述 Ajax 技术的原理和如何在 PHP 中使用 Ajax 技术。

知识导图

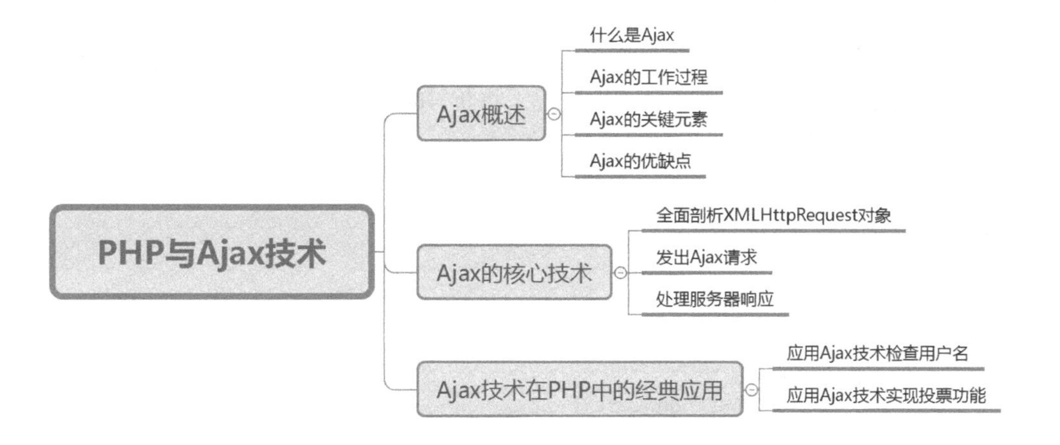

19.1 Ajax 概述

Ajax 技术提升了 Web 应用的用户体验，引发了 Web 应用的新革命。下面对 Ajax 技术进行详细的介绍。

19.1.1 什么是 Ajax

Ajax 的全称为 Asynchronous JavaScript And XML，是一种 Web 应用程序客户机技术，它结合了 JavaScript、层叠样式表 (Cascading Style Sheets，CSS)、HTML、XMLHttpRequest 对象和文档对象模型 (Document Object Model，DOM) 多种技术。运行在浏览器上的 Ajax 应用程序，以一种异步的方式与 Web 服务器通信，并且只更新页面的一部分。通过利用 Ajax 技术，可以提供丰富的、基于浏览器的用户体验。

Ajax 可以让开发者在浏览器端更新显示的 HTML 内容而不必刷新页面。换句话说，Ajax 可以使基于浏览器的应用程序更具交互性而且更类似传统型桌面应用程序。Google 的 Gmail 和微软的 Outlook Express 就是两个使用 Ajax 技术的例子。而且，Ajax 可以用于任何客户端脚本语言中，包括 JavaScript 和 VBScript。

实例 1：认识 Ajax 技术

本实例从一个简单的角度入手，实现客户端与服务器异步通信，获取“加入新商品为风韵牌冰箱！”的数据，并在不刷新页面的情况下将获得的数据显示到页面上。

19.1.html 的代码如下：

```
<!DOCTYPE html>
<html>
<head>
    <meta charset="UTF-8">
    <title>Title</title>
    <script type="text/javascript">
        var xmlHttp=false;
        function createXMLHttpRequest()
        {
            if (window.ActiveXObject)        //在IE浏览器中创建XMLHttpRequest对象
            {
                try{
                    xmlHttp=new ActiveXObject( "Msxml2.XMLHTTP");
                }
                catch(e){
                    try{
                        xmlHttp = new ActiveXObject( "Microsoft.XMLHTTP");
                    }
                    catch(ee){
                        xmlHttp=false;
                    }
                }
            }
           else if (window.XMLHttpRequest)   //在非IE浏览器中创建XMLHttpRequest对象
            {
```

```
                try{
                    xmlHttp = new XMLHttpRequest();
                }
                catch(e){
                    xmlHttp=false;
                }
            }
        }

        function hello()
        {
           createXMLHttpRequest();   //调用创建XMLHttpRequest对象的方法
           xmlHttp.onreadystatechange=callback;   //设置回调函数
           xmlHttp.open( "post","19.1.php",true);//向服务器端HelloAjaxDo.jsp发送请求
                   xmlHttp.setRequestHeader( "Content-Type","application/x-www-form-
urlencoded;charset=utf-8");
            xmlHttp.send(null);
            function callback()
            {
                if(xmlHttp.readyState==4)
                {
                    if(xmlHttp.status==200)
                    {
                        var data= xmlHttp.responseText;
                        var pNode=document.getElementById( "p");
                        pNode.innerHTML=data;
                    }
                }
            }
        }

    </script>
</head>
<body>
<h3>最新商品是风云牌洗衣机! </h3>
<button onclick="hello()">加入新商品</button>
    <P id="p"> 单击按钮后加入新商品!  </P>
</body>
</html>
```

上述代码分析如下：

（1）JavaScript 代码嵌入在标签 <script> 和 </script> 之间，这里定义了一个函数 hello()，这个函数是通过一个按钮来驱动的。

（2）创建 XMLHttpRequest 对象，创建完成后把此对象赋值给 xmlHttp 变量。为了获得多种浏览器支持，应使用 createXMLHttpRequest() 函数试着为多种浏览器创建 XMLHttp Request 对象。

（3）hello() 函数为要与之通信的服务器资源创建一个 URL，“xmlHttp.onreadystatechange= callback;”与“xmlHttp.open ("post","19.1.php",true);”，第一行定义了 JavaScript 回调函数，一旦响应它就自动执行，而第二个函数中所指定的“true”说明想要异步执行该请求，如果没有指定则默认为 true。

（4）函数 callback() 是回调函数，它首先检查 XMLHttpRequest 对象的整体状态以保证它已经完成 (readyStatus==4)，然后根据服务器的设定询问请求状态。如果一切正常 (status==200)，就使用“var data=xmlHttp.responseText;”取得返回的数据，用 innerHTML 属

性重写 DOM 的 pNode 节点的内容。

（5）JavaScript 的变量类型使用的是弱类型，都使用 var 来声明。document 对象就是文档对应的 DOM 树。“document.getElementById(p);”通过一个标签的 id 值来取得此标签的一个引用（树的节点）；“pNode.innerHTML=str;”为节点添加内容，这样会覆盖节点的原有内容，如果不想覆盖可以使用“pNode.innerHTML+=str;”来追加内容。

异步请求的是 19.1.php，其代码如下：

```
<?php
echo '加入新商品为风韵牌冰箱！';
?>
```

运行 19.1.html，结果如图 19-1 所示。单击“加入新商品”按钮，结果如图 19-2 所示。

图 19-1　初始页面效果

图 19-2　异步通信后的效果

19.1.2　Ajax 的工作过程

在使用 Ajax 技术之前，页面中用户的每次 HTTP 请求，都会被返回到 Web 服务器，服务器进行相应的处理，然后将处理结果返回到 HTML 页面给客户端。

在使用 Ajax 技术后，页面中用户的每次 HTTP 请求，都会通过 Ajax 引擎与服务器进行通信，然后将返回结果提交给客户端页面的 Ajax 引擎，再由 Ajax 引擎来决定将这些数据插入到页面的指定位置。Ajax 的工作过程如图 19-3 所示。

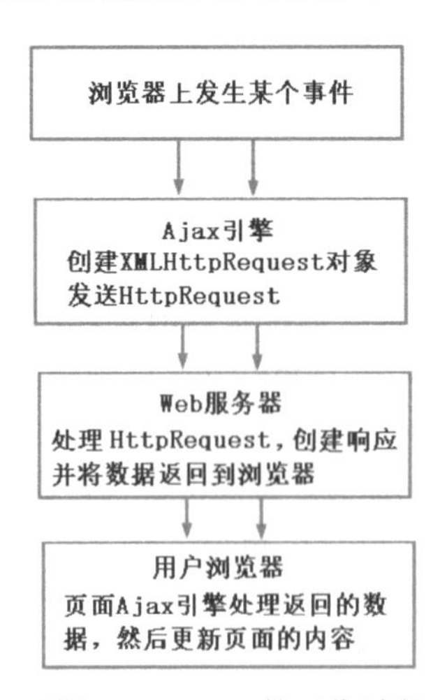

图 19-3　Ajax 的工作过程

可见，使用 Ajax 技术后，通过 JavaScript 可以实现在不刷新整个页面的情况下，对部分数据进行更新，从而降低了网络流量，提供了更好的用户体验。

19.1.3 Ajax的关键元素

Ajax不是单一的技术，而是4种技术的集合，要灵活地运用Ajax必须深入了解这些不同的技术。表19-1中列出了这些技术，以及它们在Ajax中所扮演的角色。

表19-1 Ajax涉及的技术

技 术	与Ajax的结合应用
JavaScript	JavaScript是通用的脚本语言，用来嵌入某种应用之中。Web浏览器中嵌入的JavaScript解释器允许通过程序与浏览器的很多内建功能进行交互。Ajax应用程序是使用JavaScript编写的
CSS	CSS为Web页面元素提供了一种可重用的可视化样式的定义方法，以一致的方式定义和使用可视化样式。在Ajax应用中，用户界面的样式可以通过CSS独立修改
DOM	DOM以一组可以使用JavaScript操作的可编程对象展现Web页面的结构。通过使用脚本修改DOM，Ajax应用程序可以在运行时改变用户界面，或者高效地重绘页面中的某个部分
XMLHttpRequest对象	XMLHttpRequest对象允许Web程序员以后台活动的方式从Web服务器获取数据。数据格式通常是XML，但是也可以很好地支持任何基于文本的数据格式

Ajax的4种技术中，CSS、Dom和JavaScript都是很早就出现的技术，它们以前结合在一起称为动态HTML，即DHTML。

Ajax的核心是JavaScript对象XMlHttpRequest。该对象在Internet Explorer 5中首次引入，是一种支持异步请求的技术。简而言之，XMLHttpRequest使用户可以使用JavaScript向服务器提出请求并处理响应，而不阻塞用户。

19.1.4 Ajax的优缺点

Ajax通过Ajax引擎在用户和服务器之间传递数据，主要的优势如下：

1. 页面无刷新更新数据

Ajax的最大优点就是能在不刷新整个页面的前提下与服务器通信。这使得Web应用程序可以更为迅捷地响应用户交互，并避免了在网络上发送那些没有变动的信息，减少用户等待时间，带来非常好的用户体验。

2. 异步与服务器通信

Ajax使用异步方式与服务器通信，不需要打断用户的操作，具有更加迅速的响应能力。优化了Browser和Server之间的沟通，减少了不必要的数据传输和时间。

3. 前端和后端负载平衡

Ajax可以把以前一些服务器负担的工作转移到客户端，利用客户端闲置的能力来处理，减轻服务器和带宽的负担，节约空间和宽带租用成本。Ajax的原则是“按需取数据”，可以最大程度地减少冗余请求和响应对服务器造成的负担，提升站点性能。

4. 基于标准被广泛支持

Ajax基于标准化的并被广泛支持的技术，不需要下载浏览器插件或者小程序，但需要客户允许JavaScript在浏览器上执行。随着Ajax技术的成熟，一些简化Ajax的使用方法的程序库也相继问世。同样，也出现了另一种辅助程序设计的技术，为那些不支持JavaScript的用户提供替代功能。

5. 界面与应用分离

Ajax 可以使 Web 中的界面与应用分离，有利于分工合作、减少非技术人员对页面的修改造成的 Web 应用程序错误。

技术总是有两面性的，Ajax 虽然优势比较明显，但也有一些缺点。Ajax 主要的缺点如下：

1. 破坏浏览器机制

在动态更新页面的情况下，用户无法回到前一个页面状态，因为浏览器仅能记忆历史记录中的静态页面。一个被完整读入的页面与一个被动态修改过的页面之间的差别非常微妙。用户通常希望单击“后退”按钮能够取消他们的前一次操作，但是在 Ajax 应用程序中，这将无法实现，“后退”按钮是一个标准的 Web 站点的重要功能，但是它无法和 JavaScript 进行很好的合作，这是 Ajax 带来的一个比较严重的问题。

2. Ajax 的安全问题

Ajax 技术在给用户带来很好的用户体验的同时也给 IT 企业带来了新的安全威胁，Ajax 技术就如同对企业数据建立了一个直接通道。这使得开发者在不经意间会暴露比以前更多的数据和服务器逻辑。Ajax 的逻辑可以隐藏客户端的安全扫描技术，允许黑客从远端服务器上建立新的攻击。另外，Ajax 也难以避免一些已知的安全弱点，诸如跨站点脚本攻击、SQL 注入攻击和基于 Credentials 的安全漏洞等。

3. 对搜索引擎支持较弱

Ajax 对搜索引擎的支持比较弱。如果使用不当，Ajax 会增大网络数据的流量，从而降低整个系统的性能。

19.2 Ajax 的核心技术

Ajax 作为一项新技术，结合了 4 种不同的技术，实现了客户端与服务器端的异步通信，并且对页面实现局部更新，大大提高了浏览器的速度。

19.2.1 全面剖析 XMLHttpRequest 对象

XMLHttpRequest 对象是当今所有 Ajax 和 Web 2.0 应用程序的技术基础。尽管软件经销商和开源社团现在都在提供各种 Ajax 框架以进一步简化 XMLHttpRequest 对象的使用方法，但是，我们仍然很有必要理解这个对象的详细工作机制。

1. XMLHttpRequest 概述

Ajax 利用一个构建到所有现代浏览器内部的对象 XMLHttpRequest 来实现发送和接收 HTTP 请求与响应信息。一个经由 XMLHttpRequest 对象发送的 HTTP 请求并不要求页面中拥有或回寄一个 <form> 元素。

微软 Internet Explorer(IE) 5 以一个 ActiveX 对象的形式引入了 XMLHttpRequest 对象。其他认识到这一对象重要性的浏览器制造商也都纷纷在他们的浏览器内实现了 XMLHttpRequest 对象，但是仅作为一个本地 JavaScript 对象而不是作为一个 ActiveX 对象实现。

如今，在认识到实现这一类型的价值及安全性特征之后，微软已经在其 IE 7.0 中把 XMLHttpRequest 实现为一个窗口对象属性。幸运的是，尽管其实现细节不同，但是，所有的浏览器实现都具有类似的功能，并且实质上是相同方法。目前，W3C 组织正在努力进行 XMLHttpRequest 对象的标准化。

2. XMLHttpRequest 对象的属性和事件

XMLHttpRequest 对象暴露各种属性、方法和事件以便于脚本处理和控制 HTTP 请求与响应。下面进行详细的讨论。

（1）readyState 属性。

当 XMLHttpRequest 对象把一个 HTTP 请求发送到服务器时将经历若干种状态，一直等待直到请求被处理；然后，它才接收一个响应。这样一来，脚本才正确响应各种状态，XMLHttpRequest 对象通过 readState 描述对象的当前状态，如表 19-2 所示。

表 19-2　XMLHttpRequest 对象的 readyState 属性值列表

ReadyState 取值	描　述
0	描述一种"未初始化"状态；此时，已经创建一个 XMLHttpRequest 对象，但是还没有初始化
1	open() 方法并且 XMLHttpRequest 已经准备好把一个请求发送到服务器
2	描述一种"发送"状态；此时，已经通过 send() 方法把一个请求发送到服务器端，但是还没有收到一个响应
3	描述一种"正在接收"状态；此时，已经接收到 HTTP 响应头部信息，但是消息体部分还没有完全接收结束
4	描述一种"已加载"状态；此时，响应已经被完全接收

（2）onreadystatechange 事件。

无论 readyState 的值何时发生改变，XMLHttpRequest 对象都会激发一个 readystatechange 事件。其中，onreadystatechange 属性接收一个 EventListener 值，该值向该方法指示无论 readyState 值何时发生改变，该对象都将激活。

（3）responseText 属性。

responseText 属性包含客户端接收到的 HTTP 响应的文本内容。当 readyState 的值为 0、1 或 2 时，responseText 包含一个空字符串。当 readyState 的值为 3（正在接收）时，响应中包含客户端还未完成的响应信息。当 readyState 的 值为 4（已加载）时，responseText 包含完整的响应信息。

（4）responseXML 属性。

responseXML 属性用于当接收到完整的 HTTP 响应时描述 XML 响应；此时，Content-Type 头部指定 MIME（媒体）类型为 text/xml、application/xml 或以 +xml 结尾。如果 Content-Type 头部不包含这些媒体类型之一，那么 responseXML 的值为 null。无论何时，只要 readyState 的值不为 4，那么 responseXML 的值就为 null。

其实，这个 responseXML 属性值是一个文档接口类型的对象，用来描述被分析的文档。如果文档不能被分析（例如，如果文档不是良构的或不支持文档相应的字符编码），那么 responseXML 的值将为 null。

（5）status 属性。

status 属性描述了 HTTP 状态代码，而且其类型为 short。仅当 readyState 的值为 3（正在接收中）或 4（已加载）时，status 属性才可用。当 readyState 的值小于 3 时，试图存取 status 的值将引发一个异常。

（6）statusText 属性。

statusText 属性描述了 HTTP 状态代码文本，并且仅当 readyState 的值为 3 或 4 才可用。当 readyState 为其他值时，试图存取 statusText 属性将引发一个异常。

3. 创建 XMLHttpRequest 对象的方法

XMLHttpRequest 对象提供了各种方法用于初始化和处理 HTTP 请求，下面进行详细介绍。

（1）abort() 方法。

用户可以使用 abort() 方法暂停与一个 XMLHttpRequest 对象联系的 HTTP 请求，从而把该对象复位到未初始化状态。

（2）open() 方法。

用户需要调用 open() 方法来初始化一个 XMLHttpRequest 对象。其中，method 参数是必须提供的，用于指定发送请求的 HTTP 方法。为了把数据发送到服务器，应该使用 POST 方法；为了从服务器端检索数据，应该使用 GET 方法。

（3）send() 方法。

通过调用 open() 方法准备好一个请求之后，用户需要把该请求发送到服务器。仅当 readyState 的值为 1 时，用户才可以调用 send() 方法；否则，XMLHttpRequest 对象将引发一个异常。

（4）setRequestHeader() 方法。

setRequestHeader() 方法用来设置请求的头部信息。当 readyState 的值为 1 时，用户可以在调用 open() 方法后调用这个方法；否则，将得到一个异常。

（5）getResponseHeader() 方法。

getResponseHeader() 方法用于检索响应的头部值。仅当 readyState 的值是 3 或 4（换句话说，在响应头部可用以后）时，才可以调用这个方法；否则，该方法返回一个空字符串。

（6）getAllResponseHeaders() 方法。

该 getAllResponseHeaders() 方法以一个字符串的形式返回所有的响应头部（每一个头部单独占一行）。如果 readyState 的值不是 3 或 4，则该方法返回 null。

19.2.2 发出 Ajax 请求

在 Ajax 中，许多使用 XMLHttpRequest 的请求都是从一个 HTML 事件（例如一个调用 JavaScript 函数的按钮单击（onclick）或一个按键（onkeypress））中被初始化的。Ajax 支持包括表单校验在内的各种应用程序。有时，在填充表单的其他内容之前要求校验一个唯一的表单域。例如，要求使用唯一的 UserID 来注册表单。如果不是使用 Ajax 技术来校验这个 UserID 域，那么整个表单都必须被填充和提交。如果该 UserID 不是有效的，这个表单必须被重新提交。例如，一个要求必须在服务器端进行校验的 Catalog ID 的表单域可按下列形式指定：

```
<form name="validationForm" action="validateForm" method="post">
<table>
    <tr><td>Catalog Id:</td>
       <td>
          <input  type="text"  size="20"  id="catalogId"  name="catalogId"
autocomplete="off" onkeyup="sendRequest()">
       </td>
       <td><div id="validationMessage"></div></td>
    </tr>
</table>
</form>
```

前面的 HTML 使用 validationMessage div 来显示这个输入域 Catalog Id 的一个校验消息。onkeyup 事件调用一个 JavaScript sendRequest() 函数。这个 sendRequest() 函数创建一个 XMLHttpRequest 对象。创建 XMLHttpRequest 对象的过程因浏览器实现的不同而有所区别。

如果浏览器支持 XMLHttpRequest 对象作为一个窗口属性，那么，代码可以调用 XMLHttpRequest 的构造器。如果浏览器把 XMLHttpRequest 对象实现为一个 ActiveXObject 对象，那么，代码可以使用 ActiveXObject 的构造器。下面的代码将调用一个 init() 函数。

```
<script type="text/javascript">
function sendRequest(){
    var xmlHttpReq=init();
    function init(){
      if (window.XMLHttpRequest) {
      return new XMLHttpRequest();
    }
    else if (window.ActiveXObject) {
    return new ActiveXObject( "Microsoft.XMLHTTP");
    }
}
</script>
```

接下来，用户需要使用 Open() 方法初始化 XMLHttpRequest 对象，从而指定 HTTP 方法和要使用的服务器 URL。

```
var catalogId=encodeURIComponent(document.getElementById( "catalogId").value);
xmlHttpReq.open( "GET",  "validateForm?catalogId=" + catalogId,  true);
```

默认情况下，使用 XMLHttpRequest 发送的 HTTP 请求是异步进行的，但是用户可以显式地把 async 参数设置为 true。在这种情况下，对 URL validateForm 的调用将激活服务器端的一个 servlet。但是用户应该能够注意到服务器端技术不是根本性的；实际上，该 URL 可能是一个 ASP、ASP.NET 或 PHP 页面或一个 Web 服务，只要该页面能够返回一个响应，指示 CatalogID 值是否有效即可。因为用户在作异步调用时，需要注册一个 XMLHttpRequest 对象来调用回调事件处理器，当它的 readyState 值改变时调用。记住，readyState 值的改变将会激发一个 readystatechange 事件。这时可以使用 onreadystatechange 属性来注册该回调事件处理器。

```
xmlHttpReq.onreadystatechange=processRequest;
```

然后，需要使用 send() 方法发送该请求。因为这个请求使用的是 HTTP GET 方法，所以，用户可以在不指定参数或使用 null 参数的情况下调用 send() 方法。

```
xmlHttpReq.send(null);
```

19.2.3 处理服务器响应

因为 HTTP 方法是 GET，所以在服务器端接收 servlet 将调用一个 doGet() 方法，该方法将检索在 URL 中指定的 CatalogID 参数值，并且从一个数据库中检查它的有效性。

该示例中的 servlet 需要构造一个发送到客户端的响应，而且，这个示例返回的是 XML

类型，因此，它把响应的 HTTP 内容类型设置为 text/xml，并且把 Cache-Control 头部设置为 no-cache。设置 Cache-Control 头部可以阻止浏览器简单地从缓存中重载页面。

具体的代码如下：

```
public void doGet(HttpServletRequest request,
HttpServletResponse response)
throws ServletException, IOException {
…
…
response.setContentType( "text/xml");
response.setHeader( "Cache-Control",  "no-cache");
}
```

从上述代码中可以看出，来自于服务器端的响应是一个 XML DOM 对象，此对象将创建一个 XML 字符串，其中包含要在客户端进行处理的指令。另外，该 XML 字符串必须有一个根元素。代码如下：

```
out.println("<catalogId>valid</catalogId>");
```

> **注意：** 设计 XMLHttpRequest 对象的目的是处理由普通文本或 XML 组成的响应；但是，响应也可能是另外一种类型，这取决于用户代理是否支持这种内容类型。

当请求状态改变时，XMLHttpRequest 对象调用使用 onreadystatechange 注册的事件处理器。因此，在处理该响应之前，用户的事件处理器应该首先检查 readyState 的值和 HTTP 状态。当请求完成加载（readyState 的值为 4）并且响应已经完成（HTTP 状态为 OK）时，用户就可以调用一个 JavaScript 函数来处理该响应内容。下列脚本负责在响应完成时检查相应的值并调用一个 processResponse() 方法。

```
function processRequest(){
    if(xmlHttpReq.readyState==4){
      if(xmlHttpReq.status==200){
         processResponse();
      }
   }
}
```

该 processResponse() 方法使用 XMLHttpRequest 对象的 responseXML 和 responseText 属性来检索 HTTP 响应。如上面所解释的，仅当响应的媒体类型是 text/xml、application/xml 或以 +xml 结尾时，这个 responseXML 才可用。responseText 属性将以普通文本形式返回响应。对于一个 XML 响应，用户可按如下方式检索内容，代码如下：

```
var msg=xmlHttpReq.responseXML;
```

借助于存储在 msg 变量中的 XML，用户可以使用 DOM 方法 getElementsByTagName() 来检索该元素的值，代码如下：

```
var catalogId=msg.getElementsByTagName( "catalogId")[0].firstChild.nodeValue;
```

最后，通过更新 Web 页面的 validationMessage div 中的 HTML 内容并借助于 innerHTML

属性，用户可以测试该元素值以创建一个要显示的消息，代码如下：

```
if(catalogId=="valid"){
    var validationMessage = document.getElementById( "validationMessage");
    validationMessage.innerHTML =  "Catalog Id is Valid";
}else{
    var validationMessage = document.getElementById( "validationMessage");
    validationMessage.innerHTML =  "Catalog Id is not Valid";
}
```

19.3 Ajax 技术在 PHP 中的经典应用

下面通过两个常用的应用案例来学习 PHP 是如何使用 Ajax 技术的。

19.3.1 应用 Ajax 技术检查用户名

下面检测注册用户的名称是否和数据库中的用户重名。

实例 2：应用 Ajax 技术检查用户名

19.2.html 为用户注册页面，代码如下：

```
<!doctype html>
<html>
<head>
    <meta charset="UTF-8">
    <title>检查用户名</title>
    <script>
        function showHint(str)
        {
            if (str.length==0)
            {
                document.getElementById( "txtHint").innerHTML="";
                return;
            }
            if (window.XMLHttpRequest)
            {
                // IE7+, Firefox, Chrome, Opera, Safari 浏览器执行的代码
                xmlhttp=new XMLHttpRequest();
            }
            else
            {
                //IE6, IE5 浏览器执行的代码
                xmlhttp=new ActiveXObject( "Microsoft.XMLHTTP");
            }
            xmlhttp.onreadystatechange=function()
            {
                if (xmlhttp.readyState==4 && xmlhttp.status==200)
                {
           document.getElementById( "txtHint").innerHTML=xmlhttp.responseText;
                }
            }
            xmlhttp.open( "GET","19.2.php?q="+str,true);
            xmlhttp.send();
```

```
        }
    </script>
</head>
<body>

<h3 align="center"><b>用户注册页面</b></h3>
<form>
    <p>账户名称:
        <input type="text" onKeyUp="showHint(this.value)">
    </p>
    <p>用户密码:
        <input type="text">
    </p>
    <p>确认密码:
        <input type="text" >
    </p>
    <p>个人邮箱:
        <input type="text">
    </p>
  </form>
<p>检查用户名是否已存在: <span id="txtHint"></span></p>
</body>
</html>
```

上述代码分析如下：

（1）如果输入框是空的（str.length==0），该函数会清空 txtHint 占位符的内容，并退出该函数。

（2）如果输入框不是空的，那么 showHint() 会执行以下步骤：

- 创建 XMLHttpRequest 对象。
- 创建在服务器响应就绪时执行的函数。
- 向服务器上的文件发送请求。

处理客户端请求的服务器页面名为 19.2.php，主要功能为检查用户名数组，然后向浏览器返回对应的姓名，代码如下：

```
<?php
    // 将姓名填充到数组中
    $a[]="张晓明";
    $a[]="王虎";
    $a[]="李晓峰";
    $a[]="刘峰";
    $a[]="秦虎";
    $a[]="张笑笑";
    $a[]="王莹";
    $a[]="赵晓峰";
    $a[]="华小风";
    $a[]="李丽";

    //从请求URL地址中获取 q 参数
    $q=$_GET[ "q"];

    //查找是否有匹配值, 如果 q>0
    if (strlen($q) > 0)
    {
       $hint="";
       for($i=0; $i<count($a); $i++)
```

```
        {
            if (strtolower($q)==strtolower(substr($a[$i],0,strlen($q))))
            {
                if ($hint=="")
                {
                    $hint=$a[$i];
                }
                else
                {
                    $hint=$hint." ,  “.$a[$i];
                }
            }
        }
    }

    // 如果没有匹配值，设置输出为“该用户名称系统中不存在，可以使用"
    if ($hint ==  “")
    {
       $response="该账号名称可以使用！";
    }
    else
    {
       $response=$hint;
    }

    //输出返回值
    echo $response;
?>
```

上述代码分析如下。

如果 JavaScript 发送了任何文本（即 strlen($q) > 0），则会发生：

（1）查找匹配 JavaScript 发送的字符的姓名。

（2）如果未找到匹配项，则将响应字符串设置为"该用户名称系统中不存在，可以使用”。

（3）如果找到一个或多个匹配姓名，则用所有姓名设置响应字符串。

（4）把响应发送到 txtHint 占位符。

运行 19.2.html 文件，输入用户名，如果用户名在服务器中已经存在，则会显示存在的名称，如图 19-4 所示。如果用户名在服务器中不存在，则会显示“该账号名称可以使用！”，如图 19-5 所示。

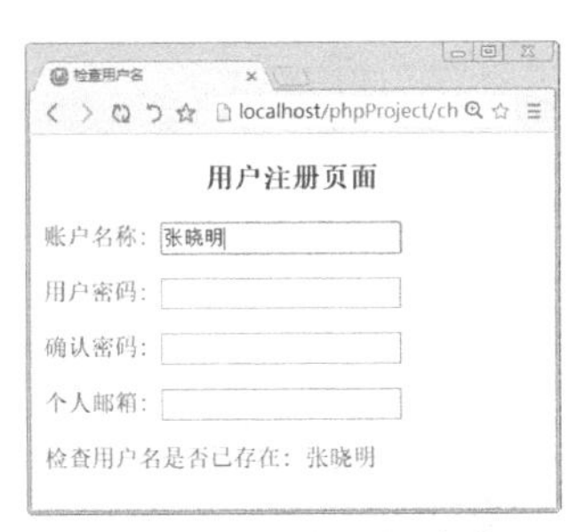

图 19-4　用户已经存在

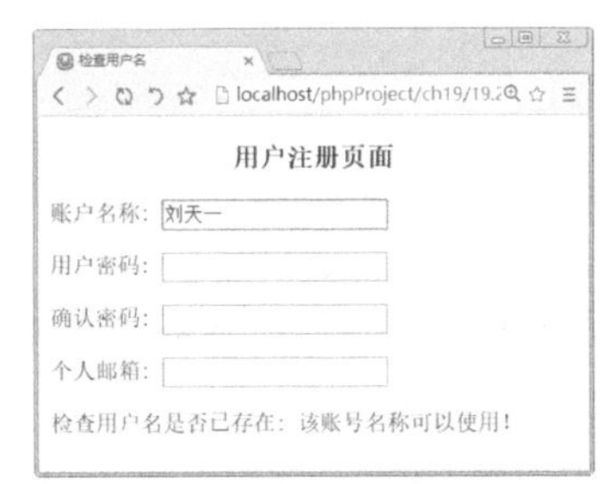

图 19-5　用户名不存在

19.3.2　应用 Ajax 技术实现投票功能

下面的案例将使用 Ajax 技术实现投票功能。

实例 3：应用 Ajax 技术检查用户名

19.3.html 文件为投票页面，代码如下：

```
<!doctype html>
<html>
<head>
    <meta charset="UTF-8">
    <title>投票系统</title>
    <script>
        function getVote(int) {
            if (window.XMLHttpRequest) {
                // IE7+, Firefox, Chrome, Opera, Safari 执行代码
                xmlhttp=new XMLHttpRequest();
            } else {
                // IE6, IE5 执行代码
                xmlhttp=new ActiveXObject( "Microsoft.XMLHTTP");
            }
            xmlhttp.onreadystatechange=function() {
                if (xmlhttp.readyState==4 && xmlhttp.status==200)
                {
                                document.getElementById( "poll").innerHTML=xmlhttp.
responseText;
                }
            }
            xmlhttp.open( "GET","19.3.php?vote="+int,true);
            xmlhttp.send();
        }
    </script>
</head>
<body>

<div id="poll">
    <h3>您愿意加入PHP项目训练营吗? </h3>
    <form>
        愿意加入:
        <input type="radio" name="vote" value="0" onclick="getVote(this.value)"><br
>
        不想加入:
        <input type="radio" name="vote" value="1" onclick="getVote(this.value)">
    </form>
</div>
</body>
</html>
```

getVote() 函数会执行以下步骤：

（1）创建 XMLHttpRequest 对象。

（2）创建在服务器响应就绪时执行的函数。

（3）向服务器上的文件发送请求。

（4）请注意添加到 URL 末端的参数（q）（包含下拉列表的内容）。

处理客户端请求的服务器页面名为 19.3.php，主要功能为检查用户名数组，然后向浏览器返回对应的姓名，代码如下：

```
<?php
$vote = htmlspecialchars($_REQUEST['vote']);
```

```
// 获取文件中存储的数据
$filename = "count.txt";
$content = file($filename);

// 将数据分割到数组中
$array = explode( "||", $content[0]);
$yes = $array[0];
$no = $array[1];

if ($vote == 0)
{
    $yes = $yes + 1;
}

if ($vote == 1)
{
    $no = $no + 1;
}

// 插入投票数据
$insertvote = $yes."||".$no;
$fp = fopen($filename,"w");
fputs($fp,$insertvote);
fclose($fp);
?>

<h2>投票结果:</h2>
<table>
    <tr>
        <td>选择是的比例:</td>
        <td>
  <span style="display: inline-block; background-color:green;
      width:<?php echo(100*round($yes/($no+$yes),2)); ?>px;
      height:20px;" ></span>
            <?php echo(100*round($yes/($no+$yes),2)); ?>%
        </td>
    </tr>
    <tr>
        <td>选择否的比例:</td>
        <td>
  <span style="display: inline-block; background-color:red;
      width:<?php echo(100*round($no/($no+$yes),2)); ?>px;
      height:20px;"></span>
            <?php echo(100*round($no/($no+$yes),2)); ?>%
        </td>
    </tr>
</table>
```

所选的值从JavaScript发送到PHP文件时，将发生：

（1）获取count.txt文件的内容。

（2）把文件内容放入变量，并使被选变量累加1。

（3）把结果写入count.txt文件。

（4）输出图形化的投票结果。

负责存储投票结果的文本文件count.txt的内容格式如图19-6所示。

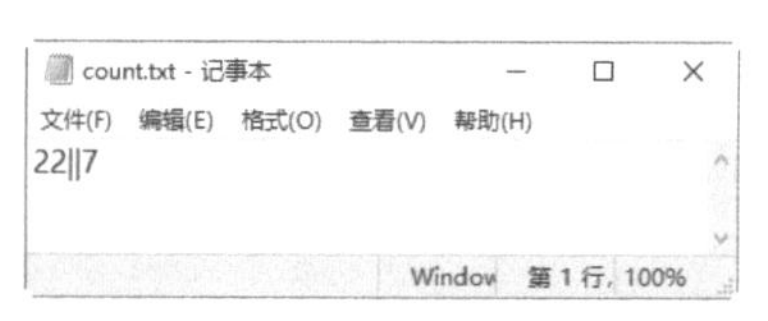

图 19-6 count.txt 的内容格式

运行 19.3.html 文件，如图 19-7 所示。

选择任意一个单选项后，则会显示投票结果，如图 19-8 所示。

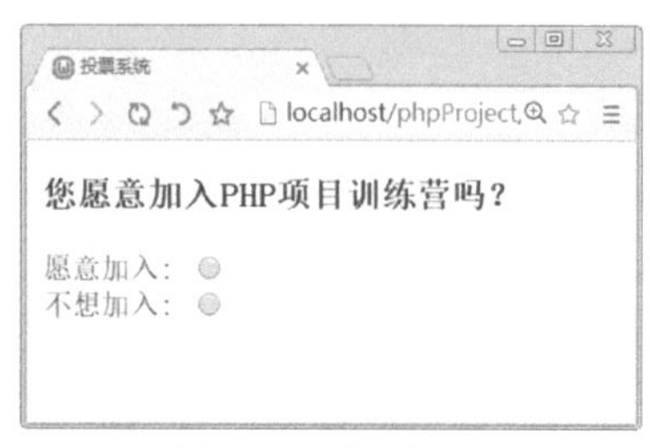

图 19-7 投票页面

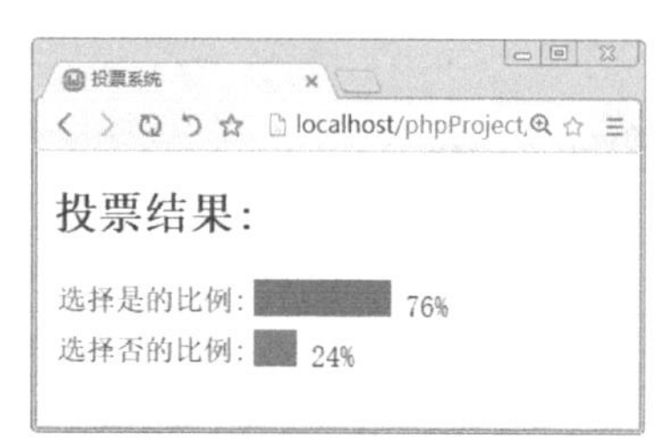

图 19-8 投票结果页面

19.4 新手疑难问题解答

疑问 1：在发送 Ajax 请求时，是使用 GET 还是 POST？

与 POST 相比，GET 更简单也更快，并且在大部分情况下都能用。然而，在以下情况中，请使用 POST 请求。

（1）无法使用缓存文件（更新服务器上的文件或数据库）。

（2）向服务器发送大量数据（POST 没有数据量限制）。

（3）发送包含未知字符的用户输入时，POST 比 GET 更稳定也更可靠。

疑问 2：在指定 Ajax 的异步参数时，将该参数设置为 true 还是 false？

Ajax 指的是异步 JavaScript 和 XML(Asynchronous JavaScript and XML)。XMLHttpRequest 对象如果要用于 Ajax 的话，其 open() 方法的 async 参数必须设置为 true，代码如下：

```
xmlhttp.open( "GET","ajax_test.asp",true);
```

对于 Web 开发人员来说，发送异步请求是一个巨大的进步。很多在服务器执行的任务都相当费时。Ajax 出现之前，这可能会引起应用程序挂起或停止。通过 Ajax，JavaScript 可以在等待服务器响应时执行其他脚本，当响应就绪后对响应进行处理。

19.5 实战技能训练营

实战 1：使用 Ajax 开发实时搜索功能

本实例将开发一个实时搜索功能，在输入数据的同时即可得到搜索结果，如果继续输入数据，对结果进行过滤，运行结果如图 19-9 所示。如果最终找不到匹配的结果，则显示信息“查不到相关内容哦！”，如图 19-10 所示。

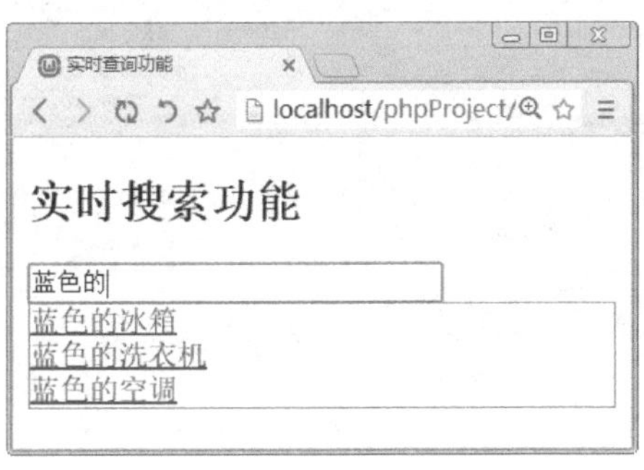

图 19-9　显示匹配的结果

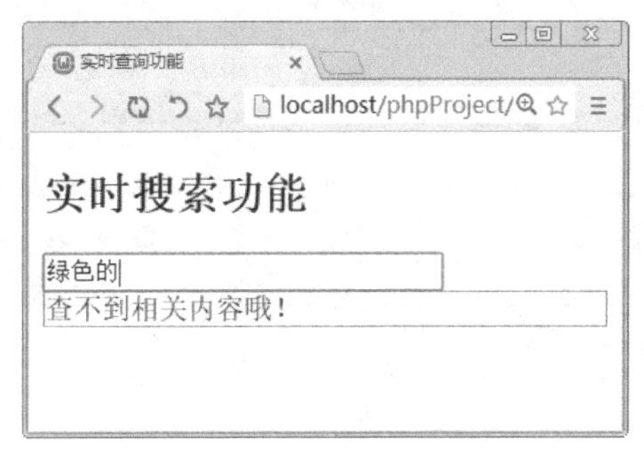

图 19-10　找不到匹配的结果

实战 2：使用 Ajax 开发实时阅读器

本实例将开发一个实时阅读器，在不刷新页面的情况下，从下拉列表中选择“第一章内容”菜单命令，如图 19-11 所示。即可实时显示相关的内容，如图 19-12 所示。

图 19-11　选择“第一章内容”菜单命令

图 19-12　实时显示对应的内容

第20章　项目实训1——开发企业会员管理系统

本章导读

在动态网站中，用户管理系统是非常必要的，因为网站会员的收集与数据使用，不仅可以让网站累积会员人脉，利用这些会员的数据，也可能会给网站带来无穷的商机。本章就以一个会员管理系统为例，来介绍MySQL在开发中的应用。

知识导图

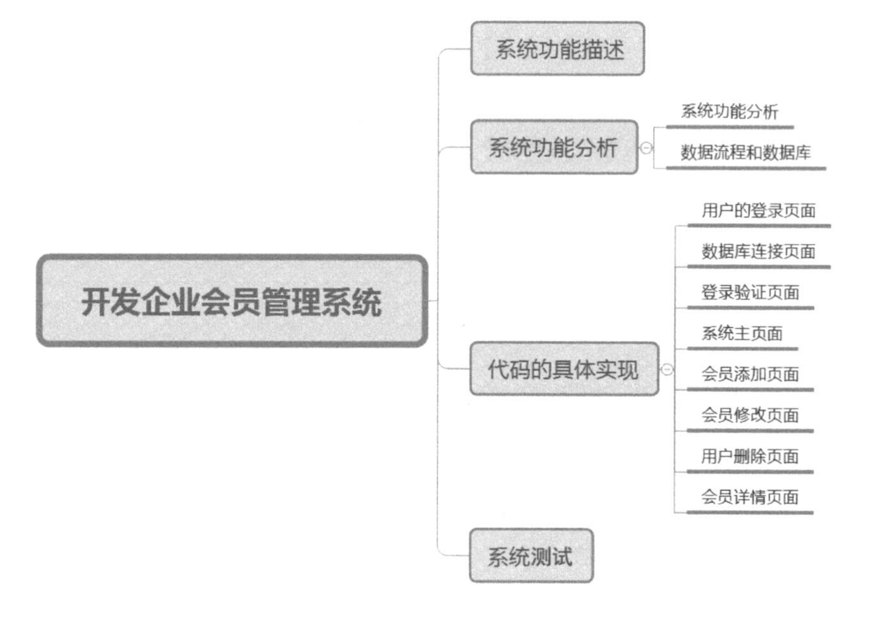

20.1 系统功能描述

该案例介绍一个基于 PHP+MySQL 的企业会员管理系统的开发过程。该系统主要包括管理员登录及验证、会员管理、增加会员、删除会员、修改会员信息、查看会员详情等功能。

整个项目以登录页面为起始，在管理员输入账号和密码后，系统通过查询数据库验证该管理员是否存在，如图 20-1 所示。

会员管理系统

账号：

密码：

登录

图 20-1 登录页面

验证成功则进入会员管理页面，可以查看会员列表、增加会员、删除会员、修改会员信息、查看会员详情，如图 20-2 所示。

会员信息列表

localhost/phpProject/ch20/userManagement/userlist.php

会员管理系统

用户名	密码	性别	年龄	爱好	注册时间	最后登录时间	操作
张三丰	111	1	23	打篮球	2020-01-24 20:51:15	2020-01-24 20:51:15	增加 删除 修改 查询
刘天一	123	1	22	听音乐	2020-02-24 20:56:17	2020-02-24 20:56:17	增加 删除 修改 查询
王明	123456	2	19	踢足球	2020-01-13 00:00:00	2020-01-13 00:00:00	增加 删除 修改 查询

图 20-2 会员管理页面

20.2 系统功能设计

本节就来学习分析企业会员管理系统的功能并介绍各功能的实现方法。

20.2.1 系统功能分析

整个系统的功能结构如图 20-3 所示。

整个项目包含 5 个功能：

（1）管理员登录及验证：在登录界面管理员输入用户名和密码后，系统通过查询数据库验证是否存在该管理员，如果验证成功显示会员管理页面，否则提示“无效的用户名和密码”，并返回登录页面。

（2）增加会员：管理员登录系统后，单击“增加”链接，系统进入增加会员页面，在输入相应信息后，单击“增加用户”按钮，系统会向数据库插入一条记录，并提示成功，返回会员管理页面。

（3）删除会员：单击“删除”链接，系统会在数据库中删除此条记录，并提示成功，返回会员管理界面。

（4）修改会员信息：单击“修改”链接，系统进入修改会员界面，在修改相应信息后，单击“确定修改”按钮，系统会向数据库更新一条记录，并提示成功，返回会员管理界面。

（5）查看会员详情：单击“查询”链接，系统向数据库查询并显示该会员的详细信息。

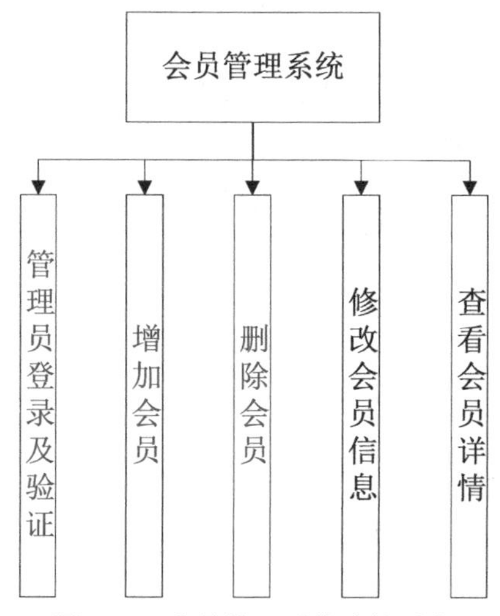

图 20-3　会员管理系统功能列表

20.2.2　数据流程和数据库

整个系统的数据流程如图 20-4 所示。

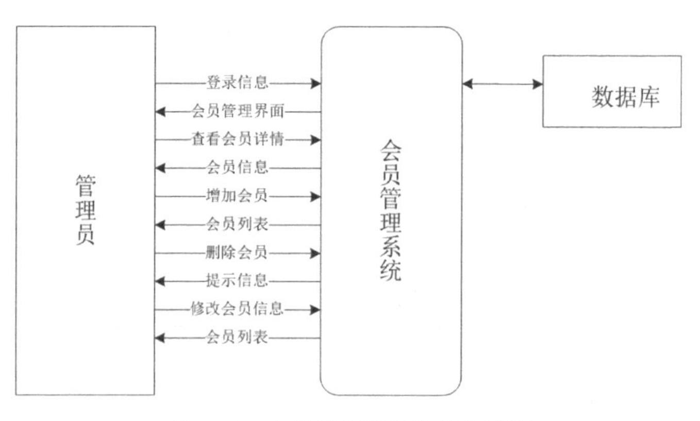

图 20-4　会员管理系统的数据流程

根据系统功能和数据库设计原则，设计数据库 usermanagement。SQL 语法如下：

```
CREATE DATABASE usermanagement DEFAULT CHARACTER SET utf8 COLLATE utf8_general_ci;
```

根据系统功能和数据库设计原则，共设计两张表，分别是：管理员表 admin、会员表 user，如表 20-1、表 20-2 所示。

表 20-1 管理员表 admin

字段名	数据类型	字段说明
userid	char(15)	管理员编码
pssw	char(10)	密码

表 20-2 会员表 user

字段名	数据类型	字段说明
id	int(11)	用户编码，自增
name	varchar(32)	用户名
pswd	char(10)	密码
sex	char(4)	性别
age	char(50)	年龄
hobby	char(50)	爱好
addtime	datetime	注册时间
logintime	datetime	最近登录时间
detail	varchar(100)	个人简介

创建管理员表 admin，语句如下：

```
CREATE TABLE IF NOT EXISTS admin (
  userid char(15) DEFAULT NULL,
  pssw char(10) NOT NULL
);
```

插入演示数据，语句如下：

```
INSERT INTO admin (userid, pssw) VALUES('test', '123');
```

创建会员表 user，语句如下：

```
CREATE TABLE IF NOT EXISTS user (
  id int(11) NOT NULL AUTO_INCREMENT,
  name varchar(32) COLLATE utf8_unicode_ci NOT NULL,
  pswd char(10) COLLATE utf8_unicode_ci NOT NULL,
  sex char(4) COLLATE utf8_unicode_ci DEFAULT NULL,
  age char(50) COLLATE utf8_unicode_ci DEFAULT NULL,
  hobby char(50) COLLATE utf8_unicode_ci DEFAULT NULL,
  addtime datetime DEFAULT NULL,
  logintime datetime DEFAULT NULL,
  detail varchar(100) COLLATE utf8_unicode_ci DEFAULT NULL,
  PRIMARY KEY ('id')
);
```

插入演示数据，语句如下：

```
INSERT INTO user (id, name, pswd, sex, age,hobby, addtime, logintime, detail)
VALUES
    (1, '张三丰', '111', '1', '23', '打篮球', '2020-01-24 20:51:15', '2020-10-24
20:51:17', ' 篮球是一项不错的运动 '),
```

```
    (2, '刘天一', '123', '1', '22', '听音乐', '2020-02-24 20:56:17', '2020-10-24
20:56:18', '音乐可以让人心情愉快'),
    (6, '王明', '123456', '2', '19', '踢足球', '2020-01-13 00:00:00', '2020-10-01
00:00:00', '踢足球可以锻炼身体 ');
```

20.3 代码的具体实现

该案例的代码清单包含 10 个 php 文件，实现了企业会员管理系统的管理员登录及验证、增加会员、删除会员、修改会员信息、查看会员详情等主要功能。

20.3.1 用户的登录页面

index.php 文件是该案例的 Web 访问入口，是用户的登录页面。具体代码如下：

```
<!DOCTYPE html>
<html>
<head>
<meta http-equiv="Content-Type" content="text/html; charset=utf-8">
<title>登录</title>
</head>
<body>
<h1 align="center">会员管理系统</h1>
<table width="100%" style="text-align:center">
<tr>
<form action="login.php" method="post">
<td width="60%" class="sub1">
<p class="sub">账号：<input type="text" name="userid" align="center"
class="txttop"></p>
<p class="sub">密码：<input type="password" name="pssw" align="center" maxlength="4"
class="txtbot"></p>
<button name="button" class="button" type="submit">登录</button>
</form>
</td>
</tr>
</table>
</body>
</html>
```

20.3.2 数据库连接页面

conn.php 文件为数据库连接页面，代码如下：

```
<?php
    // 创建数据库连接
      $con = mysqli_connect( "localhost:3308",'root','a123456') or die('error:'.
mysqli_error());
    mysqli_select_db($con,"usermanagement") or die(mysqli_error($con));
    mysqli_query($con,'set NAMES utf8');
?>
```

20.3.3 登录验证页面

log.php 文件是对用户登录进行验证。代码如下：

```
<!DOCTYPE html>
<html>
<head>
<meta http-equiv="Content-Type" content="text/html; charset=utf-8">
<title></title>
<link rel="stylesheet" type="text/css" href="css/main.css">
</head>
<body>
<h1 align="center">会员管理系统</h1></body>
<p align="center">
<?php
//连接数据库
require_once( "conn.php");
//账号
$userid=$_POST['userid'];
//密码
$pssw=$_POST['pssw'];
//查询数据库
$qry=mysqli_query($con,"SELECT * FROM admin WHERE userid='$userid'");
$row=mysqli_fetch_array($qry,MYSQLI_ASSOC);
//验证用户
if($userid==$row['userid'] && $pssw==$row['pssw']&&$userid!=null&&$pssw!=null)
    {
        session_start();
        $_SESSION[ "login"] =$userid;
         header( "Location: userlist.php");
    }
else{
        echo  "无效的账号或密码!";
        header('refresh:1; url= index.php');
    }
//}
?>
</p>
</body>
</html>
```

20.3.4 系统主页面

uselist.php 文件为系统的主页面。具体代码如下：

```
<!DOCTYPE html>
<html>
<head>
<meta http-equiv="Content-Type" content="text/html; charset=utf-8">
<style type="text/css">
table.gridtable {
    font-family: verdana,arial,sans-serif;
    font-size:11px;
    color:#333333;
    border-width: 1px;
    border-color: #666666;
    border-collapse: collapse;
}
table.gridtable th {
    border-width: 1px;
```

```
    padding: 8px;
    border-style: solid;
    border-color: #666666;
    background-color: #dedede;
}
table.gridtable td {
    border-width: 1px;
    padding: 8px;
    border-style: solid;
    border-color: #666666;
    background-color: #ffffff;
}
</style>
<title>会员信息列表</title>
</head>
  <body>
  <h1 align="center">会员管理系统</h1>
      <table class="gridtable" border="1" cellspacing="0" cellpadding="0"
id="userList" align="center">
    <tr align="center">
     <td>用户名</td>
     <td>密码</td>
     <td>性别</td>
     <td>年龄</td>
     <td>爱好</td>
     <td>注册时间</td>
     <td>最后登录时间</td>
     <td>操作</td>
    </tr>
<?php
  //连接数据库
  require_once 'conn.php';
  //设置中国时区
  date_default_timezone_set( "PRC");
  //查询数据库
  $sql =  "select * from user";
  $result = mysqli_query($con,$sql);
  $userList = '';
  $userList=[];
  while($rs = mysqli_fetch_array($result)){

      $userList[] = $rs;
    }
    // 循环用户列表
    foreach ($userList as $user){
        echo  "<tr>
               <td>  ".$user['name']."</td>
               <td>  ".$user['pswd']."</td>
               <td>  ".$user['sex']."</td>
               <td>  ".$user['age']."</td>
               <td>  ".$user['hobby']."</td>
               <td>  ".$user['addtime']."</td>
               <td>  ".$user['addtime']."</td>
               <td> <a href='addUser.php'>增加</a>
               <a href='deleteUser.php?id=".$user['id']."'> 删除</a>
               <a href='editUser.php?id=".$user['id']."'> 修改</a>
               <a href='detailUser.php?id=".$user['id']."'> 查询</a>
               <tr>
                ";
```

```
    }
?>
  </table>
  </body>
</html>
```

20.3.5 会员添加页面

addUser.php 和 add.php 为添加会员页面。addUser.php 的代码如下：

```
<!DOCTYPE html>
<html>
<head>
<meta http-equiv="Content-Type" content="text/html; charset=utf-8" />
<title>新增用户</title>
</head>
<body>
<h1 align="center">会员管理系统</h1>
<form action="add.php" method="post">
      <input type="hidden" name="user_id" value="  "/>
      <table width="444" border="1" align="center">
       <tr>
        <td>用户名 </td>
        <td> <input type="text" name="name" size="10" /></td>
       </tr>
       <tr>
        <td>密码</td>
        <td> <input type="pswd" name="pswd" size="10" /></td>
       </tr>
       <tr>
        <td>性别</td>
        <td> <input type="radio" name="sex" value="男" checked="checked" /> 男<input
type="radio" name="sex" value="女" /> 女 </td>
       </tr>
       <tr>
        <td>年龄</td>
        <td> <input type="text" name="age" size="3" /></td>
       </tr>
       <tr>
        <td>爱好</td>
        <td> <input type="text" name="hobby" size="44" /></td>
       </tr>
       <tr>
        <td>个人简介</td>
        <td> <textarea name="detail" rows="10" cols="30"></textarea></td>
       </tr>
       <tr>
           <td colspan="2" align="center"><input type="submit" value="增加用户" /></
td>
  </tr>
 </table>
      <p> </p>
      <p> </p>
      <p> </p>
</form>
</body>
</html>
```

add.php 的代码如下：

```
<?php
require_once 'conn.php';
//获取用户信息
$id = $_POST['id'];
$name = $_POST['name'];
echo $name;
$pswd= $_POST['pswd'];
if($_POST['sex']=='男')
{
    $sex=1;
}
else if($_POST['sex']=='女')
{
    $sex=2;
}
else $sex=3;
;
//设置中国时区
date_default_timezone_set( "PRC");
$age = $_POST['age'];
$hobby = $_POST['hobby'];
$detail = $_POST['detail'];
$addtime=mktime(date( "h"),date( "m"),date( "s"),date( "m"),date( "d"),date( "Y"));
$logintime=$addTime;
      $sql = "insert into user (name,pswd,sex,age,hobby,detail,addtime,logintime)
"."values('$name','$pswd','$sex','$age','$hobby','$detail','$addtime','$loginti
me')";
  echo $sql;
  // 执行sql语句
  mysqli_query($con,$sql);
  // 获取影响的行数
  $rows = mysqli_affected_rows();
  // 返回影响行数
  // 如果影响行数>=1,则判断添加成功,否则失败
  if($rows >= 1){
    alert( "添加成功");
    href( "userList.php");
  }else{
    alert( "添加失败");
    }
function alert($title){
  echo  "<script type='text/javascript'>alert('$title');</script>";
}
function href($url){
  echo  "<script type='text/javascript'>window.location.href='$url'</script>";
}
?>
```

20.3.6 会员修改页面

editUser.php 和 edit.php 为修改会员页面。editUser.php 的代码如下：

```
<!DOCTYPE html>
<html>
```

```
<head>
<meta http-equiv="Content-Type" content="text/html; charset=utf-8" />
<title>编辑用户</title>
</head>
<body>
<h1 align="center">会员管理系统</h1>
<?php
//连接数据库
require_once 'conn.php';
$id=$_GET['id'];
//设置中国时区
date_default_timezone_set( "PRC");
//查询数据库
  $sql =  "select * from user where id=".$id;
  $result = mysqli_query($con,$sql);
  $user = mysqli_fetch_array($result);
?>
<form action="edit.php" method="post">
    <input type="hidden" name="id" value="<?php echo $user['id']?>"/>
    <table width="444" border="1" align="center">
       <tr>
        <td>用户名 </td>
            <td> <input type="text" name="name" size="10" value=<?php echo
$user['name'] ?> /></td>
       </tr>
       <tr>
        <td>密码</td>
            <td> <input type="password" name="pswd" size="10" value=<?php echo
$user['pswd'] ?> /></td>
       </tr>
       <tr>
        <td>性别</td>
        <td> <input type="radio" name="sex" value="男"
             <?php if($user['sex']=='1') echo  "checked=\"checked\"" ?> /> 男
<input type="radio" name="sex" value="女" <?php if($user['sex']=='2') echo
 "checked=\"checked\"" ?>
          /> 女 </td>
       </tr>
       <tr>
        <td>年龄</td>
          <td> <input type="text" name="age" size="3" value=<?php echo $user['age']
?> /></td>
       </tr>
       <tr>
        <td>爱好</td>
            <td> <input type="text" name="hobby" size="44" value=<?php echo
$user['hobby'] ?> /></td>
       </tr>
       <tr>
        <td>个人简介</td>
        <td> <textarea name="datail" rows="10" cols="30" ><?php echo $user['detail']
?> </textarea> </td>
       </tr>
       <tr>
           <td colspan="2" align="center"><input type="submit" value="确定修改" /></
td>
       </tr>
 </table>
      <p> </p>
```

```
        <p> </p>
        <p> </p>
</form>
</body>
</html>
```

edit.php 的代码如下：

```
<?php
require_once 'conn.php';
//设置中国时区
date_default_timezone_set( "PRC");
//获取用户信息
$id = $_POST['id'];
$name = $_POST['name'];
$pswd= $_POST['pswd'];
$sex= $_POST['sex'];
if($sex=='男')
{
  $sex=1;
}
else if($_POST['sex']=='女')
{
    $sex=2;
}
else $sex=3;
;
$age = $_POST['age'];
$hobby = $_POST['hobby'];
$detail = $_POST['datail'];
$addtime=mktime(date( "h"),date( "m"),date( "s"),date( "m"),date( "d"),date( "Y"));
$loginTime=$addTime;
  $sql =  "update user set name='$name',pswd='$pswd',sex='$sex',age='$age',hobby='$
hobby',detail='$detail' where id='$id'";
  echo $sql;
  // 执行sql语句
  mysqli_query($con,$sql);
  // 获取影响的行数
  $rows = mysqli_affected_rows();
  // 返回影响行数
  // 如果影响行数>=1,则判断添加成功,否则失败
  if($rows >= 1)
  {
    alert( "编辑成功");
    href( "userList.php");
  }else{
    alert( "编辑失败");
    }
function alert($title){
  echo  "<script type='text/javascript'>alert('$title');</script>";
}
function href($url){
  echo  "<script type='text/javascript'>window.location.href='$url'</script>";
}
?>
```

20.3.7 用户删除页面

deleteUser.php 文件为用户删除页面，代码如下：

```
<?php
// 包含数据库文件
require_once 'conn.php';
// 获取删除的id
$id = $_GET['id'];
$row = delete($id,$con);
if($row >=1){
    alert( "删除成功");
}else{
    alert( "删除失败");
}
// 跳转到用户列表页面
href( "userList.php");
function delete($id,$con){
    $sql =  "delete from user where id='$id'";
    // 执行删除
    mysqli_query($con,$sql);
    // 获取影响的行数
    $rows = mysqli_affected_rows($con);
    // 返回影响行数
    return $rows;
}
function alert($title){
    echo  "<script type='text/javascript'>alert('$title');</script>";
}
function href($url){
    echo  "<script type='text/javascript'>window.location.href='$url'</script>";
}
?>
```

20.3.8 会员详情页面

detailUser.php 文件为查看会员详情页面。代码如下：

```
<!DOCTYPE html>
<html>
<head>
<meta http-equiv="Content-Type" content="text/html; charset=utf-8" />
<style type="text/css">
table.gridtable {
    font-family: verdana,arial,sans-serif;
    font-size:11px;
    color:#333333;
    border-width: 1px;
    border-color: #666666;
    border-collapse: collapse;
}
table.gridtable th {
    border-width: 1px;
    padding: 8px;
    border-style: solid;
    border-color: #666666;
    background-color: #dedede;
```

```
}
table.gridtable td {
    border-width: 1px;
    padding: 8px;
    border-style: solid;
    border-color: #666666;
    background-color: #ffffff;
}
</style>
<title>查看会员详情</title>
</head>
<body>
<h1 align="center">会员管理系统</h1>
<?php
//连接数据库
require_once 'conn.php';
$id=$_GET['id'];
//设置中国时区
date_default_timezone_set( "PRC");
//查询数据库
  $sql =  "select * from user where id=".$id;
  $result = mysqli_query($con,$sql);
  $user = mysqli_fetch_array($result);
?>
    <table class="gridtable" width="444" border="1" align="center">
       <tr>
        <td>用户ID </td>
        <td> <?php echo $id ?> </td>
       </tr>
       <tr>
        <td>用户名 </td>
        <td> <?php echo $user['name'] ?> </td>
       </tr>
       <tr>
        <td>密码</td>
        <td> <?php echo $user['pswd'] ?> </td>
       </tr>
       <tr>
        <td>性别</td>
        <td> <?php if($user['sex']=='1') echo  "男"; else if($user['sex']=='2') echo
 "女"; else  "保密"; ?>
        </td>
       </tr>
       <tr>
        <td>年龄</td>
        <td> <?php echo $user['age'] ?> </td>
       </tr>
       <tr>
        <td>爱好</td>
        <td> <?php echo $user['hobby'] ?> </td>
       </tr>
       <tr>
        <td>个人简介</td>
        <td> <?php echo $user['detail'] ?> </td>
       </tr>
       <tr>
           <td colspan="2" align="center"><a href="userList.php" >返回用户列表</a></
td>
       </tr>
```

```
</table>
      <p> </p>
      <p> </p>
      <p> </p>
</body>
</html>
```

20.4 系统测试

管理员登录及验证：在数据库中，默认初始化了一个账号为 test、密码为 123 的账户，如图 20-5 所示。

会员管理界面：管理员登录成功后，进入会员管理页面，显示会员列表，如图 20-6 所示。

图 20-5　管理员登录页面

用户名	密码	性别	年龄	爱好	注册时间	最后登录时间	操作
张三丰	111	1	23	打篮球	2020-01-24 20:51:15	2020-01-24 20:51:15	增加 删除 修改 查询
刘天一	123	1	22	听音乐	2020-02-24 20:56:17	2020-02-24 20:56:17	增加 删除 修改 查询
王明	123456	2	19	踢足球	2020-01-13 00:00:00	2020-01-13 00:00:00	增加 删除 修改 查询

图 20-6　会员管理页面

增加会员功能：管理员登录系统后，可以查看会员列表，单击“增加”链接，系统进入增加会员页面，如图 20-7 所示。

删除会员功能：在对应会员右侧单击“删除”链接后，系统提示“删除成功”信息框，单击“确定”按钮，返回会员管理页面，如图 20-8 所示。

图 20-7　增加会员页面

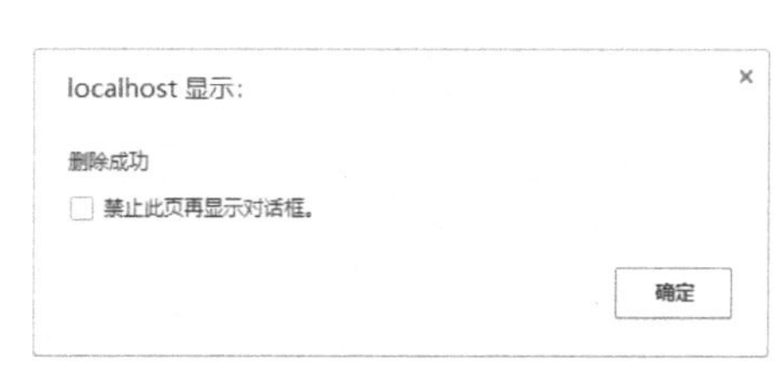

图 20-8　“删除成功”信息框

修改会员信息功能：单击“修改”链接后，系统进入修改会员页面，如图 20-9 所示。修改相应信息后，单击“确定修改”按钮，系统会向数据库更新一条记录，并返回会员管理页面。

查看会员详情功能：单击“查询”链接后，系统向数据库查询并显示该会员的详细信息，如图 20-10 所示。

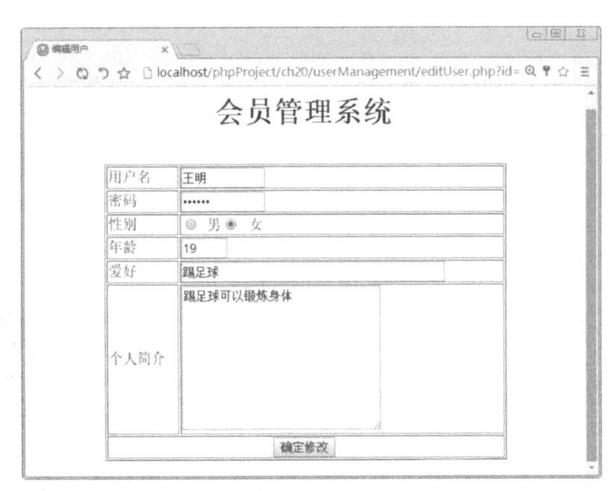

图 20-9　修改会员页面

图 20-10　会员信息查询页面

登录错误提示：输入非法字符时的处理效果，如图 20-11 所示。

会员管理系统

无效的账号或密码!

图 20-11　无法登录提示页面

第21章　项目实训2——开发网上订餐系统

本章导读

PHP在互联网行业也被广泛地应用。本章以一个网上订餐系统为例来介绍PHP在互联网行业开发中的应用技能。

知识导图

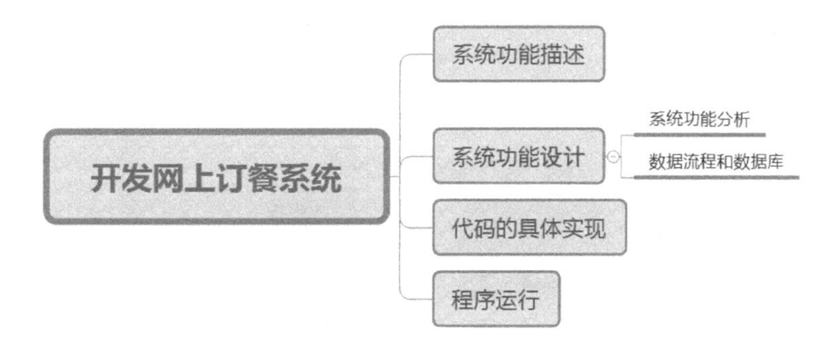

21.1 系统功能描述

该案例介绍一个基于 PHP+MySQL 的网上订餐系统的开发。该系统主要包括用户登录及验证、菜品管理、删除菜品、订单管理、修改订单状态等功能。

整个项目以登录页面为起始，在用户输入用户名和密码后，系统通过查询数据库验证该用户是否存在，如图 21-1 所示。

网上订餐系统

账号：

密码：

登录

图 21-1 登录页面

若验证成功，则进入系统主页面，用户可以在网上商城进行相应的功能操作，如图 21-2 所示。

图 21-2 网上商城主页面

21.2 系统功能设计

本节就来学习网上订餐系统的功能以及实现方法。

21.2.1 系统功能分析

整个系统的功能结构如图 21-3 所示。

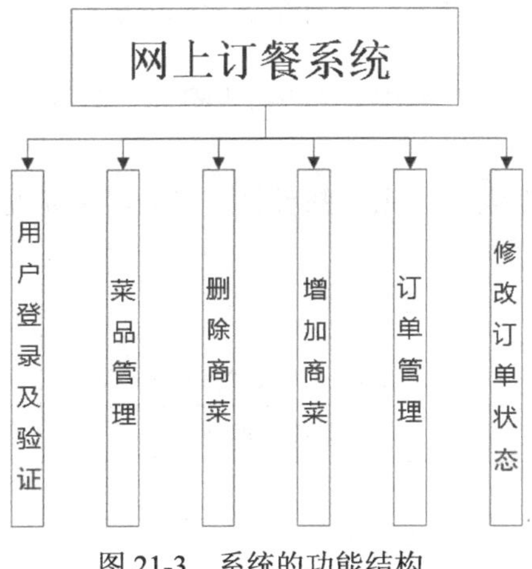

图 21-3 系统的功能结构

整个项目包含以下 6 个功能。

（1）用户登录及验证：在登录页面，用户输入用户名和密码后，系统通过查询数据库验证是否存在该用户，若验证成功，则显示菜品管理页面，否则提示“无效的用户名和密码”，并返回登录页面。

（2）菜品管理：用户登录系统后，进入菜品管理页面，用户可以查看所有菜品，系统会查询数据库显示菜品记录。

（3）删除菜品：在菜品管理页面，用户单击“删除菜品”链接后，系统会从数据库删除此条菜品记录，并提示删除成功，返回到菜品管理页面。

（4）增加菜品：用户登录系统后，可以单击“添加菜品”按钮，进入增加菜品页面，用户可以输入菜品的基本信息，上传菜品图片，之后系统会向数据库新增一条菜品记录。

（5）订单管理：用户登录系统后，可以单击“订单管理”链接，进入订单管理页面，用户可以查看所有订单，系统会查询数据库显示订单记录。

（6）修改订单状态：在订单管理页面，用户单击“修改状态”链接后，进入订单状态修改页面，用户选择订单状态，进行提交，系统会更新数据库中该条记录的订单状态。

21.2.2 数据流程和数据库

整个系统的数据流程如图 21-4 所示。

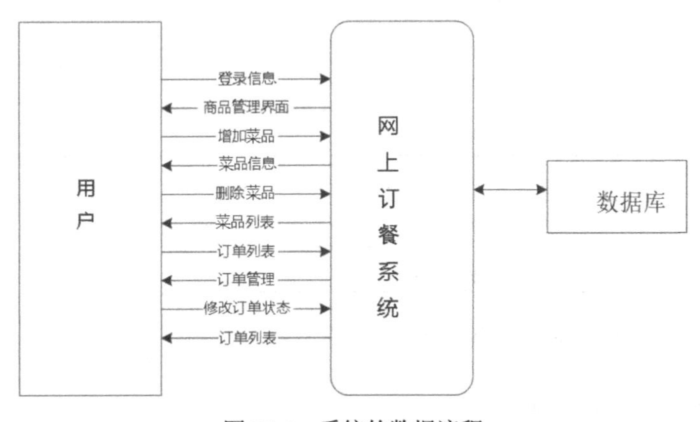

图 21-4 系统的数据流程

根据系统功能和数据库设计原则，设计数据库 goods。SQL 语法如下：

```
CREATE DATABASE IF NOT EXISTS goods DEFAULT CHARACTER SET utf8 COLLATE utf8_
general_ci;
```

根据系统功能和数据库设计原则，共设计 3 张表，分别是：管理员表 admin、菜品表 product、订单表 form。

各个表的结构如表 21-1~ 表 21-3 所示。

表 21-1　管理员表 admin

字段名	数据类型	字段说明
id	int(3)	管理员编码，主键
user	varchar(30)	用户名
pwd	varchar(64)	密码

表 21-2　菜品表 product

字段名	数据类型	字段说明
cid	int(255)	菜品编码，自增
cname	varchar(100)	菜品名称
cprice	int(3)	价格
cspic	varchar(255)	图片
cpicpath	varchar(255)	图片路径

表 21-3　订单表 form

字段名	数据类型	字段说明
oid	int(255)	订单编码，自增
user	varchar(20)	用户昵称
leibie	varchar(10)	种类
name	varchar(255)	菜品名称
price	varchar(255)	价钱
num	int(3)	数量
call	varchar(15)	电话
address	text	地址
ip	varchar(15)	IP 地址
btime	datetime	下单时间
addons	text	备注
state	tinyint(1)	订单状态

创建管理员表 admin，SQL 语句如下：

```
CREATE TABLE IF NOT EXISTS admin (
  id int(3) unsigned NOT NULL,
```

```
  user varchar(30) NOT NULL,
  pwd varchar(64) NOT NULL,
  PRIMARY KEY (id)
);
```

插入演示数据，SQL语句如下：

```
INSERT INTO admin (id, user, pwd) VALUES
    (1, 'admin', '123456');
```

创建菜品表product，SQL语句如下：

```
CREATE TABLE IF NOT EXISTS product (
  cid int(255) unsigned NOT NULL AUTO_INCREMENT,
  cname varchar(100) NOT NULL,
  cprice int(3)unsigned NOT NULL,
  cspic varchar(255) NOT NULL,
  cpicpath varchar(255) NOT NULL,
  PRIMARY KEY (cid)
);
```

插入演示数据，SQL语句如下：

```
INSERT INTO product (cid, cname, cprice, cspic, cpicpath) VALUES
(1, '北京烤鸭', 12, '', '101.png'),
(2, '台式风扇', 89, '', '102.png'),
(3, '炒木须肉',32, '', '103.png'),
(4, '蛋花汤',8, '', '104.png');
```

创建订单表form，SQL语句如下：

```
CREATE TABLE IF NOT EXISTS form (
  oid int(255) unsigned NOT NULL AUTO_INCREMENT,
  user varchar(30) NOT NULL,
  leibie varchar(10)unsigned NOT NULL,
  name varchar(20) NOT NULL,
  price int(3)unsigned NOT NULL,
  num int(3)unsigned NOT NULL,
  call varchar(15) NOT NULL,
  address text NOT NULL,
  ip varchar(15) NOT NULL,
  btime datetime NOT NULL,
  addons text NOT NULL,
  state tinyint(1)NOT NULL,
  PRIMARY KEY (oid)
) ;
```

插入演示数据，SQL语句如下：

```
INSERT INTO form (oid, user, leibie, name, price, num, call, address, ip, btime,
addons, state) VALUES
(1, '张峰', '晚餐', '北京烤鸭',89,1,'1234567', '海淀区创智大厦1221', '128.10.1.1',
'2018-10-18 12:07:39', '尽快发货', 0),
(2, '刘天一', '午餐', '炒木须肉',32,2,'1231238', 'CBD明日大厦1261', '128.10.2.4',
'2018-10-18 12:23:45', '无', 0);
```

21.3 代码的具体实现

该案例的代码清单包含 9 个 PHP 文件和两个文件夹，实现了网上商城网站的用户登录及验证、菜品管理、删除菜品、订单管理、修改订单状态等主要功能。

网上商城网站中各文件的含义及其代码如下。

1. index.php

该文件是案例的 Web 访问入口，是用户的登录页面。具体代码如下：

```
<!DOCTYPE html>
<html>
<head>
    <meta charset="UTF-8">
    <title>登录
</title>
</head>

<body>
<h1 align="center">网上订餐系统</h1>
<table width="100%" style="text-align:center">
<tr>
<form action="log.php" method="post">
<td width="60%" class="sub1">
<p class="sub">账号：<input type="text" name="userid" align="center"
class="txttop"></p>
<p class="sub">密码：<input type="password" name="pssw" align="center"
class="txtbot"></p>
<button name="button" class="button" type="submit">登录</button>
</form>
</td>
</tr>
</table>
</body>
</html>
```

2. conn.php

该文件为数据库连接页面，代码如下：

```
<?php
// 创建数据库连接
      $con = mysqli_connect(“localhost:3308”, “root”, “a123456")or die(“无法连接
到数据库");
      mysqli_select_db($con,"goods") or die(mysqli_error($con));
       mysqli_query($con,'set NAMES utf8');
?>
```

3. log.php

该文件是对用户登录进行验证，代码如下：

```
<!DOCTYPE html>
<html>
<head>
    <meta charset="UTF-8">
    <title></title>
<link rel="stylesheet" type="text/css" href="css/main.css">
<head>
```

```
<title>
</title>
<link rel="stylesheet" type="text/css" href="css/main.css">
</head>
<body><h1 align="center">网上订餐系统</h1></body>
<p align="center">
<?php
//连接数据库
require_once( "conn.php");
//账号
$userid=$_POST['userid'];
//密码
$pssw=$_POST['pssw'];
//查询数据库
$qry=mysqli_query($con,"SELECT * FROM admin WHERE user='$userid'");
$row=mysqli_fetch_array($qry,MYSQLI_ASSOC);
//验证用户
if($userid==$row['user'] && $pssw==$row['pwd']&&$userid!=null&&$pssw!=null)
    {
      session_start();
      $_SESSION[ "login"] =$userid;
       header( "Location: menu.php");
    }
else{
      echo  "无效的账号或密码!";
      header('refresh:1; url= index.php');
    }
//}
?>
</p>
</body>
</html>
```

4. menu.php

该文件为系统的主页面，具体代码如下：

```
<?php
//打开session
session_start();
include( "conn.php");
?>
<!DOCTYPE html>
<html>
<head>
<meta http-equiv="Content-Type" content="text/html; charset=utf-8" />
<link type="text/css" rel="stylesheet" href="css/main.css" media="screen" />
<title>网上订餐系统</title>
</head>
<h1 align="center">网上订餐系统</h1>
<div style="margin-left:30%;margin-top:20px;">
<ul style="float:left;margin-left:30px;font-size:20px;">
<li ><a href="#">主页</a></li>
</ul>
<ul style="float:left;margin-left:30px;font-size:20px;">
<li ><a href="add.php">添加菜品</a></li>
</ul>
<ul style="float:left;margin-left:30px;font-size:20px;">
<li ><a href="search.php">订单管理</a></li>
```

```
</ul>
</div>
</div>
<div id="contain">
<div id="contain-left">
<?php
$result=mysqli_query($con," SELECT * FROM `product`  " );
while($row=mysqli_fetch_row($result))
  {
?>

<table class="intable" width="543" border="0">
  <tr>
    <td class="td1" >
     <?php
      if(true)
      {
          echo "<a href="del.php?id='.$row[0].'" onclick=return(confirm( "你确定要删除此条商品吗? "))><font color=#FF00FF>删除商品</font></a>";
      }
    ?>
    商品名称：<?=$row[1]?></td>
      <td class="showimg" width="173" rowspan="2"><img src='upload/<?=$row[4]?>' width="120" height="90" border="0" /><span><img src="upload/<?=$row[4]?>" alt="big" /></span></td>
  </tr>
  <tr>
    <td class="td2">价格： ¥<font color="#FF0000" ><?=$row[2]?></font></td>
  </tr>
</table>
<TD bgColor=#ffffff><br>
</TD>
<?php
  }
mysqli_free_result($result);
?>

</div>
</div>
<body>
</body>
</html>
```

5. add.php

该文件为添加菜品页面，具体代码如下：

```
<?php

  session_start();
  //设置中国时区
 date_default_timezone_set( "PRC");
@$cname = $_POST[ "cname"];
@$cprice = $_POST[ "cprice"];
if (is_uploaded_file(@$_FILES['upfile']['tmp_name']))
 {
$upfile=$_FILES[ "upfile"];
}
@$type = $upfile[ "type"];
```

```
@$size = $upfile[ “size"];
@$tmp_name = $upfile[ “tmp_name"];
switch ($type) {
    case 'image/jpg' :$tp='.jpg';
       break;
    case 'image/jpeg' :$tp='.jpeg';
       break;
    case 'image/gif' :$tp='.gif';
       break;
    case 'image/png' :$tp='.png';
       break;
}

@$path=md5(date( “Ymdhms").$name).$tp;
@$res = move_uploaded_file($tmp_name,'upload/'.$path);
include( “conn.php");
if($res){
  $sql =  “INSERT INTO `caidan` (`cid` ,`cname` ,`cprice` ,`cspic` ,`cpicpath` )
VALUES (NULL , '$cname', '$cprice', '', '$path')";
$result = mysqli_query($con,$sql);
$id = mysqli_insert_id($con);
echo  “<script >location.href='menu.php'</script>";
}

?>
<!DOCTYPE html>
<html>
<head>
<meta http-equiv="Content-Type" content="text/html; charset=utf-8" />
<link type="text/css" rel="stylesheet" href="css/main.css" media="screen" />
<title>网上订餐系统</title>
</head>
<h1 align="center">网上订餐系统</h1>
<div style="margin-left:35%;margin-top:20px;">
<ul style="float:left;margin-left:30px;font-size:20px;">
<li ><a href="menu.php">主页</a></li>
</ul>
<ul style="float:left;margin-left:30px;font-size:20px;">
<li ><a href="add.php">添加菜品</a></li>
</ul>
<ul style="float:left;margin-left:30px;font-size:20px;">
<li ><a href="search.php">订单管理</a></li>
</ul>
</div>
<div style="margin-top:100px;margin-left:35%;">
<div>
<form action="add.php" method="post" enctype="multipart/form-data" name="add">
菜品名称: <input name="cname" type="text" size="40"/><br /><br />
价格: <input name="cprice" type="text" size="10"/>元<br/><br />
缩略图上传: <input name="upfile" type="file" /><br /><br />
<input type="submit" value="添加菜品" style="margin-left:10%;font-size:16px"/>
</form>
</div>
</div>
<body>
</body>
</html>
```

6. del.php

该文件为删除订单页面，代码如下：

```
<?php

        session_start();
        include( "conn.php");
       $cid=$_GET['id'];
       $sql =  "DELETE FROM `caidan` WHERE cid = '$cid'";
       $result = mysqli_query($con,$sql);
        $rows = mysqli_affected_rows($con);
        if($rows >=1){
            alert( "删除成功");
        }else{
            alert( "删除失败");
        }
        // 跳转到主页
        href( "menu.php");
        function alert($title){
            echo  "<script type='text/javascript'>alert('$title');</script>";
        }
        function href($url){
                echo  "<script type='text/javascript'>window.location.href='$url'</
script>";
        }
?>
<!DOCTYPE html>
<html>
<head>
<meta http-equiv="Content-Type" content="text/html; charset=utf-8" />
<link type="text/css" rel="stylesheet" href="include/main.css" media="screen" />
<title>网上订餐系统</title>
</head>
<h1 align="center">网上订餐系统</h1>
<div id="contain">
  <div align="center">

  </div>
<body>
</body>
</html>
```

7. editDo.php

该文件为修改订单页面，具体代码如下：

```
<?php
//打开session
session_start();
include( "conn.php");
$state=$_POST['state'];
?>
<html>
<head>
<meta http-equiv="Content-Type" content="text/html; charset=utf-8" />
<style type="text/css">
table.gridtable {
    font-family: verdana,arial,sans-serif;
```

```
    font-size:11px;
    color:#333333;
    border-width: 1px;
    border-color: #666666;
    border-collapse: collapse;
}
table.gridtable th {
    border-width: 1px;
    padding: 8px;
    border-style: solid;
    border-color: #666666;
    background-color: #dedede;
}
table.gridtable td {
    border-width: 1px;
    padding: 8px;
    border-style: solid;
    border-color: #666666;
    background-color: #ffffff;
}
</style>
<link type="text/css" rel="stylesheet" href="css/main.css" media="screen" />
<title>网上订餐系统</title>
</head>
<h1 align="center">网上订餐系统</h1>
<div style="margin-left:30%;margin-top:20px;">
<ul style="float:left;margin-left:30px;font-size:20px;">
<li ><a href="menu.php">主页</a></li>
</ul>
<ul style="float:left;margin-left:30px;font-size:20px;">
<li ><a href="add.php">添加菜品</a></li>
</ul>
<ul style="float:left;margin-left:30px;font-size:20px;">
<li ><a href="search.php">订单查询</a></li>
</ul>
</div>
<div id="contain">
  <div id="contain-left">
  <?php
  if(''==$state or null==$state)
  {
          echo "请选择订单状态!";
          header('refresh:1; url= edit.php');
  }else
  {
          $oid=$_GET['id'];
          $sql = "UPDATE `form` SET state='$state' WHERE oid = '$oid'";
          $result = mysqli_query($con,$sql);
          echo "订单状态修改成功。";
          header('refresh:1; url= search.php');
  }
  ?>

  </div>

</div>
<body>
</body>
</html>
```

8. edit.php

该文件为订单修改状态页面，具体代码如下：

```
<?
//打开session
session_start();
include( "conn.php");
$id=$_GET['id'];
?>
<html>
<head>
<meta http-equiv="Content-Type" content="text/html; charset=utf-8" />
<style type="text/css">
table.gridtable {
    font-family: verdana,arial,sans-serif;
    font-size:11px;
    color:#333333;
    border-width: 1px;
    border-color: #666666;
    border-collapse: collapse;
}
table.gridtable th {
    border-width: 1px;
    padding: 8px;
    border-style: solid;
    border-color: #666666;
    background-color: #dedede;
}
table.gridtable td {
    border-width: 1px;
    padding: 8px;
    border-style: solid;
    border-color: #666666;
    background-color: #ffffff;
}
</style>
<link type="text/css" rel="stylesheet" href="css/main.css" media="screen" />
<title>网上订餐系统</title>
</head>
<h1 align="center">网上订餐系统</h1>
<div style="margin-left:30%;margin-top:20px;">
<ul style="float:left;margin-left:30px;font-size:20px;">
<li ><a href="menu.php">主页</a></li>
</ul>
<ul style="float:left;margin-left:30px;font-size:20px;">
<li ><a href="add.php">添加菜品</a></li>
</ul>
<ul style="float:left;margin-left:30px;font-size:20px;">
<li ><a href="search.php">订单管理</a></li>
</ul>
</div>
<div id="contain">
<div id="contain-left">
<form name="input" method="post" action="editDo.php?id=<?=$_GET['id']?>">
  <p>修改状态：<br/>
    <input name="state" type="radio" value="0" />
```

```
    已经提交！<br/>
    <input name="state" type="radio" value="1" />
    已经接纳！<br/>
    <input name="state" type="radio" value="2" />
    正在派送！<br/>
    <input name="state" type="radio" value="3" />
    已经签收！<br/>
    <input name="state" type="radio" value="4" />
  意外，不能供应！</p>
    </p>
    <button name="button" class="button" type="submit">提交</button>
</form>
  </div>
</div>
<body>
</body>
</html>
```

9. search.php

该文件为订单搜索页面，代码如下：

```
<?php
//打开session
session_start();
include( "conn.php");
?>
<html>
<head>
<meta http-equiv="Content-Type" content="text/html; charset=utf-8" />
<style type="text/css">
table.gridtable {
    font-family: verdana,arial,sans-serif;
    font-size:11px;
    color:#333333;
    border-width: 1px;
    border-color: #666666;
    border-collapse: collapse;
}
table.gridtable th {
    border-width: 1px;
    padding: 8px;
    border-style: solid;
    border-color: #666666;
    background-color: #dedede;
}
table.gridtable td {
    border-width: 1px;
    padding: 8px;
    border-style: solid;
    border-color: #666666;
    background-color: #ffffff;
}
</style>
<link type="text/css" rel="stylesheet" href="css/main.css" media="screen" />
<title>网上订餐系统</title>
</head>
<h1 align="center">网上订餐系统</h1>
```

```
<div style="margin-left:30%;margin-top:20px;">
<ul style="float:left;margin-left:30px;font-size:20px;">
<li ><a href="menu.php">主页</a></li>
</ul>
<ul style="float:left;margin-left:30px;font-size:20px;">
<li ><a href="add.php">添加菜品</a></li>
</ul>
<ul style="float:left;margin-left:30px;font-size:20px;">
<li ><a href="search.php">订单管理</a></li>
</ul>
</div>
<div id="contain">
  <div id="contain-left">
    <?php
    $result=mysqli_query($con," SELECT * FROM `form` ORDER BY `oid` DESC  “ );
     while($row=mysqli_fetch_row($result))
   {
      $x = $row[0];
   ?>

   <table width="640" border="1" cellspacing="0" cellpadding="3" class="gridtable">
  <tr>
    <td width="116">
    编号:<?=$row[0]?></td>
    <td width="82">昵称:<?=$row[1]?></td>

    <td width="135">菜品种类:    <?=$row[2]?></td>
    <td width="160">下单时间:<?=$row[9]?></td>
  </tr>
  <tr>
    <td colspan="2">菜品名称:<?=$row[3]?></td>
    <td>价格:<?=$row[4]?>元</td>
    <td>数量:<?=$row[5]?></td>
  </tr>
  <tr>
      <td >总价:<?=$row[4]*$row[5]?></td>
    <td >联系电话:<?=$row[6]?></td>
     <td colspan="3" bgcolor="#EEEEEE">下单ip:<?=$row[8]?></td>
    </tr>
  <tr>
    <td colspan="4" bgcolor="#EEEEEE">附加说明:<?=$row[10]?></td>
  </tr>
  <tr>
    <td colspan="4" bgcolor="#EEEEEE">地址:<?=$row[7]?></td>
  </tr>
  <tr>

    <td bgcolor="#EEEEEE">下单状态: 已经下单<?
        switch ($row[11]) {
    case '0' :echo '已经下单';
       break;
    case '1' :echo '已经接纳';
       break;
    case '2' :echo '正在派送';
       break;
    case '3' :echo '已经签收';
       break;
    case '4' :echo '意外，不能供应！';
```

```
        break;
    }?>
</td>
<td><?PHP echo  "<a href=edit.php?id=".$x.">修改状态</a>";?></td>
</tr>
</table>
<hr  />
   <?PHP
   }
   mysqli_free_result($result);
   ?>
  </div>

</div>
<body>
</body>
</html>
```

另外，upload 文件夹用来存放上传的菜品图片。css 文件夹是整个系统通用的样式设置。

21.4 程序运行

用户登录及验证：在数据库中，默认初始化了一个账号为 admin、密码为 123456 的账户，如图 21-5 所示。

菜品管理界面：用户登录成功后，进入菜品管理页面，显示菜品列表。将鼠标指针放在菜品的缩略图上，右侧会显示菜品的大图，如图 21-6 所示。

网上商城

账号：admin

密码：••••••

登录

图 21-5 输入账号和密码

图 21-6 菜品管理页面

增加菜品功能：用户登录系统后，可以单击“添加菜品”链接，进入添加菜品页面，如图 21-7 所示。

删除菜品功能：在菜品管理页面，单击“删除菜品”链接后，系统会提示确认删除信息，单击“确定”按钮，即可从数据库中删除此条菜品记录，如图 21-8 所示。

图 21-7　添加菜品页面　　　　图 21-8　删除菜品

订单管理功能：用户登录系统后，可以单击“订单管理”链接，进入订单管理页面，如图 21-9 所示。

图 21-9　订单管理页面

修改订单状态：在订单管理页面，单击“修改状态”链接，可进入订单状态修改页面，如图 21-10 所示。

登录错误提示：输入非法字符时的错误提示如图 21-11 所示。

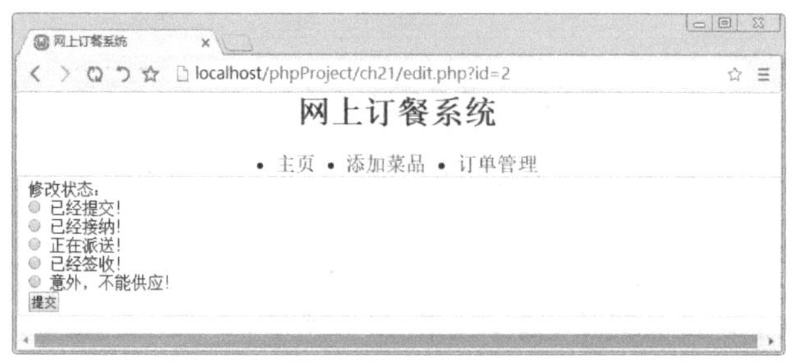

图 21-10　订单状态修改页面

网上商城

无效的账号或密码!

图 21-11　登录错误提示

第22章 项目实训3——开发教务选课系统

本章导读

教务选课系统是学校教务系统中不可缺少的一个子系统，涉及学生、课程等信息。本章将介绍如何开发教务选课系统，主要包括管理员注册、登录及验证、增加学生信息、删除学生信息、学生选课、增加课程信息、浏览课程信息和删除课程信息等功能。

知识导图

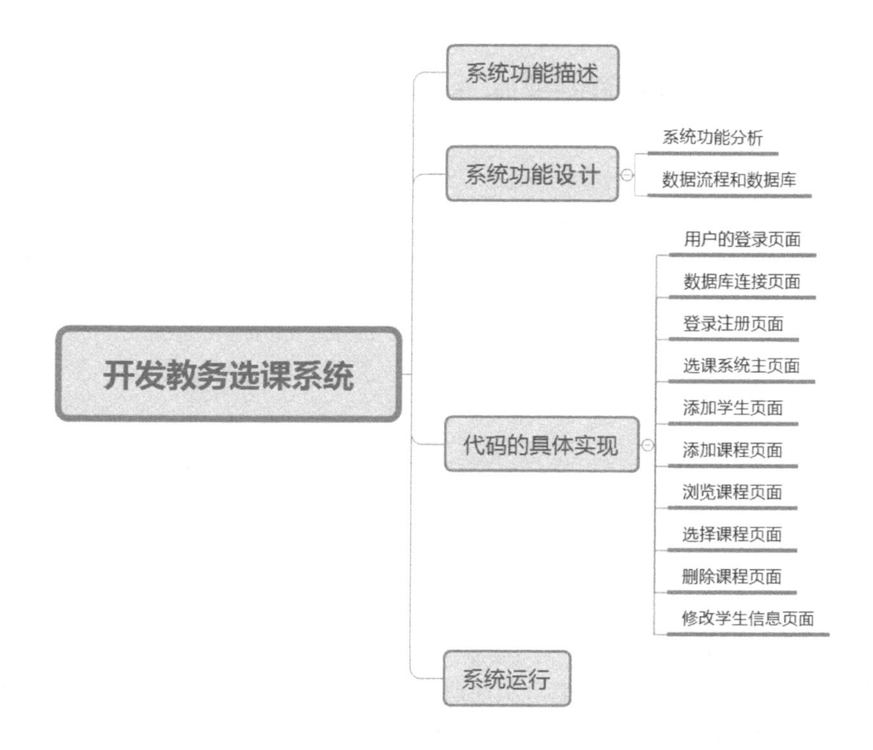

22.1 系统功能描述

该案例介绍一个基于 PHP+MySQL 的教务选课系统的开发。整个项目以登录页面为起始，在管理员输入用户名和密码后，系统通过查询数据库验证该管理员是否存在，如图 22-1 所示。

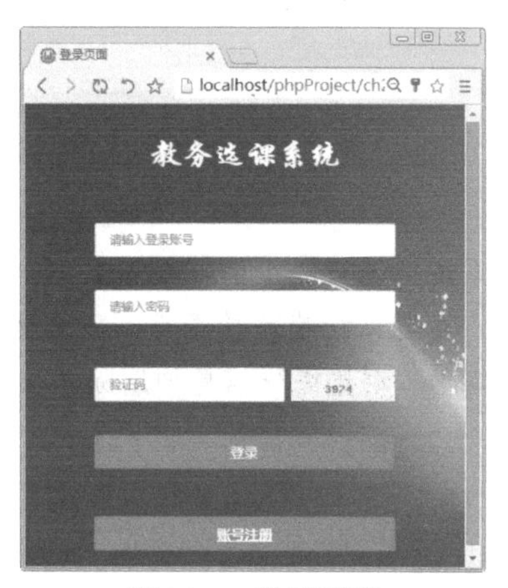

图 22-1　登录页面

验证成功则进入教务选课系统的主页面，默认可以浏览学生信息。在主页面中可以添加学生、添加课程、浏览课程，修改学生信息、选课和删除学生信息等操作，如图 22-2 所示。

ID	姓名	性别	年龄	班级	操作
4	张晓晓	男	20	人工智能系20级4班	修改 选课 删除
9	胡八一	男	20	软件工程系20级1班	修改 选课 删除
16	张晓明	女	19	计算机系20级4班	修改 选课 删除

图 22-2　会员管理界面

22.2 系统功能设计

一个典型的教务选课系统，包括管理员注册、登录及验证、增加学生信息、删除学生信息、学生选课、增加课程信息、浏览课程信息和删除课程信息等功能。本节就来学习教务选课系统的功能及其实现方法。

22.2.1 系统功能分析

整个系统的功能结构如图 22-3 所示：

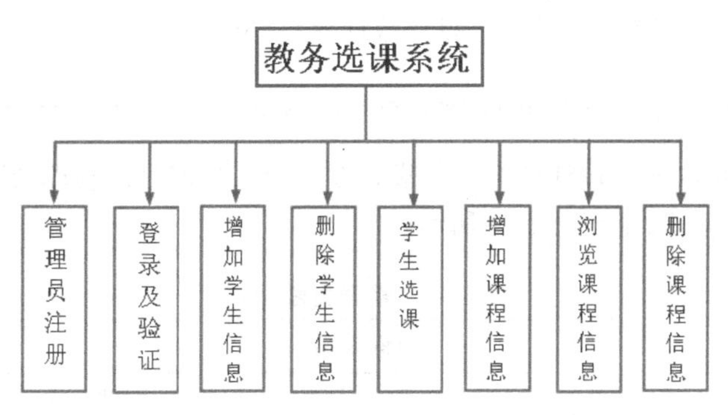

图 22-3 会员管理系统功能列表

整个项目包含 8 个功能：

（1）管理员注册：在管理员注册页面中，输入新的用户名和密码后单击“账号注册”按钮，即可注册新用户。

（2）在登录界面输入登录账号、密码和验证码后，系统通过查询数据库验证是否存在该管理员，如果验证成功显示教务选课系统主页面，否则提示“账号或密码错误”，并返回登录界面。

（3）增加学生信息：在教务选课系统的主页面中，单击“添加学生”按钮，即可根据提示信息增加新的学生。

（4）删除学生信息：在教务选课系统的主界面中，单击“删除”按钮，即可删除选择的学生。

（5）学生选课：在教务选课系统的主页面中，单击“选课”按钮，即可给选择的学生添加课程。

（6）增加课程信息：在教务选课系统的主页面中，单击“添加课程”按钮，即可为系统添加新的课程。

（7）浏览课程信息：在教务选课系统的主页面中，单击“浏览课程”按钮，即可查看系统中的所有课程信息。

（8）删除课程信息：在课程列表页面中，单击“删除”按钮，即可删除不需要的课程。

22.2.2 数据流程和数据库

整个系统的数据流程如图 22-4 所示。

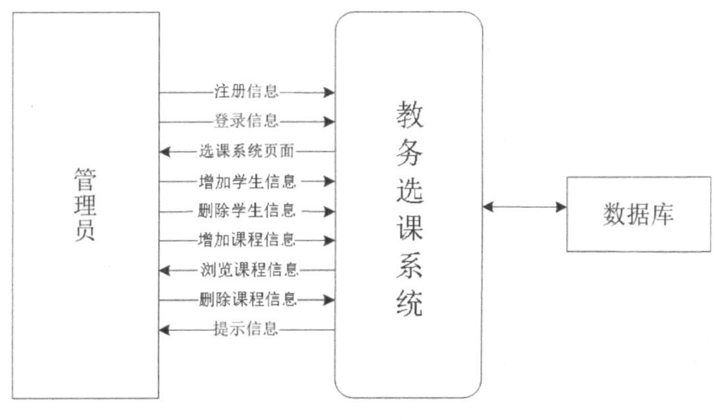

图 22-4 系统的数据流程

根据系统功能和数据库设计原则，设计数据库 study。SQL 语法如下：

```
CREATE DATABASE study DEFAULT CHARACTER SET utf8 COLLATE utf8_general_ci;
```

根据系统功能和数据库设计原则，共设计 3 张表，分别是：管理员表 user、学生表 stu 和课程表 course，如表 22-1 ～表 22-3 所示。

表 22-1　管理员表 user

字段名	数据类型	字段说明
id	int(11)	管理员编号，主键并自增
username	varchar(255)	管理员账号
password	varchar(255)	密码

设计数据表 user，SQL 语法如下：

```
CREATE TABLE IF NOT EXISTS user (
  id int(11) NOT NULL AUTO_INCREMENT,
  username varchar(255) NOT NULL,
  password varchar(255) NOT NULL,
  PRIMARY KEY (id)
) ENGINE=MyISAM AUTO_INCREMENT=3 DEFAULT CHARSET=utf8;
```

表 22-2　学生表 stu

字段名	数据类型	字段说明
id	int(11)	学生编号，主键并自增
name	varchar(50)	用户名
age	int(11)	密码
sex	char(4)	性别
class	varchar(50)	班级
c1	varchar(20)	课程 1
c2	varchar(20)	课程 2
c3	varchar(20)	课程 3

创建学生表 stu，语句如下：

```
CREATE TABLE IF NOT EXISTS stu (
  id int(11) NOT NULL AUTO_INCREMENT,
  name varchar(50) DEFAULT NULL,
  age int(11) DEFAULT NULL,
  sex varchar(20) DEFAULT NULL,
  class varchar(50) DEFAULT NULL,
  c1 varchar(20) DEFAULT NULL,
  c2 varchar(20) DEFAULT NULL,
  c3 varchar(20) DEFAULT NULL,
  PRIMARY KEY (id)
) ENGINE=MyISAM AUTO_INCREMENT=17 DEFAULT CHARSET=utf8;
```

插入演示数据，语句如下：

```
INSERT INTO stu (id, name, age, sex, class, c1, c2, c3) VALUES
(4, '张晓晓', 20, '男', '人工智能系20级4班', 'C语言程序设计', 'C++程序设计', 'PHP+MySQL动态网站开发'),
(9, '胡八一', 20, '男', '软件工程系20级1班', 'Python程序设计', 'C++程序设计', 'PHP+MySQL动态网站开发'),
(16, '张晓明', 19, '女', '计算机系20级4班', NULL, NULL, NULL);
```

表 22-3　课程表 course

字段名	数据类型	字段说明
name	varchar(20)	课程名称

创建课程表 course，语句如下：

```
CREATE TABLE IF NOT EXISTS course (
  name varchar(20) NOT NULL
) ENGINE=MyISAM DEFAULT CHARSET=utf8;
```

插入演示数据，语句如下：

```
INSERT INTO course (name) VALUES
('C语言程序设计'),
('PHP+MySQL动态网站开发'),
('数据结构和算法'),
('C++程序设计');
```

22.3　代码的具体实现

该案例的代码清单包含 11 个 php 文件，实现了教务选课系统的主要功能。

22.3.1　用户的登录页面

login.php 文件是该案例的 Web 访问入口，是用户的登录页面。具体代码如下：

```
<!DOCTYPE html>
<html lang="en">
<head>
    <meta charset="UTF-8">
     <meta name="viewport" content="width=device-width, initial-scale=1.0, minimum-
scale=1.0,
              maximum-scale=1.0, user-scalable=no">
    <meta name="format-detection" content="telephone=no" />
    <title>登录页面</title>
    <link rel="stylesheet" type="text/css" href="css/regedit.css"/>
    <script>
        function check() {
            var username=document.getElementById( "_username").value;
            var password=document.getElementById( "_password").value;
            var checkCode=document.getElementById( "code").value;
            if(!username){
                alert( "用户名不能为空");
```

```
                return false;
            }
            if(!password){
                alert( "密码不能为空");
                return false;
            }
            if(!checkCode){
                alert( "验证码不能为空");
                return false;
            }
        }
    </script>
</head>
<body>
<?php
session_start();
header( "content-type:text/html;charset=utf-8");
include( "conn.php");
$loginSingal="";
//连接数据库
if($_SERVER[ "REQUEST_METHOD"]=="POST") {      //表单post提交后执行的代码，避免变量不存在
的错误
        if (!$conn) {
        die( "连接失败: " . mysqli_connect_error());
    }
    if (isset($_POST)) {

        //判断验证码是否填写并且是否正确
        if ($_POST['code'] != $_SESSION['VCODE']) {
                $loginSingal="验证码不正确";
            }else{
                $sql =  "select username,password from user where username = '{$_
POST['username']}' and password='{$_POST['password']}'";
            $rs = mysqli_query($conn, $sql); //执行sql查询
            $row = mysqli_fetch_assoc($rs);
            if ($row) { // 用户存在;
                if ($_POST['username'] == $row['username'] && $_POST['password'] ==
$row['password']) { //对密码进行判断。
                    $loginSingal="登录成功";
                    header( "refresh:1;url=index.php");//一秒后登录到主页
                }
            } else {
                $loginSingal="账号或密码错误";

            }
        }

    }

}
?>
<!--顶层div是为了添加背景图，图片的width和height=100%是相对于浏览器窗口100%，: Z-index 仅能
在定位元素上奏效(例如 position:absolute;)! -->
<div id="Layer1" style="position:absolute;left:0px; top:0px; width:100%;
height:100%;">
    <img src="images/bg.jpg" width="100%" height="100%" style="z-index:
-1;position: absolute"/>

<div style="text-align: center;margin-top: 50px;font-family: STXingkai;font-size:
```

```
22px;color:#FFFFFF">
    <h1>教务选课系统</h1>
</div>
<div class="mt70 w432 mar_auto re min_h400">
    <form action="" method="post">
        <p><input type="text" class="pf_ipt_user" placeholder="请输入登录账号"
                  autocomplete="off" name="username" id="_username" tabindex="1"/></
p>
        <p><input type="password" class="pf_ipt_pass pass_bg_1"
                   placeholder="请输入密码" autocomplete="off" name="password" id="_
password" tabindex="2"/></p>
        <p>
            <span>
            <input type="text" name="code" id="code"
                            class="pf_ipt_verify w230"   placeholder="验证码"
autocomplete="off" tabindex="3"/>
            <img src="code.php" style="position: relative;top: 17px  "
                          onClick="this.src='code.php?nocache='+Math.random()"
style="cursor:hand">
        </span>
        </p>
        <?php echo $loginSingal; ?>
          <p><button class="btn_1 w430" onclick="return check()">登录</button></p>
<!--return check()表单验证失败，阻止提交-->
          <h3 class="btn_1 w430"><a href="regedit.php" style="color:#FFFFFF">账号注册
</a></h3>
    </form>
</div>
</div>
</body>
</html>
```

22.3.2 数据库连接页面

conn.php 文件为数据库连接页面，代码如下：

```
<?php
    // 创建数据库连接
      $conn = mysqli_connect( "localhost:3308",'root','a123456') or die('error:'.
mysqli_error());
    mysqli_select_db($conn,"study") or die(mysqli_error($con));
    mysqli_query($conn,'set NAMES utf8');
?>
```

22.3.3 登录注册页面

regedit.php 文件为用户注册页面。代码如下：

```
<!DOCTYPE html>
<html lang="en">
<head>
    <meta charset="UTF-8">
     <meta name="viewport" content="width=device-width, initial-scale=1.0, minimum-
scale=1.0, maximum-scale=1.0, user-scalable=no">
```

```
    <meta name="format-detection" content="telephone=no" />
    <title>注册页面</title>
    <conn rel="stylesheet" type="text/css" href="css/regedit.css"/>
    <script>
        function regeditCheck(){
            var username=document.getElementById( "_username").value;
            var password=document.getElementById( "_password").value;
            var password1=document.getElementById( "_password1").value;
            if(!username){
                alert( "请输入用户名! ");
                return false;
            }
            if(!password){
                alert( "请输入密码!");
                return false;
            }
            if(!password1){
                alert( "请再次输入密码!");
                return false;
            }
            if(!(password1==password)){
                alert( "两次密码输入不同! ");
                return false;
            }
        }
    </script>
</head>
<body>
<?php
header( "content-type:text/html;charset=utf-8");
include( "conn.php");
$regeditErr="";
if (!$conn) {
    die( "连接失败: " . mysqli_connect_error());
}
if($_SERVER[ "REQUEST_METHOD"]=="POST") {
    $username = $_POST['username'];
    $password = $_POST['password'];
    $pwd_again = $_POST['pwd_again'];
    $sqlIsset =  "select username from user where username='$username'";
    $rs=mysqli_query($conn,$sqlIsset);
    $row = mysqli_fetch_assoc($rs);
    if($row){
        $regeditErr="此用户名已存在!";
    }else{
            $sql =  "insert into user(username,password) values('$username','$passwo
rd')";
        $result = mysqli_query($conn, $sql);
        if (!$result) {
            echo "注册不成功! " . "<br /><br />";
        } else {
            echo "注册成功!正在跳转至登录界面...";
            header( "refresh:2;url=login.php");//一秒后登录到主页,url可以是本地相对路径,
也可以是http://链接
        }
    }

}
?>
```

```
<div id="Layer1" style="position:absolute;left:0px; top:0px; width:100%;
height:100%;">
      <img src="images/regedit.jpg" width="100%" height="100%" style="z-index:
-1;position: absolute"/>
      <div style="text-align: center;margin-top: 50px;font-family: 仿宋;font-size:
22px;color:#FFFFFF">
        <h3>欢迎注册</h3>
    </div>
<div>
    <form name="form1" id="form1" method="post" action="">
             <p align="center"><input type="text" placeholder="请输入账号"
autocomplete="off" name="username" id="_username" tabindex="1"/></p>
            <p align="center"><input type="password"  placeholder="请输入密码"
autocomplete="off" name="password" id="_password" tabindex="2"/></p>
            <p align="center"><input type="password"  placeholder="请再输入一次"
autocomplete="off" name="pwd_again" id="_password1" tabindex="3"/></p>
        <?php echo $regeditErr; ?>
            <p align="center"><button  class="btn_1 w430" onclick="return
regeditCheck()">注册</button></p>
    </form>
</div>
</div>
</body>
</html>
```

22.3.4 选课系统主页面

选课系统主界面有两个文件组成，menu.php 和 index.php 文件。其中 menu.php 文件主要作用是显示系统主界面上部的固定内容，该文件被多个文件调用，主要效果如图 22-5 所示。

图 22-5 系统主界面上部的固定内容

menu.php 文件的代码如下：

```
<!DOCTYPE html>
<html lang="en">
<head>
    <meta charset="UTF-8">
    <title>登录界面</title>
    <link href="css/bootstrap.min.css" type="text/css" rel="stylesheet">
    <script src="js/jquery.min.js"></script>
    <script src="js/bootstrap.min.js"></script>
    <style>
        .sa{
            padding:5px 3px;
            color: white;
           display: inline-block;
            text-align: center;
            width: 80px;
            height: 30px;
            border-radius: 8px;
```

```
            border: 1px solid;
            background-color:green;
            text-decoration: none;
        }
        .sb{
            padding:5px 3px;
            color: white;
            display: inline-block;
            text-align: center;
            width: 80px;
            height: 30px;
            border-radius: 8px;
            border: 1px solid;
            background-color:yellow;
            text-decoration: none;
        }
    </style>
</head>
<body>
<div class="container" style="background-color: white">
<h1 style="text-align: center">教务选课系统</h1>
<a href="index.php" class="sa"> 浏览学生</a>
<a href="add.php" class="sa"> 添加学生</a>
    <a href="addcourse.php" class="sa"> 添加课程</a>
    <a href="courseview.php" class="sa">浏览课程</a>
<hr/>
</div>
</body>
</html>
```

index.php 文件的代码如下：

```
<!DOCTYPE html>
<html lang="en">
<head>
    <meta charset="UTF-8">
    <title>教务选课系统</title>
    <link href="css/bootstrap.min.css" type="text/css" rel="stylesheet">
    <style type="text/css">
         a{
            padding: 5px 3px;
            color: black;
            display: inline-block;
            text-align: center;
            width: 80px;
            height: 30px;
            border-radius: 8px;
            border: 1px solid;
            background-color: grey;
            text-decoration: none;
        }
    </style>
    <script src="js/jquery.min.js"></script>
    <script src="js/bootstrap.min.js"></script>
    <script>
        function doDel(id) {
            if(confirm('确认删除?')) {
                window.location='action.php?action=del&id='+id;
```

```
            }
        }
    </script>
</head>
<body>
<div class="container" style="padding-top: 90px">

<?php
include ( "menu.php");
include( "conn.php");
?>
<h3>浏览学生信息</h3>
<table  class="table table-bordered table-hover">
    <tr>
        <th>ID</th>
        <th>姓名</th>
        <th>性别</th>
        <th>年龄</th>
        <th>班级</th>
        <th>操作</th>
    </tr>
    <?php
    //    1. 链接数据库
    header( "content-type:text/html;charset=utf8");
    include( "conn.php");
    //2.执行sql
    $sql_select =  "select * from stu";
    //3.data 解析
    foreach ( $conn->query($sql_select) as $row) {
        echo  "<tr>";
        echo  "<th>{$row['id']} </th>";
        echo  "<th>{$row['name']}</th>";
        echo  "<th>{$row['sex']} </th>";
        echo  "<th>{$row['age']} </th>";
        echo  "<th>{$row['class']}</th>";
        echo  "<td>
          <a href='edit.php?id={$row['id']}'>修改</a>
          <a href='choose.php?id={$row['id']}&name={$row['name']}'>选课</a>
          <a href='javascript:void(0);' onclick='doDel({$row['id']})'>删除</a>

        </td>";
        echo  "</tr>";
    }
    ?>
</table>
    </div>
</body>
</html>
```

22.3.5 添加学生页面

add.php 为添加学生页面。代码如下：

```
<!DOCTYPE html>
<html lang="en">
<head>
    <meta charset="UTF-8">
```

```
    <title>教务选课系统</title>
    <link href="css/bootstrap.min.css" type="text/css" rel="stylesheet">
    <script src="js/jquery.min.js"></script>
    <script src="js/bootstrap.min.js"></script>
    <style>
        .div{
            position: relative;
            text-align: center;
            padding-left: 500px;
        }
        .font{
            font-size: 16px;
            font-weight: bold;;
        }
        form{
            font-weight:bold;
        }
    </style>
</head>
<body>
<div style="text-align: center">
<?php include ('menu.php'); ?>
<h3>增加学生信息</h3><br>
<form  method="post" class="form-inline">
    <div class="form-group">
          <span class="font">姓名:</span><input type="text" name="name" class="form-
control"><br><br>
           <span class="font">年龄:</span><input type="text" name="age" class="form-
control"><br><br>
        <span style="position: relative;left: -76px">
        <span class="font">性别:</span><input type="radio" name="sex" value="男" >男
        <input type="radio" name="sex" value="女" >女<br><br>
        </span>
         <span class="font">班级:</span><input type="text" name="class" class="form-
control"><br><br>
            <a href="index.php" class="btn btn-success">返回</a>
            <input type="submit" value="添加" class="btn btn-primary">
            <input type="reset" value="重置" class="btn btn-warning">
    </div>
</form>
</div>
</body>
</html>
<?php
if($_SERVER[ "REQUEST_METHOD"]=="POST") {
    include( "conn.php");
    $name = $_POST['name'];
    $sex = $_POST['sex'];
    $age = $_POST['age'];
    $class = $_POST['class'];
      $sql = "insert into stu (name, sex, age, class) values ('$name',
'$sex','$age','$class')";
    $rw = mysqli_query($conn, $sql);
    if ($rw ) {
        echo  "<script>alert('添加成功');</script>";
    } else {
        echo  "<script>alert('添加失败');</script>";
    }
 header('Location: index.php');
```

```
}
?>
```

22.3.6 添加课程页面

addcourse.php 为添加课程页面。代码如下：

```
<!DOCTYPE html>
<html>
<head>
    <meta charset="UTF-8">
    <meta name="viewport"
                content="width=device-width, user-scalable=no, initial-scale=1.0,
maximum-scale=1.0, minimum-scale=1.0">
    <meta http-equiv="X-UA-Compatible" content="ie=edge">
    <link href="css/bootstrap.min.css" type="text/css" rel="stylesheet">
    <script src="js/jquery.min.js"></script>
    <script src="js/bootstrap.min.js"></script>
    <title>添加课程</title>
</head>
<body>
<div style="text-align: center">
    <?php include ('menu.php'); ?>
    <form method="post">
        请输入课程名：<input type="text" class="" style="width:300px;" name="course">
        <button class="btn btn-primary">确认添加</button>    &nb
sp;
        <a class="btn btn-warning" href="index.php">回到主页</a>
    </form>
<?php
if($_SERVER[ "REQUEST_METHOD"]=="POST") {
    include( "conn.php");
    $course = $_POST['course'];
    $sql =  "insert into course values('$course')";
    $result = mysqli_query($conn,$sql);
    if ($result) {
        echo '<script>alert( "添加课程成功！ ")</script>';
    } else {
        echo '<script>alert( "添加课程失败！ ")</script>';
    }
}
?>
</div>
</body>
</html>
```

22.3.7 浏览课程页面

courseview.php 为浏览课程页面。代码如下：

```
<!DOCTYPE html>
<html>
<head>
    <meta charset="UTF-8">
    <meta name="viewport"
```

```
            content="width=device-width, user-scalable=no, initial-scale=1.0,
maximum-scale=1.0, minimum-scale=1.0">
    <meta http-equiv="X-UA-Compatible" content="ie=edge">
    <title>课程列表</title>
</head>
<body>
<div style="text-align: center">
    <?php include ('menu.php'); ?>
    <?php
    include( "conn.php");
    $sql="select * from course";
    ?>
    <h2 class="page-header">课程列表</h2>
    <form method="post">
    <table class="table table-bordered table-hover" style="width: 400px;position:re
lative;left:300px;text-align: center  ">
        <?php
    foreach ( $conn->query($sql) as $row) {
            echo  "<tr><td>{$row['name']}</td><td><a class='btn btn-danger'
href='deletecourse.php?name={$row['name']}'>删除</a></td></tr>";
    }
    ?>
    </table>
    </form>
    <a class="btn btn-warning" href="index.php">回到主页</a>
    <?php
    if($_SERVER[ "REQUEST_METHOD"]=="POST") {

    }
    ?>
</div>
</body>
</html>
```

22.3.8 选择课程页面

choose.php 为浏览课程页面。代码如下：

```
<!DOCTYPE html>
<html>
<head>
    <meta charset="UTF-8">
    <meta name="viewport"
            content="width=device-width, user-scalable=no, initial-scale=1.0,
maximum-scale=1.0, minimum-scale=1.0">
    <meta http-equiv="X-UA-Compatible" content="ie=edge">
    <link href="css/bootstrap.min.css" type="text/css" rel="stylesheet">
    <script src="js/jquery.min.js"></script>
    <script src="js/bootstrap.min.js"></script>
    <title>教务选课系统</title>
</head>
<body style="text-align: center">
<h2 class="page-header">学生选课</h2>

姓名:<span style="font-family: 华文楷体"><?php echo $_GET['name'];?></
span><br><br><br><br><br>
```

```
<div class="col-md-3"></div>
<div class="col-md-1">
    <b>已选课程有:</b><br><br>
    <table class="table table-bordered table-hover" width="50px">
        <?php
        include( "conn.php");
        $id=$_GET['id'];
        $search="select c1 from stu where id='$id'";
        $r=mysqli_query($conn,$search);
        $c=mysqli_fetch_assoc($r);
        $c1=$c['c1'];
        $search="select c2 from stu where id='$id'";
        $r=mysqli_query($conn,$search);
        $c=mysqli_fetch_assoc($r);
        $c2=$c['c2'];

        $search="select c3 from stu where id='$id'";
        $r=mysqli_query($conn,$search);
        $c=mysqli_fetch_assoc($r);
        $c3=$c['c3'];
        ?>
        <tr><td><?php echo $c1; ?></td></tr>
        <tr><td><?php echo $c2; ?></td></tr>
        <tr><td><?php echo $c3; ?></td></tr>
    </table>

</div>
<div class="col-md-1"></div>
<div class="col-md-3">


<form method="post">
<?php

$sql="select * from course";
foreach ( $conn->query($sql) as $row) {
    echo '<input type="checkbox" name="choice[]" value="'.$row['name'].'">'.$row['n
ame'].'   ';
}
?>
  <br><br><br>             
    <button class="btn btn-primary">确定</button>     
    <a class="btn btn-warning" href="index.php">回到主页</a>
</form><sub>ps:最多只能选3门课</sub>
</div>
<br><br><br>


<?php
if($_SERVER[ "REQUEST_METHOD"]=="POST") {
$choice = array();
$choice = $_POST['choice'];
$num=count($choice);
$id=$_GET['id'];
switch($num){
    case 0: break;
    case 1: $insert="update stu set c1='$choice[0]' where id='$id'";break;
      case 2: $insert="update stu set c1='$choice[0]',c2='$choice[1]' where
id='$id'";break;
```

```
    case 3: $insert="update stu set c1='$choice[0]',c2='$choice[1]',c3='$choice[2]'
where id='$id'";break;

}
if(isset($insert)){
    $result=mysqli_query($conn,$insert);
    if($result){
        echo '<script>alert( "选课成功! ")</script>';
    }
    else{
        echo '<script>alert( "选课失败! ")</script>';
    }
}
}
?>
</body>
</html>
```

22.3.9 删除课程页面

deletecourse.php 为删除课程页面，代码如下：

```
<!DOCTYPE html>
<?php
include( "conn.php");
$name=$_GET['name'];
$sql="delete from course where name='$name'";
$result=mysqli_query($conn,$sql);
if($result){
    echo '<script>alert( "删除成功! ")</script>';
    echo  "<script>window.location.href='courseview.php';</script>";
}else{
    echo '<script>alert( "删除失败! ")</script>';
    echo  "<script>window.location.href='courseview.php';</script>";
}
```

22.3.10 修改学生信息页面

edit.php 文件为修改学生信息页面，代码如下：

```
<!DOCTYPE html>
<html>
<head>
    <meta charset="UTF-8">
    <title>教务选课系统</title>
    <link href="css/bootstrap.min.css" type="text/css" rel="stylesheet">
    <script src="js/jquery.min.js"></script>
    <script src="js/bootstrap.min.js"></script>
    <style>
        .div{
            position: relative;
            text-align: center;
            padding-left: 500px;
        }
```

```
        .font{
            font-size: 16px;
            font-weight: bold;;
        }
        form{
            font-weight:bold;
        }
    </style>
</head>
<body style="text-align: center">
<?php include ('menu.php');
//1. 链接数据库
header( “content-type:text/html;charset=utf8");
include( “conn.php");
$id=$_GET['id'];
//2.执行sql
$sql_select =  “select * from stu where id='$id'";
$stmt = mysqli_query($conn,$sql_select);
//    var_dump($stmt);
//    die();
$stu = mysqli_fetch_assoc($stmt); // 解析数据
?>
<h3>修改学生信息</h3>
<form action="action.php?action=edit" method="post" class="form-inline">

    <div class="form-group">
        <input type="hidden" name="id" value="<?php echo $stu['id'];?>">
         <span class="font">姓名:</span><input type="text" name="name" class="form-
control" value="<?php echo $stu['name'];?>"><br><br>
          <span class="font">年龄:</span><input type="text" name="age" class="form-
control" value="<?php echo $stu['age'];?>"><br><br>
        <span style="position: relative;left: -76px">
           <span class="font">性别:</span><input type="radio" name="sex" value="男"
<?php echo ($stu['sex'] ==  “男")?  “checked":"";?>>男
        <input type="radio" name="sex" value="女" <?php echo ($stu['sex'] ==  “女")?
 “checked":"";?>>女<br><br>
        </span>
         <span class="font">班级:</span><input type="text" name="class" class="form-
control" value="<?php echo $stu['class']?>"><br><br>
        <a href="index.php" class="btn btn-success">返回</a>
        <input type="submit" value="确定" class="btn btn-primary">
        <input type="reset" value="重置" class="btn btn-warning">
    </div>


</form>
<?php
?>
</body>
</html>
```

22.4 系统运行

在地址栏中输入“http://localhost/phpProject/ch22/login.php”，进入用户登录界面，如图22-6所示。单击“账号注册”按钮，进入系统注册页面，如图22-7所示。

图 22-6　系统登录页面

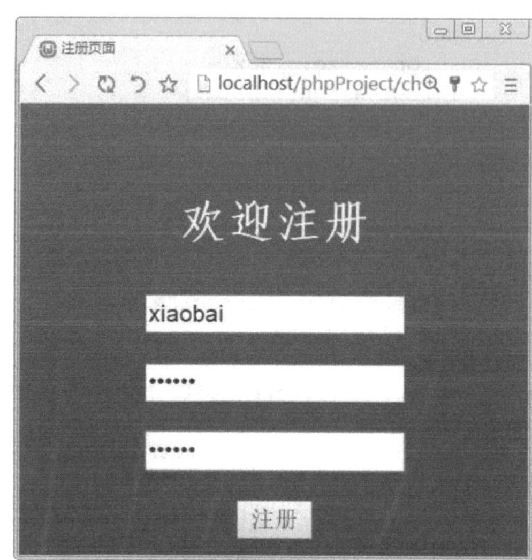

图 22-7　系统注册页面

注册成功后返回到用户登录页面，输入用户名和密码后，即可进入教务选课系统的主页面，如图 22-8 所示。教务选课系统的主页面中显示已经存在的学生信息，每个学生信息后有 3 个按钮，包括“修改”“选课”和“删除”。如果需要删除学生，单击“删除”按钮即可。

ID	姓名	性别	年龄	班级	操作
4	张晓晓	男	20	人工智能系20级4班	修改 选课 删除
9	胡八一	男	20	软件工程系20级1班	修改 选课 删除
16	张晓明	女	19	计算机系20级4班	修改 选课 删除

图 22-8　教务选课系统的主界面

如果需要修改学生信息，单击“修改”按钮，进入“修改学生信息”页面，如图 22-9 所示。修改完成后单击“确定”按钮即可。

如果需要为学生选课，单击“选课”按钮，进入“学生选课”页面，如图 22-10 所示，选择课程后单击“确定”按钮即可。

单击“返回主页”按钮，即可返回教务选课系统的主页面。单击“添加学生”按钮，即可进入“增加学生信息”页面，这里添加新的学生信息，添加完成后，单击“添加”按钮即可。如图 22-11 所示。

在教务选课系统的主页面中单击“添加课程”按钮，在打开的页面中输入新的课程名称，单击“确认添加”按钮即可，如图 22-12 所示。

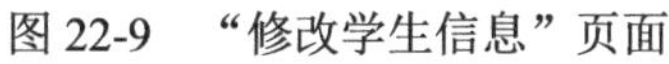

图 22-9　“修改学生信息”页面

图 22-10　“学生选课”页面

图 22-11　添加新的学生

图 22-12　添加新的课程

单击“浏览课程”按钮，进入“课程列表”页面，即可查看新添加的课程，如图 22-13 所示。如果需要删除某个课程，单击该课程右侧的“删除”按钮即可。

图 22-13　“课程列表”页面